食品商业无菌理论与实践

仇 凯 主编

中国质量标准出版传媒有限公司
中国标准出版社
北京

图书在版编目（CIP）数据

食品商业无菌理论与实践 / 仇凯主编 . -- 北京：中国
质量标准出版传媒有限公司，2024.8
ISBN 978-7-5026-5374-3

Ⅰ . 食①… Ⅱ . ①仇… Ⅲ . ①食品加工—无菌技术
Ⅳ . ① TS205

中国国家版本馆 CIP 数据核字（2024）第 085086 号

中国质量标准出版传媒有限公司
中 国 标 准 出 版 社　出版发行
北京市朝阳区和平里西街甲 2 号（100029）
北京市西城区三里河北街 16 号（100045）
网址：www.spc.net.cn
总编室：（010）68533533　发行中心：（010）51780238
读者服务部：（010）68523946
中国标准出版社秦皇岛印刷厂印刷
各地新华书店经销

＊

开本 787×1092　1/16　印张 18.75　字数 440 千字
2024 年 8 月第一版　　2024 年 8 月第 1 次印刷

＊

定价：96.00 元

《食品商业无菌理论与实践》
编委会

加工食品已成为现代人生活中常见的食物形式，其营养和安全也备受关注。为规范加工食品的生产过程和标签标识，我国制定并发布了近万项相关标准。消费者购买食品时，通常都非常关注标签信息，特别是其中的食品货架期（或保质期）。有些食品货架期非常短，如巴氏杀菌乳的货架期只有 3 天，且需 6℃以下冷藏销售；有些食品货架期非常长，如罐头食品的货架期一般在 12～36 个月，有些甚至达到 5 年，且常温储存即可。

食品的货架期与食品的包装材料和加工工艺密切相关。长货架期食品一般指货架期达到或超过 12 个月的食品（少量食品为 30 天或在 12 个月以内），主要包括商业无菌食品（如罐头、部分饮料、灭菌乳等）、速冻食品、脱水食品等。本书讨论的对象是采用热力杀菌技术生产的、达到商业无菌的食品，该类食品可以在常温下储存和分销。很多消费者认为这些长货架期食品中添加了大量的防腐剂，否则不可能保存如此长的时间，有些网络媒体也有意无意地发布或转载相关信息，令一些消费者深信不疑。事实果真如此吗？

本书从食品分类、食品商业无菌相关基础概念、食品加工技术、国内外相关标准、国内外相关食品、消费者生活习惯等角度，深入浅出地阐述了食品商业无菌的技术内涵及其赋予食品的价值，直观、清晰地展现了该类食品的重要技术特征，让监管人员、食品从业者、消费者等利益相关方能够正确了解现代加工食品中关于"商业无菌"的秘密。那么，这些食品确实无菌吗？是否需要添加防腐剂呢？

GB/T 39948—2021《食品热力杀菌设备热分布测试规程》和 GB/T 39945—2021《罐藏食品热穿透测试规程》两项国家标准中明确了"热分布""热穿透"的概念，并规定了专业测试规程，以指导食品加工。那么，这些技术概念与商业无菌有什么关系呢？

GB 4789.26—2023《食品安全国家标准　食品微生物学检验　商业无菌检验》首次明确了食品流通领域商业无菌检验和食品生产领域商业无菌检验的程序。那么，流通领域和生产领域的商业无菌检验有哪些区别呢？

带着以上这些问题，让我们开启一次科技之旅，一起去揭开商业无菌长货架期食品的神秘面纱吧！

本书的编撰得到了行业权威专家华懋宗高工、郑铁钢教授的指导和支持，也得到了行业产业链骨干单位的支持，同时得到了"十四五"国家重点研发计划"应急救生严苛环境食品包装适应性研究及新型包装开发"（2023YFF1105205）的资助。因时间和水平有限，书中如有不妥和疏漏之处，敬请读者批评指正。

编　者

2024 年 6 月

第一章　食品商业无菌概述

第一节　食品商业无菌相关概念

一、食品分类

"可供人类食用或饮用的物质，包括加工食品、半成品和未加工食品，不包括烟草或只作药品用的物质"称为"食品"，本书讲到的食品主要指加工食品，即经过工厂加工后预包装销售的食品。根据 GB/T 15091—1994《食品工业基本术语》，由于加工工艺不同，加工食品主要分为传统食品、干制食品（又称脱水食品）、糖制食品、腌制品、烘焙食品、熏制食品、膨化食品、速冻食品、罐藏食品、方便食品、特殊营养食品（婴幼儿食品、强化食品）、模拟食品（又称人造食品）等。

根据《食品生产许可管理办法（2020 年版）》，食品生产许可应当按照以下食品类别颁发：粮食加工品，食用油、油脂及其制品，调味品，肉制品，乳制品，饮料，方便食品，饼干，罐头，冷冻饮品，速冻食品，薯类和膨化食品，糖果制品，茶叶及相关制品，酒类，蔬菜制品，水果制品，炒货食品及坚果制品，蛋制品，可可及焙烤咖啡产品，食糖，水产制品，淀粉及淀粉制品，糕点，豆制品，蜂产品，保健食品，特殊医学用途配方食品，婴幼儿配方食品，特殊膳食食品，其他食品等。

根据 QB/T 5218—2018《罐藏食品工业术语》，罐藏食品 / 罐头食品指食品原料经加工处理，装罐或灌装入金属罐、玻璃瓶、半刚性容器或软包装容器，采用密封、杀菌方式或杀菌、密封方式，达到商业无菌要求的食品。食品原料包括畜肉、禽类、水果、蔬菜、食用菌、水产动物、谷类、豆类和籽类等。加工处理包括清洗、分选、修整、烹调或不烹调等。

采用罐藏食品加工工艺、达到商业无菌的食品主要包括罐头食品、常温销售液体乳制品、饮料、常温储存销售的粽子、不添加防腐剂的常温肉制品、蛋制品、方便食品等，国外流行的液体婴幼儿配方食品也是商业无菌食品。商业无菌食品一般采用热力杀菌工艺加工，不添加防腐剂，根据水分活度和平衡 pH 不同，分为低酸性食品、酸性食品和酸化食品，见表 1-1。

表 1-1　低酸性食品、酸性食品和酸化食品对比

食品分类	水分活度	平衡 pH
[a] 低酸性食品	>0.85	>4.6
酸性食品	>0.85	≤4.6
[b] 酸化食品	>0.85	≤4.6

[a] pH 小于 4.7 的番茄制品可不列为低酸性食品。
[b] 经添加酸度调节剂或通过其他酸化方法将食品进行酸化。

常见商业无菌食品按照低酸性食品、酸性食品和酸化食品举例见表 1-2。

表 1-2　常见商业无菌食品举例

食品分类	举例
低酸性食品	灭菌乳、常温储存销售的奶油、调制牛乳、液体婴幼儿配方食品、植物蛋白饮料（豆浆、核桃乳、杏仁露、椰子汁等）、八宝粥罐头、午餐肉罐头、牛肉罐头、茄汁鱼罐头、豆豉鲮鱼罐头、豆类罐头、鸡肉罐头、玉米罐头、燕窝罐头、各种汤类罐头（鸡汤、牛尾汤、菌菇汤等）、佛跳墙罐头、花胶罐头、鲍鱼罐头、扇贝罐头、鹌鹑蛋罐头、食用菌罐头、清渍类蔬菜罐头（芦笋、青刀豆、清水笋等）等
酸性食品	常温销售未经调酸的果汁饮料、常温酸奶、番茄酱罐头、黄桃罐头、橘子罐头、杨梅罐头、菠萝罐头、葡萄罐头、山楂罐头等
酸化食品	果粒橙饮料、酸化的食用菌罐头、酸化的蔬菜罐头（调味芦笋罐头、竹笋罐头、藠头罐头、水煮笋罐头）、调酸的各类水果罐头等

二、商业无菌基本概念

（一）国际食品法典委员会（CAC）关于食品商业无菌的定义

CAC 是联合国粮食及农业组织（FAO）和世界卫生组织（WHO）于 1963 年联合设立的政府间国际组织，专门负责协调政府间的食品标准，建立了一套完整的食品国际标准体系。CAC/RCP 23-1979（1993 年修订）《低酸和酸化的低酸罐头食品生产卫生规范》中规定了"热加工食品的商业无菌"和"食品无菌加工和包装用设备及容器的商业无菌"的定义。热加工食品的商业无菌指食品通过充分热处理或热处理与其他合适的处理工艺共同加工，使食品在被分销和储运过程中，达到正常非冷藏环境下无微生物存活的状态。食品无菌加工和包装用设备及容器

的商业无菌指食品设备和包装容器通过充分热处理或热处理与其他合适的处理工艺共同加工，使加工的食品在被分销和储运过程中，达到正常非冷藏环境下无微生物存活的状态。

（二）美国食品药品监督管理局（FDA）关于食品商业无菌的定义

"商业无菌"的概念最早由美国罐头协会（NCA）于20世纪70年代提交美国食品药品监督管理局（FDA），之后由美国FDA将此概念引入美国联邦政府法规中。20世纪70年代，美国发生两起肉毒杆菌中毒事件，导致全美对罐藏食品安全性高度重视，以政府法规形式规范罐藏食品管理——即现用的21 CFR Part 110、113、114等联邦法规，其中就明确了"商业无菌"条款。美国食品制造业也从事后抽样微生物检验的管理形式转换为生产全过程控制。美国联邦法规21 CFR Part 113《热力杀菌—密封容器包装的低酸性食品》规定了"商业无菌"的定义为①热力杀菌食品的商业无菌指符合下列条件的食品：（i）加热消灭食品内的（a）通常非冷藏的储存和销售条件下能繁殖的微生物和（b）有害公共卫生的活菌（包括芽孢在内）；（ii）通过水分活度控制和加热消灭非冷藏的正常储存和销售条件下能繁殖的微生物。②食品装罐（热处理和包装）用设备和容器的商业无菌：可用加热、化学消毒剂或其他适宜的处理方法将设备上和容器内有害于卫生的活微生物以及非冷藏的正常储存和销售条件下能繁殖但无害于公共卫生的微生物全部消灭掉。

（三）我国关于食品商业无菌的定义

1981年，美国FDA代表团首次访问中国，在与当时我国"两部一局"（外贸部、轻工业部、商检总局）有关人员座谈中提出我国以前传统只检测5种致病菌的做法不科学，并指出产品需要达到商业无菌状态，见图1-1。1989年，我国开始学习美国的做法，推广采用商业无菌判断的方法来界定产品是否合格。1989年，轻工业部组织制定罐头食品商业无菌检验国家标准，首次引用并定义了商业无菌概念，用于指导罐头工业生产，应用至今已经30余年。罐头工业主要将其用于过程控制，重点通过实施良好操作规范（GMP）、确保产品的良好密封、科学杀菌（杀菌规程的科学制定及验证）及抽样保温检验来确保整批产品达到商业无菌要求。其他行业参照执行罐头商业无菌检验。GB 7098—2015《食品安全国家标准　罐头食品》中规定了商业无菌的定义：罐头食品经过适度热杀菌后，不含有致病性微生物，也不含有在通常温度下能在其中繁殖的非致病性微生物的状态。

图 1-1　1981 年，国家轻工业部食品工业局食品处杨昌照副处长（中间）
与美国 FDA 技术人员在杀菌车间研讨杀菌问题

（四）商业无菌相关术语和定义

食品商业无菌状态的实现，需要一套完整的技术体系和管理体系，涵盖食品全产业链到消费的方方面面，学习和了解产业链相关关键术语对于准确理解这一体系非常重要。下面甄选部分关键术语进行解释说明。

1. 真空度

硬包装（金属罐、玻璃瓶）罐头食品内外的压差。正常金属罐头底盖、玻璃瓶罐头瓶盖一般向内凹，这是外界大气压大于罐（瓶）内气压的结果。罐头食品密封前或密封时，需要采用热灌装、热力排气、机械抽真空或蒸汽喷射等方法，去除罐头内大部分空气或氧气，以降低产品在杀菌过程中的内压，避免密封性能受到不良影响，并使杀菌冷却后的产品保持一定真空度。测量罐头真空度通常采用罐头真空度测试表。以穿刺方式使罐内压力通至真空度测试表内，由于大气压与罐内压力差异，推动隔膜移动，读出真空度。

2. 充氮或充混合气

在包装容器内充入氮气的过程或加工罐藏食品封口时，充入氮气和二氧化碳混合气，以驱逐容器中内容物顶部空气的过程（QB/T 5218—2018《罐藏食品工业术语》）。旨在尽量减少容器内的氧气，降低氧气对内容物带来的不良影响，常在 100℃ 及以下低温杀菌的软包装罐藏食品应用。

3. 密封

罐藏食品包装容器中装入半成品后进行封口，使内容物与外界隔绝的过程。（QB/T 5218—2018《罐藏食品工业术语》）

4. 无菌灌装

经过超高温瞬时（UHT）杀菌工艺杀菌的液体食品在无菌条件下灌装到无菌的容器中，用于无菌灌装的包装一般为 TetraPak（利乐包）、PET（聚对苯二甲酸乙二醇酯）瓶和其他软包装容器。

5. 热力杀菌

将装在密封容器内的半成品，在密封前或密封后，采用蒸汽、热水、蒸汽与空气混合等为传热介质，将其加热到一定温度并保持一定的时间，以杀灭对公共卫生有害的微生物和常温条件下增殖导致产品败坏的微生物的过程。

6. 设备清洗与灭菌

对于无菌灌装设备，采用不同清洗技术，去除设备表面和食品接触面肉眼可见的污垢。食品接触面一般采用就地清洗（CIP）技术清洗（通过转换管路即可对系统进行清洗和灭菌）。设备一般采用加热和控制消毒剂浓度技术对设备食品接触面、灌装区域进行有效灭菌，并且需要对灭菌效果进行评价。

7. 包装材料灭菌

无菌灌装系统一般采用一定浓度的过氧化氢溶液对包装材料杀菌。

8. 热分布测试

杀菌设备热分布：杀菌设备内不同位置在杀菌过程中温度分布均匀一致的程度。（QB/T 5218—2018《罐藏食品工业术语》）

测试原理：将温度数据采集仪的测温探头放置在满负荷的热力杀菌设备内，在热力杀菌过程中采集、记录、比较设备内不同位置在同一瞬间的温度分布情况，以验证杀菌设备内各个位置热量的供给及传热介质传递均匀，以此来判断杀菌设备满足食品热力杀菌工艺规程规定的能力。（GB/T 39948—2021《食品热力杀菌设备热分布测试规程》）

9. 热穿透测试

热穿透测试：测量容器内食品冷点位置上的被杀菌半成品的热力杀菌过程中温度变化的情况。（QB/T 5218—2018《罐藏食品工业术语》）

测试原理：将温度数据采集仪放置在待测定产品的冷点位置，采集、记录或传输该点在杀菌过程中温度变化的数据，并根据罐藏食品对象菌的耐热性值，计算出冷点位置在该温度下单位时间的致死率，然后将杀菌全过程致死率累加得到总致死率，即热力杀菌强度值（F 值）。（GB/T 39945—2021《罐藏食品热穿透测试规程》）

10. 商业无菌失效

商业无菌保障体系（原料、生产、包装材料、终产品）失去控制的状态。引起终产品商业无菌不合格或失效的原因一般包括杀菌不足和二次污染两大类情况。二次污染：在冷却开始的一刹那，罐中温度较高的产品遇到低温的水，其二重卷边及密封胶会突然收缩，产生微量的松隙，当罐内外压差反转时，可瞬间产生负压，就有可能使冷却水被吸入，导致微量的水分及微生物渗透到产品内，造成杀菌后的产品重新被污染（二次污染），从而导致产品商业无菌状态破坏，使产品失去货架寿命。

11. 平衡 pH

浸渍后的热处理食品的 pH。［CAC/RCP 23-1979（1993 年修订）《低酸和酸化的低酸罐头食品生产卫生规范》］即罐藏食品固形物的可溶性成分与汤汁相互渗透完全平衡后，溶液的氢离子浓度指数。（QB/T 5218—2018《罐藏食品工业术语》）

12. 水分活度

食品中水分的饱和蒸汽压与相同温度下纯水的饱和蒸汽压的比值。（GB 5009.238—2016《食品安全国家标准　食品水分活度的测定》）

13. 低酸性食品

凡杀菌后平衡 pH 大于 4.6，水分活度大于 0.85 的食品。pH 小于 4.7 的番茄制品可不列为低酸性食品。（GB 4789.26—2023《食品安全国家标准　食品微生物学检验　商业无菌检验》）

14. 酸性食品

未经酸化，杀菌后食品本身或汤汁平衡 pH 小于或等于 4.6、水分活度大于 0.85 的食品。pH 小于 4.7 的番茄制品可为酸性食品。（GB 4789.26—2023《食品安全国家标准　食品微生物学检验　商业无菌检验》）

15. 酸化食品

经添加酸度调节剂或通过其他酸化方法将食品酸化后，使水分活度大于 0.85、平衡 pH 小于或等于 4.6 的食品。（GB 4789.26—2023《食品安全国家标准　食品微生物学检验　商业无菌检验》）

三、国内外关于商业无菌定义的对比分析

国际标准及美国 FDA 法规对商业无菌的定义和规范，均通过独立的卫生规范或指南对该类食品（罐藏工艺的食品或达到商业无菌的食品）进行统一规范，均强调了食品、包装容器和设备的商业无菌，对原料、工厂设计、工厂卫生管理、产品质量管理、终产品储存与运输等进行规范。

我国现行食品安全国家标准重点对罐头食品的商业无菌进行定义和规范，尚未对其他食品（如乳制品、饮料等）的商业无菌进行统一规范。我国的食品安全标准没有强调设备和容器的商业无菌。

第二节　食品商业无菌的历史沿革、作用及意义

一、食品商业无菌应用的历史回顾与现状

（一）国外商业无菌应用的历史回顾与现状

20 世纪 70 年代，美国发生了两起罐头肉毒杆菌中毒事件。这两起事故引起了罐藏食品界和有关人员的高度重视，为了保证罐藏食品的安全性，当年美国罐头协会（NCA）向美国 FDA 递交了一份最初的 NCA-FDA 良好杀菌控制方案，当时编号为 Part 128b。之后美国 FDA 将此文件几经修改后引入美国联邦政府法规中成为著名的 Part 113 号低酸罐藏食品条例，并于 1973 年正式生效，后演变为现用的 21 CFR Part 110、113、114 等管理细节。其中"商业无菌"定义也在法规中进行了明确的规定。从此之后，美国的罐头制造业由抽样进行微生物检验的管理形式转变为生产全过程控制。

1980 年，当时的美国分析化学家协会（AOAC）发表了关于低酸性罐头食品商业无菌的文章，文中详细描述了通过对低酸性罐头食品的微生物需氧与厌氧接种培养检验分析判断产品是否达到了商业无菌状态的具体操作方法。在 20 世纪 70 年代末至 80 年代初期，美国 FDA、FAO 和欧洲共同体等都陆续发表了有关罐头食品商业无菌检验及程序纲要等法规文件，极大地促进了罐藏食品行业的健康有序发展。

（二）我国商业无菌应用的历史回顾与现状

我国的罐藏食品工业自 20 世纪 50 年代起沿用苏联的标准，对成品全部进行 37℃ 保温 5~7d，抽样做微生物检验，检验溶血性链球菌、致病性葡萄球菌、肉毒梭状芽孢杆菌、沙门氏菌和志贺氏菌等 5 种致病菌，如检查报告是阴性，就可放行出货。全国未发生有致病菌事件。

1981 年美国 FDA 代表团首次访问中国，参观了我国 10 家罐头食品厂，当时由"两部一局"（外贸部、轻工业部和商检总局）的相关人员组成联合工作组全程作陪，同时工作组组织了各省市相关的专家和企业技术干部与 FDA 官员座谈。FDA 代表对我国罐头生产事后进行抽样检验微生物的做法提出异议，指出了检验 5 种微生物的不科学性：①致病菌耐热性较低，不全面；产品绝不应有致病菌；②如果一个食品厂生产出来的产品要靠检查有无致病菌来决定产品是否放行的话，是一种危险行为；③抽样检查微生物本身也有误差，样本大小、代表性、检测环境、检测误差、设备优劣、过程管控水平、操作人员资质的不同都导致不同的结果。FDA 专家指出每个工厂

的产品应要有足够的热力杀菌强度，确保生产出来的产品是安全的；需要对生产过程进行控制，确保符合商业无菌要求。

随后由原国家轻工业部食品工业局主持，经收集资料、综合调查，组织国内行业专家起草并发布了我国首个罐藏食品商业无菌检验规范（GB 4789.26—1989《食品卫生微生物学检验　罐头食品商业无菌的检验》）。该标准自 1990 年 5 月 1 日实施以来，全国罐头工业发生了根本变化，从重品质检验转向重安全卫生管理，从重最终产品的检验转向重生产过程的监控，并从事后检查逐步过渡到生产过程事先预防控制的轨道上。

二、食品商业无菌应用的作用和意义

（一）罐头食品的安全卫生质量得到很大提高

20 世纪 90 年代以前，轻工业部对罐头食品的允许胖听率是 5‰，但当时有相当一部分的罐头食品加工企业产品的胖听率超过了这个比率。随着 GB 4789.26—1989《食品卫生微生物学检验　罐头食品商业无菌的检验》标准的持续实施，以及罐头食品加工企业推行 GMP（良好操作规范）、SSOP（卫生标准操作程序）、HACCP（危害分析与关键控制点）、ISO 9000（质量管理体系）、ISO 22000（食品安全管理体系）等安全质量保证体系，罐头食品的安全卫生质量得到很大提高，大部分罐头食品加工企业产品的胖听率降到万分之一以下或十万分之一以下甚至百万分之一以下。商业无菌检验标准实施之初，大部分罐头食品加工企业仍然对产品进行全额保温，保温剔除异常罐后，若商业无菌检验结果仍为不合格，整批产品将被扣留甚至销毁，其损失之大不言而喻，特别是在按生产班（批）次抽样时更是如此。但正是这种大损失，才促使企业和一线生产人员提高了实行 GMP、SSOP 和 HACCP 的自觉性和水平，真正做到全员参与、预防为主。这正是实施罐头食品商业无菌检验的意义，也为罐头食品安全卫生质量的提高夯实了基础。

由于罐头食品行业建立了严格完善的标准体系，最先应用了 HACCP 体系，优先引入了过程管理思想，过去 10 年，罐头食品行业没有发生严重的食品安全事件，抽检合格率超过 99%，商业无菌合格率接近 100%。截至 2022 年 5 月，全国有罐头生产许可的企业为 3669 家，规模以上为 665 家，2019~2021 年产品合格率分别为 99.8%、99.6%、99.65%，国家食品总体抽检合格率为 97%。可以说，罐头食品是我国最安全的食品之一。

（二）促进了我国罐头食品加工过程安全卫生监控的规范化管理

罐头食品商业无菌检验标准把审查生产操作记录，如罐头装罐量抽检记录、密封性检验记录、杀菌记录，以及杀菌后的冷却水有效氯含量测定的记录，作为检验步骤的一部分，检验检疫机构只有在审查生产操作记录的基础上，对加工出来的罐头食品实施抽样保温、开罐检验和一系列涉及微生物检验的检测程序，并综合这两部分的结果，得出受检罐头食品是否达到商业无菌要求的评定结论。而该标准所要求审查的生产操作记录，恰恰都是罐头食品生产加工过程中与其安全卫生质量密切相关的关键控制点的记录。换言之，罐头食品加工企业如果不对这些关键控制点的监控实施规范化的管理，并做好规范化的记录，他们就失去了对成品实施商业无菌检验的基础。对罐头食品加工过程关键点监控的规范化管理，提升了生产加工记录的规范化，促进了罐头食品质量的提升。

（三）减轻了罐头食品加工企业负担，促进我国罐头食品加工的发展

随着商业无菌检验的持续实施，工厂实行 GMP、SSOP 和 HACCP 管理水平的提高，产品的安全卫生质量得到了保证，产品逐渐由过去的全额保温，过渡到现在的抽样保温，这是在我国罐头食品行业实施商业无菌检验取得的一项重大成就。商业无菌检验标准的实施，避免了兴建工厂时需要配套建设全额保温的保温库（室），节省了企业的投资及保温库日常运转的费用和每批次产品进行 5 种致病菌检验所需人力、耗材及资金，降低了产品成本。同时，保证了检验检疫机构抓住罐头食品安全卫生检验重点，缓解了检验力量紧张，加快了检验检疫放行速度，提高了工作效率和工作质量。

（四）为食品工业杀菌工艺的规范化奠定了坚实的基础

除罐头食品外，食品罐藏技术被广泛应用于乳制品、肉制品、饮料、调味品、休闲食品等行业，虽然这些产品在食品分类和产品统计上未被归类为罐藏食品（罐头食品），但产品标准的微生物指标都是参照商业无菌要求检验的，因而食品罐藏技术也促进了相关产品及行业的发展。

第二章 食品商业无菌的理论基础

第一节 商业无菌与微生物

一、商业无菌与微生物

商业无菌是罐藏食品的主要特征之一，该类产品将食品容器密封后杀菌或杀菌后无菌灌装。这种工艺杀灭或抑制了绝大部分微生物，同时又阻止外界微生物再次污染食品，从而使食品获得在常温下的商业无菌状态，在保质期内不容易发生腐败变质，食品可以较长时间保藏。但是由于某些特殊原因，罐藏食品的腐败也时有发生。归根结底，罐藏食品的腐败是由微生物引起的。

微生物（microorganism）是一类个体微小、结构简单，肉眼不可见或看不清楚，必须借助显微镜才能看清其外形的微小生物的统称。它既包括属于原核微生物的细菌、放线菌、蓝细菌、衣原体、支原体、立克次氏体，又包括属于真核微生物的酵母菌、霉菌、大型真菌、低等藻类和原生动物，还包括不具备细胞结构的病毒、亚病毒（类病毒、拟病毒、朊病毒）。

二、商业无菌相关微生物

与商业无菌相关且有代表性的微生物主要有以下三大类。

1. 酵母菌（yeast）

酵母菌和霉菌都属于真菌类，但常见酵母菌及主要的生育形态不是菌丝体而是单细胞生命体，通常呈卵形，它们比霉菌小、比细菌大，最大厚度约为 1/500mm。酵母菌主要通过发芽繁殖，酵母菌的母细胞上先形成小芽孢，逐渐长大成另一个酵母菌细胞，有少数菌种能在细胞内形成芽孢，最后细胞破裂、长成新酵母菌细胞。酵母菌的形态如图 2-1 所示。

酵母菌广泛存在于自然界中，特别喜爱含糖分和果酸的液态食品。它们对酸和脱水等不良环境有较好的适应力。

图 2-1 典型酵母菌形态

酵母菌耐冷性比耐热性强，耐热性较差，大多数酵母菌加热到77℃就遭到破坏。罐藏食品中可能因酵母菌存在而出现腐败，此时就应怀疑到杀菌严重不足或容器有泄漏引起二次污染。酵母菌生长时会有酒精和造成胀罐的大量二氧化碳产生。

罐藏食品中若有酵母菌生长，不至于造成影响公众健康的事件。酿酒、制醋、加工馒头、面包等均是用酵母菌来完成，其对人类的进步作出了巨大的贡献。

2. 霉菌（mold）

霉菌一般是指多细胞的丝状真菌类，菌丝是由细胞壁包被的一种管状丝，大都无色透明，分支的菌丝相互交错而成的群体称为菌丝体。显微镜下观察典型霉菌的形态如图2-2所示。

霉菌比细菌大10倍，比酵母菌大2倍。霉菌广泛分布于自然界内，既存在于土壤内，又存在于空气的粉尘中。在适宜的水分、氧气和温度条件下，霉菌几乎能在任何食品内生长，它们还能在通常不利于支持生长的各种物质中生长，如较高浓度酸液、含有微量盐类的水中等。霉菌能迅速在高温和有大

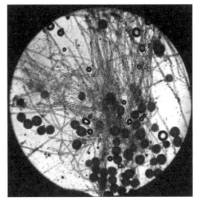

图2-2　典型霉菌在显微镜下的形态

量冷凝水的建筑物墙壁和天花板上生长，甚至于冷库内也会有霉菌存在，霉菌耐冷性比耐热性强。霉菌能将部分酸消耗掉，它们在食品中生长时，会抑制其他菌类生长。

经密封容器包装的食品在热力杀菌后，很少会有霉菌生长，因该菌不耐高温，它在经热力杀菌过的低酸罐头食品中不能生存，只有杀菌严重不足（例如漏杀菌）或杀菌后再次污染才可能出现。霉菌需要氧气才能生存，食品容器如发生泄漏可能会出现霉菌引起的败坏。有一种例外的霉菌称为纯黄丝衣霉，会在某些以果汁饮料、水果以及水果作为基料的食品罐头中出现，该菌能形成保持生命力的芽孢，因此能够忍受为保藏这些食品所制定的热处理条件。它在酸性或酸化食品中能忍受92℃、1min以上的热处理。不过，该菌需约14d时间成熟和产生耐热芽孢才能具有抗热力。人类往往利用霉菌来制造腐乳、酱油和酒类的曲等，使它为人类服务。

3. 细菌（bacteria）

与罐藏食品生产关系最密切的是细菌，大多数细菌无害，但它们能产生使食品出现不良变化的酶，有的细菌会产生毒素。细菌为单细胞生命体，个体小到只有高倍显微镜才能观察到。细菌的形态基本有三种——球形、杆状和螺旋状，大小差别很大，有的细菌比另一种细菌大上好几倍。大多数球菌的直径在0.75～2.0μm；中型杆菌的厚度为0.5～1.0μm，长度可达3μm。在显微镜观察下，细菌呈现多种外形，罐藏食品腐败菌中最重要的有呈球形的球菌和呈杆状的杆菌。

细菌是通过细胞的分裂来繁殖的，细菌细胞准备分裂时，细胞物料逐渐增加，直至它的容积比原来增大一倍为止，然后细胞中部收缩，收缩加深到使细胞内容物各自

保持在有细胞膜分割的两间分室内。这样相隔的两室最后分离并形成两个和母细胞完全一样的、彼此对等的新细胞。细菌的繁殖通常称为"生长"。一般情况下，细菌细胞每一次分裂平均20～30min。细菌的生长速度非常快，但是生长条件并非长期有利于它连续无限制生长。另外细菌数的增加将导致一些代谢物质的积累，它为细菌生长时的副产品，有抑制细菌生长的作用。

细菌根据它们能否具备形成芽孢的能力可以分成两类。所有球菌和部分杆菌不能形成芽孢，称为非芽孢形成菌（non-spore-forming bacteria）；许多杆菌具有产生芽孢的能力，称为芽孢形成菌（spore forming bacteria）。芽孢在这些细菌正常生长循环中，处于非生长性休眠阶段，它们在"多种恶劣条件"下仍能保持生命力。在适宜环境条件下，它们能像植物种子一样发芽生长。细菌芽孢对热、冷和化学品有很强的抵抗力，某些细菌芽孢在100℃沸水中能生存16h以上，而处于生长状态的菌体和非芽孢细菌加热到沸腾时则很快死亡。一般来说，能抵抗热力的芽孢还能强力抵抗住化学品的破坏。

三、与商业无菌相关的细菌特征

1. 芽孢形成菌

芽孢是细菌在恶劣环境下形成的休眠体，芽孢一般有较强的耐热性。如果菌体被杀死了，芽孢未必被破坏，在适宜的条件下，孢子可再发育为新的菌体。芽孢形成菌一般要以高于100℃以上的温度才能杀死。

2. 非芽孢形成菌

这类菌不生成芽孢，抗热性较差，一般用≤100℃温度杀菌即可。

3. 食品腐败菌

通常引起食品腐败的微生物，简称为食品腐败菌，腐败指能使食品发生有害的变化而不能食用。罐藏食品腐败微生物的营养来源是食品，当微生物利用食品的营养繁殖的时候，将会使食品产生腐败或称败坏。

4. 肉毒梭状芽孢杆菌

肉毒梭状芽孢杆菌是一种细菌，发现年代甚早。1735年，法国发生腊肠中毒事件，至1895年才由Ermengem分离出所发生肉毒素中毒的产生菌，故该菌被命名为肉毒梭状芽孢杆菌或腊肠毒杆菌。

肉毒梭状芽孢杆菌是芽孢形成菌，菌体长3.0～8.0μm、宽0.5～0.8μm，两端呈圆形杆状。该菌最适生长温度为30～36℃。肉毒梭状芽孢杆菌在自然界分布很广，很多食物、土壤均有被污染的可能。该细菌本身并无毒害作用，每天人类均有可能食下这种细菌，它不能在人或动物的肠道内产生毒素。但肉毒梭状芽孢杆菌生长时会分泌出毒素于食物中，此时食用这种食物会导致食物中毒。肉毒梭状芽孢杆菌产生的毒素毒性非常强烈。

肉毒梭状芽孢杆菌是迄今为止所知的所有会引起中毒和病害的微生物中对热具有较强抗热性的细菌。罐藏食品如果能将肉毒梭状芽孢杆菌杀灭，则其他致病菌不复存在，所以，肉毒梭状芽孢杆菌在罐藏食品加工界被广为重视，杀死肉毒梭状芽孢杆菌往往是设定杀菌规程的先决条件。

5. 嗜温菌和嗜热菌

细菌生长的最适温度依种类的不同而不同，很多细菌以常温或稍高于常温为最适温度，通常以30～36℃为最适温度，习惯上称为嗜温菌。

也有些细菌喜欢在较高温度下繁殖，一般以55℃左右为最适生长温度。这类细菌统称为耐热菌或嗜热菌。微生物一般不喜欢低温，微生物在低温下生长受到抑制，所以家用冰箱的冷藏室（如2～5℃）就可以短时间保藏食品，冷冻室（-18℃）能较长时间保藏食品。

6. 好氧菌和厌氧菌

好氧菌：细菌中有些喜欢氧气，故也称为需氧性细菌，或好气性细菌。好氧菌多数具有很强的耐热性，可能会形成平酸腐败，即能分解碳水化合物产酸，但一般不产气，故腐败罐头的外观近似正常，不会胀罐。虽然称平酸菌腐败，实际上也会降低罐头的真空度，或造成轻微"松听"（微胀罐）。平酸菌腐败多数是由二次污染造成的。引起蔬菜罐头腐败的主要细菌是嗜热脂肪芽孢杆菌和凝结芽孢杆菌，这些细菌的耐热性都很强，几乎所有的蔬菜原料都会受其污染。

厌氧菌：有些细菌不喜欢氧气，亦称厌气性细菌。引起罐头食品败坏的厌氧菌中有一种高温厌氧菌（如嗜热解糖梭状芽孢杆菌），此类菌会分解糖类和其他碳水化合物产生大量的气体，该气体主要是二氧化碳和氢气，造成罐头胀罐。另一种高温厌氧菌（如致黑梭状芽孢杆菌）生长时会产生硫化氢，造成硫臭罐腐败及产生硫化铁使内容物变黑，它是蘑菇罐头的重要腐败菌。肉毒杆菌属于厌氧菌。

7. 兼氧菌

在有氧和无氧环境中都能生长的细菌称为兼氧菌。

8. 微需氧菌

在少量氧时生长最好的细菌称为微需氧菌。

9. 食物传染性细菌

通常传染性细菌对人类危害很大，我们通常称为致病菌。致病菌会引起人类致病或死亡，其引起人类的病症如表2-1所示。

表 2-1   由食品污染细菌引起的病症

病名	病原	来源（主要食物）	潜伏期	症状
志贺氏杆菌痢疾	志贺氏菌属	多水食品、乳及乳制品受排泄物污染的食物	通常 2～3d	腹泻、血样大便、严重时会发热
霍乱	霍乱弧菌	受粪便污染的食品	2～5d	恶心、呕吐、腹泻和腹痉挛
布鲁氏杆菌病、浪热班格氏病	流产布鲁氏菌、地中海热菌、豚布鲁氏菌	鲜乳或被生乳污染的乳制品、肉类	2～21d，有时长达数月	发冷、出汗、无力、头痛、发热、肌肉和关节痛及失重
白喉	白喉杆菌	受带菌者污染的食品	2～7d	隐袭病喉及鼻发炎
猩红热和脓菌性咽喉炎	β- 溶血性链球菌	受口鼻污物污染食品及被感染牛乳	1～7d	发热、咽喉炎、有时出疹
链球菌食物污染	肠内球菌、粪链球菌	受排泄物或带菌者污染的食品	2～18d	恶心、呕吐、疼痛和腹泻
沙门氏菌症 （1）伤寒 （2）副伤寒 （3）其他	伤寒沙门氏菌、副伤寒沙门氏菌	任何被病者或带菌者排泄物污染的食品，如肉类、生菜和蛋制品	通常 7～12d 1～10d 12～72h	无食欲、头痛、发热、腹痛腹泻、发冷热、呕吐、虚脱
结核病	牛型结核分枝 A 型及 B 型杆菌	受污染的鲜乳及其他乳制品	不定	依受感染身体部位而定

　　如表 2-1 所示，这些细菌引起的病症是很可怕的，但好在这些细菌的抗热较差，一般在≤100℃的温度便会失去活性。罐藏食品是经过合适热力杀菌的食品，是非常安全的食品。

　　10. 毒素

　　食物被细菌污染后不仅会败坏变质，还因细菌繁殖过程中可能产生毒素，人若食用该类食品，会将毒素一起摄入，经肠道吸收而引起中毒。

　　（1）细菌毒素

　　葡萄球菌食物中毒、肉毒梭状芽孢杆菌中毒、魏氏杆菌食物中毒，三种中毒引起情况如表 2-2 所示。

表 2-2　细菌性毒素引起的病症

病名	病原	来源（主要食物）	潜伏期	症状
葡萄球菌食物中毒	葡萄球菌产生的肠毒素	肉类、富含碳水化合物的食品，尤其是生菜和即食食品	2～11d	恶心、呕吐、腹泻、腹痉挛、不发热
肉毒梭状芽孢杆菌中毒	肉毒梭状芽孢杆菌产生的外毒素	家庭加工食品和 pH 高于 4.6 并受污染的食品	12h～6d	眩晕、复视、肌无力，其后下咽困难、语言障碍，最后呼吸麻痹而死亡，不发热
魏氏杆菌食物中毒	魏氏 A 型杆菌产生的小型外毒素	冷藏和再加热的肉类、水、乳、盐渍面包、任何动物的肠道	8～12d（不一定）	急性腹痛、腹泻、恶心，甚少有呕吐现象

（2）霉菌毒素

其中最常见的是黄曲霉毒素，霉菌毒素中毒症状大致如下：

①肝毒素（hepatotoxin）：引起肝病、肝细胞坏死，甚至肝癌。

②肾毒素（nephrotoxin）：导致肾功能丧失。

③神经毒素（neurotoxin）：导致中枢神经出血及退化，严重者丧失功能。

④光感皮肤毒素（photodynamic dermatotoxic metabotites）：引起皮肤炎症。

四、食品 pH 与微生物的关系

各种微生物对酸性环境的适应性不同，各种食品的酸度或 pH 也各有差异（见表 2-3），故各种食品中出现的腐败菌也不同。因此，不同罐藏食品中有不同的杀菌对象。根据腐败菌对不同 pH 的适应情况及其耐热性，罐藏食品按照 pH 不同常分为：低酸性食品、酸性食品和酸化食品。如果食品经过酸化加工达到酸性食品要求，该类产品称为酸化食品。

表 2-3　常见罐藏食品的 pH

罐藏食品	pH			罐藏食品	pH		
	平均	最低	最高		平均	最低	最高
苹果	3.4	3.2	3.7	番茄汁	4.3	4.0	4.4
杏	3.9	3.4	4.4	番茄酱	4.4	4.2	4.6
黑莓	3.5	3.1	4.0	芦笋（绿）	5.5	5.4	5.6
蓝莓	3.4	3.1～3.3	3.5	芦笋（白）	5.5	5.4	5.7
紫褐樱桃	4.0	3.8	4.2	青刀豆	5.4	5.2	5.7
红酸樱桃	3.5	3.3	3.8	甜菜	5.4	5.0	5.8
葡萄汁	3.2	2.9	3.7	胡萝卜	5.2	5.0	5.4

续表

罐藏食品	pH			罐藏食品	pH		
	平均	最低	最高		平均	最低	最高
葡萄柚汁	3.2	2.8	3.4	盐水玉米	6.3	6.1	6.8
柠檬汁	2.4	2.3	2.8	乳糜状玉米	6.1	5.9	6.3
橙汁	3.7	3.5	4.0	无花果	5.0	5.0	5.0
桃	3.8	3.6	4.0	蘑菇	5.8	5.8	5.9
巴梨（洋梨）	4.1	3.6	4.4	青豆（阿拉斯加）	6.2	6.0	6.3
酸渍新鲜黄瓜	3.9	3.5	4.3	青豆（皱皮种）	6.2	5.9	6.5
菠萝汁	3.5	3.4	3.5	甘薯	5.2	5.1	5.4
李子	3.8	3.6	4.0	马铃薯	5.5	5.4	5.6
腌酸包心菜	3.5	3.4	3.7	南瓜	5.1	4.8	5.2
草莓	3.4	3.0	3.9	菠菜	5.4	5.1	5.9
番茄	4.3	4.1	4.6	—	—	—	—

　　肉类及大部分蔬菜罐头多属于低酸性食品和酸化食品，而水果及番茄罐头多属于酸性食品。一般来说前者蛋白质含量较高，后者则碳水化合物含量较高。

　　1. 低酸性食品

　　在罐藏食品工业中，pH 4.6 作为酸性食品和低酸性食品的分界线。任何工业生产的罐头食品中，其最后平衡 pH 大于 4.6 及水分活度大于 0.85 即为低酸性食品。这种分类方法主要取决于肉毒杆菌的生长习性：①肉毒杆菌芽孢的耐热性很强；②它们在适宜条件下的生长繁殖能产生致命的外毒素，对人致死率可达 65%；③肉毒杆菌为抗热厌氧土壤菌，存在于原料中的可能性很大，罐内的缺氧条件又对它的生长和产毒非常适宜；④ pH 小于 4.6 时，肉毒杆菌的生长受到抑制，所以 pH 大于 4.6 的食品罐头杀菌时必须保证将其全部杀死，故而肉毒杆菌能生长的最低 pH 成为两类食品的分界线。在低酸性食品中，还存在有比肉毒杆菌更耐热的厌氧腐败菌，如 P.A.3679 即生芽孢梭状芽孢杆菌，且此菌不产生对人类有致命危害的毒素，常被选为低酸性食品罐头杀菌时的试验对象菌，如此确定的杀菌工艺可靠性更高。在低酸性食品中，还存在耐热性更强的平酸菌，如嗜热脂肪芽孢杆菌，它需要更高的杀菌条件才会完全遭到破坏。低酸性食品的平酸腐败也可能会由二次污染造成。

　　2. 酸性食品

　　在酸性食品中，污染严重时，腐败菌酪酸菌和凝结芽孢杆菌在 pH 低达 3.7 时仍能生长，因此 pH 3.7 就成为酸性和高酸性食品的分界线。酸性食品中常见的腐败菌有巴氏固氮梭状芽孢菌等厌氧芽孢菌。

　　高酸性食品中出现的主要腐败菌为耐热性能较低的耐酸性细菌、酵母菌和霉菌。

但是，该类食品中的酶具有更强的耐热性，所以酶的钝化为其杀菌的主要问题，如酸黄瓜罐头杀菌。其中各类罐头食品中常见的腐败菌见表2-4。

表2-4 按pH分类的罐头食品中的常见的腐败菌

食品pH范围	腐败菌的温度习性	腐败菌类型	罐头食品腐败类型	腐败特性	微生物的耐热性能（D值）	常见腐败对象
低酸性食品（pH＞4.6）	嗜热菌	嗜热脂肪芽孢杆菌	平盖酸败	产酸（乳酸、甲酸、醋酸）不产气或产微量气体，不胀罐，食品有酸味	$D_{121℃}=$4.0～5.0min	青豆、刀豆、芦笋、蘑菇、红烧肉、猪肝、猪舌等
		嗜热解糖梭状芽孢杆菌	高温缺氧发酵	产气（CO_2+H_2）不产H_2S，胀罐；产酸（酪酸），食品有酪酸味	$D_{121℃}=$3.0～4.0min	芦笋、蘑菇、蛤等
		致黑梭状芽孢杆菌	黑变或硫臭、腐败	产生H_2S，平盖或微胀，有硫臭味，食品和罐壁有黑色沉积物	$D_{121℃}=$2.0～3.0min	青豆、玉米等
低酸性食品（pH＞4.6）	嗜温菌	肉毒梭状芽孢杆菌A型和B型	缺氧、腐败	产毒素，产酸（酪酸），产气和H_2S，胀罐，食品有酪酸味	$D_{121℃}=$0.1～0.2min	肉类、肠制品、油浸鱼、青刀豆、青豆、芦笋和蘑菇等
		生孢梭状芽孢杆菌P.A.3679		不产毒素、产酸、产气和H_2S，明显胀罐、有臭味	$D_{121℃}=$0.1～1.5min	肉类、鱼类（不常见）
酸性食品（pH≤4.6）	嗜温菌	耐热芽孢杆菌（或凝结芽孢杆菌）	平盖酸败	产酸（乳酸）、不产气，不胀罐、变味	$D_{121℃}=$0.01～0.07min	番茄及番茄制品、番茄汁等
		巴氏固氮芽孢杆菌	缺氧发酵	产酸（酪酸）、产气（CO_2+H_2），有酪酸味	$D_{100℃}=$0.1～0.5min	菠萝、番茄
		酪酸梭状芽孢杆菌				整番茄
		多黏芽孢杆菌	变质发酵	产酸、产气、产丙酮和酒精，胀罐		水果及其制品（桃、番茄）
		软化芽孢杆菌				

续表

食品 pH 范围	腐败菌的温度习性	腐败菌类型	罐头食品腐败类型	腐败特性	微生物的耐热性能（D 值）	常见腐败对象
酸性食品（pH≤4.6）	非芽孢嗜温菌	乳酸明串珠菌	发霉变质	产酸（乳酸）、产气（CO_2），胀罐	$D_{65℃}=$ 0.5～1min	水果、梨、果汁（黏质）
		酵母菌		产酒精、产气（CO_2）、膜状酵母，食品表面形成膜状物		果汁、酸渍食品
		霉菌（一般）		食品表面上长霉菌	$D_{40℃}=$ 1～2min	果酱、糖浆水果
		纯黄丝衣霉、雪白丝衣霉		分解果胶至果实瓦解，发酵产生 CO_2，胀罐		水果

五、食品杀菌的 12D 概念

食品的杀菌强度（F 值）怎样来决定？食品科学家经过长期研究，提出了用 12D 理论来确立低酸食品商业杀菌的理论，即杀菌强度至少要达到 12D 的强度，才能确保肉毒杆菌的芽孢残存概率减低至 10^{-12} 数量级，达到商业无菌的状态。以肉毒杆菌为对象菌杀菌时间需为该菌种 D 值的 12 倍的时间。经已知的测试数据，肉毒杆菌的 D 值按该杆菌的类型（如 A 型和 B 型）不同而不同，最大的 $D_{121℃}$ 为 0.21min。12 个 D 就是 $12×D=12×0.21=2.52$（min），这就是对低酸食品最低的要求。12D 杀菌时间还可以从下述公式导出，假设初始微生物数 $a=10^{12}$ 个，经过杀菌后微生物残存数为 $b=1$ 个，按公式 $D=U/（\lg a-\lg b）$，则杀菌时间 U 可以从下式导出：

$$U = D×（\lg10^{12}-\lg1）= 0.21×（12-0）= 0.21×12 = 2.52（min）$$

罐藏食品优先考虑要杀死肉毒杆菌，因为肉毒杆菌是迄今所知的所有会引起中毒和病害的微生物中，对热具有最强的抗热性的菌种之一。肉毒杆菌的毒素很大，但肉毒杆菌难于在 pH 小于 4.6 的酸性环境下生长，就是能生长也不产生毒素，故 12D 理论适用于低酸性食品的杀菌。为杜绝肉毒杆菌中毒事件的 12D 概念是适用于低酸性食品杀菌的最低要求，但并不适用于酸性或酸化食品。

肉毒杆菌的耐热性 D 值在腐败菌中并不算最大。除了肉毒杆菌外，还有耐热性更强的其他细菌，如平酸腐败菌（它的毒性不大），它的 D 值可达 4～5min，如 $D_{121℃}$ 为 5min 的话，12D 的杀菌时间就是 $12×5=60$（min）。这就意味罐藏食品最冷点受 121℃ 杀菌达 60min。对这些产品而言虽是安全的，但会被过度煮熟使品质变得不堪食用。此类耐热性强的细菌，在良好操作规范条件约束下，以 5～6D 的杀菌强度也可视为适当，关键在于减少初始菌污染数量。

12D杀菌的理论当初是基于对肉毒杆菌的控制，但它是以初始微生物污染量为起始状态，当时的设计是从微生物污染量达到一万亿个数量级（10^{12}）时，经12D杀菌将芽孢数量下降到了1个。如果我们的工艺卫生条件很好，初始微生物为一百万个（10^6），达到同样的杀菌效果，用5～6D的杀菌条件也可，因此工艺卫生的控制是非常重要的。

如以高D值微生物作为对象菌，用5～6D杀菌，它的总杀菌时间仍然必须要大于肉毒杆菌12D的时间。

关于12D和6D的概念和存活菌概念演算情况如表2-5和表2-6所示。

表2-5　微生物致死12D概念演算表

杀菌时间	存活菌数量	每个D值时间杀死菌数	每个D值被杀百分比	被杀总菌数量	累计杀死百分比
0D	1000000000000	0	0%	0	0%
1D	100000000000	900000000000	90%	900000000000	90%
2D	10000000000	90000000000	90%	990000000000	99.0%
3D	1000000000	9000000000	90%	999000000000	99.90%
4D	100000000	900000000	90%	999900000000	99.990%
5D	10000000	90000000	90%	999990000000	99.9990%
6D	1000000	9000000	90%	999999000000	99.99990%
7D	100000	900000	90%	999999900000	99.999990%
8D	10000	90000	90%	999999990000	99.9999990%
9D	1000	9000	90%	999999999000	99.99999990%
10D	100	900	90%	999999999900	99.999999990%
11D	10	90	90%	999999999990	99.9999999990%
12D	1	9	90%	999999999999	99.99999999990%

注1：上表以原始菌存活数量为1万亿个（10^{12}）的数量级假设，经过12D强度的杀菌，存活菌数量为1个，杀死菌比例为百分之99后面小数10个9。

注2：如果被加工的原料本身微生物污染少，如初始污染菌100万个（10^6），可以从表内看到，用6D的时间，也可使存活菌数为1个。

表2-6　微生物致死6D概念演算表

杀菌时间	存活菌数量	每个D值时间杀死菌数	每个D值被杀百分比	被杀总菌数量	累计杀死百分比
0D	1000000	0	0%	0	0%
1D	100000	900000	90%	900000	90%
2D	10000	90000	90%	990000	99.0%

续表

杀菌时间	存活菌数量	每个 D 值时间杀死菌数	每个 D 值被杀百分比	被杀总菌数量	累计杀死百分比
3D	1000	9000	90%	999000	999.0%
4D	100	900	90%	999900	9999.0%
5D	10	90	90%	999990	99999.0%
6D	1	9	90%	999999	999999.0%

注：从此表可以看到，如果被加工的食品初始菌数假设减少到 100 万个（10^6），它与表 2-5 12D 强度杀菌可以达到一样的结果，故食品在加工过程中搞好工艺卫生，尽可能降低食品在杀菌前的初始菌数是相当重要的。

六、常见罐藏食品腐败变质的现象

罐藏食品储存、运输过程中有的会出现胀罐（胀袋）、平酸腐败、变黑和发霉等腐败变质现象。

1. 胀罐（胀袋）

罐头底盖正常情况下呈平坦状或内凹状，出现外凸现象时称为胀罐或胖听。如玻璃罐出现跳盖或鼓盖、软罐头出现胀袋。

根据金属罐底盖外凸的程度又可分为隐胀、弹胀、软胀和硬胀四种情况。①隐胀：罐头外观正常，若用硬棒叩击底盖的一端，则底盖另一端就会外凸。如用力将凸端向罐内按压，罐头又重新恢复原状。②弹胀：罐头的底或盖呈外凸状，若用力将凸端压回原状，则另一端会外凸，它的胀罐程度稍严重一些。③软胀：罐头的底盖和盖均外凸，但是还可用力下压。④硬胀：罐头底盖坚实地或永久地外凸，进一步发展会发生罐头容器爆裂。

胀罐的原因有以下三点。

（1）细菌性胀罐是由罐头内残存的产气性细菌，在适宜条件下生长繁殖产生气体而引起的胀罐。细菌性胀罐是食品工厂中常见的胀罐，一般在保温检查或放置一段时间后出现。常见的产气性细菌见图 2-3。

（2）物理性胀罐是指由于罐头装罐量过多或罐内真空度不足引起的胀罐。物理性胀罐一般在罐头杀菌冷却后出现。通常为弹胀状态，不再发展。

（3）化学性胀罐，又称氢胀，是因素铁罐内食品酸度太高，罐内壁迅速腐蚀，锡、铁溶解并产生 H_2，大量 H_2 聚积于顶隙时出现的胀罐。或酸度正常，但罐内壁出现异常脱锡。它常需要经过一段储存时间才会出现。

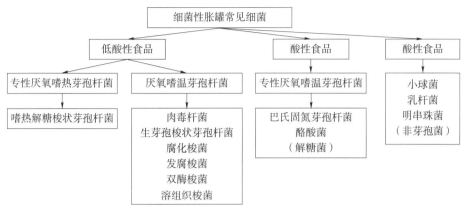

图 2-3　常见的产气性细菌

2. 平酸腐败

平酸腐败是指由平酸菌引起产酸不产气内容物变质的现象。发生平酸腐败变质的罐头外观一般正常，而内容物却已在细菌活动下发生变质，呈轻微或严重酸味。当平衡 pH 已下降 0.1～0.3 时，应及时确认产品是否发生平酸腐败。

平酸腐败可能由杀菌不足和二次污染引起。在低酸性食品中，常见的平酸菌是嗜热脂肪芽孢杆菌，其耐热性很强，能在 49～55℃温度中生长，最高生长温度为 65℃。糖、面粉及香辛料等辅料是常见的平酸菌污染源。在酸性食品中，常见的平酸菌为嗜热酸芽孢杆菌，即凝结芽孢杆菌，最高生长温度可达 54～60℃，温度低于 25℃时仍能缓慢生长，它为番茄制品中常见的腐败菌。

3. 黑变或硫臭腐败

在致黑梭状芽孢杆菌活动下，含硫蛋白质分解并产生唯一的 H_2S 气体，与罐内壁铁质反应生成黑色硫化物，沉积于罐内壁或食品上，使食品发黑并出现臭味，这种现象称为黑变或硫臭腐败。这类腐败变质罐头外观正常，有时也会出现隐胀或轻胀。

致黑梭状芽孢杆菌的适宜生长温度为 55℃，在 35～75℃温度范围内都能生长。其芽孢的耐热性较弱，只有杀菌严重不足时才会出现此类腐败。

4. 发霉

罐头内食品表层出现霉菌生长的现象称为发霉。一般并不常见，只有容器泄漏或罐内真空度过低时，霉菌才有可能在低水分及高浓度糖分的食品表面生长。另外如杀菌冷却阶段发生了冷却水二次污染事件，也可能产生发霉现象。

此外，还有引起食物中毒的产毒菌，如金黄色葡萄球菌等，但这类细菌耐热性较弱，在罐头食品中一般不予考虑。

七、商业无菌食品微生物污染的来源

（一）杀菌前微生物污染

如果杀菌之前细菌、酵母菌、霉菌等在罐装食品的容器内已经大量生长繁殖，食品在杀菌前就会出现污染腐败的现象。产生这种状况主要是由于原料新鲜度差、微生物污染严重；生产过程中原料加工不及时、物料积压处理不当；杀菌不及时（最好于封罐后 1 小时内进行杀菌）；车间卫生状况差、车间温度高，导致密封时容器内的初始细菌数大增，并在进入杀菌设备前就出现污染腐败。

杀菌前食品腐败程度取决于密封前内容物的初菌数的多少以及等待杀菌期间的温度高低和时间长短，初期腐败的罐头经杀菌后，腐败菌可能被杀死（嗜热菌污染除外），但罐头早已出现隐胀或弹胀，这类罐头在显微镜镜检时能观察到大量死亡菌体。为此必须加强对原辅材料、加工过程、车间卫生、温度等方面的控制，加强生产管理，以减少杀菌前微生物的污染和繁殖。

（二）杀菌不足

杀菌不足是产品没有受到足够强度的热力处理，杀菌强度不足的后果是不能杀死影响消费者健康的所有微生物，未能达到商业无菌的要求。导致热力杀菌不足的原因很多，如杀菌规程不正确或杀菌设备故障，制定杀菌规程的关键因子发生了改变，操作不当导致罐内的细菌存活并继续生长。从现象上来看，镜检时腐败罐头内出现的腐败菌或芽孢比较单纯，耐热性也比较强，有产气和不产气之分，均属腐败性变质，不能食用。

（三）杀菌后二次污染

杀菌后二次污染是指杀菌后微生物进入或渗入容器内并生长，主要是冷却过程中的污染，其产生原因是容器密封性能不良或杀菌冷却水被大量微生物污染，冷却时罐内外压力控制不当，引起卷边松动或在冷却开始的瞬间，高温的容器遇到冷却水，因封口卷边热胀冷缩使冷却水分子及微生物进入罐内，造成二次污染；也有可能是由于罐头卷边处因有一些食物嵌入或者卷边内的密封胶膨胀的缺陷而造成微生物侵入污染。

这类罐头接种、镜检时，会发现腐败菌较杂、菌类较多且均是不耐热非芽孢菌，是多菌种生长活动的结果，产气菌与非产气菌并存，它们会迅速生长繁殖，但有时几个星期后就会完全停止腐败，胀罐率高，也可能会有少量平酸败坏存在，因此必须注意对正常罐头的平酸菌检验。

为避免杀菌后的二次污染，必须对罐藏容器的质量特别是密封性能和冷却水中的细菌总数加以严格控制，冷却水要达到符合生活饮用水标准，并要求控制冷却水排放口余氯含量，GB 8950—2016《食品安全国家标准　罐头食品生产卫生规范》规定，余氯含量应不低于 0.5mg/L（美国则要求达到能检测到有余氯即可），确保冷却水洁净，避免二次污染事件发生。如冷却方法为内循环方式间接冷却，冷却水可不须加氯杀菌。

（四）杀菌后嗜热菌生长污染

由于食品中污染了嗜热菌，这类细菌芽孢的抗热性较强，经热力杀菌后仍有可能残存于食品容器内，在常温储存的条件下是不活动的，但在55℃以上的适宜温度下能再生长繁殖，导致嗜热菌生长，所以要防止嗜热菌生长，罐藏食品在冷却时要迅速冷却到38～40℃，储存温度控制在35℃以下。

八、微生物污染引发的商业无菌不合格食品的防控措施

为判定腐败罐头的类别，可将已腐败的罐头按商业无菌的检验程序进行检验分析，检验项目为密封性能、pH、感官、涂片染色镜检等。根据微生物增殖生长情况进行综合分析，如果检出的微生物是革兰氏阴性球菌，则后污染的可能性大一些；如是革兰氏阳性杆菌（菌相单纯），则杀菌不足的可能性大一些。对革兰氏阳性杆菌应进一步分析，分别用36℃和55℃培养，经溴甲酚紫及庖肉培养并结合涂片检验综合判断，如36℃生长则为嗜温菌，如55℃生长则为嗜热菌，其造成原因可以初步判定为杀菌不足。要确定污染的菌种还需做进一步培养、分离、鉴定等一系列工作。

（一）初期腐败的控制措施

初期腐败是在杀菌之前因微生物繁殖，引起的罐头胀罐或口感变化，在杀菌后一般分离不出活菌，但显微镜镜检可找到许多菌体。所污染的微生物种类和数量与原料状况、储运条件、加工设施设备和加工环境卫生、生产操作工艺条件以及操作人员个人卫生等密切相关。

1. 控制原材料

土壤是微生物的主要来源之一，土壤中的某些芽孢杆菌可以在很高的温度下生长，甚至有的经过121℃、60min 的杀菌后仍能存活。而多数罐头食品的原料与农副产品息息相关，若罐内污染有嗜热菌，则一般的杀菌处理很难将嗜热菌全部杀灭。因此为减少罐头变质问题，控制原辅材料的微生物数量是必要的，企业原料验收部门或质量管理部门对原辅材料的验收，必须制定和严格执行符合质量安全的标准，甚至必要时限制其产地和产期。在储存运输环节，需注意温度、湿度等环境条件的控制，避免微生物快速繁殖。例如水产罐头，因水产品原料不新鲜，从而使其蛋白质降解产生氨气，导致隐胀，还有可能在杀菌过程中产生凸角。

2. 保持良好的加工设备及设施卫生

在原料处理和配料过程中，因过程卫生控制不良，会导致大量微生物残留在与食品接触的设备或设施表面，微生物生长过程中产生的毒素也会进入产品中。因此，为了降低罐头食品的细菌性腐败，必须注意车间加工环境与设施设备的卫生管理工作及罐装容器的清洗消毒，注意配料预处理设备、容器和管路、灌装和封口设备的定期清

洗和消毒，不得留有卫生死角。

3. 预防半成品微生物增殖

确保装入罐头容器中的物料在投入杀菌前，储存在微生物可控的条件下。除特殊工艺要求外，尽量缩短暂存时间。遇到突发问题而不能及时生产时，应采取低温储存、预杀菌等应急处理措施，防止腐败，减小毒素产生的风险。

（二）杀菌不充分导致污染的防控措施

1. 制定合理的杀菌工艺

罐头食品在确保"商业无菌"的前提下，还要考虑食品的风味及感官，即"商业价值"。科学严谨的罐头杀菌处理工艺，需经过多个步骤的反复验证，一旦确定杀菌工艺，必须严格执行。

2. 杀菌过程异常的控制措施

罐头生产中较常用的热力杀菌设备有水浴式杀菌设备、蒸汽式杀菌设备以及水/汽/气混合式杀菌设备等。杀菌过程中需保持设备的正常运行，维持杀菌热分布均匀，企业可根据实际情况，定期开展热分布均匀性测试，及时排查隐患。需充分考虑传热介质不稳定供给、热介质喷孔堵塞、热水循环设施或保持蒸汽流通的排气装置故障、冷却水阀门泄漏，以及蒸汽式高压杀菌釜内压缩空气进入等不稳定因素，要加强日常检查和复核。

（三）杀菌后污染的控制措施

1. 保障包装的密封性

良好的包装密封性是确保罐头品质的先决条件，否则产品将不可避免地被微生物污染。常见的罐头包装形式有金属罐、玻璃瓶、塑料软包装及多种材质复合软包装等。金属罐需重点控制焊缝渗漏、卷封结构不良、密封胶质量缺陷等问题；玻璃容器需加强瓶口缺陷、旋盖异常、瓶盖配合等检查；软包装容器方面主要是控制热封合不良问题。另外，杀菌过程因冷热交替过程，产品包装容器内外压力会发生剧烈变化，可引起封合区域拉伸形变，引发密封性缺失，需根据需要在杀菌或冷却过程进行加压处理，保持包装容器内外压差可控，不引起容器变形。

2. 杀菌后及时、充分进行冷却

为保证产品营养、色泽及口感等内在品质，同时缩短可能残存的嗜热微生物的适宜生长时间，罐头产品在杀菌后需及时冷却。通常按照国家标准要求，热杀菌后需冷却至38~40℃，部分热敏性差的产品可冷却至45℃以下，但应尽量缩短高温持续时间。

3. 确保冷却水不受污染

罐头产品在杀菌过程中，因冷热交替，罐内外压力变化，导致封合区域松动，在冷却过程中可能会将少量冷却水吸入产品中，如果冷却水带菌，可能会造成产品被微生物污染，引发变质。所以确保冷却介质水不受微生物污染至关重要，定期对冷却水进行更换或消毒处理是必要的。常用的处理方式是加氯处理，应定时检测有效氯浓度，按期进行微生物指标检测，发现异常及时追溯处理。

第二节　食品商业无菌与食品货架期

一、食品货架期概述

（一）食品货架期定义

食品达到商业无菌的目的之一是延长食品的货架期。货架期指食品保持市场可接受的质量以及法律和安全要求规定的储存条件下保持食品品质及最佳食用价值的期限。在货架期内，食品应符合产品标准中规定的质量要求，当超过这个期限，食品的某些感官特性（色泽、组织形态、滋味气味等），可能产生变化，其营养价值随之降低。

（二）食品货架期影响因素

影响食品货架期的因素有许多，主要可被分成内在因素和外在因素。内在因素，如水分活度、pH 和总酸度、酸的类型、氧化还原电势、有效含氧量、菌落总数、在食品配方中是否使用防腐剂等；外在因素，如在储存和运输过程中的相对湿度、温度、微生物控制、在加工过程中的杀菌工艺、包装过程中的气体成分、消费者的处理操作和热处理的顺序等。以上因素都会带来一些反应变化而影响食品的货架期，这些反应变化可以被简单地归纳为以下几类。

1. 微生物条件影响

食品变质时大量生长的微生物将食品中的蛋白质、氨基酸、肽等有机物分解成小分子，使食品产生令人厌恶的气味。引起食品腐败的微生物主要是细菌类，特别是能分泌大量分解蛋白酶的腐败细菌。在食品储存过程中，一些特定微生物的生长主要依赖于以下一些因素：食品储存初始阶段的微生物原始数目、食品的物化性质（如水分活度、pH）、食品的外在环境、食品加工过程中使用的处理方法等。

2. 环境条件影响

对于预包装食品而言，环境条件可以分为包装内环境条件和包装外环境条件。包装内环境条件主要取决于包装材料的阻隔性。在包装食品中，随着时间的延长，外界气体和水分渗入包装材料内，从而改变包装内部的气体的成分和相对湿度，引起食品的化学变化和微生物变化。水分迁移是影响食品品质的比较大的影响因素。由水分的丢失所引起的一些变化可以很容易地被观察到。比如，干面包片、饼干等脆性食品会因外界环境的水分迁移而失去它们的脆性。沙拉食品同样可以由于水分从蔬菜到拌料的迁移作用而发生品质改变。冷冻食品储存中发生的干耗也是由于在冻结食品时，因食品中水分从表面蒸发而造成食品质量减少。包装外环境条件关键因素有温度、湿度以及紫外线等。温度的变化会导致食品的变质，在处理食品的适度温度范围内，温度每升高 10℃，化学反应速率约可加快 1 倍。过度受热会使蛋白质变性、乳状液破坏、因脱水使食品变干以及破坏维生素。未加控制的低温也会使食品变质，比如引起果蔬的"冻害"。冻结也会导致液体食品的变质，如果将牛奶冻结，乳状液即受到破坏，脂肪就会分离出来。冻结还会使牛乳蛋白质变性而凝固。另外在冻结食品时，温度的波动会使食品内部的冰晶发生变化，从而缩短该食品的保质期。

3. 化学条件影响

许多变质随着食品内部化学反应的加剧而发生。食品里的脂肪经常发生一些反应机理非常复杂的反应。例如，水解、脂肪酸的氧化、聚合等变化，其反应生成的低级醛、酮类物质会使食品的风味变差、味道恶化，使食品出现变色、酸败、发黏等现象。当这些变化进行得非常严重时，就被人们称之为"油烧"。在食品储存过程中酶的活动也可以改变食品的性质，导致其保质期发生改变。一些非酶反应可以导致食品发生褐变。美拉德反应指食品中的羰基化合物（还原糖类）和氨基化合物（氨基酸和蛋白质）经过复杂的历程最终生成棕色甚至是黑色的大分子物质类黑精或称拟黑素，故又称羰氨反应。瓶装牛奶暴露在阳光下会产生"日光味"，因为光导致脂肪氧化和蛋白质破坏。光线的照射也可破坏某些维生素，特别是核黄素、维生素 A、维生素 C，而且还能使某些食品中的天然色素褪色，改变食品的色泽。

4. 包装材料影响

对于预包装食品来说，食品品质不仅受到自身储存温度、储存时间等内在因素的影响，还受到包装环境的外在影响。在储存过程中包装材料与内容物发生相互作用，材料中的化学物质可迁移到食品中，进而引起食品的污染。如罐头金属容器内壁发生腐蚀后重金属的迁移、包装材料气味物质对食品风味的影响等。

商业无菌的食品经过适度热杀菌后，不含有致病性微生物，也不含有在通常温度下能在其中繁殖的非致病性微生物。因此，商业无菌产品不受微生物繁殖导致的感官恶化，产品品质变化主要受物理条件、环境条件、化学条件以及包装材料的影响。

二、食品货架期评价

（一）货架期评价方法

食品货架期可通过试验法确定。目前常用的方法主要有两种，即长期稳定性试验和加速货架期试验。

1. 长期稳定性试验

长期稳定性试验是通过观察食品发生不可接受的品质改变的时间点来确定其货架期的。长期稳定性试验的储存条件与实际储存条件相同或相近，在各时间点检测食品的各项指标，并分析、比较不同时间点之间的变化情况，可以归纳出变化规律并发现不可接受的时间点，其获得的货架期比较准确，但试验耗时较长。

2. 加速货架期测试

由于长期稳定性试验需要的时间较长，过程中耗费的人力、物力较大，在企业产品的货架期评价及科研领域的实际应用方面具有局限性。为了缩短试验时间，Labuzak，T.P. and Schmidl，M.K. 在 1985 年建立了一种高效预测食品货架期的有效方法——加速货架期试验（Accelerated Shelf-life Testing，ASLT）。ASLT 是通过数学公式或建立数学模型计算得到食品货架期的，也可用于辅助观察食品或其中的辅料在货架期内的变化，是目前国内外的货架期预测方法中最常用方法。ASLT 采取比实际更加恶劣的储存条件，缩短样品正常的劣变时间，使其加速达到劣变终点，花费最小的成本获得最大量信息，但其获得的货架期可能存在一定的偏差。在新产品的研发或老产品的改进过程中，由于时间限制，研发人员更倾向于采用 ASLT。ASLT 耗时较短，可以极大缩短新产品开发的周期。

ASLT 的原理是利用化学动力学量化外在因素对变质反应的影响力。将食品样品置于一个或多个温度、湿度、气压和光照等外界因素高于正常水平的环境中，促使样品在短于正常的劣变时间内到达劣变终点，再通过定期检验，收集样品在劣变过程中的各项数据，经分析计算后，推算出食品在预期储存环境参数下的货架期。

判定食品货架寿命终点的指标应根据不同食品体系的质量损失机理、法律、标准、消费者偏爱性或市场对产品质量的要求来确定。食品变质可能包括感官接受性、营养价值和食用安全性的降低等。因此，对食品货架寿命终点的评价，必须包括以上几个方面，如微生物、质构、感官、营养成分变化等，即理化、微生物和感官指标。货架寿命终点的判断对于不同产品应采用不同的指标。

由于商业无菌产品不产生微生物繁殖导致的感官恶化，货架期评估一般需要考虑内容物感官（色泽、形态、气味、滋味、质地和风味等方面的感官特性）、理化指标（pH、可滴定酸度、可溶性固形物含量及营养成分缺失）、食品安全以及包装材料品质等方面的变化，而不需要考虑微生物指标变化。表 2-7 列举出了商业无菌食品货架期试验条件及指标。

表 2-7 商业无菌食品货架期试验条件及指标

产品	储存条件	货架期测试	估计货架期	参考文献
乳制品电解质补充饮料	25℃放置10d；隔月取样	感官评价：风味、质地、颜色以及热敏性营养素；在进行感官分析的同时，进行理化测试：pH、可滴定酸度和可溶性固形物	三种巴氏杀菌条件：100d（95℃/50s），128d（90℃/40s）和153d（85℃/30s）	Natali Knorr VALADÃO, 2019
褐色豆乳	常温（将产品置于15～30℃）下，9个月内定期评估样品稳定性测定，取样4～6次	风险因子测定：丙烯酰胺、5-羟甲基糠醛、呋喃；感官评价，隔月取样；产品沉淀量测定	6个月	张耀强，2021
橘子罐头	常温（25℃）、37℃、55℃存放，取样点为0、10、20、30、90d	空罐质量：对内壁外观、内壁颜色变化、内壁腐蚀变化、内膜脱落情况和内膜致密性进行评价测试；食品安全测试：游离酚、双酚A、甲醛、邻苯二甲酸酯；内容物质量测试：外观、顶隙、真空度、pH、固形物和可溶性固形物含量等；感官测试：色泽、组织形态、滋味气味	常温（25℃）储存148d	竺佳杰，2022
糖浆罐装无花果	在室温下放置180d，隔月取样	理化性状：pH、可溶性固形物、可滴定酸度、质地（硬度）、真空度；感官评价：风味、香气、甜度、质构和全球接受度	室温储存180d	Priscilla Kárim CAETANO, 2017
罐装成熟橄榄	在20℃、30℃、40℃和50℃的恒温室中储存，定期抽取每种处理的重复样品	颜色和硬度（主要质量属性）和pH（低酸性食品的关键物理化学特征）的变化	目前的固定保质期可能适用于高硬度橄榄，对较软的橄榄应用相同的质量标准，则应缩短该期限	P.García-García, 2008
无乳糖超高温灭菌乳（UHT乳）	37℃、27℃、4℃储存，每3d取样	感官评价：使用电子眼、电子鼻、电子舌检测一次色泽、气味、滋味的变化	4℃下储存71d	贾凌云，2020

（二）货架期预测模型

近年来，食品货架期预测相关研究发展迅速，研究方法相对多样，考虑的环境因素正逐步由单一的温度因素发展到多因素综合分析。表 2-8 列出了基于不同的原理的食品货架期预测主要模型。商业无菌产品不受微生物繁殖导致的感官恶化，货架期符合以温度和时间为主要变量的变化趋势，常用的模型为 Q_{10} 模型。

表 2-8　食品货架期预测主要模型

原理	模型	使用指标	特点
化学动力学	一级反应模型、二级反应模型	理化指标	形式简单，适用性较强；通常与 Arrhenius 方程结合使用，且只考虑温度的影响
人工智能	BP 神经网络	多指标综合分析	不依赖于明确的品质变化模型，从而一定程度上减少系统误差；具有自主学习能力
统计学	威布尔危险值分析（WHA）	感官评价	易受评价主观性的影响
基于温度	Q_{10} 模型	感官评价、理化指标	通常只适用于较小的温度范围

（三）覆膜铁包装橘子罐头 Q_{10} 模型应用实例

1. 研究目的

以覆膜铁包装橘子罐头为例，建立基于 Q_{10} 模型的橘子罐头货架期模型，并对覆膜铁包装橘子罐头的货架期进行预测与验证。

2. 研究方法

通过加速试验，对覆膜铁包装橘子罐头的空罐质量、食品安全、内容物质量和感官等多种指标变化情况进行研究。通过 SPSS 软件对主要因子试验数据进行分析，并与 Q_{10} 模型结合进行货架期预测。

（1）劣变指标

考察了空罐质量、食品安全、内容物质量和感官分析 4 个方面。

（2）加速试验条件

将橘子罐头随机分成 3 组，分别置于 25℃、37℃、55℃条件下进行储存。取样点为 0d、10d、20d、30d、90d。对每个取样点进行空罐质量测试、食品安全测试、内容物质量测试和感官测试。

3. 数据分析

（1）因子分析

影响橘子罐头感官的主要因素为色泽、组织形态和滋味、气味，可由褐变度、固形物含量、pH、柠檬酸含量表示。采用 SPSS 软件对 4 个指标在 25℃、37℃、55℃储存条件下的测试结果进行因子分析，见表 2-9。

表 2-9　不同储存温度下橘子罐头理化指标的因子分析结果

温度 /℃	主成分数量	特征值	总方差百分比 /%	累计特征值	累计百分比 /%
25	1	2.986	74.649	2.986	74.649
37	1	3.720	92.993	3.720	92.993
55	1	3.830	95.752	3.830	95.752

由表 2-9 可以看出，在 25℃条件下，用因子分析的方法从 4 个理化指标中提取出 1 个主成分为：F（因子）=0.891 Z（pH）+0.929 Z（固形物）+0.613 Z（柠檬酸）-0.977 Z（褐变度）。在 37℃条件下，提取出 1 个主成分为：F（因子）=0.953 Z（pH）+0.952 Z（固形物）+0.963 Z（柠檬酸）-0.989 Z（褐变度）。在 55℃条件下，提取出 1 个主成分为：F（因子）=0.960 Z（pH）+0.988 Z（固形物）+0.969 Z（柠檬酸）-0.977 Z（褐变度）。其中，各函数中"Z（ ）"表示主成分无量纲数据，无实际意义；F 为理化因子。

（2）理化因子与感官评价相关性分析

采用皮尔逊积聚相关分析，探究不同储存温度下理化因子与感官评价的相关性，回归分析见表 2-10。

表 2-10　不同储存温度下橘子罐头理化指标因子与感官评价相关性分析结果和回归分析结果

温度 /℃	相关系数	相关系数（R^2）	一次线性拟合方程	F 值
25	0.951	0.905	F=0.355G（感官）-34.467	-13.167
37	0.891	0.893	F=0.105G（感官）-9.494	-3.194
55	0.996	0.990	F=0.042G（感官）-2.950	-0.430
注：G（感官）指感官评价的分数。				

由表 2-10 可以看出：在 25℃、37℃、55℃储存条件下，理化因子 F 与感官评价之间具有良好的相关性，由此可通过感官品质的货架期终点值［即 G（感官）=60］获得相应理化因子 F 的理论限值。将得到的理化因子 F 值与时间 t 进行回归分析，获得回归方程，再将由计算得出的 F 理论限值代入回归方程，从而计算得橘子罐头的理论货架期，见表 2-11。

表 2-11　不同储存温度下橘子罐头货架寿命分析结果

温度 /℃	回归方程（y——F 值，t——时间）	相关系数（R^2）	货架期 /d
25	$y=-0.075t+0.0005t^2+1.274$	0.984	227.5
37	$y=-0.068t+0.0004t^2+1.213$	0.942	146.2
55	$y=-0.054t+0.0003t^2+1.102$	0.999	34.6

4. 基于 Q_{10} 模型预测货架期

Q_{10} 为加速破坏试验条件下，温差为 10℃时两个温度下的货架期变化率，或高温反应速率为低温反应速率的几倍。Q_{10} 可表示为：

$$Q_{10} = \frac{\theta_S(T_1)}{\theta_S(T_2)} \qquad (2-1)$$

式中：

$\theta_S(T_1)$——在 T_1 温度下进行破坏性试验得到的货架期，单位为天（d）；

$\theta_S(T_2)$——在 T_2 温度下进行破坏性试验得到的货架期，单位为天（d）。

实际储存温度下的货架期预测模型为：

$$SL = \theta_S(T) = \theta_S(T') \times Q_{10}^{\frac{\Delta T_a}{10}} \qquad (2-2)$$

式中：

$\theta_S(T)$——在实际储存温度 T 下的货架期，单位为天（d）；

$\theta_S(T')$——在 T' 温度下进行破坏性试验得到的货架期，单位为天（d）；

ΔT_a——较高温度 T' 与实际储存温度 T 的差值（$T'-T$），单位为摄氏度（℃）。

将试验数据代入公式（2-1）计算出 Q_{10}，再通过公式（2-2）可计算出实际储存温度下的货架期 $\theta_S(T)$。则橘子罐头货架期预测模型为：$SL = 34.6 \times 2.192^{\frac{55-T}{10}}$。计算可得 25℃常温储存的橘子罐头预测货架期为 364.4d。

5. 货架期预测模型验证

将橘子罐头在 37℃、55℃储存条件下，用货架期实测值验证货架期预测模型，得到的货架期预测值与实际测定值如表 2-12 所示。所建立的橘子罐头货架期预测模型的相对误差＜10%，预测结果真实可靠。

表 2-12　橘子罐头在 37℃和 55℃储存温度下货架期的预测值和实测值

温度 /℃	货架期预测值 /d	货架期实测值 /d	相对误差 /%
37	142.1	148	3.986
55	34.6	32	8.125

第三章　食品商业无菌的控制技术规范与应用实践

　　食品商业无菌不同于微生物学上所谓的"绝对无菌"。食品经过适度杀菌后，能保证食品中不含有致病性微生物，也不含有在通常温度下能在其中繁殖的非致病性微生物，同时较好地保存食品的色泽、风味、组织、质地及营养价值，保证其品质及商业价值，这是商业无菌的最主要要求。

　　目前，我国食品生产企业的生产管理水平参差不齐，有些企业实施商业无菌检验时，对食品生产过程监控不够重视，仍主要以生产后的最终产品检验为主，随着食品工业化、现代化的发展和生产水平提升，积极探索商业无菌检验由最终产品检验模式转向以生产过程微生物管控为控制思路的商业无菌验证管理，对我国食品生产、产品质量安全管理的技术进步具有较大的意义。

　　本章通过梳理食品商业无菌共性技术控制要点、通用技术概念，以及我国在各个食品领域的成功应用实践，希望对促进商业无菌食品领域产业健康发展提供参考。

第一节　食品商业无菌过程控制技术要点

一、我国食品商业无菌过程控制思路和检验流程

　　为达到食品商业无菌，商业无菌食品生产制造体系需要系统设计、管理、评价，必须建立一个科学、完整、切合实际的安全质量控制技术体系，贯穿整个生产过程。其体系包括四项内容：一是建立和实施良好操作规范（GMP）、奠定食品生产良好基础；二是建立和实施卫生标准操作程序（SSOP），保障食品生产良好卫生环境；三是通过GMP、SSOP在食品生产设备、包材及生产环境处于商业无菌控制状态及其检验奠定坚实基础上，建立产品危害分析与关键控制点（HACCP）体系，通过对产品良好密封、采用热分布均匀的杀菌设备、经过热穿透测试或验证、制定科学的杀菌规程，以对产品进行适度热力杀菌；四是依检验规则抽取对应终产品样品保温，验证其不含有致病菌且无微生物增殖现象，以综合评估终产品批次达到商业无菌要求。因此，食品商业无菌控制和评价贯穿产品的制造生命周期，其控制规范是一个科学的技术管理体系。食品商业无菌检验流程见图3-1。

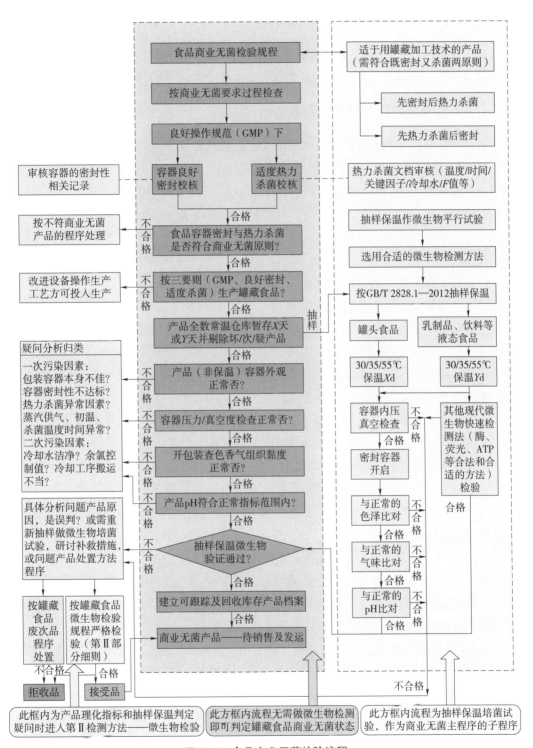

图 3-1　食品商业无菌检验流程

二、食品商业无菌的控制技术规范

食品商业无菌的控制主要包括杀菌控制技术和密封控制技术，热力杀菌评价和控制可参见第五章，本节重点介绍热力杀菌的基本概念和容器密封质量控制和评价技术。

（一）容器密封控制技术和质量评价

食品容器密封是商业无菌食品生产的关键控制点之一，因为食品容器的密封性能好坏直接影响产品安全和保质期。容器的密封性能取决于食品加工的密封过程，这个过程是由密封设备来完成的。由于商业无菌食品的品种繁杂，容器材料多种多样，如镀锡薄钢板、镀铬薄钢板、铝合金板、玻璃瓶、铝塑复合或塑料复合容器等，容器的形状也非常多，硬包装容器有圆形罐、异形罐、玻璃罐（瓶）；软包装容器有蒸煮袋、塑料杯（瓶、碗、盒）等。以下分别简述金属罐装、玻璃瓶罐装商业无菌食品的密封及质量评价。

1. 金属罐装食品的密封及质量评价

（1）金属罐二重卷边及卷封原理

金属容器的密封性能是依赖于二重卷边达到的。二重卷边形成过程是通过封罐机上的两个具有不同形状槽沟的卷封滚轮依次将罐身翻边和罐盖圆边（包括卷封平面）同时弯曲、钩合、压紧，使罐盖三层铁皮与罐身二层铁皮形成二重卷边结构，相互卷合，最后形成两者相互紧密重叠的卷边。

一般的自动封罐机由传动系统、卷边机头机构、进盖送罐机构和真空系统（非真空封罐机没有真空系统）组成。卷边的形成主要由卷封机头完成。

金属罐的封口结构都是二重卷边式，即是罐身和底盖之间互相进行卷合，由封口机完成这种卷合的过程。形成二重卷边的三要素为卷封压头（上压头）、两种不同形状沟槽的头道及二道滚轮和托底盘（下压头）。其形成过程为当金属罐由送罐机构送入封罐机时，罐盖自动地送到罐身上，紧接着带有罐盖的罐身被送到托罐盘上，由于托罐盘的上升，将罐身上的罐盖推送至其上方与压头相配合，这时金属罐被压头与托罐盘所夹持，上压头的凸缘面起着承受卷边滚轮压力的支撑座作用。这样，在夹紧罐的同时，头道卷边滚轮作水平运动，逐渐靠近上压头对罐盖的边缘施加压力，并沿着罐盖边缘迅速旋转，从而将罐盖的边缘弯卷到罐身凸缘下面。

头道卷边作业一结束，头道滚轮就立即退出，紧接着二道卷边滚轮以同样的水平运动接近压头，将头道滚轮弯卷成形的罐盖与罐身一起压紧，完成整个卷边作业过程。二道卷边滚轮退后，下托盘立即下降与拍罐器同步动作，罐自动地从托底盘送出，这就完成一个封罐周期。使罐盖与罐身相互钩合压紧，在罐盖圆边注有弹性的密封胶，因受压而充塞于罐身和底盖之间的卷边全部缝隙中，形成完整的二重卷边，从而使罐头实现密封。

（2）影响二重卷边的因素

影响二重卷边的因素为罐盖圆边和卷封平面的形状及尺寸；罐身翻边形状和尺寸；

罐盖所用密封胶的质量、注胶量和涂布位置（注胶位置）；卷封压头形状和尺寸与罐盖形状和埋头直径匹配程度；卷封滚轮沟槽形状、滚轮材料、硬度及表面光粗糙度；凸轮位置和形状；托罐盘的推力及弹力是否合适。调试过程实质上就是调节压头、托底盘及滚轮的位置，调整工作过程要点如下：①调节高度（根据罐高确定上下压头的距离）；②确定头道滚轮与压头的轴向间隙；③头道滚轮的进给量（要在凸轮的最高点调节滚轮）；④托底盘压力。

（3）密封工艺注意事项

封罐设备购置后，企业应按设备说明书的要求和方法编写设备操作手册，至少包含工作原理、操作方法、故障分析与排除、维修保养等内容。企业须按操作手册的要求组织有关员工学习培训掌握操作技能。

设备投入使用前必须进行调试，各项指标经有关部门认可后方可投入使用。

如遇下列情况要加强检查：

①封罐机发生严重卡罐后；

②变换罐型时；

③封罐机长期停用后，在重新启用之前；

④罐盖或罐身的批次改变时；

⑤卷封模具更换后；

⑥对封罐机做调整之后。

生产过程中要严格执行工艺规程，控制好封装时内容物的温度、产品容器的真空度，因为封口时内容物直接关系到杀菌的初温（初温是杀菌工艺规程的要素之一），封口真空度直接影响产品在杀菌及冷却过程中的罐内压力，控制不好时，产品产生永久性变形（凸角、瘪罐）而报废。

（4）密封质量评价

1）二重卷边质量参考指标

卷边厚度（seam thickness）T：卷边厚度指二重卷封的罐盖和罐身钩合后的马口铁的最大厚度，卷边厚度测量的数据是二重卷边紧密度的一个象征。卷边厚度可用公式（3-1）计算：

$$T=3t_c+2t_b+G \tag{3-1}$$

式中：

t_c——罐盖马口铁厚度；

t_b——罐身马口铁厚度；

G——罐盖和罐身钩合间的空隙，一般取 0.15～0.25mm。

卷边宽度（seam length）W：卷边宽度为平行于卷边身盖钩所测得的二重卷边的尺寸。卷边宽度与二重卷封的紧密度有相当密切的相互关系，一般来说，卷边宽度越大，得到的紧密度越高。卷边宽度可用公式（3-2）计算：

$$W=2.6t_c+BH+L_c \quad (3-2)$$

式中：

t_c——罐盖马口铁厚度；

BH——身钩长度；

L_c——下部空隙；

2.6——马口铁变形系数。

埋头度 C：埋头度就是二重卷边顶部至邻近卷边内壁的肩胛所测得的间距。马口铁罐的埋头度可用公式（3-3）计算：

$$C=W+0.15-0.30 \quad (3-3)$$

埋头度一定要大于卷边宽度，这样才能保证卷封时，压头能够提供足够的支持。

注：上述公式的系数不适用易拉罐、全开盖罐以及微型卷封。

内部压痕：由于二重卷封的压力作用，在二重卷边附近的罐身内壁上形成的一圈痕迹。压痕是卷边紧密程度的另一个指标。良好的压痕应当是沿着罐身内壁圆周连续均匀的一条。压痕不能太浅，也不能太深。对压痕用 G（好）、H（重）、P（轻）来表示。

注：它是马口铁罐紧密度的另一种指标，而对铝盖不明显。

身钩长度 BH：身钩由罐身翻边形成，身钩长度必须适当，传统卷封的身钩长度一般在 1.90～2.16mm 范围内。身钩过长有可能割裂密封涂料，影响密封性；身钩过短会造成叠接率不够。

盖钩长度 CH：盖钩由罐盖的卷曲部分形成，传统卷封的盖钩长度一般在1.80～2.06mm。盖钩太短，会造成叠接率不够，盖钩太长会造成紧密度不够。盖钩短反而能得到较高的紧密度，但叠接长度会相应减少。

身钩卷入率和盖钩卷入率：身钩卷入率和盖钩卷入率分别是指身钩和盖钩在二重卷边内部卷入之程度，通常为 70%～90%。身钩卷入率和盖钩卷入率可用下列公式计算。

$$BHB = \frac{BH - 1.1t_b}{W - (2.2t_c + 1.1t_b)} \times 100\% \quad (3-4)$$

$$CHB = \frac{CH - 1.1t_c}{W - (2.2t_c + 1.1t_b)} \times 100\% \quad (3-5)$$

紧密度 TR：100% - 皱纹度（如图3-2）。

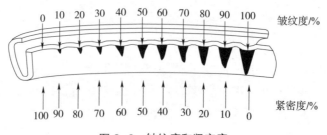

图 3-2　皱纹度和紧密度

皱纹度指卷边解剖后，盖沟内侧周边凹凸不平的皱曲程度。紧密度的判定点是根据盖钩一圈中最深的皱纹来判断，它有 10 个等级，分别为 10%～100%。皱纹不包括在封口过程中皱纹被滚压平整后留下的痕迹。

叠接率 $OL\%$：表示卷边内部身钩和盖钩重叠的程度（见图 3-3），用百分率表示。

①投影仪检测法（仲裁法）：

用卷边投影仪测定卷边 a、b 数值，其中 a 为叠接长度（OL），即盖钩与罐身的重合长度，b 为理论叠接长度，按下式计算叠接率 $OL\%$：

$$OL\%=a \div b \times 100\% \tag{3-6}$$

②根据测量数据由公式计算 OL、$OL\%$：

$$OL=BH+CH+1.1t_c-W \tag{3-7}$$

$$OL\% = \frac{BH + CH + 1.1t_c - W}{W - (2.6t_c + 1.1t_b)} \times 100\% \tag{3-8}$$

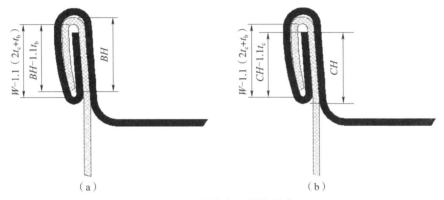

图 3-3　叠接率和叠接长度

③根据测量数据查（可参考 GB/T 14251—2017《罐头食品金属容器通用技术要求》）。

2）二重卷边质量评价要求

卷边结构应由供需双方商定，主要指标要求可参见表 3-1、表 3-2。

表 3-1　常规二重卷边结构要求

项目	封铁盖罐			封铝盖罐		
	圆罐 / 其他罐	方罐 / 梯形罐		圆罐 / 其他罐	方罐 / 梯形罐	
		直边	圆角		直边	圆角
叠接长度 /mm	≥1.00	≥1.00	≥0.9	≥1.00	≥1.00	≥0.9
叠接率 /%	≥50	≥50	≥45	≥55	≥50	≥45
紧密度 /%	≥50	≥50	≥50	≥80	≥50	≥50
盖钩卷入率 /%	70～95	70～95	70～95	70～95	70～95	70～95
身钩卷入率 /%	70～95	70～95	70～95	70～95	70～95	70～95
注：其他罐包括长圆罐、椭圆罐、马蹄罐等异型罐，不包括方罐和梯形罐。						

表 3-2　封铁盖罐微型二重卷边结构要求

项目	封铁盖罐
叠接长度 /mm	≥0.76
叠接率 /%	≥55
紧密度 /%	≥70
盖钩卷入率 /%	75～95
身钩卷入率 /%	75～95
卷边间隙 /mm	≤0.03
卷边宽度 /mm	2.5 ± 0.20

2. 玻璃瓶罐装食品的密封及质量评价

玻璃瓶罐装由两个独立的元素组成——玻璃容器和配套密封的金属盖。金属盖由盖面、盖边、卷边（卷曲边）、盖爪、密封垫片、安全钮等组成。盖边起夹紧作用，卷边可增加盖子的稳固性，盖爪/盖螺纹/盖垫片螺纹定位后与玻璃瓶瓶口螺纹线固定密封，安全钮是真空指示器。

（1）玻璃瓶配套封闭容器的分类

1）爪式旋开盖

简称爪盖，英文名为 Twist-off Cap，也称作 Lug cap。通常以盖的爪的数量分为三爪、四爪、六爪，俗称三、四、六旋盖。

2）螺纹旋开盖

简称螺纹盖，英文名为 Continuous Thread Cap，或称 CT 盖。包括一体式螺纹旋开盖和内片外圈分离式螺纹旋开盖。螺纹形式方便，可多次封装，特别是内片外圈分离式产品，一般采用一个外圈配 6～12 个内片，内片使用一次更换一个新的，可保证内容物不会发生交叉污染。

3）套压旋开盖

简称为 PT 盖，英文全称为 Press-on Twist-off Cap 或 Push-on Twist-off Cap。

PT 盖是通过加热后变软的密封垫片向瓶口压下去，并借助封盖时蒸汽喷射产生真空吸住整个盖子，经热力杀菌冷却后，密封垫片与玻璃瓶口的螺纹线模压结合形成永久定型的导入导出螺纹。

（2）玻璃瓶装罐时的要求

装罐时内容物不得沾染瓶口密封面及瓶身，任何饮料或食品残余将影响密封及旋盖扭力矩。

控制足够顶隙空间及装罐温度有利于达到理想的装罐密封真空度要求，预防加热杀菌时内压过高造成跳盖。通常常温装罐顶隙不得小于 6%，热装罐顶隙不小于 4%，65℃以上的装罐、巴氏杀菌顶隙不小于 6%，热装罐后直接冷却的产品顶隙不小于 5%。

注：顶隙指装罐当时而非冷却后的顶隙。

（3）封盖要求

1）关于入盖及封盖位置的说明

根据 GB/T 37869《玻璃容器》系列"部分"标准中关于玻璃瓶瓶口尺寸的允许公差和 GB/T 29335《食品容器用爪式旋开盖质量通则》中盖尺寸允许的公差的规定，金属盖与玻璃瓶配合按如下要求控制：

①挂盖时，以爪前端与瓶盖卷边交汇点进入螺纹线长度达 1/2～1 个爪长度为佳；

②封盖时，以爪前端与瓶盖卷边交汇点进入玻璃瓶口螺纹线总长的 1/3～1/2 处为佳。注意，带止口的玻璃瓶封盖时爪前端应进入止口平滑带。

2）不同封盖方式的操作要求

①手工封盖：瓶盖爪前端与瓶盖卷边交汇点进入玻璃瓶口螺纹线总长的 1/3～1/2 处（带止口的玻璃瓶除外），避免过度封盖造成瓶盖旋过头。

②机器封盖：自动封盖机或半自动封盖机封盖时需适当调整封盖机确保预封良好，避免封盖时跳盖。建议以瓶盖爪前端与瓶盖卷边交汇点进入玻璃瓶口螺纹线总长的 1/3～1/2 处为佳（带止口的玻璃瓶除外）。

（4）杀菌与冷却要求

加压杀菌时外加压力应根据内容物的膨胀情况进行适当调整，使杀菌过程中内外压差保持在相对较小的状态，同时需注意套压旋开盖的外加压力一般不超过 0.21MPa，其他盖型的外加压力会稍高于套压旋开盖的外加压力。

建议采用分级冷却，避免因温度、压力骤然变化引起爆瓶或跳盖。冷却终止温度（中心温度）建议在 40℃左右。

（5）玻璃瓶罐头真空度要求

使用带安全钮的瓶盖，罐头的成品须达到相应的真空度，防止因罐头真空过低而引起安全钮失效浮起。瓶盖真空安全钮符合 GB/T 29335《食品容器用爪式旋开盖质量通则》的规定。

（6）质量评价

识别玻璃瓶罐头质量优劣的感官检验方法主要是目视、指压、敲击和气密检查。

①目视。观察玻璃瓶罐头封盖是否严密，外表有无破损、锈蚀现象。

②指压。通过手指按压玻璃瓶瓶口盖子的膨胀圈或者中心部位的安全钮，膨胀圈或安全钮的感觉是向玻璃瓶内凹陷的，说明罐内真空度正常，罐头质量好。若感觉是凸起或按压不下去，或用力压下后，移开手指又回弹起来的，说明罐内真空度已破坏，罐头质量异常。

③敲击。用小木棍或手指敲击玻璃瓶瓶口盖子的中心，声音清脆而坚实，罐头质量好；如声音发沙哑，罐头质量有异常。

④气密检查。将罐头置于水中，用手按压玻璃瓶瓶口的盖子，如有气泡，则表明罐头气密已破坏。

⑤对完成实罐杀菌的产品进行抽样真空度的检测（破坏性检查），通常采用真空表对玻璃瓶瓶口的盖子进行穿刺测定。真空度不低于该批产品的规定值。

玻璃瓶罐盖是否正确密封有以下两种检查方法：扭紧度（pull up）检查和密封安全性（security）检查。

1）扭紧度检查——非破坏性检查

外观检查盖爪在玻璃瓶罐口螺纹线上啮合（或咬合）情况。应在封盖及杀菌冷却后都进行检查，次数越多越好。扭紧度检查的实质是检查封盖机将盖子扭到玻璃瓶身的紧密程度是否合适，通常有两种方式来衡量：有扭力计的生产企业可以用扭力计进行测量；无扭力计的生产企业可通过用尺子测量盖子与瓶身玻璃合模线的距离来进行衡量。

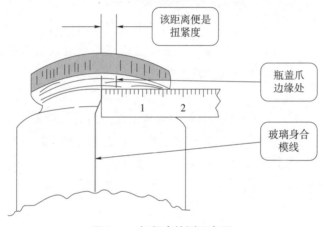

图3-4　扭紧度检测示意图

①斜角平牙玻璃瓶口

主要检查盖爪是否完全停留在玻璃瓶瓶口螺牙的平坦范围内，并测定盖牙与平坦起始点的距离来初步评定密封是否合格。

当盖爪停留在玻璃瓶瓶口螺牙的非平坦范围时，表示罐盖并未完全拧紧，而当盖爪越出玻璃瓶瓶口螺牙的止点时表示盖牙拧过头。

根据不同瓶盖、玻璃罐口和灌装条件，对封盖机做不同的调整，使达到最理想的密封效果。

②斜纹型玻璃瓶口

扭紧度是盖爪起始边与玻璃瓶口上的瓶颈直缝间的距离。在瓶口上有两根相距180°的直缝，但瓶颈直缝不一定和瓶身直缝处在同一根直线上。

测量时首先在罐口上找出瓶颈直缝。测定从这一垂线到达位于和它最近的盖沟起始边间的距离即得扭紧度，以毫米为测量单位。

外观检查时以瓶颈直缝为中心，盖爪位置在右边的为正值（＋），在左边为负值（－），正常位置应是正值。在大多数合理封盖情况下，为 +6mm。然而在任一方向间距会有6mm 差异度。

扭紧度的测量不能取代密封安全性的测定，但对一批玻璃瓶和盖子来说，扭紧度和密封安全性间的关系一旦确定，他们是非常有用的。生产时最少每小时进行一次检查，当发现扭紧度值有很大变化时，应立即进行密封安全性检查，如密封安全性检查为零或负值时，应重新调整封盖机。

2）密封安全性检查——破坏性检查

斜纹型瓶口的密封安全性检查是判定盖子是否良好密封的最可靠测定值，应在封盖后，杀菌完成冷却后进行测定。检查步骤如下：

①用一支记号笔在盖上做一根垂直线和瓶身上连续划上一条直线（此线与瓶颈接缝并无关系）。

②逆时针方向旋转盖子，直至破坏真空为止。

③重新将盖子在玻璃瓶口上封盖，直至垫圈与玻璃瓶口接触及盖爪和瓶口螺纹线咬紧（切勿用重力）。

④测定两条直线的距离，称为密封安全值，以毫米为单位。

⑤如果盖上的线在玻璃瓶身上线的右边则密封安全值为正值，如果盖上的线在玻璃瓶身上线的左边则为负值。

安全性（度）[①] 检查的实质是检测密封胶（材料）的弹性，好的密封胶，当开盖后胶体从原来压缩状态恢复弹出，用单手指很难旋回到原来的位置，故安全度通常要求为正值。当安全度为负数时表示该密封填料缺失弹性，会危及容器的密封性，有弹性的密封胶为有安全性（度）。

具体如图 3-5 所示。

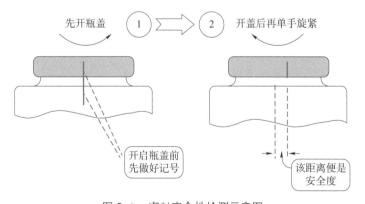

图 3-5 密封安全性检测示意图

---

① 安全度：检验密封胶的弹性是否可以确保玻璃瓶的密封性。

（二）热力杀菌关键加工技术

目前商业无菌食品的杀菌仍主要是采用热力杀菌，其杀菌方式大体可以归纳为以下几种：

按杀菌温度不同，可分为低温杀菌（巴氏杀菌）、100℃杀菌、高温杀菌、高温短时间杀菌（超高温瞬时杀菌）；

按杀菌压力不同，可分为常压杀菌（如以水为加热介质，杀菌温度小于或等于100℃）、加压杀菌（以蒸汽或水为加热介质，常用的杀菌温度为大于100~135℃）；

按半成品在杀菌过程中的进罐方式不同，可分为间隙式和连续式；

按加热介质不同可分为蒸汽杀菌、水杀菌（全水式、淋水式等）、汽/气/水混合杀菌；

按容器在杀菌过程中的运动状况，可分为静止式和动态式杀菌。

以下简单介绍各类主要杀菌工艺。

1. 低温杀菌

低温杀菌法是一种较温和的热力杀菌形式，杀菌的温度通常在100℃或100℃以下，它可以有不同的温度、时间组合。低温杀菌可使食品中的酶失活，并破坏食品中热敏性的微生物和致病菌。杀菌后产品的贮藏期主要取决于杀菌条件、食品成分（如pH）和包装情况，此方法主要适用于酸性食品或酸化食品、低温储存的肉制品以及以酵母菌、霉菌为杀菌对象菌的食品。

2. 100℃杀菌

在常压下，杀菌温度为100℃的杀菌，通常采用沸水水浴式杀菌。主要适用于酸性食品或酸化食品。

3. 高温杀菌

高温杀菌指食品在100℃以上温度、压力在饱和蒸汽压力或加压热水的条件下进行杀菌处理。主要应用于低酸性食品的杀菌。

4. 高温短时（HTST）和超高温瞬时（UHT）杀菌

采用高温短时或超高温瞬时杀菌对提高产品的品质具有很好的效果，此类方法的特点是先杀菌使物料达到商业无菌状态后，再进行无菌灌装、密封，达到产品保藏的目的。通常无菌灌装的软罐头（或无菌软包装）采用此类杀菌方式。

对于pH小于4.6的酸性罐头食品，无菌灌装一般采用高温短时（HTST）杀菌工艺，其常用杀菌条件是杀菌温度104~121℃、保持时间为几秒至几十秒，如无菌灌装的番茄酱的生产。

当杀菌温度超过130℃、保持时间较短时，通常称之为超高温瞬时（UHT）杀菌。对于pH大于4.6的低酸性罐头食品，无菌灌装一般采用超高温瞬时杀菌工艺，其常用杀菌条件是：杀菌温度130~150℃、保持时间为几秒至几十秒，如黏稠酱汤的杀菌

（135℃、25s），奶油玉米糊的杀菌（135℃、29s）。

超高温瞬时杀菌还有采用150℃以上的更高温度的加工实例。

5. 常压杀菌与高压杀菌

通常100℃以下温度杀菌，一般在敞开设备中，其压力为一个大气压的杀菌称作常压杀菌，而100℃以上温度需在密闭设备中进行，其压力大于一个大气压的杀菌，习惯上称为高压杀菌。一般酸性食品和酸化食品可用100℃或以下的温度进行常压加热杀菌；而对于低酸性食品将用100℃以上的温度进行高压杀菌，食品工厂中常用的是121℃，甚至有用更高的温度如127℃进行热力杀菌。

6. 静止杀菌与动态杀菌

罐头置于杀菌锅内，不转动，静止地被加热杀菌称为静止杀菌。罐头在杀菌时被径向或轴向转动，内容物也随之运动，称为动态杀菌。动态杀菌传热效果较好，杀菌温度容易均匀，中心温度也较容易达到要求，如八宝粥罐头、炼乳罐头为解决不分层而采用转动杀菌，在缩短杀菌时间的同时对品质提高也起到了很大的作用。

7. 间歇式杀菌和连续式杀菌

间歇式杀菌传统的立式和卧式杀菌锅都是间歇式的杀菌方法，即在一锅次杀菌冷却结束后，再开始另一锅次杀菌。

连续式杀菌：用100℃或100℃以下温度的常压连续杀菌机（如普遍使用于水果罐头的杀菌机）；用100℃以上温度的高压连续杀菌机，如大型工厂使用的水静压连续杀菌机、水封式卧式连续杀菌机等。

8. 无菌灌装食品杀菌

无菌灌装食品指食品先经杀菌后再进行灌装和密封的产品，无菌灌装食品的杀菌规程要指明具体的杀菌时间或者在某一温度下停留的时间，因为杀菌过程是连续进行的，因此杀菌时间实际是以流量设定控制的。在灌装操作过程中整个灌装系统必须保持无菌状态，确保包装物料在灌装食品前要用高温（如蒸汽）或用化学消毒剂（如过氧化氢）杀菌，产品密封后不需要再进行热力杀菌。

9. 杀菌的传热介质

杀菌温度在100℃或100℃以下，通常用水作为传热介质。杀菌温度在100℃以上时，通常用蒸汽、100℃以上的过热水、蒸汽和水混合体、蒸汽/水/空气混合体作为传热介质。

第二节　食品商业无菌与食品安全卫生质量管理体系

运用HACCP（危害分析与关键控制点）、GMP（良好操作规范）、SSOP（卫生标准操作程序）等管理理念，食品加工企业可以有效预防食品安全和质量事件的发生，商业无菌食品需要更加注重过程管理技术的应用。本节简述食品安全卫生质量管理体系相关概念和技术要求。

一、食品中危害分析与关键控制点（HACCP）

（一）HACCP 的概念

HACCP，是 "Hazard Analysis Critical Control Point" 的英文字母缩写。HACCP 是控制食品安全的有效体系。

当食品加工终成品微生物检验控制不能确保食品安全性的情况下，一种全面分析食品状况预防食品安全的体系——HACCP，也就应运而生。

HACCP 可使食品安全危害的风险降低到最小或可接受的水平，被用于确定食品原料和加工过程中对可能存在的危害，建立控制程序并有效监督这些控制措施。危害可能是生物的，也可能是化学的、物理的污染。实施 HACCP 的目的是对食品生产进行最佳管理，确保提供给消费者更加安全的食品，以保护公众健康。食品生产企业不但可以用它来确保生产出更加安全的食品，而且还可以用它来提高消费者对食品加工企业的信心。

罐藏食品的安全控制除化学、物理危害因素外，通过加强工艺过程卫生管理、进行良好密封和采用适度的热力杀菌以控制生物危害，以达到商业无菌的要求。实施 HACCP 体系，为罐藏食品达到商业无菌要求提供保障，同时，罐藏食品安全质量的商业无菌检验也是对实施 HACCP 体系有效性的重要验证之一。

（二）HACCP 的特点

作为科学的预防性的食品安全体系，HACCP 具有以下特点：

（1）HACCP 是预防性的食品安全控制保证体系，其不是一个孤立的体系，是建立在现行的食品安全计划的基础上，例如 GMP、SSOP。

（2）每个 HACCP 计划都反映了某种食品加工方法的专一特性，其重点在于预防，设计上在于防止危害进入食品。

（3）HACCP 体系作为食品安全控制方法已被全世界所认可，虽然其不是零风险体系，但可尽量减少食品安全危害的风险。

（4）恰如其分地肯定了食品行业对生产安全食品有基本责任，将保证食品安全的责任首先归于食品生产企业 / 销售企业。

（5）HACCP 强调的是理解加工过程控制，需要食品生产企业与市场监管部门的交流、沟通。市场监管部门检查员通过确定危害是否正确地得到控制验证食品生产企业的 HACCP 的实施，包括检查食品生产企业的 HACCP 计划和记录。

（6）克服传统食品安全控制方法（现场检查和终成品）的缺陷，当 HACCP 计划制定和实施时，将使食品安全控制更有效。

（7）HACCP可使市场监管部门检查员将精力集中到食品生产加工过程中最易发生安全危害的环节上。传统的现场检查只能反映检查当时的情况，而HACCP可使市场监管部门检查员通过审查食品生产企业的监控和纠偏措施记录，了解在食品生产企业内发生的所有情况。

（8）HACCP的概念可推广、延伸应用到食品质量的其他方面，控制各种食品缺陷。

（9）HACCP有助于改善食品生产企业与市场监管部门的关系以及食品生产企业与消费者的关系，树立食品安全的信心。

上述诸多特点的根本在于HACCP是使食品生产企业把对以最终产品检验为主要基础的控制观念转变为建立从生产到消费、识别并控制潜在危害、保证食品安全的全面的控制系统。

（三）HACCP在中国的应用

GB/T 15091—1994《食品工业基本术语》对HACCP的定义是：生产（加工）安全食品的一种控制手段，对原料、关键生产工序及影响产品安全的人为因素进行分析，确定加工过程中的关键环节，建立、完善监控程序和监控标准，采取规范的纠偏措施。

20世纪80年代末HACCP理念传入我国。1990年3月，国家商品检验总局组织含有HACCP概念的"出口食品安全工程的研究和应用计划"，水产品、肉类、禽类和低酸性罐头食品被列入计划，近250家出口生产企业参加，为将HACCP引入我国打下基础。

为了提高食品生产企业的安全卫生质量管理水平，规范HACCP认证工作，扩大食品出口，保护消费者的健康安全，2002年原国家质量监督检验检疫总局发布第20号令《出口食品生产企业卫生注册登记管理规定》，首次强制要求罐头、水产品、肉及肉制品、速冻蔬菜、果蔬汁、速冻方便食品等6类高风险出口食品的生产企业建立实施HACCP管理体系，并实施体系的检验检疫验证和监督管理，作为出口食品生产企业卫生注册制度的组成部分。同年，中国国家认证认可监督管理委员会发布第3号公告《食品生产企业危害分析与关键控制点（HACCP）管理体系认证管理规定》，对食品生产企业HACCP管理体系建立和运行的基本要求、认证、检验检疫验证、监督管理作出了明确规定。

2002年7月，为促进我国食品卫生状况的改善，预防和控制各种有害因素对食品的污染，保证产品卫生安全，卫生部印发《食品企业HACCP实施指南》，要求各地卫生行政部门应结合当地实际，积极鼓励并指导食品生产企业实施HACCP指南。

2003年7月，国家质量监督检验检疫总局发布第52号令《食品生产加工企业质量安全监督管理办法》，鼓励企业获取 HACCP 认证，并对获 HACCP 认证、验证的企业，在申请食品生产许可证时，免于企业必备条件审查。

2003 年 8 月，卫生部发布《食品安全行动计划》，要求在食品生产经营企业大力推行食品企业良好卫生规范（GHP）和 HACCP 体系。2005 年在乳制品、饮料、罐头食品、低温肉制品、水产品加工等食品加工企业实施卫生部制定的国家食品卫生规范（或良好操作规范）要求。其中内容为：2006 年所有餐饮业、快餐供应企业、食品储藏运输企业实施卫生部制定的国家食品卫生规范要求。乳制品、果蔬汁饮料、碳酸饮料、含乳饮料、罐头食品、低温肉制品、水产品加工企业、学生集中供餐企业实施 HACCP 管理。2006 年在酱油、食醋、面粉加工、食用植物油、肉品屠宰、熟肉制品、酒类、糖果、蜜饯、糕点等食品加工企业实施卫生部制定的国家食品卫生规范（或食品企业良好操作规范）要求。2007 年在酱油、食醋、植物油、熟肉制品等食品加工企业、餐饮业、快餐供应企业和医院营养配餐企业实施 HACCP 管理。

为有效实施 HACCP 管理体系，2004 年我国等同采用国际食品法典委员会（CAC）的标准，发布 GB/T 19538—2004《危害分析与关键控制点（HACCP）体系及其应用指南》，我国在 HACCP 研究与应用领域已走在世界前列，对提高我国食品企业的食品安全控制水平发挥了巨大作用。2009 年 6 月 1 日实施的《中华人民共和国食品安全法》明确"国家鼓励食品生产经营企业达到符合良好生产规范要求，并建立危害分析与关键控制点体系，提高食品安全管理水平"。首次将 HACCP 应用上升到国家法律层面，进一步推动我国 HACCP 应用的发展。GB/T 27341—2009《危害分析与关键控制点（HACCP）体系 食品生产企业通用要求》同年发布。

2011 年，国家认证认可监督管理委员会发布《关于发布出口食品生产企业安全卫生要求和产品目录的公告》（2011 年第 23 号公告）增加出口乳及乳制品生产企业备案需验证 HACCP 体系，自 2011 年 10 月 1 日起施行。

GB 14881—2013《食品安全国家标准 食品生产通用卫生规范》8.1.2 条规定"鼓励采用危害分析与关键控制点（HACCP）体系对生产过程进行食品安全控制"。2021 年修订时拟延续规定"鼓励采用危害分析与关键控制点（HACCP）体系对生产过程进行食品安全控制"，并拟将 HACCP 体系的原理及其应用的通用指南，以标准附录 B 提出，供食品企业根据产品特点和生产工艺技术水平等因素参照执行。

2009 年 6 月 1 日起实施的《中华人民共和国食品安全法》第三十三条规定："国家鼓励食品生产经营企业符合良好生产规范要求，实践危害分析与关键控制点体系，提高食品安全管理水平。"

在食品生产企业建立实施 HACCP 体系、食品安全管理体系基础上，国家积极推动食品生产企业通过相应的自愿性第三方认证，并采取各种方式积极采纳第三方认证结果。

2015 年 11 月，我国 HACCP 体系认证制度获得欧洲的国际性食品零售商"全球食品安全倡议"（GFSI）的承认，是亚洲第一个被 GFSI 承认的认证制度，同时也是

GFSI 在全球范围内承认的第一个政府规定的认证制度。2019 年 10 月，双方续签合作备忘录，持续保持同 GFSI 的技术等效，充分发挥了认证作为国际贸易"通行证"的作用，惠及三分之一以上的出口食品企业。

为完善食品安全管理体系认证制度，规范食品安全管理体系认证活动，保证认证活动的一致性和有效性，根据《中华人民共和国食品安全法》《中华人民共和国认证认可条例》，国家认证认可监督管理委员会 2021 年 1 月公布新版《食品安全管理体系认证实施规则》，并自发布之日起施行。同时，国家认证认可监督管理委员会对第三方认证结果的有效性进行监督检查，对不符合要求的认证机构将采取暂停或撤销其 HACCP 认证资格的管理措施，较好保证了 HACCP 认证的质量。

为进一步优化我国食品农产品认证制度体系和推动 HACCP 体系认证的实施，根据《中华人民共和国食品安全法》《中华人民共和国认证认可条例》等规定，国家认证认可监督管理委员会将《乳制品生产企业危害分析与关键控制点（HACCP）体系认证实施规则（试行）》（认监委 2009 年第 16 号公告）、《危害分析与关键控制点（HACCP）体系认证实施规则》（认监委 2011 年第 35 号公告）、《国家认监委关于完善"危害分析与关键控制点体系"（HACCP）认证有关要求的公告》（认监委 2015 年第 25 号公告）和《国家认监委关于更新〈危害分析与关键控制点（HACCP 体系）认证依据〉的公告》（认监委 2018 年第 17 号公告）进行了整合修订，将认证范围由原先的食品加工环节为主扩展到大部分食品链，包括零售、运输、贮藏、服务等，2021 年 7 月 29 日以国家认证认可监督管理委员会 2021 年第 12 号公告发布修订后的新版《危害分析与关键控制点（HACCP）体系认证实施规则》并于 2023 年 1 月 1 日起实施。

HACCP 体系已被食品生产企业广泛地予以采用。获得了很好的社会和经济效果，从而为 HACCP 理论的应用与产品安全质量提升、食品商业无菌的检验开拓了更广阔的道路。

（四）罐藏食品建立 HACCP 体系的前提条件

罐藏食品生产企业建立 HACCP 体系，首先必须满足国家食品卫生相关法律、技术规范及标准的要求，其次应建立完善的制度和程序，在此基础上建立并有效实施 HACCP 计划。

罐藏食品生产企业建立并实施 HACCP 体系的前提条件至少包括：

（1）满足良好操作规范（GMP）的要求；

（2）建立并有效实施卫生标准操作程序（SSOP）；

（3）建立并有效实施产品原辅材料食品安全符合性声明规范；

（4）建立并有效实施加工设备和设施的预防性维护保养程序；

（5）建立并有效实施加工工艺控制、产品安全品质控制；

（6）建立并有效实施实验室管理、文件资料的控制；

（7）建立并有效实施产品标示、追溯和回收计划；

（8）建立并有效实施教育与培训计划。

（五）HACCP体系建立的原理

HACCP体系的建立步骤包括预先准备及HACCP七个原理两个阶段。预先准备工作包括组成HACCP工作小组、收集和掌握制定HACCP体系的有关资料、进行产品描述、绘制产品加工流程图等过程。

为制定完善的HACCP体系，并确保其有效执行，HACCP小组应由本企业中不同专业（如法律、原料、生产、检验、质量、设备）等业务骨干组成，对生产加工的食品进行全过程的分析、研究，从原料采购到产品储存，从生产到销售、消费方式等一一进行危害分析，制订HACCP计划。

经过预先准备，HACCP体系需经过七个原理过程来实施，分别为：①进行危害分析与确定预防措施；②确定关键控制点（CCP）；③确定关键限值（CL）；④建立关键控制点的控制程序；⑤建立纠偏措施；⑥记录保持程序；⑦建立验证程序。

原理1：进行危害分析与确定预防措施

危害分析与预防措施是HACCP原理的基础，也是建立HACCP计划的第一步。其目的是识别食品在原料和加工过程中存在的危害，确定潜在危害的显著性。

危害是指能引起食品中不安全的任何生物的、化学的或物理的特性和因素，引起人类致病或伤害的污染或情况。显著危害则是指可能发生，一旦发生将对消费者导致不可接受的健康风险。危害这个术语，当与HACCP相关时，仅限于安全方面。

预防措施指用来预防或消除食品安全危害或使它降到可接受程度的活动。食品生产企业应根据所掌握的食品中存在的危害以及控制方法，结合工艺特点，进行详细的分析，列出加工过程中可能发生显著危害的步骤，并描述预防措施。

危害分析划分为两种活动：危害分析和危害评估、预防措施的确立。

1.危害分析和危害评估

（1）危害分析

从原料接受到成品的加工过程（工艺流程图）的每一个操作步骤，对危害发生的可能性进行识别。危害识别阶段，不必考虑其是不是显著危害。列出的潜在危害越全面越好。以下列出的危害可以作为危害识别时的参考。通常根据工作经验、流行病的数据及技术资料的信息来评估其发生的可能性。危害分析是对每一个危害的风险及其严重程度进行分析，以决定食品安全危害的显著性。同时，危害分析应把对食品安全的关注同对食品质量的关注分开。

1）微生物危害（病原性微生物，例如细菌、病毒、寄生虫等）

①细菌危害指某些有害细菌在食品中存活时，可以通过活菌的被摄入引起人体感

染（通常是肠道）或预先在食品中产生细菌毒素导致人类中毒。前者称为食品感染，后者称为食品中毒。细菌是活的生命体，需要营养、水、温度以及空气条件（需氧、厌氧或兼性）。

②病毒是到处存在、呈非生命体形式的致病因子，自身不能再增殖，个体小，用光学微镜看不见；病毒的外膜为蛋白质膜，内部为核酸。病毒通常被称为"细胞内的寄生体"，当病毒附着在细胞中时，向细胞注射其病毒核酸并夺取寄主细胞成分，产生成百万个新病毒，同时破坏细胞。病毒只对特定动物的特定细胞产生感染作用。病毒在食品中不生长、不繁殖，不会导致食品腐败变质，但食品上的病毒一旦进入人体，可在人体肠道内存活几个月的时间，感染人体中的细胞而引起其被感染细胞的病变，至引发疾病。

病毒污染食品的主要途径：原料动植物的环境被病毒污染；食品加工人员带有病毒；食品加工人员的不良卫生习惯；生熟不分造成带病毒的原料污染半成品或成品。

③寄生虫是需要宿主才能存活的生物，通常寄生在宿主的体表或体内。世界上存在几千种寄生虫，只有约20%的寄生虫能在食物或水中被发现，所知的通过食品感染人类的不到100种。通过食物或水感染人类的寄生虫有线虫（nematode）、绦虫（cestode/tapeworm）、吸虫（trematode/fluke）和原生动物。这些虫大小悬殊，小到肉眼几乎看不见，大到长几十厘米。

对大多数食品寄生虫而言，食品是它们自然生命循环的一个环节（例如鱼和肉中的线虫），当人们连同食品一起吃掉它们时，它们就有了感染人类的机会。寄生虫存活的最重要的两个因素是合适的寄主（即不是所有的生物都能被寄生虫感染）和合适的环境，温度、水、盐度等）。

寄生虫污染食品的主要途径：原料动物患有寄生虫病、食品原料遭到寄生虫虫卵的污染。

2）化学危害

化学危害包括天然存在的化学物质、外来污染的化学物质、有意添加的化学物质。

①天然存在的化学物质

黄曲霉菌毒素：生长在谷物及其制品（如玉米、小麦、大米等）、豆类及其制品、坚果及籽类（如杏仁、花生）、油脂（花生油、玉米油除外）及其制品（花生油、玉米油）。霉菌繁殖时可以产生毒性极强（如致癌性）的毒素，最常见的是由黄曲霉菌产生的黄曲霉菌毒素 B_1。

海洋生物毒素：海洋生物毒素可能污染水产品，人们食用受其污染的水产品会对健康构成巨大的威胁。海洋生物毒素包括多种不同的化合物，是由各种天然海藻产生的。海藻位于海洋食品链的始端，海藻在生长中会生成海洋生物毒素。当有毒海藻被海洋动物摄食后，毒素就会通过生物链在海洋动物体内积聚。人类食用受污染的海产品（例如软体贝类、虾类和鳍鱼类）时，海洋生物毒素就会进入人体而致病。在人类已发现的贝类毒素中，较为常见的有4种：麻痹性毒素（PSP）、腹泻性毒素（DSP）、神经性贝毒素（NSP）、遗忘性贝毒素（ASE）。

致敏原（俗称过敏原）指一些外源性抗原物质，经皮肤黏膜、呼吸道、消化道、注射等途径进入机体，诱发人体机能发生过敏。

致敏原在日常接触中很常见，来自多个方面，大体上可分为：①接触/吸入性物，广泛存在于自然界中，难以避免接触。如花粉颗粒、尘螨排泄物、真菌菌丝及孢子、昆虫毒液、动物皮毛等。②某些药物，如青霉素、磺胺、普鲁卡因等药物半抗原虽无免疫原性，但进入机体后可与某些蛋白质结合成为完全抗原。③动物免疫血清，各种抗毒素血清，如白喉、破伤风抗毒素等来源于动物血清，具有免疫原性。④环境中化学物质，如农药、油漆、电器等。⑤食物，主要是一些食物蛋白。⑥一些食物添加剂、调味剂也是重要的食入性致敏原。

目前有超过400种食品会引起过敏反应，90%的过敏反应是由八大类食物引起。食物中的蛋白质自然地成为致敏原，在过敏性人群身体造成免疫系统反应，所有的食物致敏原都是蛋白质，但不能说所有蛋白质都是致敏原。食物过敏引起免疫系统的反应造成不舒服甚至致命。食物过敏反应可以发生在任何年龄和性别的人群，世界不同地区的人群体质和膳食结构不一样，对食物的耐受性不一样，为了更好地保护消费者的健康安全，各国针对含致敏原食品制定了一系列法规标准，其中最有效的就是对预包装食品进行致敏原标识。

我国现行的GB/T 23779—2009《预包装食品中的致敏原成分》规定了预包装食品中的致敏原成分，包括：①含麸质的谷类及其制品，如小麦、黑麦、大麦、燕麦及其杂交品系；②甲壳类及其制品，如蟹、龙虾或虾；③鱼类及其制品，如鲈、鲽或鳕；④蛋类及其制品；⑤花生及其制品；⑥大豆及其制品；⑦乳及其制品（注：乳制品包括乳糖在内）；⑧坚果及其制品，如杏仁、榛子、胡桃、腰果、美洲山核桃、巴西坚果、阿月浑子果、澳洲坚果。

GB 7718—2011《食品安全国家标准　预包装食品标签通则》将食品中致敏原的标识问题纳入标签管理的范畴，但对于致敏原的标识方式属于推荐性标识，并不强制标识。作为食品生产企业应根据生产产品实际，依据相应的标准和规定做好致敏原信息的标识。

②外来污染的化学物质

外来污染的化学物质的来源和污染途径主要包括以下各类。

农用化学药品，如杀虫剂、杀真菌剂、除草剂等农药以及化肥、抗生素和促进生长激素等。这些化学物质会在植物中积累，动物吃了植物后又可以在动物体内积累。

兽用药品，如兽医治疗用药、饲料添加用药，如抗生素、磺胺类药、抗寄生虫药、促生长激素、性激素等。这些化学物质可以在动物体内残留。

工业污染化学物质，如铅、镉、砷、汞、氰化物等。这些化学物质可以污染土壤、水域，从而进入植物、畜禽、水产品等体内。

食品加工企业使用的化学物质，如润滑剂、清洗剂、消毒剂、燃料、油漆、杀虫剂、灭鼠药、化验室用的药品等。这些物质使用和管理不当可能污染食品。

偶然污染的化学药品，如原料、成品运输过程中由于运输工具造成的污染。包装材料或食品生产过程中接触物质可能存在的风险，如涂料、矿物油等。

③有意添加的化学药品

这些化学物质是在食品生产、加工、运输、销售过程中人为加入的，依据国家有关标准规定的安全水平使用时是安全的，如果超出安全水平使用就成为危害。

亚硝酸盐作为防腐剂和护色剂，在高浓度下会引起急性中毒，由于其在体内能转化成致癌物质亚硝胺，所以长期摄入将有可能诱发癌症。如 GB 31654—2021《食品安全国家标准 餐饮服务通用卫生规范》中就规定不应采购、储存使用亚硝酸盐等国家禁止在餐饮业使用的品种。

维生素 A 作为营养加强剂，高浓度下会引起中毒。

化学品对人体的危害是显著的，如急性中毒、慢性中毒、过敏、影响身体发育、影响生育、致癌、致畸、致死等。

对化学危害的控制有时比控制生物危害更加困难。特别是在我国这样的发展中国家，由于农业、畜牧业、水产养殖业等行业的管理水平和经营规模还比较低下，对原料中带来的环境污染物、农药、兽药等化学危害的控制难度较大。

但是，由于各级政府部门的重视，我国的家庭型养殖、种植模式正在得到改变，较大规模的粮食、蔬菜、水果种植基地正在形成，较大规模的畜禽、水产养殖基地也正在建立。这必将对化学危害的有效控制起到积极的作用。

3）物理危害

物理危害包括任何在食品中发现的不正常的有潜在危害的外来物。当消费者误食时，可能引起窒息、伤害或产生其他有害健康的问题。物理的危害是最常见的消费者投诉的问题。因为伤害立即发生或吃后不久发生，并且伤害的来源经常容易确认。

物理危害的主要污染途径：植物收获过程中掺杂玻璃、陶瓷碎片、铁钉、铁丝、铁针、塑料碎块等；水产品捕捞过程中掺杂的鱼钩、铅块等；畜禽在饲养过程中误食铁丝、铁针等进入脏器；畜禽肉和鱼剔骨时在肉中遗留骨头碎片或鱼刺，贝类去壳时残留贝壳碎片，蟹肉中残留蟹壳残片等。生产设备的切割和搅拌操作及使用中部件可能破裂或脱落，都可使金属碎片进入产品。食品生产过程中的玻璃物来源于食品容器、灯罩、温度计、仪表表盘等玻璃的破碎。

因此，对物理危害分析比较复杂，一定要根据产品特点、消费方式和消费群体来确定。

（2）危害评估

经过分析确定潜在危害后，就可进入危害评估阶段。并不是所有识别的潜在危害都必须放在 HACCP 中来控制，但是一个危害如果同时具备两个特性——即①有可能发生（有发生的可能性）；②一旦控制不当，可能给消费者带来不可接受的健康风险（严重性）——则该危害将被确定为显著危害，从而成为 HACCP 控制的重点。

在危害分析时，应把对食品安全的关注与对食品的品质、规格、数量、质量、包装和其他卫生方面有关的品质问题分开，并根据各种危害发生的可能风险（可能性和严重性）确定某种危害的潜在显著性。

通常根据生产技术资料、流行病学数据、消费者及客户投诉及生产管理经验来评估危害发生的可能性，用政府管理、监管部门、权威研究机构向社会公布的风险分析资料、信息来判定危害的严重性。同时，在进行危害分析时必须考虑生产企业无法控制的各种因素，例如食品的运输、销售环节及食用方法等，这些因素应在食品包装标签标识或文字说明书中加以考虑，以确保食品的消费安全。

如果可能性和严重性缺少一项，则不要列入重点控制对象，不然试图控制太多只会造成抓不住重点，使该控制的显著危害得不到应有的控制，这就失去了实施 HACCP 管理的意义。

2. 预防措施的确立

可接受水平的活动。在实际生产过程中，可以采取许多措施来控制食品安全危害。有时一种显著危害需要同时用几种方法来控制，或一种控制方法可同时控制几种不同的危害。

（1）细菌

根据生产食品的特点，建立相应 GMP、SSOP 等规范和程序，强化加工卫生、人员操作的管控。

根据生产食品的特点，规定相应的生产工艺。如：充分加热处理，杀灭相应的病原体；冷却和冷冻，通过冷却和冷冻延缓病原体的生长；时间 / 温度控制，适当地控制冷冻和贮藏时间可减缓病原体的生长；控制产品的 pH，酸性环境中产生乳酸的细菌抑制一些病原体的生长，等等。

（2）病毒

对食用动物性原料的来源进行控制，严格进行宰前检疫检验；不同清洁度要求的区域应严格控制；严格执行 SSOP 计划，确保加工人员健康和加工过程中各环节的消毒效果要求；对食品原料进行适当的热力杀菌，以杀死病毒。

（3）寄生虫

严格选择符合食品安全要求原料来源产地、合格的供应企业；水产品原料加工中去内脏，剔除含有寄生虫幼体、囊蚴的鱼肉；运用热加工工艺；含有寄生虫幼体、囊蚴的鱼肉不得投入市场流通和进行深加工。

（4）化学危害

依据相关法规标准对食品原料来源产地的土壤、水域进行评估，选择符合食品安全标准的原料，选择合格供应企业，提供符合质量安全要求的原料并出具相应的检验报告，加强食品原料日常的监测。

规范食品生产操作和化学物的管控，控制食品添加剂（包括营养强化剂）的合规使用，禁止违规超品种、超范围、超最大使用量使用；规范生产过程设备维护的化学物使用。

建立并实施针对所有食品加工过程及设施的致敏物质管理方案，以最大限度地减少或消除致敏物质交叉污染。对于产品设计所包含的致敏物质成分，或在生产中由于交叉接触所引入产品的致敏物质成分，应按照相关法律法规要求进行标识。消费者选购食品时，应关注产品配料表等信息，关注致敏原信息，发现某种食物可能导致自己出现过敏反应，要避免再次食用；如不慎进食后出现了过敏反应，应立即停止食用，尽快到正规医疗机构专业科室就诊治疗。

（5）物理危害

选择合格供应企业，提供符合质量安全要求的原料并出具相应的检验报告。

加强加工环境的卫生管理和规范加工人员卫生操作，应用相应的工序和设备，如感官剔除、筛网筛选、磁铁吸附、金属探测、X- 射线检测等去除残存的异物。

原理 2：确定关键控制点（Critical Control Point，CCP）

关键控制点（CCP）具有相应控制措施，是食品安全危害能被控制的，能预防、消除或降到可接受水平的一个点、步骤或过程。

CCP 是 HACCP 控制活动将要发生过程中的点。对危害分析期间确定的每一个显著的危害，必须有一个或多个关键控制点来控制危害。只有这些点作为显著的食品安全卫生危害而被控制时才认为是关键控制点。

1. 关键控制点的确定原则

（1）当危害能被预防时，这些点可以被认为是关键控制点。如在食品加工中，可能存在下列情况：①能通过控制接受步骤来预防微生物生长或农兽药物残留超标（例如供应企业的产品合格证明或声明）；②能通过在配方或添加配料步骤中的控制来预防化学危害；③能通过在配方或添加配料步骤中的控制来预防病原体在成品中的生长（例如 pH 调节或食品防腐剂的添加）；④能通过冷冻贮藏或冷却的控制来预防微生物的生长。

（2）能将食品安全危害消除的点可以确定为是关键控制点。如在食品加工中，可能存在下列情况：①在食品加工的蒸煮过程中，微生物中的病原体被杀死；②夹杂在食品中金属碎片能通过金属探测器检出；③通过从加工线上剔除污染的产品而消除。

（3）能将危害降到可接受的点可以确定为是关键控制点。如在食品加工中，可能存在下列情况：①对食品夹杂外来物质，通过人工挑选或通过加工设备自动收集来减少到最低限度。②可以通过从认可种植或养殖基地及符合安全的海域获得原料，使某些微生物和化学危害被减少到最低限度。

完全消除和预防显著危害也许是不太可能的，因此在加工过程中将危害尽可能地减少是 HACCP 唯一可行并且合理的目标。例如：生产加工一种生食或短暂漂烫的即食产品，没有可靠的手段可以消除病原体的危害，也没有任何技术可以消除化学危害或物理危害。这种情况下必须选择那些能将显著危害降低到可接受水平的关键控制点。所以说，HACCP 体系不是零风险的体系。

尽管在某些情况下将危害减少到最低程度是可以接受的，但是最重要的是明确所有的显著危害，同时要了解 HACCP 计划中控制这些危害的局限性。

2. 确定关键控制点应注意的问题

（1）区分关键控制点和控制点

只有某一点或某些点被用来控制显著的食品安全危害时才认为是关键控制点。关键控制点应限于能最有效地控制显著危害的某个点或某些点。例如，金属危害可以通过磁铁筛选原辅材料和在生产线上使用金属探测器来控制。然而，如果金属危害通过使用金属探测和产品剔除的方法得到了有效的控制，那么选择原辅料来源、磁铁、筛选则不应被定为是关键控制点。

（2）明确关键控制点和危害的关系

①一个关键控制点可以用于控制一种以上的危害。

②几个关键控制点可以用来共同控制一种危害。

③生产和加工的特殊性决定关键控制点的特殊性。

在一条加工线上确定的某一产品的关键控制点，可以与在另一条加工线上的同样产品的关键控制点不同。这是因为，危害及其控制的最佳点可以随下列因素而变化：厂区、产品配方、加工工艺、设备、原辅料选择、食品加工环境的卫生和支持性程序等。

我国相继制定、发布 GB/T 19538—2004《危害分析与关键控制点（HACCP）体系及其应用指南》、GB/T 27341—2009《危害分析与关键控制点（HACCP）体系　食品生产企业通用要求》等通用标准。同时根据农食畜禽水生动物产业的发展，发布相应的 HACCP 体系标准，如 GB/T 27342—2009《危害分析与关键控制点（HACCP）体系　乳制品生产企业要求》及蔬菜加工、水产加工、畜禽屠宰、天然肠衣生产、肉制品生产、啤酒生产、调味品生产、豆制品生产 HACCP 应用规范或实施指南以及肉用家畜、肉用家禽、蛋鸡饲养、活畜养殖、奶牛场 HACCP 管理技术规范，这些标准对企业制定 HACCP 计划具有指导意义，每个企业应针对自己的特定加工条件，制定自己的 HACCP 计划。

原理3：确定与各CCP相关的关键限值（Critical Limits，CL）

1. 关键限值

关键控制点确定后，必须为每一个关键控制点建立关键限值（CL）。

关键限值：在关键控制点上用于控制危害的生物的、化学的或物理的参数。是一个或一组最大值或最小值。这些值能够保证把发现的食品安全危害预防、消除或降低到可接受水平。

一个CL用来保证一个操作生产出安全产品的界限，每个CCP必须有一个或多个关键限值用于显著危害。当加工偏离了CL，可能导致产品的不安全，必须采取纠偏措施保证食品安全。

合适的关键限值可以从科学刊物、法规性指标、专家及实验室研究等渠道收集信息，也可以通过试验来确定。

建立CL应做到合理、适宜、适用、可操作性强。如果过严，会造成即使没有影响到食品安全危害，也要去采取纠偏措施。如果过松，又会产生不安全的产品。

微生物污染在食品加工中是经常发生的，但设一个微生物限度作为一个生产过程中的CCP的关键限值是不可行的，微生物限度很难控制，而且确定偏离限值的试验可能需要几天时间，并且样品可能需要很多才会有意义，所以设立微生物关键限值就没有必要。可以通过温度、酸度、水分活度、盐度等来控制微生物的污染。

2. 确定操作限值

操作限值（Operating Limits，OL）：比关键限值更严格的限值，是操作人员用以降低偏离关键限值风险的标准。如果监控说明CCP有失控的趋势，操作人员应采取措施，在超过关键限值之前使CCP得到控制，操作人员采取的这种措施为操作限值（OL）。OL应当确立在CL被违反之前所达到的水平。OL与CL不能混淆。

3. OL选择理由

从质量方面考虑，例如提高油温后既可以改进食品风味，又可以控制微生物避免超出CL，如高于CL的烹饪温度应当用来提醒操作人员温度已接近CL，需要进行调整。

考虑正常的误差，如油炸锅温度最小偏差为5°F（约2.78℃），OL确定比CL差至少大于5°F，否则无法操作。

加工工序应当在超过OL时进行调整，以避免违反CL，这些措施称为加工调整。加工人员可以利用加工调整避免失控和采取纠偏措施的必要，及早地发现失控的趋势，并采取行动。

可以防止产品返工或造成废品，只有在超出CL时才能采取纠偏措施。

原理 4：关键控制点监控

为确保加工始终符合 CL，对 CCP 实行监控是必须的。要实施对 CCP 的监控，就必须事先建立 CCP 的监控程序。

"建立 CCP 监控要求，建立根据监控结果的加工调整和维持控制的过程"，以确定产品的性质或加工过程是否符合 CL。

监控、实施一个有计划的连续观察和测量，以评估一个 CCP 是否受控，并且为将来验证的需要做出准确记录。

1. 监控的目的

（1）跟踪加工过程操作并查明和注意可能偏离 CL 的趋势并及时采取措施进行加工调整。

（2）查明何时失控，如在一个 CCP 发生偏离，以便及时采取纠偏措施。

（3）提供加工控制系统的书面文件。

监控是操作人员赖以保持对一个 CCP 控制而进行的工作，精确的监控可以说明一个 CCP 什么时候失控。当一个 CL 受影响时，就要采取一个纠偏措施，来确定问题需要纠正的范围，可以通过查看监控记录（符合 CL 的最后的记录）确定。

监控还可以提供产品按 HACCP 计划进行生产的记录，这些记录对于在原理 7 中讨论的 HACCP 计划的验证是很有用处的。

2. 监控的四个要素

（1）监控什么——对象：通常通过观察和测量一个或几个参数或证明性文件来评估某个 CCP 是否在 CL 内操作。

（2）怎样监控——方法：通常用物理或化学的测量（数量的 CL）或观察方法（数量的 CL），要求迅速和准确。

（3）何时监控——频率：可以是连续的或间断的。

（4）由谁监控——人员：受过培训可以进行具体监控工作的人员。

3. 监控什么

（1）监控可以指测量产品或加工过程的特性，以确定是否符合 CL。例如：当对温度敏感的成分是关键时，检验冷冻冷藏环境的温度；当酸化食品的生产是关键时，检验酸性成分的 pH；当充分蒸煮或冷冻过程是关键时，检验加工线的速度。

（2）监控也可以通过观察的方式，评估一个 CCP 的控制方法是否实施。

例如：对购进的食品原料检查供应企业的原料相关证明；对购进的食品原料检查其包装上相关标识，如境内食品生产企业生产食品包装上标识食品生产许可编号，以保证食品原料来自官方许可的生产企业所生产的食品原料。

4. 怎样监控 CL 和预防措施

监控方法必须被设计用来提供快速结果，没有时间去做长时间的分析实验，因为

CL 的偏差必须要快速地判定以确保产品在销售之前已开始采取适当的纠偏措施。

微生物检验的方法一般不作为监控的手段，因为微生物检验需要较长的时间；另外，需得到一个在统计单上令人满意的结果，最终要发现病原体是否处在能够致病的水平，通常需要对很多样品进行检验。物理和化学测量是很好的监控方法，因为它们可以很快地进行试验，如：时间和温度、水分活度、食品酸度以及感官检查等。

监控时间和温度：常用来监控杀死或控制病原体生长的有效程度，在规定的温度和时间加工食品，病原体可以被杀死。

监控水分活度：通过限制水分活度（微生物赖以生长的水分量）来控制病原体的生长。

监控 pH（酸度）：通过在食品中加酸调节 pH 至 4.6 及以下，控制肉毒梭状芽孢杆菌产生。

5. 监控频率

监控可以是连续的或间断的，如果可能应采取连续监控。连续监控对很多物理和化学参数是可行的。一个连续记录监控值的监控仪器本身并不能控制危害，定期观察这些连续记录，必要时采取措施，是监控的一个组成部分。当发现偏离 CL 时，检查间隔的时间长度将直接影响返工和产品损失的数量，在所有情况下，检查必须及时进行以确保不正常产品在出库前被分离出来。

当不可能连续监控一个 CCP 时，缩短监控的时间间隔，以监控可能发生的 CL 和 OL 的偏离是必要的。非连续性监控的频率有时需根据生产工艺和加工操作的经验来确定。例如：加工过程的变化有多大？其数据一致性如何？如果数据变化较大，监控的检查之间的时间应缩短；通常的数值距关键限值有多近？如二者很接近，监控和检查之间的时间应缩短。如果超过 CL，将出现什么程度产品报废的风险？如受影响的产品多，监控次数应增加。

6. 监控人员

实施一个 HACCP 计划时，明确监控责任是一个重要的考虑因素，分布进行 CCP 监控的人员可以是原料购进的接收人员、流水线上的人员、设备操作者、监督员、维修人员、质量保证人员。通过上述人员实施监控活动，尤其由流水线上的人员和设备操作者进行监控，因其连续观察产品和设备，能容易地从一般情况中发现发生的变化。

7. 负责监控 CCP 的人员要求

接受有关 CCP 监控技术的培训，完全理解 CCP 监控的重要性，能及时进行监控活动，准确报告每次监控工作，随时报告违反 CL 的情况，以便及时采取纠偏措施。监控人员的任务是随时报告所有不正常的突发事件和违反 CL 的情况，以便校正和合理地实施纠偏措施，所有的有关 CCP 监控的记录和文件必须由实施监控的人员签字或签名。

原理 5：建立纠偏措施

1. 纠偏措施

纠偏措施：当发生偏离或不符合 CL 时采取的步骤。

纠偏措施是当监控结果显示 CL 有偏离时才被实施的，因此，有效的纠偏措施在很大程度上依赖于完善的监控程序。

当关键控制点上 CL 被超过时，必须采取纠偏措施。这些措施必须在制定 HACCP 计划时预先制定，但应考虑有无预先制定的纠偏措施，因有时会有一些预料不到的情况发生。

在 CCP 的 CL 发生偏离，应采取纠偏措施并记录。纠偏措施应列出重建加工控制的程序和确定被影响的产品安全的处理。

纠偏措施选择包括：隔离和保存要进行安全评估的产品；转移受影响的产品或分到另一条不认为偏离是至关重要的生产线上；重新加工；退回原料（拒收原料）；销毁产品。

有效的纠偏措施计划必须：纠正和消除不符合要求的原因，确保 CCP 点重新回到控制下；隔离、评估和确定不符合要求的产品的处理方法。

2. 纠偏措施的组成

负责实施纠偏措施的人员应该对生产过程、产品和 HACCP 计划有全面理解。纠偏措施的组成应包括两个部分。

（1）纠正和消除偏离的起因，重建对加工的控制。

纠偏措施必须把关键控制点带回到控制之下，一个纠偏措施应注意随时发生的（短期的）问题并提供长期的解决方法。目的是实现短期处理以便尽可能恢复控制，在不发生进一步加工偏离的基础上尽可能快地重新开始加工。

确定偏离的起因，防止以后再次发生。对没有预料的 CL 的失败，或再次发生的偏差应该调整加工工艺或重新评估 HACCP 计划。重新评估的结果可以是作出修改 HACCP 计划的决定。如果必要的话，应彻底消除使加工出现偏离的原因或使这些原因尽可能减到最小。对实施纠偏措施的人员必须得到纠偏措施的明确的指示，而且这些指示应当成为 HACCP 计划的一部分，并记录在案。

（2）确定在加工中出现偏离时所生产的产品，并确定这些产品的处理方法。

当出现偏离时，确定有问题的产品，有四个步骤可用于判断该产品的处理方法和制定一个纠偏措施。

第一步：确定产品是否存在安全的危害。

①根据专家的评估；

②根据物理的、化学的或微生物的测试。

第二步：如果以第一步评估为基础不存在危害，产品可被通过。

第三步：如果存在潜在的危害（以第一步评估为基础），确定是否产品能被：

①返工处理；

②转为安全使用（改变用途）。

第四步：如果潜在的有危害的产品不能像第三步那样被处理，产品必须被销毁。这通常是最昂贵的选择，并且通常被认为是最后的处理方式。

在完成上述步骤时应注意必须确保任何返工不会产生新的危害，特别应注意含有热稳定性生物毒素的有毒原料（如金黄色葡萄球菌肠毒素）。同时，返工过程仍应受管理程序的控制，确保返工出的产品是安全的产品。

3.纠偏措施记录

当因 CL 发生偏离而采取纠偏措施时，必须做好相关记录，可帮助确认再发生的问题，对 HACCP 计划进行调整。同时，纠偏措施记录也为产品的处理提供了证明。

纠偏措施记录应该包含以下内容：产品确认（如受影响产品描述、产品的数量）；偏离的描述；采取的纠偏措施包括受影响产品的最终处理；采取纠偏措施的负责人的姓名；必要时要有评估的结果。

原理 6：记录保持程序

建立有效的记录保持程序是一个成功的 HACCP 计划的重要组成部分。在实行 HACCP 体系的全过程中，须有大量的技术文件和日常监控记录，这些记录应是全面的，可以提供 CL 得到满足或者当 CL 发生偏离时采取了相应的纠偏措施的书面证据。同样，记录也提供了一种监控手段，可以对加工进行调整和预防失控的发生。

HACCP 体系的记录有四种：HACCP 计划和用于制定计划的支持文件；CCP 监控记录；纠偏措施记录；验证记录。

1. HACCP 计划和用于制定计划的支持文件

（1）制定 HACCP 计划的信息和资料。

例如：书面危害分析工作单，用于进行危害分析和建立 CL 的任何相关信息的记录。

（2）各种有关数据。例如：建立商品安全货架寿命所使用的数据；制定抑制病原体生长方法时所使用的足够数据；确定杀死病原体细菌加热强度时所使用的数据等。

（3）有关顾问和其他专家进行咨询的信件。

（4）HACCP 小组名单和小组职责。

（5）制定 HACCP 计划必须具备的程序及采取的预期步骤概要。

2. 监控记录

HACCP 监控记录是用于证明 CCP 实施了控制而保存的，用来评估 CL 是否被违反。管理员代表定期对记录复查以保证 CCP 能按 HACCP 计划被控制。监控记录的另一种用途是执法人员可以通过它判断一个食品生产企业是否遵守了其 HACCP 计划。

通过追踪记录在监控记录上的值，操作者和管理人员可以确定一个产品加工是否达到它的 CL。通过复查记录可以确定 CL 的可行性，以判断对产品加工是否进行必要的调整。如果在违反 CL 之前进行调整，加工产品操作者可以减少或者消除由于采取纠偏措施而消耗相关的人力和物力。

HACCP 监控记录应该包含下列信息：

公司名称；

表头；

时间和日期；

产品确认（包括产品型号、包装规格、加工线和产品编码，可适用范围）；

实际观察或测量情况；

关键限值；

操作者的签名；

审核者的签名；

审核的日期。

3. 纠偏措施记录

见原理 5。

4. 验证记录

验证记录应包括：

HACCP 计划的修改（如配料的改变，配方、加工、包装和销售的改变。加工者审核记录，以确保供应企业的证书及保函的有效性）；

验证准确性，校准所有的监控仪器；

生产线上的产品和成品微生物的、化学的和物理的定期试验结果；

室内、现场的检查结果；

设备评估试验的结果。

除了以上记录，还应有如下一些附加记录：

（1）加工人员培训记录

在 HACCP 体系中应有培训计划，对于实施了培训计划，应有培训、考核记录。

（2）检验记录

记录成品实验室分析细菌总数，大肠菌群、金黄色葡萄球菌、沙门氏菌等的检验结果。其他需要分析的检验结果。

（3）设备的校准和确认书

记录所使用设备的校准情况、确认设备是否正常运转，以便使监控结果有效。

原理 7：建立验证程序

制定程序来验证 HACCP 体系是否按照 HACCP 计划运转，或者计划是否需要修改，以及再被确认生效使用的方法、程序、检测及审核手段。

验证是最复杂的 HACCP 原理之一。尽管它复杂，然而验证原理的正确制定和执行是 HACCP 计划成功实施的基础。HACCP 计划的宗旨是防止食品安全的危害，验证的目的是提高置信水平。通过验证来说明两方面的问题，一个是证明 HACCP 计划是建立在严谨、科学的基础上的，它足以控制产品本身和工艺过程中出现的安全危害；另一个是证明 HACCP 计划所规定的控制措施能被有效实施，整个 HACCP 体系在按规定有效运转。

1. 验证要素组成

（1）确认

（2）CCP 点的验证活动

——监控设备的校正；

——有针对性地取样和检测；

——CCP 记录（包括监控记录、纠偏记录、校准记录）的复查。

（3）HACCP 系统的验证

——审核（AUD）；

——最终产品的微生物试验；

执法机构或其他第三方验证。

2. 具体解释

（1）确认

确认，就是通过收集、评估科学的、技术的信息资料，以评价 HACCP 计划的适宜性和控制危害的有效性。

确认的宗旨是提供客观的依据，这些依据能表明 HACCP 计划的所有要素（危害分析、CCP 确定、CL 建立、监控计划、纠偏措施、记录等）都有科学的基础。确认是验证的必要内容，必须有根据地证实，当有效地贯彻执行 HACCP 计划后，能否真正起到预期的作用或效果。

HACCP 计划的确认方法通常有以下几种：基本的科学原则的结合；科学数据的运用；依靠专家意见；进行生产观察、检验或试验。

①由何人对执行 HACCP 计划进行确认：

HACCP 小组；

经过 HACCP 管理体系及相关知识的培训的人员或有丰富确认经验的人员。

②确认的内容：

对 HACCP 计划的各个组成部分的基本原理，由危害分析到 CCP 验证对策作科学及技术上的回顾和评估。

③确认频率：

最初的确认——HACCP 计划执行之前；

当有因素证明确认是必须时，如下列情况，应当实施确认行动：

——原料的改变；

——产品或加工的改变；

——复查数据出现相反结果时；

——重复出现的偏离；

——有关于危害或控制手段的新信息（原来依据的信息来源发生变化）；

——生产过程中观察到异常情况；

——出现新的销售或消费方式。

（2）CCP点的验证

对CCP制定验证活动是必要的，它能确保所应用的控制程序调整在适当的范围内操作，正确地发挥作用以控制食品的安全。另外，CCP验证包括CCP的校准、监控和纠偏措施记录的监督复查，以便确认其与HACCP计划的一致性。CCP验证也包括针对性的取样和检验。

1）校准

CCP的验证活动包括监控设备的校准，以确保采用的测量方法准确度。进行校准是为了验证监控结果的准确性。

CCP监控设备的校准是HACCP计划成功执行和运作的基础。如果设备没有校准，监控结果就将是不可靠的。如果此情况发生了，那么就可以认为从记录中最后一次可接受的校准开始，CCP就失去了控制。在建立校准频率时，此种情况应予以充分考虑。校准的频率也受设备灵敏度的影响。

2）校准记录的审核

审核校准记录的目的是审查校准日期是否符合规定的频率要求；所用的校准方法是否正确，校准结果的判定是否准确；发现不合格监控设备后的处理方法是否适当。校准记录的审核是验证活动的一部分。

3）针对性的取样检测

CCP的验证也包括针对性的取样和检测。例如，当原料的接收作为CCP，CL为供应企业的证明，监控供应企业提供的证明。为检查供应企业提供的证明是否真实、有效，需通过针对性的取样和检测来验证其报告表述与产品一致性。或将生产某个产品的蒸煮工序作为关键控制点，可以周期性地抽取一定的样品，检测其中心温度。

4）CCP记录的审核

对每一个CCP至少有两种记录类型，即监控记录和纠偏记录。这些记录可以表明CCP符合CL，偏差处理及时有效，产品安全得到有效控制。对记录应安排有管理能力和丰富的实践经验的人来审核这些记录，才能达到验证HACCP计划是否被有效实施的目的。

（3）HACCP体系的验证

除了对CCP的验证外，对整个HACCP体系的验证也应该事先制定程序和计划，体系验证的频率为一年至少一次。当产品或工艺过程有显著改变或系统发生故障时，应随时对体系进行全面的验证。HACCP工作小组应负责确保验证活动的实施。通常，

HACCP工作小组可聘请独立的第三方机构对整个HACCP体系进行全面的验证审核。例如，历次检查过程发现问题纠偏得到有效的控制，则可减少验证频率，反之则要增加验证频率。

审核是收集验证所运用信息的一种有组织的过程，它是有系统的评价，此评价包括现场的观察和记录复查。审核通常是由一位无偏见的、不负责执行监控活动的人员来完成。

1）HACCP体系的验证活动审核：

检查产品说明和生产流程图的准确性；

检查CCP是否按HACCP计划的要求被监控；

检查工艺过程在既定的CL内操作；

检查记录是否准确和按要求的时间间隔来完成。

2）记录复查的审核：

——监控活动的执行地点（位置）符合HACCP计划的规定；

——监控活动执行的频率符合HACCP计划的规定。

当监控表明发生了CL的偏离时，执行了纠偏措施，按HACCP计划中规定的频率对监控设备进行了校准。

3）HACCP体系验证中对生产环境、最终产品的微生物检测：

通过对生产环境、最终产品的微生物指标检测，用来确定日常的操作处于受控状态。

4）第三方认证机构和执法机构在HACCP验证中扮演的角色。

一方面，HACCP体系认证工作正在许多国家（包括中国）快速发展。越来越多的食品企业意识到安全控制对企业发展的重要性。加上有的出口食品企业的出口食品输往国颁布法规，必须实施HACCP管理。如企业本身的HACCP专业人才较少，可向专门的HACCP咨询机构和第三方认证机构咨询，帮助其建立HACCP体系，并进行企业外部的第三方HACCP体系审核认证。

另一方面，由于越来越多的国家（地区）会以立法的形式在食品加工业中强行推行HACCP管理，因此执法机构必然也会介入HACCP验证工作中来。尽管有的国家会选择认可一些有资格的第三方认证机构对企业进行验证审核，官方认同他们的审核结果，但执法机构也会对已经通过验证审核的企业进行抽查，以评价认证机构的审核质量。执法机构对企业的HACCP体系直接进行验证审核的行为，一般称之为官方验证。如我国出口水产动物产品中，美国官方要求对输美的产品实施HACCP的验证。

二、食品商业无菌与良好操作规范

（一）良好操作规范（GMP）的实质

良好操作规范（Good Manufacturing Practice，GMP）是国家推行的技术法规，具有专业性和强制性。目前我国实施的 GB 14881—2013《食品安全国家标准　食品生产通用卫生规范》（各类食品生产卫生规范）属于 GMP 的范畴，是为保障食品安全、质量而制定的贯穿食品生产全过程的强制性规定和要求，包括了对食品生产企业的基础建设、设施设备设置、产品生产包括原料采购、验收、生产、加工、包装、储存、分销及人员卫生、人员培训、加工过程的控制管理等作出的规定。GMP 是世界上普遍应用于食品生产过程的有效管理规范，以确保终产品质量符合标准。

（二）推行食品 GMP 的目的和意义

制定和实施食品 GMP 的目的和意义，主要是防止食品在不卫生、不安全或可能引起污染及腐败变质的环境下进行加工生产，避免食品制造过程中人为的错误，控制食品污染及变质，建立完善的食品生产加工过程质量保证和食品安全管理制度，以确保食品卫生安全和满足相关标准要求，同时提高产品质量稳定性。为食品生产及卫生监督提供有效的监督检查手段；为建立实施 HACCP 食品安全管理体系奠定基础。

（三）我国食品生产卫生规范（GMP）法规及主要内容

1. 我国实施的食品生产卫生规范（GMP）

1994 年 2 月卫生部制定 GB 14881—1994《食品企业通用卫生规范》并自当年 9 月 1 日起实施，在规范我国食品生产企业加工环境、提高从业人员食品卫生意识、保证食品产品的卫生安全方面起到了积极作用。随着食品生产环境、条件的变化，食品加工新技术、新工艺、新设备、新材料、新品种不断出现，食品企业生产技术水平进一步提高，对生产过程控制提出了新的要求，原标准的许多内容已经不能适应食品行业的实际需求。为此，2013 年国家卫生和计划生育委员会（现为国家卫生健康委）对 GB 14881—1994 进行修订，以 1994 年版为基础，相继整合、修订涵盖主要食品类别系列的生产经营规范。建立与我国食品生产状况相适应、与国际先进食品安全管理方式相一致的过程规范类食品安全国家标准体系，对促进我国食品行业管理方式的进步，保障消费者健康具有至关重要的意义。2013 年 5 月 24 日，修订后的 GB 14881—2013《食品安全国家标准　食品生产通用卫生规范》发布，自 2014 年 6 月 1 日起实施。

在 GB 14881—2013 基础上，国家根据食品质量、工艺等产业特点对《食品安全国家标准　食品生产通用卫生规范》进行补充，根据各类食品产业特点相继制定 34 项卫生规范。卫生规范既是规范企业食品生产过程管理的技术措施和要求，又是监管部门开展生产过程监管与执法的重要依据，也是鼓励社会监督食品安全的重要手段。

2. 商业无菌产品涉及 GMP 标准

（1）GB 14881—2013《食品安全国家标准　食品生产通用卫生规范》

（2）GB 8950—2016《食品安全国家标准　罐头食品生产卫生规范》

（3）GB 12693—2023《食品安全国家标准　乳制品良好生产规范》

（4）GB 12695—2016《食品安全国家标准　饮料生产卫生规范》

（5）GB 23790—2023《食品安全国家标准　婴幼儿配方食品良好生产规范》

3. 我国对出口食品的管理

我国的出口食品，根据《中华人民共和国食品安全法》《中华人民共和国进出口食品安全管理办法》等法律法规的规定，出口食品生产企业应当保证其出口食品符合进口国家（地区）的标准或者合同要求；中国缔结或者参加的国际条约、协定有特殊要求的，还应当符合国际条约、协定的要求。

进口国家（地区）暂无标准，合同也未作要求，且中国缔结或者参加的国际条约、协定无相关要求的，出口食品生产企业应当保证其出口食品符合中国食品安全国家标准。

2021 年 3 月 12 日海关总署以第 249 号令公布了《中华人民共和国进出口食品安全管理办法》，其第四十四条规定，出口食品生产企业应当建立完善可追溯的食品安全卫生控制体系，保证食品安全卫生控制体系有效运行，确保出口食品生产、加工、贮存过程持续符合中国相关法律法规、出口食品生产企业安全卫生要求；进口国家（地区）相关法律法规和相关国际条约、协定有特殊要求的，还应当符合相关要求。出口食品生产企业应当建立供应商评估制度、进货查验记录制度、生产记录档案制度、出厂检验记录制度、出口食品追溯制度和不合格食品处置制度。相关记录应当真实有效，保存期限不得少于食品保质期期满后 6 个月；没有明确保质期的，保存期限不得少于 2 年。

4. 我国对进口食品的管理

为了保障进口食品安全，保护我国人民、动植物生命和健康，根据《中华人民共和国食品安全法》《中华人民共和国进出口食品安全管理办法》等法律法规的规定，进口食品应当符合中国法律法规和食品安全国家标准，中国缔结或者参加的国际条约、协定有特殊要求的，还应当符合国际条约、协定的要求。1999 年 12 月 30 日国家出入境检验检疫局公布实施《进口食品国外生产企业注册管理规范（试行）》，2002 年 3 月 14 日国家质量监督检验检疫总局公布《进口食品国外生产企业注册管理规定》，根据国务院的授权，中华人民共和国国家认证认可监督管理局统一管理进口食品国外生产企业注册和监督管理工作。国家认证认可监督管理局负责制定、公布《实施企业注册的进口食品目录》，该目录规定肉类、水产品、乳品、燕窝等四个产品，凡向中国输出肉类、水产品、乳品、燕窝产品的国外生产企业，须向国家认证认可监督管理局申请注册。未获得注册的国外生产企业的食品，不得进口。2012 年 3 月 22 日国家质量监督检验检疫总局对 2002 年版《进口食品国外生产企业注册管理规定》进行修订，并于局令第 145 号公布《进口食品境外生产企业注册管理规定》，2018 年 11 月 23 日海关总署令第 243 号对《进口食品境外生产企业注册管理规定》修订；2021 年

4月12日经海关总署署务会议审议通过《中华人民共和国进口食品境外生产企业注册管理规定》，自 2022 年 1 月 1 日起实施。向中国境内出口 18 类食品（肉与肉制品、肠衣、水产品、乳品、燕窝与燕窝制品、蜂产品、蛋与蛋制品、食用油脂和油料、包馅面食、食用谷物、谷物制粉工业产品和麦芽、保鲜和脱水蔬菜以及干豆、调味料、坚果与籽类、干果、未烘焙的咖啡豆与可可豆、特殊膳食食品、保健食品）的境外生产、加工、储存企业由所在国家（地区）主管当局向中国海关总署推荐注册，进口食品境外生产企业注册条件包括建立有效的食品安全卫生管理和防护体系，在所在国家（地区）合法生产和出口，保证向中国境内出口的食品符合中国相关法律法规和食品安全国家标准。

（四）食品生产卫生规范涉及的基本内容

1. 选址及厂区环境要求

食品工厂的选址及周边环境与所生产食品安全密切相关。在选址时应充分考虑避免来自外部环境的有毒有害因素，如工业废水、废气、危废、农业投入品、粉尘、放射性物质、虫害等对食品生产活动的影响。从工厂基础设施（厂区布局规划、厂房设施、路面、绿化、排水等）的设计、建造到其建成后的使用、维护、清洁等，实施有效管理，确保加工环境符合食品生产、质量安全的要求。

2. 基础建筑与布局

厂房和车间的布局建造合理，设备分布符合工艺流程，有利于生产人员、物料流动有序，减少交叉污染发生的风险。应从厂房地面与排水、屋顶及天花板、墙壁与门窗建造到配备供气与排气、供水与排水、清洁与消毒、废弃物存放、个人卫生、食品原材料和相关产品仓储设施、废弃物存放与处理、废水排放设施等进行设置；从加工原材料入厂至成品出厂，兼顾人流、物流、气流等因素，应根据生产食品特性和食品安全风险，兼顾工艺、经济、安全等原则，满足食品卫生操作要求，预防和降低产品受污染的风险。

3. 生产设施与设备

具备充足的与生产相适应的设施与设备，不仅对确保企业正常生产运作、提高生产效率起到关键作用，同时也直接或间接地影响食品的安全性和质量的稳定性。正确选择设施与设备所用的材质并合理配置安装，有利于创造维护食品卫生与安全的生产环境，降低生产环境、设备及产品受到直接污染或交叉污染的风险，预防和控制食品安全事故产生。设施方面包括清洁、消毒设施，废弃物存放设施，个人卫生设施，温控设施等。设备方面包括生产设备、监控设备，以及设备的保养和维修等。

4. 原料采购至最终产品的储存、运输

有效管理食品原料、食品添加剂和食品相关产品等物料的采购和使用，是保证最终产品安全的先决条件。食品生产企业应根据国家法律法规、技术规范、标准的要求

采购，并根据企业自身的监控重点采取适当措施保证食品原料、食品添加剂和食品相关产品进厂的合格。企业应根据食品原料、食品添加剂和食品相关产品、半成品、最终产品的特性（如质量、温度、湿度）、卫生和安全等要求选择适宜的储存条件和运输方式，避免因储存、运输不当丧失食品原有的营养物质，降低或失去应有的食用价值，以致发生食品腐败变质的风险。

5. 生产加工过程

生产过程中的食品安全控制措施是保障食品安全的关键点。食品生产企业应依据食品安全法规和标准，结合企业生产产品的实际情况制定并实施生物性、化学性、物理性污染的控制措施，并有效落实。如，在罐藏食品加工过程中，微生物是造成食品污染、腐败变质的重要原因。应根据原料、产品和工艺的特点，选择有效的清洁方式。通过清洁和消毒能使生产环境中的微生物始终保持在受控状态，降低微生物污染的风险。同时，还应当通过对微生物监控的方式验证和确认所采取的清洁、消毒措施能够有效达到控制微生物的目的。

在控制化学污染方面，应对可能污染食品的原料带入以及加工过程中使用、污染或产生的化学物质等因素进行分析，如重金属、农兽药残留、持续性有机污染物、卫生清洁用化学品和实验室化学试剂等。并针对产品加工过程的特点制定化学污染控制计划和控制程序，如对清洁消毒剂等进行专人管理，定点放置，清晰标识，做好领用记录等。在控制物理污染方面，应注重异物管理，如玻璃、金属、砂石、毛发、木屑、塑料等，并建立防止异物污染的管理制度，制定控制计划和程序，如工作服穿着、灯具防护、门窗管理、虫害控制等。

6. 检验验证产品的安全

检验是验证食品生产过程管理措施有效、确保食品安全的重要手段。通过检验，企业可及时了解食品生产安全控制措施上存在的问题，及时排查原因，并采取改进措施。企业开展自行检验应配备相应的检验设备、试剂、标准样品等，建立实验室管理制度，明确各检验项目的检验方法。检验人员应具备开展相应检验项目的资质，按规定的检验方法开展检验工作。为确保检验结果科学、准确，检验仪器设备精度必须符合要求。企业委托外部食品检验机构进行检验时，应选择获得相关资质的食品检验机构。企业应妥善保存检验记录，以备查询。

7. 管理制度的建立

以质量管理体系为基础，制定和有效落实食品安全管理制度是生产安全食品的重要保障。其制度需涵盖从原料采购到食品加工、包装、储存、运输等全过程，具体包括食品安全管理制度，设备保养和维修制度，卫生管理制度，从业人员健康管理制度，食品原料、食品添加剂和食品相关产品的采购、验收、运输和储存管理制度，进货查验记录制度，食品原料仓库管理制度，防止化学、异物污染的管理制度，食品出厂检验记录制度，食品召回制度，培训制度，记录和文件管理制度等。

8.人员管理与持续培训

食品质量安全的关键取决于生产过程控制，而过程控制的关键在人。企业是食品安全的第一责任人，应采用先进的食品安全管理体系和科学技术有效预防或解决生产过程中出现的问题，这生产过程控制需要由相应的人员去操作和实施。因此应对食品生产管理者和生产操作者等从业人员加强管理。同时持续按照工作岗位的需要对食品加工及管理人员有针对性地进行食品安全法规标准、食品加工过程中卫生控制的原理和技术要求、个人卫生习惯和企业卫生管理制度、操作过程的记录等的培训、考核、跟踪，以提高其执行企业卫生管理等制度的能力和意识，提升食品生产过程控制管理水平，保障产品质量安全。

三、食品商业无菌与卫生标准操作程序（SSOP）

（一）卫生标准操作程序概念

卫生标准操作程序（Sanitation Standard Operating Procedure，SSOP）是食品加工企业为了达到 GMP 要求而制定的卫生操作程序。它是用于指导食品企业生产加工过程中如何实施清洗、消毒和卫生保持的作业指导文件。SSOP 可减少 CCP 的数量，主要涉及加工环境或人员等有关的危害并进行控制。SSOP 与建立和实施的 HACCP 组合，构成食品生产安全保障体系。不同的食品加工企业，因加工食品特点不同，SSOP 的内容不尽相同。制定 SSOP 的法规基础是 GMP，一些危害可通过 SSOP 得到最好的解决，使企业达到 GMP 的要求。生产出安全卫生的食品是制定和执行 SSOP 的最终目的，是实施 HACCP 的前提条件。

（二）卫生标准操作程序

1.与食品接触或与食品接触表面的水（冰）的安全

食品生产用水应符合 GB 5749《生活饮用水卫生标准》的要求。若有贮水槽（塔、池），应定期清洗、消毒、卫生维护，并根据相关规定、生产产品的特点每天对生产用水进行感官、微生物、游离余氯等项目的检测。

直接与食品接触的冰，必须采用符合 GB 5749《生活饮用水卫生标准》的要求的水制造；制冰设备和盛装冰块的器具，必须保持良好的清洁卫生状况；冰的存放、粉碎、运输、盛装等必须在环境卫生的条件下进行，防止其受污染。

不与食品接触的非饮用水（如污水或废水等）管路系统与食品制造用水管路系统，应以颜色明显区分，并以完全分离的管路输送，不得有逆流或相互交接现象。

2.与食品接触表面（包括设备、手套、工作服、围裙）的清洁度

食品接触表面指食品生产过程中的设备、工器具、人体等可被食品或食品生产用原辅料接触到的表面。保持食品接触表面的清洁是为了防止污染食品。与食品接触表

面一般包括直接接触（设备，工器具，人员的手套、工作服、围裙等）和间接接触（未经清洗消毒的冷库、卫生间的门把手、垃圾箱等）。

要点 1　与食品接触表面的要求

1）生产食品所用设施设备与食品接触面材料的要求

应选用耐腐蚀、不生锈、不产生化学反应、表面光滑、易清洗的无毒材料，如 304 以上系列的不锈钢材料。不使用木制品、纤维制品、含铁金属、镀锌金属、黄铜等材料。

2）生产食品所用设施设备要求

①设计要求：本着便于清洗和消毒的原则，制作工艺精细，无粗糙焊缝、凹陷、破裂等，易排水且不积存污物。②设备安装要求：安装固定于地面的设备其与地面缝隙应密封，安放于地面的设备其底面距地面 10cm 以上、距离墙壁 50cm 以上，以便于操作、清洁和维护，始终保持良好保养的状况。③设备安全要求：在加工人员意外犯错误情况下不致造成严重后果。

要点 2　与食品接触表面的清洗、消毒

应为加工设备与工器具、手套、工作服、工作帽、工作鞋和围裙等，制定相应清洗、消毒程序，包括清洗消毒的频率、方法、步骤，清洁剂和消毒剂的种类、浓度及水的温度。

1）清洗消毒示例

加工设备与工器具：①清扫，用刷子清除设备、工器具表面附着的食品原料残渣；②预冲洗，用清洁水冲洗设备和工器具表面，除去清扫后遗留的微小残渣；③清洗，选用碱性或酸性型且符合食品安全标准的清洗剂对设备及工器具进行清洗；④冲洗，应用生产的流动水冲去与食品接触面上的清洁剂；⑤消毒，应用 82℃以上的热水或含氯消毒剂或过氧化氢等进行喷洒或浸泡；⑥冲洗，消毒结束后，应用生产的流动水对被消毒对象进行冲洗，尽可能减少消毒剂的残留。用设隔离的工器具洗涤消毒间，将不同清洁度的工器具分开。

就地清洗（clean in place，CIP）也称为原位清洗，其定义为不拆卸设备或元件，在密闭的条件下，用一定温度和浓度的清洗液对清洗装置加以强力作用，使与食品接触的表面洗净和杀菌的方法。CIP 清洗系统是一种理想的设备及管道清洗方法，目前应用在食品加工企业，特别在乳品、饮料等机械化程度较高生产企业中。

更衣区：根据加工产品特点和工序（如生与熟、产品加工与包装、清洁区和非清洁区、男女人员的比例等）分别设置更衣区，并将出入各自加工区的通道分开。更衣区走向为"直通式"，即一门进另一门出。更衣室内应备有"自查"更衣镜并在镜旁加施规范着工作服示意图、供更换工作服后对照。更衣区包括：换鞋间、个人用品柜间、工作服间、工作鞋间。换鞋间：设置凳子便于在换鞋间换下自己鞋，穿替换鞋进入个人用品柜间，换鞋间设一洗手设施解决换鞋前手接触污染物。个人用品柜间：个人用品柜间应与工作服间（区）隔开。

工作服：设置专用洗衣房清洗消毒，不同清洁区域的工作服应分别清洗消毒，分别存放于设有臭氧或紫外线的消毒环境，保持干燥清洁。

手套与围裙：在加工车间内临人员出口处设置手套与围裙专用清洗和消毒间，清洗后晾干，保持干燥清洁。

2）空气消毒

①紫外线照射法，每10～15m²安装一支30W紫外线灯，消毒时间30～40min，当环境温度低于20℃、高于40℃、相对湿度大于60%时要延长消毒时间，适用于车间、更衣室；②臭氧消毒法，一般消毒1h，适用于加工车间；③药物熏蒸法，用过氧乙酸，每10mL/m²进行熏蒸，适用于冷库、保温车。

3）清洁频率

根据不同产品而定，每班加工班前、加工过程、加工结束后对设备工器具进行清洁；工作服和手套被污染后立即清洁。常用消毒剂为：①75%～80%酒精；②氯与氯制剂（漂白粉、次氯酸钠、二氧化氯），常用浓度（余氯）为洗手液50mg/L、消毒工器具100mg/L、消毒鞋靴200～300mg/L。

3.防止发生交叉污染

交叉污染指食品与不洁物、食品与包装材料、人流与物流、高清洁度区域的食品与低清洁度区域的食品、生食与熟食之间，以及食品加工环境把生物或化学的污染物转移到食品上的过程。

（1）清洁区域的划分

GB 14881—2013《食品安全国家标准　食品生产通用卫生规范》规定厂房和车间应根据产品特点、生产工艺、生产特性以及生产过程对清洁程度的要求合理划分作业区，并采取有效分离或分隔。如：通常划分为清洁作业区、准清洁作业区和一般作业区；或清洁作业区和一般作业区等。一般作业区应与其他作业区域分隔。

依据GB 14881—2013清洁区划分原则，罐藏食品按照厂房功能和车间工艺流程及工序对卫生清洁程度要求的不同，一般分为清洁作业区、准清洁作业区和一般作业区。清洁区：无菌灌装加工间、热灌装间。准清洁作业区：冷库，解冻间，腌制间，酸性罐头食品原料预煮前的清洗、挑选、分级、去壳、去皮、去核加工间，谷物类罐头食品的原料挑选、去杂、淘洗、浸泡加工间，洗罐（瓶）间，预煮间，油炸间，酸性罐头食品、谷物类罐头食品原料预处理的工器具清洗消毒间和工具间。一般作业区：原料验收场所及原料库、辅料库、包装物料（包括容器、标签、纸箱等）库、杀菌间、空压机房、从车间外进入的真空泵房、包装车间、成品仓库。（源自《GB 8950—2016〈食品安全国家标准　罐头食品生产卫生规范〉实施指南》）

依据GB 12695—2016《食品安全国家标准　饮料生产卫生规范》规定，一般分为清洁作业区、准清洁作业区和一般作业区。清洁作业区通常包括液体饮料的灌装防护区或固体饮料的内包装区等。准清洁作业区通常包括杀菌区、配料区、包装容器清洗消毒区等。一般作业区通常包括原料处理区、仓库、外包装区等。

依据 GB 12693—2023《食品安全国家标准　乳制品良好生产规范》规定，一般分为清洁作业区、准清洁作业区和一般作业区。清洁作业区：如裸露待包装的半成品储存、充填及内包装车间等。准清洁作业区：如原料预处理车间等。一般作业区：如收乳间、原料仓库、包装材料仓库、外包装车间及成品仓库等。

（2）交叉污染的控制和预防

①工厂选址、设计和建筑

工厂选址、设计和建筑应符合食品加工企业的要求，厂区的道路应该为水泥或沥青铺制的硬质路面，路面平坦、不积水、无尘土飞扬，厂区的绿化应符合相关规定。锅炉房应设在厂区下风处，厕所、垃圾箱远离车间。生产车间地面一般有 1°～1.5° 的斜坡以便于废水排放；案台、下脚料容器盒和清洗消毒槽的废水直接排放入沟；废水应由清洁区向非清洁区流动，明地沟加设不锈钢箅子，箅子缝隙间距或网眼应小于10mm。地沟与外界接口处应有水封防虫装置。排出的生产污水应符合国家环保部门和卫生防疫部门的要求，污水处理池地点的选择应远离生产车间。

②车间工艺流程布局

加工过程都是从原料到半成品再到成品的过程，即从非清洁到清洁的过程，加工车间应该按照产品的加工进程顺序进行布局，不允许在加工流程中出现交叉和倒流。清洁区与非清洁区之间要采取相应的隔离措施，以便控制彼此间的人流和物流，从而避免产生交叉污染。加工品的传递通过传递窗或专用滑道进行。初加工、精加工、成品包装车间应分开。清洗、消毒与加工车间分开。不同容器、工器具不应混用，不应接触地面，应置于垫架上。

③个人卫生要求

加工人员进入加工区前应按更换工作服程序，规范穿戴工作帽、衣、裤及工作鞋靴，尤其关注头发不应外露；加工供直接食用的产品的人员，尤其是在成品工段的工作人员，应戴口罩；与工作无关的个人物品不应带入车间，不应戴首饰和手表，不应化妆、涂指甲油；加工人员进入加工区时，手部和鞋靴应经清洗消毒；使用卫生间、接触可能污染食品的物品或者从事与食品加工无关的其他活动后，再次从事接触食品、食品容器、工具、设备等与食品生产相关的活动前应重新洗手。如佩戴手套，应事先对手部进行清洗消毒。手套应清洁、无破损，符合食品安全要求。

（三）手的清洗消毒设施以及卫生间设施的维护与卫生保持

1. 洗手消毒和卫生间设施要求

（1）洗手消毒设施

加工区入口处应设置与车间内人员数量相当的洗手消毒设施，一般每10人配1个洗手龙头，200人以上每20人增设一个。洗手龙头必须为非手动开关（注：延时式水龙头不是非手动式），洗手处须配置洗涤液盒（每个洗涤液盒置于两个水龙头之间），洗涤液应在使用有限期内。设置手消毒液的容器或装置，在数量上应与使用人数相适应，消毒液浓度应符合要求并维持其浓度。根据加工产品特点、气候季节配备温水使用，以避免因气候冷而不洗手的情况发生。干手器具须是不会导致交叉污染的物品，如一次性纸巾、干手器等。加工区内应根据工艺流程在适当位置设足够数量的洗手、消毒设施，以便工人在生产操作过程中定时洗手、消毒，或在接触不洁物后能及时和方便地洗手。设置简明易懂的洗手消毒程序和方法的标识，并加施于洗手设施上方明显的位置。

（2）卫生间设施

卫生间的数量与加工人员数量相适应，卫生间的墙面、地面和门窗应该用浅色、易清洗消毒、耐腐蚀、不渗水的材料建造，并配有冲水、洗手消毒设施，防虫、蝇装置，通风装置。卫生间通风良好，地面干燥，清洁卫生，无任何异味；设置在第一时间能见到的提示"如厕之后须洗手和消毒"标识。持续维护洗手消毒和卫生间设备，保持正常运转、卫生洁净。

2.洗手消毒程序

（1）方法

清水洗手——用皂液搓手20s——清水冲净皂液——于50mg/L（以余氯计）消毒液中浸泡30s——清水冲洗——干手（用纸巾或干手器）。

（2）频率

每次进入加工区时，手接触过污染物后，如厕之后须洗手消毒。根据不同加工产品过程规定手部清洗消毒频率。

（四）保护食品、食品包装材料和食品接触面免受外部污染物污染

1.外部污染物的来源

（1）化学品的污染，如非食品级润滑剂、非食品级清洗剂、消毒剂、杀虫剂、燃料等化学制品的残留或邻近加工区域的灰尘。

（2）不清洁水带来的污染，如不洁净的冷凝水滴入或不清洁水的飞溅。

（3）不卫生的包装材料带来的污染，如运输过程中包装破损，污染了内包装材料及内容物。

（4）其他物质带来的污染，如无保护装置的照明设备破损。

2.外部污染的防治与控制

（1）化学品的正确使用和妥善保管。接触食品表面的加工机械部位要使用食品级润滑剂，使用符合食品安全要求的清洗剂、消毒剂，对设备及工器具清洗消毒后要及时、全面冲洗干净，以防化学品残留。车间内使用的清洗剂、消毒剂要专柜存放且设置醒目的标识，由专人做好保管、发放与回收工作。杀虫剂及环境消杀剂的使用应严

格采取预防和限制措施，并做好消杀环境的防护。

（2）冷凝水控制。根据产品的加工特性，车间保持良好的通风，各种管道、管线尽可能集中走向，冷水管不宜在生产线、设备和包装台上方通过。将易因蒸汽冷凝出现冷凝水的加工区域顶棚设计建造成"圆弧形"或"倾斜形"，如天花板上出现冷凝水，应及时消除。

（3）包装材料的控制。包装材料存放库要保持干燥、清洁、通风，内外包装应离地、离墙分别存放，发现运输包装出现破损应及时做好防护。根据产品加工特性，做好包装材料使用前的清洗和消毒。

（4）地面保持无积水。地面建造应符合相应食品加工的排水坡度，加工过程及时排除地面的积水，避免人员行走、车轮滚动将地面水飞溅到加工产品上，避免同一位置边加工边清洗消毒，以致清洗消毒水飞溅到加工产品上。

（5）维护好照明等设施。如需在暴露食品和暴露食品原料的正上方安装照明设施，应使用安全型照明设施或采取防护措施。

（五）有毒化学物质的使用和储存

1. 有毒化学物质种类
包括洗涤剂、消毒剂、杀虫剂、灭鼠药、机械润滑剂和化学实验室试剂等。

2. 有毒化学物质的使用和储存
企业应编写本企业使用的《有毒有害化学物质一览表》。所使用的有毒化学物质应合规，如有主管部门批准生产、销售的证明。原包装容器的标签应标明主要成分、毒性、浓度、使用剂量、使用方法和注意事项、有效期等。有毒化学物质应设单独库房进行储存，加施锁具，并设有警告标识，由经过培训的专门人员管理，使用时应有使用登记记录并由经过培训的人员配制和使用。除实验室检验所必须使用的有毒化学物，且存放于双人管理的设施及有毒化学物质库房外，任何场所不应存放有毒化学物质。

（六）直接或间接接触食品的职工健康状况的控制

（1）食品生产人员上岗前要进行健康检查，合格方能上岗。入职后定期进行健康检查，食品生产企业应制订体检计划，每年至少进行一次体检。必要时增加体检频率和项目，并设有体检档案。

（2）食品生产人员每天上岗前应进行健康状况检查，主动向相关负责人报告自身健康状况，发现患有发热、呕吐、腹泻、咽部严重炎症等病症及皮肤有伤口或者感染的从业人员，应暂停从事接触直接入口食品的工作，待查明原因排除有碍食品安全的疾病并做好必要的防护后方可重新上岗。

（七）虫害控制及去除（防虫、灭虫、防鼠、灭鼠）

应制定和执行虫害控制措施，准确绘制虫害控制平面图，标明捕鼠器、粘鼠板、灭蝇灯、室外诱饵投放点、生化信息素捕杀装置等放置的位置。如与外环境或市政下水道相通的下水道口，安装竖箅子（金属栅栏）或横箅子，箅子缝隙小于10mm，且无缺损；地漏加盖；与外界相通的门，缝隙小于6mm；木门和门框的底部包300mm高的铁皮；食品库房门口安装600mm高的挡鼠板。库房对外出入口的门内外两边离门2m的距离、沿墙基（距墙10～20mm）放置粘鼠板，捕鼠设备放置数量为每8m^{2}放置1个，（每15m^{2}放置2个）；1楼或地下室窗户玻璃无破损；排风扇或通风口有金属网罩，网眼小于6mm。堵塞进入室内的供排水、电缆、煤气和空调等管线的墙洞，缝隙小于6mm；安装粘捕式灭蝇灯，其第一盏灭蝇灯距离入口不应少于3.6m，以免吸引室外昆虫，安装高度通常为灭蝇灯的底部距离地面1.8～2.0m；可开启的窗户安装有40目（指1in，或25.4mm长度中有40个孔眼）及以上，且易拆洗的不锈钢纱窗。

定期检查、维护、评估，若发现有生物侵入痕迹时，应追查来源，消除隐患。

采用物理、化学或生物制剂进行处理时，不应影响食品安全和食品应有的品质，不应污染食品接触表面、设备、工器具及包装材料。

四、GMP、SSOP 与 HACCP 的关系

GMP 是规范食品加工企业硬件设施、加工工艺和卫生质量管理等的技术规范，其基本精神为：①降低食品生产过程中人为的错误；②防止食品在生产过程中遭受污染或品质恶劣；③要求建立完善的质量管理体系。企业为更好地执行 GMP 的规定，可结合本企业的加工品种和工艺特点，在不违背通用 GMP 的基础上制定对应的良好加工指导文件。GMP 所规定的内容，是食品加工企业必须达到的最基本的条件。

SSOP 是企业为了达到 GMP 所规定的要求，保证所加工的食品符合卫生要求而制定的指导食品生产加工过程中如何实施清洗、消毒和卫生保持的作业指导文件。

GMP、SSOP 是制定和实施 HACCP 计划的基础和前提。GMP、SSOP 控制的是一般的食品卫生方面的危害，GMP 和 SSOP 制定了从原料采购、加工、包装、储存和运输等环节的场所、设施、人员的基本要求和管理准则，并制定了控制生物、化学、物理污染的主要措施，在内容上涵盖了从原料到产品全过程的食品安全管理要求，并突出了在生产过程关键环节对各种污染因素的分析和控制要求。从厂房车间、设施设备、人员卫生、记录文档等硬件和软件两方面体现了对企业总体、全面的食品安全要求，也体现了 HACCP 体系针对企业生产与产品可能产生的风险环节预先作好判断和控制的管理理念。食品生产企业在执行 GMP 和 SSOP 的基础上建立 HACCP 等食品安全管理体系，进一步提高食品安全管理水平。

HACCP 重点控制食品安全方面的显著性危害，企业在满足 GMP 和 SSOP 的基础

上实施 HACCP 计划，可以将显著的食品安全危害控制和消除在加工之前或加工过程之中。

GMP、SSOP、HACCP 的最终目的都是使企业具有充分、可靠的食品安全卫生质量保证体系，生产加工出安全卫生的食品，保障食品消费者的食用安全和身体健康。

第三节　我国罐藏食品商业无菌出厂检验应用与监管现状

我国发布的 GB/T 4789.26—1989《食品卫生微生物学检验　罐头食品商业无菌的检验》，及 1994 年版和 2003 年版的 GB/T 4789.26《食品卫生微生物学检验　罐头食品商业无菌的检验》均应用于我国境内生产出口的罐头食品、境内生产在境内销售的罐头食品。随着罐藏食品生产和发展，除 GB 7098—2015《食品安全国家标准　罐头食品》规定"应符合罐头食品商业无菌要求，按 GB 4789.26 规定的方法检验"外，GB 25190—2010《食品安全国家标准　灭菌乳》规定"微生物要求：应符合商业无菌的要求，按 GB/T 4789.26 规定的方法检验"和 GB 7101—2022《食品安全国家标准　饮料》规定"经商业无菌生产的产品应符合商业无菌的要求，按 GB 4789.26 规定的方法检验"。目前，在出口罐头、乳制品、饮料等三类产品中，产量最多的是罐头食品。鉴于乳制品出口涉及输往国家（地区）准入，我国境内生产乳制品仅供应我国的内陆及香港特别行政区，在饮料方面鉴于产品特点，仅有少量出口。现以罐头食品为例，介绍我国罐藏食品商业无菌出厂检验应用与监管现状。

一、罐头食品生产与出口状况

罐头食品是我国的传统食品产业，也是重要的大宗出口产品之一。我国罐头食品行业是典型的出口型行业，一直保持着较快的发展速度，是我国众多食品中最先打入国际市场，产品质量较早与国际接轨的一种商品。我国主要出口罐头食品包括蔬菜类罐头（如清水竹笋、清水荸荠、芦笋、番茄酱、青刀豆等），水果类罐头食品（如糖水柑橘、糖水黄桃等），水产类罐头食品（如茄汁鲭鱼、豆豉鲮鱼、沙丁鱼等），肉类罐头食品（如午餐肉、红烧扣肉、红烧排骨、香菇肉酱等）和食用菌类罐头（如蘑菇罐头等）。以 2022 年为例，该年我国罐头出口量 312.5 万 t，出口额 68.9 亿美元，同比增长 12% 和 22%。出口量和出口额均创下近 6 年来之最。出口主要市场为美国、日本、俄罗斯、韩国、意大利、泰国、菲律宾、马来西亚、加纳。出口罐头食品的主要省份、自治区、直辖市为福建、新疆、浙江、山东、天津、江苏、安徽、河南、湖北、河北，出口量占全国罐头出口总量的 87%。其中福建、新疆、江苏、安徽、河南出口增幅较大。

二、企业自律实施出厂商业无菌检验过程

罐头食品的商业无菌是其基本属性之一。商业无菌检验是对产品是否达到商业无菌要求的验证。而商业无菌检验作为生产环节的验证不仅仅是看抽样保温的结果，还包括了对生产过程监控状况的审查，即对生产操作记录的审查；商业无菌检验也是企业生产管理、质量安全管理体系运行的重要环节之一。对罐头生产企业来说，商业无菌检验应是最基本也是最严格的检验项目；对质量检验部门来说，商业无菌检验是重点验证核查的检查内容。

罐头食品生产过程通常包括原材料预处理、罐装、密封、适度的热力杀菌以及包装等流程。罐藏食品微生物检验中商业无菌检验，通过对流程的分析、验证，更好保证罐头食品的食品安全。

GB 4789.26《食品安全国家标准　食品微生物学检验　商业无菌检验》是现行国家对罐藏食品商业无菌的强制性标准，各相关罐藏食品生产企业、食品检验检测机构、监管部门皆需要严格依据该标准进行检验，以确保结果的准确性和客观性。罐头食品的商业无菌检验步骤主要包括保温试验、感官检验、涂片镜检和细菌培养后的微生物学检验。其中保温试验和涂片镜检是必需的检测步骤；对上述结果存疑的，需要进一步进行微生物学鉴定的应进行细菌培养和微生物学检验。生产企业对罐头产品进行商业无菌检验的具体流程如下：

（1）罐头细菌培养。罐头细菌培养是罐头食品商业无菌检验的重要流程之一。通过对罐头样品的内容物进行专业的细菌培养，并对培养出的细菌菌落进行筛选与核对，可以对罐头食品内的微生物成分进行评价。罐头内常见的致病微生物包括但不局限于嗜热性细菌（如嗜热脂肪芽孢杆菌、凝结芽孢杆菌、嗜热解糖梭状芽孢杆菌、致黑梭状芽孢杆菌等）、中温性厌氧细菌（如肉毒梭菌、腐化梭菌、丁酸梭菌、巴氏固氮芽孢梭菌等）、中温性需氧菌（如枯草芽孢杆菌、蜡样芽孢杆菌等）、不产芽孢的细菌（如大肠杆菌、链球菌）、酵母菌及霉菌、抗热性霉菌等。在进行罐头细菌培养前一定要对罐头的酸碱度进行测量，以便选择合适的培养基。

（2）试验罐藏食品取样。样品来源于罐藏食品生产领域和流通领域。在生产领域，根据产品的品种、规格、生产时间、品牌等组批因素进行抽样采样。在流通领域，如交易现场或其仓储库中进行抽样采样。抽样过程应确保样品外观正常，无损伤，无锈蚀（仅对金属容器）、泄漏、胀罐（包括袋、瓶、杯等）等异常罐头，以满足反映罐头食品质量的试验样品的基本要求。

（3）留样。在进行留样前，需要进行称重、保温、开罐等操作。称量罐头的净重，根据罐头的种类，需要精确至1g或2g。结合酸碱度与温度，对罐头进行恒温保温10d；对过程中出现胀罐或泄露的罐头应立即挑出进行开罐检查。保温过程结束后，将罐头放置至常温即可进行无菌开罐操作。开罐之后，用适当的工具在无菌状态下提前

取 10～20mg 内容物，移入灭菌容器内保存于冷藏库，待此批罐头检验合格之后再做处理。

（4）低酸性食品培养。低酸性食品的培养需要采取特殊方法：在 36℃下进行溴钾酚紫肉汤的培养、在 55℃下进行溴钾酚紫肉汤的培养、在 36℃下进行疱肉培养基的培养，并对结果进行涂片、染色，镜检后安排更为精细的筛选，从而确保低酸性食品内细菌种类鉴别实验的客观精确性。在进行培养基培养时，重点观察培养基上微生物菌落的产酸产气情况与菌落的外形、颜色等，从而确认食品内具体的微生物种类。

（5）显微镜检验。显微镜下的涂片检查是罐头商业无菌检验中最为常用的菌种初筛方法，需要有经验的质检人员完成。在无菌环境下，采用无菌操作，对经过培养基恒温培养的罐头样品中所含微生物的菌液进行涂片，在高倍显微镜下观察细菌的外观，从而对菌液中的微生物种类进行初筛，并安排下一步的精细化培养与鉴别，以进一步确认罐头内所含细菌的种类。这步操作对检验人员的专业素养要求极高，也成为最能考校检验人员专业知识技能的一个环节。

（6）对 pH 小于 4.6 的酸性食品培养试验。对于 pH 小于 4.6 的酸性食物来讲，一般可以不再进行食物中毒性细菌检验。在具体培养过程中，除了使用酸性肉汤材料作为培养基外，还需要使用麦芽浸膏汤作为培养基进行培养。对培养出来的细菌菌落进行涂片及显微镜检查，从而确定酸性罐头内的细菌种类，以便进一步对酸性罐头的食品安全作出较为客观真实的评价。

（7）填写相关检验检测记录并保存待查。对于出口食品来说，记录保存期限不得少于食品保质期期满后 6 个月；没有明确保质期的，保存期限不得少于 2 年。

三、国家监管部门对出口罐头产品商业无菌的监管

依据我国的法律法规规定，出口食品为法定检验和监管商品之一，2018 年前我国对出口罐头的食品检验监管是由出入境检验检疫部门负责，2018 年国务院机构改革，将出入境检验检疫部门职责划归海关部门。

当前，海关对出口食品安全监管主要包括以下几个管理模块：出口食品生产企业备案、报关报检、查验和检验、证书缮制和签发及后续监管。其中出口食品由属地海关实施查验检验，"以出口货物安全监督抽检和风险监测管理系统中抽批布控情况实施监督抽检和风险监测。"

在"放管服"改革背景下，后续监管是目前海关落实出口食品安全监管责任的最重要手段。而针对出口产品布控的监督抽检和风险监测均是对企业产品质量进行验证和监管的主要抓手，是后续监管的重要一环。

目前，在出口食品监督抽检执行方面，直属海关出口监督抽检计划由直属海关在"进出口食品化妆品安全监督抽检和风险监测管理系统"中部署，属地海关制定实施方案，并报直属海关。具体方案设置根据进出口食品安全风险评估，利用出口食品检验

检疫历史数据、检验项目毒理学数据等数据，对出口食品进行风险评估，确定产品、产品项目风险等级，根据管理目标，确定抽样数量。

海关对罐头类食品的监督抽检项目主要包括农残、重金属、添加剂和商业无菌。结合具体生产和检测实际对罐头产品的监督管理，主要包括企业现场核查和成品出口现场抽检两种方式。现场核查为结合企业的实际生产经营情况对管理体系运行情况进行验证，对罐头生产企业生产产品的商业无菌检验监控采用现场检查验证＋记录验证的模式。出口验放环节对抽中批次抽取罐头产品送至官方认可的实验室依布控项目进行检测验证。

四、进口国、地区和组织官方对属于商业无菌食品的准入和入境检查

中国出口商业无菌食品主要包括罐头和饮料。众多国家、地区和组织对两类产品采取准入和入境检查的限制措施。

（一）美国

美国对食品管理有两个部门，包括美国食品药品监督管理局（FDA）和美国农业部（USDA），其中美国FDA主要管理除肉类罐头以外的罐头食品，农业部的食品安全检验局（FSIS）管理肉类罐头产品。

1. 美国FDA对罐头及饮料产品准入要求

（1）食品生产企业注册管理

根据美国《食品安全现代化法案》（FSMA）要求，美国本土和对美出口的人或动物食品的生产、加工、包装、仓储企业必须在FDA进行登记注册，未登记的外国食品及饲料将在入境港口遭到扣留。法规中列明了应注册的企业，可豁免的企业，注册的信息、程序、要求以及更改、更新、注销等相关规定，同时要求每两年进行一次食品企业更新，更新时间应在每个偶数年的10月1日至12月31日期间，该项注册通常也被称作"反恐注册"。相关操作按照《应急许可管理》（21 CFR Part 108）要求执行。

（2）罐头食品工厂注册号（Food Canning Establishment，FCE）

罐头食品工厂注册号，即FCE号码，所有罐头类食品企业都要有一个FCE号。美国FDA法规《食品安全许可证》（21 CFR part 108）要求，低酸性罐头及酸化食品的生产企业都必须向FDA申请FCE注册，获取5位数的FCE注册号码，即罐头食品加工企业号码。所有首次从事低酸罐头和酸化食品的制造、加工或包装时，应在首次生产后10d内注册并填写食品罐头企业注册表格（FDA 2541表格）向FDA提交信息，包括但不限于企业名称、主要营业地点、生产企业的位置、安全控制方面的加工方法，以及企业加工的食品清单等。

罐头食品工厂注册需注意的问题：一是企业注册过程中不能使用163的邮箱，因为该邮箱被美国FDA屏蔽，所以很多邮件收不到；二是企业注册过程不能使用公共邮

箱，使用的邮箱名最好与注册人员相关联；三是企业使用的地址必须具体到门牌号码，FDA 系统认为只有门牌号码才能很好证明企业的唯一性；四是若输往美国的低酸性罐头及酸化食品未申请注册 FCE 号码，则产品将会被扣留，同时货物滞留或销毁所发生的费用都将由出口方承担。

（3）SID 注册

美国 FDA 法规《食品安全许可证》（21 CFR Part 108）同时还要求，低酸性罐头及酸化食品的生产企业必须向 FDA 备案产品加工工艺参数，即加工流程申报注册（Submission Identifier，SID）。要求从事食品加工的企业应当在新产品包装前，向美国 FDA 提供有关预定过程的信息。

SID 注册需注意的问题：一是申请 SID 注册时，必须按产品种类和规格分别进行，不同种类和规格的产品将被分配不同的 SID 号码；二是企业注册成功 SID 信息后，必须严格按照 SID 信息上的杀菌工艺规程参数进行产品加工，如产品杀菌工艺发生改变，必须在法规规定时限内向 FDA 申请 SID 变更；三是若输往美国的低酸性罐头及酸化食品未按要求进行 SID 注册，产品也会被扣留；四是美国 FDA 保留随时到企业生产现场就 SID 信息执行情况开展核对的权力。

参与酸化、pH 控制、热处理或其他关键操作因素的所有工厂人员均应在受过食品处理技术、食品保护原则指导的学校人员的操作监督下学习个人卫生、植物卫生实践、pH 控制和酸化的关键因素，以及圆满完成规定的指导课程。

2.美国农业部对肉类罐头准入要求

根据原产国的动物疾病状况，美国农业部动植物卫生检验局（APHIS）限制某些动物产品进入美国。目前我国仅有禽肉罐头允许进入美国市场。

（1）产品准入要求

①产品必须来自美国认可的国家和企业；

② APHIS 根据原产国的动物疾病发生控制状况，做出限制某些产品进入美国的决定。与动物疾病相关的限制信息和有关 APHIS 的信息，通过 APHIS 兽医服务部发布；

③经食品安全检验局（FSIS）完成确认后，相关国家和企业列入准入清单；

④进口产品必须符合美国食品标签等要求；

⑤所有进口的肉类、家禽和加工蛋制品必须向美国海关和边境保护局提交申请并经 APHIS 确认符合动物疾病控制要求后实施检查。

（2）口岸入境手续

①美国海关和边境保护要求。进入美国的进口企业必须向相应的港口主管部门提交海关入境表格。

②动植物卫生检验局。根据原产国的动物疾病状况，APHIS 限制某些产品进入美国。有关与动物疾病相关的限制信息和有关 APHIS 的信息，请联系 APHIS 兽医服务部。

③进口检验。进口货物符合美国海关和边境保护局、APHIS 要求后，FSIS 必须在经批准的进口检验机构对货物进行现场查验。FSIS 进口检验员首先检查文件，以确保货物得到国外的相关认证，检查每批货物的基本状况和标签，然后执行检查任务。入境口岸检验由公共卫生信息系统（PHIS）指导，PHIS 根据出口企业和出口国的合规情况确定检查的类型，包括零售包装的净重检查，检查集装箱状况，检查产品缺陷、罐头食品的保温试验、产品成分、微生物污染、残留物和物种的实验室分析。FSIS 根据年度进口残留计划在口岸随机抽取产品进行药物和化学残留物检测。检验合格的产品加盖 USDA 检验标志，进入美国商业流通使用；不合格产品加盖"美国拒绝入境"印章，并且必须在 45d 内退运、销毁或降级为动物食品（如果符合条件并获得美国 FDA 的批准）。

（二）欧盟

欧盟进口食品监管体系按照原料成分主要分为动物源性食品、非动物源性食品和复合食品三大类。对于罐头、饮料等有商业无菌要求产品根据产品原料分别适用于下述三个体系。

1. 动物源性食品进口

按照欧盟指令要求，只有来自经认可的国家、地区和企业的动物源性产品才允许进口到欧盟，货物到达前必须提交货物到达预先通报并随附欧盟兽医法规要求的相关证书，货物必须在欧盟边境检查站接受进口监管。

欧盟法规同时对出口国主管机构职责做出要求：一是保证出口产品符合或等效欧盟要求；二是国外官方监管工作符合欧盟法规、条例中规定的操作标准；三是确保获批准的出口企业符合并持续符合欧盟要求，企业名单需及时更新并通报给欧盟委员会；四是出具符合要求的证书，证书要求符合欧盟指令和条例中明确规定的细节要求。

2. 非动物源性食品进口

一般来讲，进口非动物源性食品无须第三国主管机构出具证书，且无须在到达时进行预通报。欧盟按照监控计划对进口非动物源性食品进行监管，监管按照不同成员国的国家法律要求执行。可以在货物入境口岸、自由流通的发货地、进口商仓库或销售地点进行。进口监管除了监管食品卫生外，还需覆盖企业食品安全问题，如食品接触材料、污染物等。

3. 复合食品进口

复合食品中含有动物源性食品成分，必须确保所含有的动物源性成分符合动物源性产品要求。

（三）加拿大

加拿大食品检验局（CFIA）负责加拿大国内食品检验工作，包括进口食品的检验工作。根据《关于验收检验中国出口到加拿大的低酸性蔬菜罐头食品的备忘录》要求，目前只有被列入输加低酸性蔬菜罐头注册品种范围内的产品才需申请对加注册，经注册后方可输往加拿大，其他罐头产品不需注册可直接出口加拿大。

输往加拿大的低酸性蔬菜罐头注册品种包括：芦笋、蘑菇、食用菌、甜玉米、什锦蔬菜、黄瓜、竹笋、马蹄、青豆、蚕豆、青刀豆、莴苣、香菜心、豆芽、胡萝卜、莲藕、藠头、芋头、牛蒡、白花豆、黑花豆和芸豆等。

加拿大根据《关于验收检验中国出口到加拿大的低酸性蔬菜罐头食品的备忘录》、加拿大农产品法令之加工食品法规、"密封容器包装的低酸性及酸化食品外观检验规程（VIP）"、金属罐操作手册等法规对进口罐头实施检验。

加拿大对我国出口加拿大的低酸性蔬菜罐头分为 A、B、C 三类，C 类企业的检验频率最低，A 类企业将被从准入名单中去除。加拿大对首次出口到加拿大的低酸性蔬菜罐头食品首先按照 C 类进行验收检验，对按 C 类进行验收检验的，发现企业不合格率超过 25%，降低企业类别至 B 类，进行相应的罐体完整性检验。加拿大对按 B 类方式验收检验的，若产品连续 4 批都没有发现严重的罐外缺陷，产品全部被加方接收，加拿大官方将把该企业升级为 C 类，若发现企业产品拒收率超过 75%，将把企业降为 A 类。加拿大进口商将继续对列入 B 类验收检验方式的企业生产的产品进行抽样，将样品送到加拿大私营实验室进行罐体完整性检测，并将检测结果送交加拿大主管部门审查。加拿大将按照密封容器包装的低酸性及酸化食品外观检验规程进行罐体完整性检测。

（四）澳大利亚

澳大利亚进口食品遵守进口食品计划（IFP）。IFP 要求，进口食品必须符合动植物卫生检疫要求的同时也要满足《进口食品管理法案（1992）》中有关食品安全方面的规定。澳大利亚对食品按其风险程度分三类进行检验，分为风险食品类、监督食品类、合规协议食品类。

风险食品类食品进口时，需由澳大利亚检疫检验局（AQIS）做出检验决定。首次进口时，实施全部检验，如该种进口食品连续 5 次检验合格时，以后每 4 批随机抽检 1 批；如检验不合格，则重新改为实施全部检验；如连续 20 次检验合格，同时进口保持稳定，则改为每 20 批随机抽检 1 批，如检验不合格，则改为实施每 4 批随机抽检 1 批并对下批货物进行检验，如检验仍不合格，则改为实施全部检验。此类产品包括番茄、蘑菇、甲壳类、软体动物及调味酱等商业无菌食品。

监督食品类食品主要包括浆果类、糖果、瓜尔豆胶、蜜饯、车前草以及不属于风险类的可直接食用的水产品和包含该类水产品的制品。该类别的每个进口国的食品，随机抽检 10% 批次。

AQIS 与国外政府签订协议，承认对特殊食品的认证，具有认证证书的食品在进口时无须检验（在进行审查或者存在某批值得注意的货物时的情况除外），如经由中国海关出证的蘑菇罐头、加拿大食品检验局出证的所有动物性水产品。

第四节　食品商业无菌过程控制应用案例

一、乳制品生产中的应用

（一）HACCP 体系和商业无菌在乳制品生产中的应用

乳制品指以生鲜牛（羊）乳及其制品为主要原料，经加工制成的产品。包括液体乳类（杀菌乳、灭菌乳、酸牛乳、配方乳）；乳粉类（全脂乳粉、脱脂乳粉、全脂加糖乳粉和调味乳粉、婴幼儿配方乳粉、其他配方乳粉）；炼乳类（全脂无糖炼乳、全脂加糖炼乳、调味/调制炼乳、配方炼乳）；乳脂肪类（稀奶油、奶油、无水奶油）；干酪类（原干酪、再制干酪）；其他乳制品类（干酪素、乳糖、乳清粉等）。

2009 年国家质量监督检验检疫总局批准发布 GB/T 27342—2009《危害分析与关键控制点（HACCP）体系　乳制品生产企业要求》并于 2009 年 6 月 1 日实施，该标准是 GB/T 27341—2009《危害分析与关键控制点（HACCP）体系　食品生产企业通用要求》在乳制品生产企业应用的要求与补充。同时，该标准应用 HACCP 原理，为降低乳制品的安全风险，在充分考虑乳制品生产特点的基础上，提出了针对乳制品生产过程 HACCP 体系的建立、实施和改进的要求，主要包括物料杀菌与灭菌、添加剂与配料、包装的安全控制、冷链控制等的要求，重点强调了生乳等原料的运输储存、验收和辅料及包装材料的接收与储存等的要求，强化了生产源头与生产过程监控要求。

为保障乳制品的质量安全，2010 年卫生部根据《中华人民共和国食品安全法》第二十一条的规定，在 2003 年版《乳制品企业良好生产规范》，2008 年版《乳粉卫生操作规范》，2009 年版《婴幼儿配方粉企业良好生产规范》，2003 年版、2005 年版、2008 年版乳制品卫生标准基础上，制定食品安全国家标准，经食品安全国家标准审评委员会审查，并以通告（卫通〔2010〕7 号）发布，即 GB 12693—2010《食品安全国家标准　乳制品良好生产规范》、GB 23790—2010《食品安全国家标准　粉状婴幼儿配方食品良好生产规范》、GB 19301—2010《食品安全国家标准　生乳》、GB 19645—2010《食品安全国家标准　巴氏杀菌乳》、GB 25190—2010《食品安全国家标准　灭菌乳》、GB 25191—2010《食品安全国家标准　调制乳》、GB 19302—2010《食品安全国家标准　发酵乳》、GB 13102—2010《食品安全国家标准　炼乳》、GB 19644—2010《食品安全国家标准　乳粉》、GB 11674—2010《食品安全国家标准　乳清粉和乳清蛋白粉》、GB 19646—2010《食品安全国家标准　稀奶油、奶油和无水奶油》、GB 5420—2010《食

品安全国家标准 干酪》、GB 25192—2010《食品安全国家标准 再制干酪》。

GB 10765—2010《食品安全国家标准 婴儿配方食品》，及后续修订 GB 10765—2021《食品安全国家标准 婴儿配方食品》均规定：液态婴儿配方食品的微生物指标应符合商业无菌的要求，按 GB/T 4789.26 规定的方法检验。

GB 10767—2010《食品安全国家标准 较大婴儿和幼儿配方食品》及后续修订 GB 10767—2021《食品安全国家标准 幼儿配方食品》均规定：液态婴儿配方食品的微生物指标应符合商业无菌的要求，按 GB 4789.26 规定的方法检验。

2021 年 2 月 2 日发布 GB 10766—2021《食品安全国家标准 较大婴儿配方食品》代替 GB 10767—2010《食品安全国家标准 较大婴儿和幼儿配方食品》规定：液态产品应符合商业无菌的要求，按 GB 4789.26 规定的方法检验。

GB 10770—2010《食品安全国家标准 婴幼儿罐装辅助食品》中规定：微生物要求应符合罐头食品商业无菌的要求，按 GB 4789.26 规定的方法检验。

GB 25190—2010《食品安全国家标准 灭菌乳》中规定：微生物要求应符合商业无菌的要求，按 GB/T 4789.26 规定的方法检验。

（二）HACCP 体系在乳制品中应用的意义

中国乳业的发展和崛起开始于 20 世纪 80 年代。经过几十年的发展，随着人们生活水平的快速提升，乳制品已经不再仅仅作为珍贵的营养品供给特殊人群食用，而是成为老百姓日常菜篮子里和餐桌上不可或缺的普通食品。随着 HACCP 体系的应用和推广，2009 年国家发布 GB/T 27342—2009《危害分析与关键控制点（HACCP）体系 乳制品生产企业要求》，乳制品行业开始普遍建立 HACCP 体系，通过对原辅料的采购、加工、包装、储存、运输等评价与体系实施，在保证食品质量安全的工作中充分显示出其优越性，帮助企业保证和提升乳制品的安全和质量，提供符合法律法规和顾客要求的安全乳制品。

乳制品作为一种食品，安全和营养是人们对其最基本的要求。首先是要保证其安全，即不得含有毒有害物，要保证乳制品在适宜的环境下生产、加工、包装、运输、储存和销售，减少其在食物链各个阶段所受到的污染，以保障消费者身体健康。此外，还应保证食品应有的营养和色、香、味、形等感官性状，无掺假、伪造，符合乳制品相应的食品安全国家标准的要求。

（三）HACCP 体系在乳制品生产中的应用

1. 前提条件

（1）良好操作规范（GMP）

乳制品生产企业应按照相关法律法规和 GB 12693《食品安全国家标准 乳制品良好生产规范》要求，结合本企业的实际从选址及厂区环境、厂房和车间的设计和布局、建筑内部结构、设施（供水设施、排水系统、清洁设施、通风设施、照明设施）、设备（生产设备、监控设备、设备的保养和维修）、卫生管理（卫生管理制度、厂房及设施卫生管理、加工人员健康与卫生要求、虫害控制、废弃物处理、有毒有害物管理、污水污物管理）、原料和包装材料的采购和验收要求、运输和储存要求、生产过程的食品安全控制（微生物污染的控制、化学污染的控制、物理污染的控制、食品添加剂和食品营养强化剂使用控制、包装材料质量安全、产品信息和标签）、检验、产品的储存和运输、产品追溯和召回、培训、管理机构和人员、记录和文件管理等方面建立、实施本企业的 GMP。

（2）卫生标准操作程序（SSOP）

乳制品生产企业结合本企业生产实际建立并实施满足 GB/T 27341《危害分析与关键控制点（HACCP）体系　食品生产企业通用要求》要求且适合本企业的 SSOP。适宜时应包括但不限于以下方面 SSOP：

①乳制品的循环使用包装物，应制定与实施相应的卫生操作程序，明确监控要求，检验合格方可投入使用。一次性预包装容器禁止回收使用；

②企业应规定就地清洗（CIP）系统程序并对其有效性进行验证，明确各步骤的温度、时间、流速、酸碱液浓度等要求，并按规定实施。CIP 清洗效果与化学残留应予以有效监控与检测（如电导仪、pH 试纸或其他监控、检测措施）；

③设备设施清洗、消毒时，应保证无清洗、消毒盲区或死角；

④乳制品生产中，半成品储存、发酵接种、充填及内包装车间等清洁作业区，应明确人流、物流、水流、气流的控制流向；

⑤应当配备冷藏、冷冻设备或采取冷藏、冷冻措施，保证冷藏、冷冻乳制品的温度要求；

⑥制定适宜的检测控制规程，对乳制品包装材料、空气、生产设备、工器具等应进行卫生检测；

⑦与乳制品接触的设备及用具的清洗用水，应符合 GB 5749《生活饮用水卫生标准》的规定；

⑧乳粉包装时，应控制环境、人员、包装机、工器具的卫生。

（3）原辅料、包装材料安全卫生保障制度

乳制品生产企业应充分满足 GB/T 27341《危害分析与关键控制点（HACCP）体系　食品生产企业通用要求》中 6.5 的要求，建立生乳、其他原辅料、包装材料安全卫生保障制度。应包括但不限于以下方面。

①生乳应源自具有生乳收购许可证的奶畜养殖场、养殖小区和（或）生鲜乳收购站。运输生乳的车辆应具备准运证明。应有生乳交接单。

②为防止含有潜在或未知不安全成分的生乳进入加工厂，乳制品生产企业应对奶源供应方建立合格评价，并适时对生乳进行质量监控。

③对其他原辅料、添加剂和包装材料等建立安全卫生保障制度，采购的产品应来自符合法律法规要求的企业，并符合有关质量安全标准。

2. HACCP 体系在乳制品生产实施中的应用

（1）在生乳生产环节中的应用

乳制品生产的第一个环节是原料乳（生乳）的采集和运输。生乳的质量在很大程度上决定了最终乳制品品质的优劣，甚至决定了生产过程能否顺利进行。生乳的采集和运输是乳制品加工的第一环节，HACCP 体系在这一环节，有以下几个关键控制点。

①奶牛饲养环节。

应控制生乳中亚硝酸盐和黄曲霉毒素的含量。一是制定严格的饲料标准，对饲料的来源、指标进行详细检验和记录，尤其是饲料中黄曲霉毒素必须低于关键限值，严禁提供发霉、变质的饲料喂养奶牛；并保证奶牛饮水槽的清洁并定时更新。二是出现偏差，超出关键限值时，应立即停止收购该牧场生乳，查找、分析事故原因，并通知乳品企业作相关产品追踪调查。

②奶牛疾病处理环节。

应控制抗生素含量。一是将用过抗生素的奶牛和正常奶牛分开饲养，用过抗生素的奶牛所产的生乳限定不采用期，待过了这一期限之后经检测合格，关键限值为生乳抗生素检测标准生物监测法（TTC）检测阴性，方可进行收集。二是出现偏离后应拒收，混有抗生素残留的生乳做报废处理。

③接收生乳环节。

要进行掺杂使假的检验。用玫瑰红试验检测掺碱；冰点检测掺水和掺杂；淀粉试验检测掺杂；煮沸试验等各种方法检测掺杂和使假。

当出现偏离后应拒收，要求供应企业提供经济赔偿，将相应供应企业列入监控名单，一段时间内进行重点监控；问题如果再次发生，提高经济赔偿力度，直至取消供应企业资格。

对于亚硝酸盐和黄曲霉毒素，在正常的操作规程下进行，一般不会发生问题。但在牧场的建设阶段，就必须充分考虑水源、空气污染状况等因素，使牧场外围和整体环境有利于上述关键点的控制。对于抗生素的控制，除了要严格防止含有抗生素残留的生奶进入生乳采集体系外，还存在另外一种不太常见的情况，就是有时候饲料中的抗生素残留也会影响到生乳中抗生素残留量。此外，生乳的掺杂使假是目前乳业面临的比较严峻的问题，除了严格的监控和细致的检验，要想从根本上解决此问题，还需要致力于提高生乳供应企业的整体素质，建立有效的奶源供应企业信用机制。一旦有掺杂使假行为发生，此供应企业将被整个行业排除在外。

（2）在超高温瞬时（UHT）灭菌乳生产中的应用

UHT 灭菌乳是以牛乳或复原乳为原料，脱脂或不脱脂，经超高温瞬时灭菌、无菌灌装制成的产品。UHT 灭菌乳是 20 世纪 60 年代出现的液体乳制品，各个国家或地区的灭菌条件略有不同，欧美国家为 135～150℃、0.5～4.0s，日本为 120～130℃、2s，我国为 135～145℃、3～4s。UHT 灭菌乳的特点是加热时间短、温度高，难以较好地保持牛乳中的风味和营养成分，可以杀灭原料乳中 99.9999% 的细菌，而且产品保质期长。在 UHT 灭菌乳的生产加工过程中，污染环节比较多，但并不是所有的危害点都是关键控制点。根据上述危害分析，通过 HACCP 体系判断确定关键控制点，和巴氏杀菌乳基本一致，包括原料验收、杀菌和灌装。

①原料验收。

与巴氏灭菌乳相比，由于 UHT 灭菌乳具有较长的保质期，所以对包装材料的要求也比较高。因此，在原料验收这一关键控制点中，除了对原料乳进行验收之外，还要着重对包材进行验收，包括每个批次的包材必须具有相应的检验合格证明，还要对包材进行技术指标及微生物检测。对包材的高要求也意味着必须对包材的供应企业进行严格的审核，必要时需对供应企业实施一定的管理措施。出现偏差时，要及时更换包材并追究相关供应企业的责任，必要时还要更换供应企业并追溯及处理产品。

②灭菌。

包括灭菌温度、回流保护温度和保温时间。由于这类型产品采用的是超高温瞬时灭菌，因此对杀菌温度和时间必须进行严格和精确的控制。同时，对杀菌设备的维护也相当重要。一旦杀菌过程出现偏差，必须重新灭菌。

③灌装封合。

灌装封合的密闭性也会影响产品是否能到预定的较长的保质期（一般为 6 个月），因此在这个控制点中要重点监控产品灌装封合是否严密，包括各个部分的封合，如纵封、横封和贴条的温度或高频热气机的频率。此外还要进行导电试验、染色试验、伸展试验等。一旦出现偏差，必须立即调整包装机，对已经灌装的产品进行评估并适当处理，如报废或者返工。

3. 乳制品生产中实施 HACCP 体系的要求

综上所述，对于 HACCP 体系在乳制品生产环节中的应用，要建立较完善的管理体系并取得良好的效果，真正对乳制品的品质和安全性起到提升的作用，必须满足以下基本要求：

①具备 HACCP 体系实施的前提条件，建立一些必要的辅助平台，如良好操作规范（GMP）、卫生标准操作程序（SSOP）；

②HACCP 体系涉及的基本原理和 HACCP 体系实施的基本程序；

③建立良好的、严格的 HACCP 体系审核方法；

④建立企业培训制度，使企业内部具有一批执行 HACCP 体系的技术人员；

⑤对具体实施生产过程的一线员工进行 HACCP 体系相关基本内容的培训，最主要的是要在全体企业员工中建立质量管理的必要性和重要性观念，形成全员参与的局面。

在 HACCP 体系当中，首先，关键控制点的判断非常重要。乳制品生产的关键控制点通常是在原料乳验收段、杀菌段、CIP 段、灌装段。而实际上对有的企业来说，杂质在成品当中的残留也同样会引起较大的投诉，因此关键控制点当中应该加入过滤净化系统的控制。巴氏杀菌乳需要冷藏，否则容易造成变质并给消费者带来安全危害，因此控制点中还应该加入冷链的管理控制。其次，人员的素质和管理也是非常重要的，在一些企业中，尽管有完善的 HACCP 体系程序，但没有得到真正严格有效的执行和管理，那么 HACCP 体系就成了一纸空文，根本起不到保障乳制品安全和品质的管理作用。由于 HACCP 体系主要以预防为主，所有的危害并未发生过，所以在员工的思想里很难认识到对危害实行控制措施的重要性，尤其在实施过程中，随着时间的推移，员工对其重视程度日益减弱，因此要时刻对员工进行必要的培训和教育，增强他们对这一体系的认知程度和认同感。同时还要持续地进行定期监督检查，及时纠偏，并辅以公正的奖惩制度，提高员工参与这一体系建设的积极性。此外，员工的素质和能力也对这一体系的实施有着重要的影响，如果员工缺少相应岗位的工作技能，就有可能无法在其岗位所在工段的工作中发现问题；而即便该员工具备了该岗位的工作技能，但缺少工作责任心的话，也同样无法及时发现问题，更谈不上及时纠偏。

建立了 HACCP 体系，只是在确保乳制品安全的道路上走出了第一步，质量无止境，HACCP 体系无止境，各种流程、文件固然必不可少，但更关键的还是在实际生产过程中严格执行该体系的各项要求，全员参与体系建设，真正使这个体系为提升产品品质、保证乳制品安全乃至最终促进整个乳制品行业的健康发展作出贡献。

4. 商业无菌检验在乳制品中应用

（1）样品准备

①抽样与外观检查。

当天下线产品取开机样（取 2 包，1 包作为对照样）、结束样、中间停机再开机样各 1 包，随机样每 2h 取 1 包，并记录产品批号、编号、产品名称、规格、杀菌方式，对抽取的样品进行产品包装容器质量检查，评估是否有泄漏、小孔或锈蚀、压痕、膨胀及其他异常情况，以确保样品包装外观正常并做好记录，或录入 lims 系统商业无菌检测。

②样品称重与保温。

所有样品保温前称重，并记录，使用前对电子天平进行校正（1kg 及以下的包装物精确至 1g，1kg 以上的包装物精确至 2g，10kg 以上的包装物精确至 10g）；并填写"电子天平校正记录"或录入 lims 系统。每个批次取 1 包样品置于 2～5℃冰箱中保存作为对照，将其余样品在（36±1）℃下保温 10d。保温过程中应每天检查，如有膨胀或泄漏现象，应立即剔出，开启检查。保温结束时，再次称重并记录，比较保温前后样品质量有无变化。如有变轻，表明样品发生泄漏。

（2）样品检验

①开启产品容器。

所有保温的样品，放置于操作台冷却至常温后，按无菌操作开启检验。如有膨胀的样品，则将样品先置于2～5℃冰箱内冷藏数小时后开启。在超净工作台或百级洁净实验室中开启，使用灭菌剪刀开启，不得损坏接口处（如图3-6所示）。立即在开口上方嗅闻气味，并记录或录入lims系统商业无菌检测。

（a）

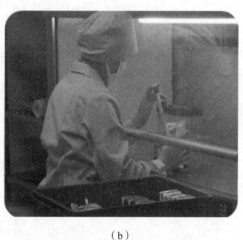
（b）

图3-6　开启样品的留样

开启后，用灭菌吸管（如图3-7）或其他适当工具以无菌操作取出内容物至少30mL（g）至灭菌容器内，保存于2～5℃冰箱中，在需要时可用于进一步试验，待该批样品得出检验结论后可弃去。开启后的样品可进行适当地保存，以备日后容器检查时使用。

②感官检验。

图3-7　无菌吸管留样

在光线充足、空气清洁、无异味的检验室内，取每一试样置于50mL烧杯中，依据GB 25190—2010《食品安全国家标准　灭菌乳》规定的"色泽：呈乳白色或微黄色。滋味、气味：具有乳固有的香味，无异味。组织状态：呈均匀一致液体，无凝块、无沉淀、无正常视力可见异物"的感官要求。在自然光下，观察色泽和组织状态；闻其气味时，用温开水漱口，品尝滋味；鉴别乳液有无腐败变质的迹象，同时观察包装容器内部和外部的情况，并逐一做好记录。

③pH测定。

a. 依据GB 5009.237《食品安全国家标准　食品pH值的测定》的规定，将电极插入被测试样液中，并将pH计的温度校正器调节到被测液的温度。如果仪器没有温度校正系统，被测试样液的温度应调到（20±2）℃的范围之内，采用适合于所用 pH 计的步骤进行测定。当读数稳定后，从仪器的标度上直接读出 pH，精确至 0.05 pH 单位。

b. 同一个制备试样至少进行 2 次测定。两次测定结果之差应不超过 0.1 pH 单位。取两次测定的算术平均值作为结果，报告精确至 0.05 pH 单位。

c. 结果判断：与同批中冷藏保存对照样品相比，比较是否有显著差异。pH 相差 0.5 及以上判为显著差异。

④涂片制备（如图 3-8 所示）。

a. 用接种环无菌操作蘸取乳液体，在洁净的载玻片上做一薄而均匀、直径约 1cm 的菌膜。涂菌后将接种环置于火焰上灼烧灭菌。

b. 干燥：于空气中自然干燥或置于火焰上部略加温干燥（温度不宜过高）。

c. 固定：手执玻片一端，使菌膜朝上，通过火焰 2～3 次（以不烫手为宜，以防菌体烧焦、变形），固定细菌并使之黏附于玻片上。

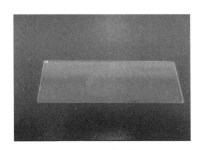

图 3-8　涂片

⑤染色镜检。

涂片用结晶紫染色液进行单染色，干燥后镜检。至少观察 5 个视野，记录菌体的形态特征以及每个视野的菌数。与同批冷藏保存对照样品相比，判断是否有明显的微生物增殖现象。菌数有百倍或百倍以上的增长判为明显增殖。

（3）结果判定

样品经保温试验未出现泄漏；保温后开启，经感官检验、pH 测定、涂片镜检，确证无微生物增殖现象，则可报告该样品为商业无菌。检测完毕后样品进行无害化处理，并填写"样品处理记录"。

样品经保温试验出现泄漏；保温后开启，经感官检验、pH 测定、涂片镜检，确证有微生物增殖现象，则可报告该样品为非商业无菌。

若需核查样品出现膨胀、pH 或感官异常、微生物增殖等原因，可取样品内容物的留样，依据 GB 4789.26《食品安全国家标准　食品微生物学检验　商业无菌检验》附录 B 进行接种培养并报告。

若需判定样品包装容器是否出现泄漏，可取开启后的样品进行密封性检查并报告。

5.超高温灭菌乳产品异常质量问题分析

（1）物理缺陷

①脂肪上浮。

脂肪上浮一般出现在生产后几天至几个月范围内。上浮的严重程度与储存及销售的温度有关。温度越高，则上浮速度越快，严重时在包装的顶层会形成几毫米厚的脂肪层。出现脂肪上浮的原因如下：均质效果不佳，低温下均质，过度机械处理（低温高速搅拌，低温反复泵送），前处理不当、混入过多空气，原料乳中含有过多脂肪酶（脂肪酶的耐热性高于蛋白酶）。研究表明，经 140℃、5s 的热处理，胞外脂肪酶的残留量约为 40%，残留的脂肪酶在贮藏期间分解脂肪球膜，释放自由脂肪酸而导致聚合、上浮。饲料饲养不当，也会导致原料乳中脂肪与蛋白质比例不合适（含有过多自由脂肪酸等）。

②凝块。

原料乳中蛋白酶的残留是成品形成凝块的主要原因。蛋白酶的耐热性远远高于耐热芽孢。曾有人做过试验，一种耐热蛋白酶耐热性是嗜热脂肪芽孢杆菌的 4000 倍。同样有研究表明，经 140℃、5s 的热处理，胞外蛋白酶的残留量为 29%，残留的蛋白酶分解 κ- 酪蛋白及 α- 酪蛋白，而导致酪蛋白聚合形成凝块。

凝块现象出现的快慢与产品中耐热蛋白酶的残留量和销售条件关系很大。一般情况下凝块出现在产品生产 3 个月以后。有时甚至在整个保质期内都不会出现。但如果耐热蛋白酶残留量大、贮藏条件差，则凝块在两个星期后就可出现。此外，乳房炎乳，钙及磷酸盐的混入，使用初乳、末乳，也可能导致产品在贮藏期内产生凝块，尤其是产品在生产过程中采用磷酸清洗剂，若设备清洗不彻底，设备上残留的磷酸根将混入产品形成磷酸钙而导致产品中酪蛋白的聚合。

③变味。

UHT 灭菌乳在储存期间会发生风味、口味的变化，主要表现为两种：苦味和脂肪氧化味。

苦味的产生原因主要是 UHT 灭菌乳中残留的微生物代谢过程中所产生的蛋白酶水解蛋白质形成短肽链、氨基酸，氨基酸残留（缬氨酸、苏氨酸）带有苦味。

脂肪氧化味的产生主要是 UHT 灭菌乳中残留的微生物代谢过程中所产生的脂肪酶分解脂肪所致。因酶的种类不同，可形成金属味、脂肪氧化味、纸板味等。

④褐变及蒸煮味。

褐变是由于赖氨酸与乳糖进行美拉德反应生成黑色素而导致的。这种反应主要在热处理过度时表现得比较明显，尤其对于保持灭菌乳来说褐变是相对比较严重的现象。正常 UHT 灭菌乳的褐变是不可见的，但若控制不好也偶然有褐变现象，主要原因是原料乳偏碱性，原料乳中微生物含量过高，氧气含量过高，回流量过大等。

蒸煮味是由于牛乳被加热到 70℃ 以上时，β- 乳球菌白释放的—SH 与 O_2 反应产生 H_2S，以及被加热到 80℃ 以上时美拉德反应形成的副产物（如双乙酰、内酯、醇酮、香草醛等）共同形成的。但这种味道在生成后的 3～5d 会明显减轻，不易令人察觉。

（2）微生物污染

无论是对消费者的健康还是对产品的市场形象来讲，微生物的污染危害都是最大的。它是导致坏包的直接原因。根据污染微生物的不同类型，坏包表现为酸包、胀包、苦包、异味包等。导致 UHT 灭菌乳产生坏包的原因：①坏包率——灭菌后芽孢的残留量＋再污染；②灭菌后芽孢的残留量——原料中芽孢的含量 +UHT 灭菌的条件 +UHT 及无菌包装系统灭菌＋包装材料的灭菌；③再污染——系统的完整性。

以上各种微生物污染主要是由以下几个原因造成的。

①灭菌不彻底。

有些企业对于设备的维修管理制度贯彻不到位。例如超高温灭菌机的管道橡胶密封圈老化，造成漏水、漏奶、漏气，就会导致产品灭菌不彻底。

②无菌包装机的横封、竖封不好。

有的可能是封口的加热温度过热或者过冷，有的是封口机的压紧条（上面装有滑轮，是辅助成型的装置，起到导向压紧的作用）上有污物或者有油，这些问题都会造成封口不好，导致产品污染后胀包。例如，有些操作人员在无菌包装机 PP 条小白滑轮处加油，目的是"使得滑轮润滑性更好"，但如果操作不当可能存在密封不良的风险。

③堆放不合理。

产品在加工或分销时，由于运输环节不小心，无限制地堆高或者堆放不合理，造成产品外包装变形，内包装铝箔产生裂痕，导致产品胀包。

④企业仓储条件不好。

不注意仓储卫生，使产品遭受鼠害、虫害等，也会导致大批量的胀包。

二、燕窝罐藏食品生产中的应用

（一）燕窝的由来和发展

1.燕窝的来源和分类

燕窝是雨燕科金丝燕及同属燕类用唾液与绒羽等混合凝结所筑成的巢穴。

燕窝主要产地东起菲律宾西至缅甸沿海附近荒岛的山洞里，以及印度尼西亚（简称印尼）、马来西亚、新加坡和泰国等东南亚一带海域，而作为燕窝主要消费国的中国，虽有燕窝产地如我国南海诸岛，但产量极低。

燕窝采摘具有很强的季节性。

燕窝按照杂质种类进行分类可分为官燕、毛燕和草燕。见图 3-9。

（a）官燕　　　　　　　（b）毛燕　　　　　　　（c）草燕

图 3-9　燕窝按杂质种类进行分类

按照颜色进行分类可分为白燕、黄燕和血燕。

按照筑巢地点进行分类可分为洞燕和屋燕。

洞燕是采摘于野外山洞、沿海峭壁的燕窝，属于最原始的燕窝的形成状态。尤其金丝燕筑巢地点都为高险处，洞燕也因采摘困难，导致资源稀缺、价格昂贵。

屋燕的采摘地由山洞、峭壁变成了人工搭建的燕屋，即屋燕是在燕屋中采摘。

在燕屋未兴起之前，采燕窝需由人冒着生命危险从天然岩洞中攀岩采集，采摘难度大，且燕窝的品质参差不齐，而且未等小燕子成熟就进行采摘也容易破坏生态环境。后来印尼华人专门为了金丝燕繁殖搭建了生态房屋——燕屋。这样就给了金丝燕一个良好、安全的生活环境。从洞燕到屋燕，金丝燕改变了筑巢的环境，但其生活习性并没有发生变化，金丝燕仍是野生，清晨外出觅食，傍晚归来。由于受到人为的保护，金丝燕繁衍得越来越多，所筑的燕窝被及时采摘，营养成分流失少。且因为金丝燕的栖息环境较好，燕窝杂质较少，盏形较完整。

2. 燕窝的加工与产品

食用燕窝是指以毛燕窝为原料，经（深）加工后可供人类食用的产品，包括非即食燕窝和即食燕窝。

非即食燕窝是以毛燕窝为原料，经清洗、除杂、干燥或冷冻、包装等工序加工而制成的产品，包括盏状、条状、粒状、丝状等形态，该工序主要在原产地进行加工。

即食燕窝是以非即食燕窝为原料，或经清理除杂，添加或不添加其他食用原料，经熟制杀菌、干燥或不干燥等工艺加工而制成的直接食用的产品。

3. 燕窝的营养价值

燕窝是中国四大传统滋补佳品之尊，"山珍海味"八珍之首。随着人们生活水平的提高、对燕窝需求及研究的逐渐深入，燕窝开始"飞入寻常百姓家"。燕窝中含有多种营养成分，包括蛋白质、脂肪、碳水化合物、矿物质、维生素、水分等。其含量为：蛋白质50%～60%、脂肪0.1%～1.3%、碳水化合物20%～30%、矿物质2.1%～7.3%、水分7.5%～18.0%。维生素含量较低，包括维生素A 2.57～30.40IU/mg、维生素B_1 13μg/g、维生素B_7（也称为生物素）30.3μg/g、维生素D 60.00～1280.00IU/mg、维生素C 0.12～29.30mg/100g。矿物质包含钠（Na）、钾（K）、钙（Ca）、镁（Mg）、磷（P）、铁（Fe）、锰（Mn）、锌（Zn）、铜（Cu）、钴（Co）等，其中钠（Na）、钾（K）、钙（Ca）、镁（Mg）、磷（P）、铁（Fe）含量相对较高，在0.1～100mg/g范围内，其他矿物质含量基本都在0.1mg/g以下。

根据目前的研究认识，唾液酸是燕窝中最有价值的生物活性成分，它具有促进大脑神经发育、抗病毒、调节机体免疫力、促进细胞增殖与分裂、美白皮肤、抗氧化、抗衰老等作用。唾液酸是以九碳酮糖－神经氨酸为骨架，通常在糖蛋白或糖脂的末端以糖苷的形式存在。唾液酸糖蛋白可以在一定的酸性条件下水解出游离的 N-乙酰神经氨酸单体，对人体的生理和生化功能具有重要的调节作用。燕窝中的唾液酸含量可以达到燕窝干重的 10% 左右。

4. 输往中国燕窝的准入

2012 年 4 月和 9 月，国家质量监督检验检疫总局分别与印尼、马来西亚的主管部门签订了《马来西亚燕窝输华检验检疫和卫生条件议定书》，为燕窝贸易再度开启揭开序幕。截至目前已获准入资质的境外燕窝生产企业名单在中国海关总署"符合评估审查要求及有传统贸易的国家或地区输华食品目录"网站公布，允许燕窝输入中国的国家及其产品有：马来西亚（毛燕 Raw-Unclean Edible-Birdnest、食用燕窝、燕窝制品 Edible Birdnest Products）、泰国（食用燕窝）、印尼［食用燕窝、燕窝产品（即食燕窝产品除外）］、越南（燕窝产品）。

输华燕窝产品的生产、加工过程须符合中国和出口国有关检验检疫和食品安全规定，产品的燕屋须经出口国主管部门注册，并向中方报备。产品的加工企业必须根据《中华人民共和国进口食品境外生产企业注册管理规定》进行注册，只有获得中方注册的加工企业才允许向中国出口产品。在有效的质量体系运行下组织生产、加工，并经过有效热加工处理，未受到任何可能对禽类、人类健康带来危害的病原的污染，符合出口方和中方法律法规要求；已实施有效卫生处理；外包装及运输容器经过消毒处理。

对燕窝产品包装及标识要求，其产品必须用符合国际卫生标准的全新材料包装，其内外包装要用中英文标明品名、质量、燕屋名称及注册编号、加工企业名称、地址及注册编号、产品储存条件和生产日期以及其他相关信息，有关产品信息的标示须符合中国法律法规及相关标准和要求。预包装产品标签应当符合中国关于预包装食品标签的法律法规和相关标准和要求。

对燕窝产品检验检疫要求，出口国应确认其境内禽流感和新城疫的疫情状况，向中国报备燕屋所在地区在过去 12 个月内未报告发现高致病性禽流感和新城疫。

对燕窝产品卫生管理制度，燕窝出口国应建立燕窝防疫及卫生管理制度；制定燕窝采收和运输卫生控制操作程序；制定并执行与出口燕窝产品检疫卫生和食品安全相关的年度动物疫病监控计划和有毒有害物质监控计划，其中疫病年度监控计划应包括对合理数量的已向中国报备燕屋的金丝燕禽流感和新城疫的监控计划，建立从燕屋到出口燕窝的追溯体系，确保可追溯并在发生问题时召回相关产品、追溯到注册燕屋。

我国对进口燕窝实施检疫审批制度与随附证书，即进口燕窝产品（经深加工并制成罐头等即食燕窝产品除外）实施检疫审批制度，未获批准不得进境。进境的每一批产品应随附一份原产地证书和正本兽医卫生证书。兽医卫生证书用中文和英文编写，其格式、内容须事先获得双方认可。出具的兽医卫生证书，应注明：①燕屋注册号、加工企业注册号、产品原料来源；②已采取必要的预防措施防止产品与所有禽流感病毒源接触；③产品符合中国法律法规及相关标准和要求；④适合人类食用。

中国海关对燕窝产品进口企业实施备案管理，落实进口商责任。进口企业在海关部门进行备案后，才能办理燕窝产品进口手续。同时，进口食用燕窝的进口企业应当在签订贸易合同前依据《进境动植物检疫审批管理办法》办理检疫许可审批手续，取得《中华人民共和国进境动植物检疫许可证》后方可实施后续进口业务。各入境口岸海关部门依据相关法律法规和标准对进口食用燕窝实施检验检疫。

5. 燕窝产品标准的实施

2011年"血燕事件"爆发后，2012年2月，卫生部发布《食用燕窝亚硝酸盐临时管理限量值的函》，对食用燕窝亚硝酸盐临时管理限量值为30mg/kg；原国家质量监督检验检疫总局陆续对燕窝注册、备案、核销等认证认可和资质管理方面作出相关规定；中华全国供销合作总社制定行业标准GH/T 1092—2014《燕窝质量等级》，该标准规定了燕窝相关术语和定义、质量等级（包含色泽、盏型、大小、清洁程度、含水率、唾液酸含量、蛋白质含量）、检验方法等内容。GB/T 30636—2014《燕窝及其制品中唾液酸的测定　液相色谱法》自2015年5月1日起实施。目前，燕窝及其制品国家强制性标准由工业和信息化部制定，包括燕窝罐头、燕窝饮料、炖煮燕窝、固体方便燕窝等产品的行业标准正在制定中。

（二）燕窝罐头生产

1. 燕窝罐头加工工艺

燕窝罐头是以食用燕窝为原料经过浸泡、清洗、挑毛、调配、灌装、密封、适度热力杀菌达到商业无菌要求的罐藏食品，也可称为常温即食燕窝。

企业应建立并确认燕窝产品的加工工艺流程图，根据工艺流程进行危害分析，确定关键控制点和关键限值，对各个环节与关键控制点实施有效的控制程序，并对控制程序进行监控，以保证其有效性的连续性。其工艺流程见图3-10。

图3-10　燕窝罐头工艺流程

2. 燕窝原料、辅料的采购、验收

燕窝原料采购过程中审核进口燕窝来源于非禽流感疫情、新城疫的疫情的产区，具备根据中国相关法律法规和产地国的两国政府主管部门签署的《输华燕窝的检验检

疫和兽医卫生条件议定书》所规定符合中国进口燕窝检验检疫要求；燕屋应经产地国政府主管部门注册；输华初级加工企业应在中国海关总署注册；每批燕窝应随附一份对应原产地证书和正本兽医卫生证书，其内容符合规定；燕窝的存放、运输的全过程均应符合卫生要求。运输工具装运前后应进行消毒，防止污染。运输过程中不得拆换包装。

经正规渠道进口、入境口岸海关部门检验检疫后到达工厂。燕窝生产企业质量检验部门对购进的燕窝原料质量、运输工具卫生、包装完整性等各项企业内控指标进行检验，检验合格后，方可入库。

辅料指产品中添加的除燕窝以外的食物，相关产品指产品包装容器。辅料来源于具有生产许可资质的厂家生产，其产品质量须符合国家有关的食品安全标准和规定。辅料进库前必须严格检验，发现不合格或无检验合格证书者，拒绝入库。

3. 燕窝原料、辅料、相关产品及成品储存与运输

燕窝原料、辅料、成品储存应有防潮、防霉、防鼠、防蝇、防虫、防污染措施，库内通风良好、保持干燥。储存时应分类、定位码放、离墙离地，并有明显的分类标志。易受影响的辅料应与其他物料分开存放。库内应配备温湿度显示装置，根据原料、辅料及相关产品的质量、储存特点规定其储存温湿度监控范围，并做好温湿度监测、记录、处置。

原辅料的运输车辆不得有油污、灰尘、化学物质以及其他影响食品卫生的物质存在，必要时应进行有效的清洁和消毒，成品运输所使用的运输工具要保持良好的卫生状况，不得对食品和包装造成污染。当使用同一运输工具和运输箱运输不同种类食品时，在装货前对运输工具和运输箱进行清洁，必要时应进行消毒。

4. 浸泡、清洗、挑毛

在进行食品加工之前，需对原料进行检查，对出现个别感官异常、色泽不符合要求等，或不适宜加工的原料分选出来，必要时可送化验室检验，确定是否适宜使用。

燕窝原料（除净燕外）需进行深度手工挑毛和多次清洗，以确保燕窝干净度达到要求。原料处理流程为：将燕窝拆包后放入保鲜盒内，倒入纯化水至保鲜盒8～9分满，以确保燕窝在浸泡过程中完全浸在水中；燕窝浸泡至手感松软（一般1～2h）后进行分条，有规则地将燕窝一丝一丝分离，粗细均匀；用清水把浸泡过的燕窝反复淘洗3～4次，以使更多的燕毛杂质随水沥出；此时经清洗后的燕窝手感较松软且稍有弹性，用专用的镊子对燕窝进行挑毛，无正常视力可见杂质即可；将燕窝倒入沥网中，直到燕窝里没有过多水分，比较干爽为止；燕窝沥干后根据下道工序的要求进行投料生产或干燥后储存。可参见图3-11。

（a）清洗

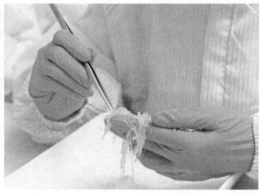
（b）挑毛

图 3-11　燕窝清洗、挑毛

因各企业对食用燕窝的挑毛工序、品质要求不同，且挑拣的人工成本较高，不同企业对燕窝干净度的标准不一，企业应通过制定内控标准来进行质量监控、进行称重和标准定量分装，以保证产品质量的稳定性。

5. 调配、灌装

根据产品配方进行调配配液，在装有燕窝或添加其他食品原料（如人参片、红枣、椰果等）的包装容器中注入配液，灌装时应避免原料黏附容器封口面而影响密封效果，并保证达到规定的净含量／固形物。调配、灌装工序通常采用半自动化的运作模式，即手工投料、机器流水线批量灌液，在保证效率量化的同时避免机器投料对燕窝形态产生的破坏，确保燕窝品质稳定。可参见图 3-12。

（a）调配

（b）灌装

图 3-12　燕窝调配、灌装

6. 密封、杀菌

根据玻璃瓶、金属罐及塑料罐等容器的不同，采取不同的封口方式，保证罐内达到一定的真空度，产品密封性良好。产品封口后置于杀菌锅内，严格按杀菌参数及操作规程进行杀菌操作，使产品达到商业无菌要求，确保产品的食用安全。

7. 加工过程检验与出厂检验

在加工过程中按工序设质量管理点，设专职质检员，按质量标准和工艺规定，对原料从进入车间到成品出口实行严格控制，使生产的全过程处于良好的受控状态。

应综合考虑产品特点、工艺特性、原料控制情况等因素合理确定检验项目和检验频次以有效验证生产过程中的控制措施。所有检验原始记录均应完整、准确、详实、规范，并按要求保存。

对燕窝罐头产品检验，鉴于相关国家食品安全国家标准未发布，有生产企业制定了企业标准，规定了感官指标、唾液酸、蛋白质、净含量、固形物、污染物限量和微生物限量等指标，其中微生物限量的检测依据 GB 4789.26《食品安全国家标准　食品微生物学检验　商业无菌检验》。

每一批燕窝罐头生产完成，质量检验部门需要对产品进行抽检，检验合格的方可出厂销售。可参见图 3-13。

图 3-13　抽检

（三）燕窝罐头加工的良好操作规范

燕窝罐头加工依据 GB 8950—2016《食品安全国家标准　罐头食品生产卫生规范》对选址及厂区环境，厂房和车间，设施和设备（一般要求、基本要求、供水设施、通风和温控装置、杀菌设备），卫生管理，食品原料和食品添加剂及食品相关产品、生产过程的食品安全控制（一般要求、包装容器的清洗和使用、装罐或灌装、密封、热力杀菌），检验、储存与运输，产品的召回管理，培训，管理制度和人员，记录和文件管理等建立 GMP、SSOP 加工环境和质量安全管理体系。

1. 工厂的设计与布局

工厂的选址、设计及周围环境不应对产品造成污染，工厂应建在无有害物质、气体、粉尘、放射性物质及其他扩散污染源已有效清除的地址。建筑物、车间、设备布局与工艺流程三者衔接合理，建筑结构完善，并能满足生产工艺和卫生质量要求，便于卫生管理。

2. 加工环境与设施设备

厂房与设施的建筑材料符合食品卫生、易清洗消毒的要求，在加工区布局及工艺安排上考虑让人流及物流从高清洁区到低清洁区，或按清洁区和非清洁区进行分流，避免交叉污染。原料与半成品和成品、生原料与熟食品均应杜绝交叉污染；建立完善的通风换气系统，使车间适当地通风及保证空气质量，高清洁车间洁净度级别达10万级；使用高清洁区域前应对空间进行紫外线或臭氧消毒0.5～1h；温度控制在20～26℃；相对湿度30%～70%；生产车间应有充足光线，设置用于员工操作的照明灯具照度为300lx以上、质量检验员用的灯照度是1000lx，以保障加工过程中挑毛及质量控制；对杀菌工序等蒸汽较大的工序，合理建造天花板以防止所产生冷凝水和霉菌对加工环境和产品的影响；生产中产生噪音、振动大的机器设备均应装置消声、防振设施；各路管道应明确标识与区分，间接冷却水、污水或废水避免交叉污染。厂区和车间具有完善的下水道和排水设施，生产产生的废弃物、下脚料装在加盖贴有标识的容器中并及时运出厂区。定期进行加工区空间洁净度等消毒效果验证，确保加工环境的微生物指标在可控范围。

（四）燕窝罐头加工的卫生标准操作程序

1. 加工用水的安全性

整个加工过程用水应来自符合GB 5749《生活饮用水卫生标准》的市政自来水厂提供的水，定期对来自生产加工区各出水口的用水进行监测并定期将自来水样品送至第三方检测机构检测，以确认水质是安全的。有条件的企业可以采用纯净水或纯化水作为生产加工用水。纯水加工系统参见图3-14。

图3-14　纯水加工系统

2. 与加工燕窝罐头食品接触表面的清洁度

加工燕窝罐头食品的设备、工具、容器、镊子等，采用无毒、无味、耐腐蚀、不吸水、不变形、接触面光滑无吸附性、经久耐用、易于清洁养护和消毒的材质制成，并符合 GB 4806.1《食品安全国家标准　食品接触材料及制品通用安全要求》及塑料、金属、橡胶等系列食品接触材料的食品安全国家标准要求，如不锈钢 304 级以上材质；不用木，含铁、镀锌金属，黄铜等材料制品。

与食品有关的表面、器具、设备、固定物及装置必须彻底清洁，必要时在加工处理食品原料之后，进行消毒。针对不同接触面规定相应的清洁方法（如水洗、85℃热水、消毒剂、紫外线、臭氧等）和频次，避免清洁、消毒工器具带来的交叉污染。规定各接触面应达到的表面状况或清洁度要求并定期进行监测。按照清洗消毒作业规范定期对车间空间进行消毒并监测。

3. 防止交叉污染

燕窝原料、辅料和食品包装材料等进入加工区域时应在缓冲区域对外包装进行清洁或拆去包装物，避免加工过程中带入外来杂质及微生物污染。生产过程应监控不同洁净度工序的员工不得串岗，特别是防止在配料区和其他生产区域来回走动，防止发生交叉污染。各加工工段相互隔离，不同产品生产线应有生产该产品的明显标识。配料所用的容器、工器具必须分开，盛装半成品、原辅料的容器不能直接放在地上。生产操作中产生的废物应及时清理。容器具经清洗消毒后，从消毒区运送车间的非受控区要盖防护罩，防止交叉污染。

4. 手部清洗、消毒设施

加工区入口处配备更衣区、手部清洗消毒设施。更衣区走向为"直通式"，即：一门进另一门出；更衣室内应备有"自查"更衣镜并在镜旁加施规范着工作服示意图、供更换工作服后对照；个人用品间应与工作服间（区）隔开；设置专用洗衣房清洗消毒，不同清洁区域的工作服应分别清洗消毒，分别存放于设有紫外线消毒的环境，保持干燥清洁。

加工区入口处及根据加工工艺在加工区设置相应非手动水龙头开关的手部清洗消毒设施，以供进入加工区、加工过程中定时及接触不洁物时的洗手消毒；洗涤液在使用有效期内，消毒液配制浓度符合相应规定、定时监测并做好配制、监测记录；使用容器分装酒精消毒液，其容器应标示酒精原包装标示使用期限和开启后的使用期限。定期对人员手部、工作服等进行微生物监测。

5. 防止食品被外来物污染

对全厂范围内使用的所有有毒有害污染物进行调查登记并作风险评估，范围包括加工区天花板及墙壁脱落物（如涂料）；设备、塑料容器磨损脱落物；清洗消毒时非食品级洗涤、消毒剂；设备使用非食品级润滑剂；无装置防护装置的照明设备；加工环境清洗时未做好清场以致污染的水溅到加工的食品；加工过程操作人员未规范戴工作帽，以致毛发掉落食品等，针对各自隐患采取预防措施，同时对进入加工区域的人员加以限制和控制，尤其是进入风险较大的高清洁加工区。

6. 有毒有害化学物质的处理、储存和使用

非食品级清洗剂、消毒剂、润滑剂及杀虫剂等有毒有害化合物生产企业应具备国家监督部门颁发的相关资质证件，不得采购、使用未经批准的产品。有毒有害化合物应储存于加工、包装区外，按照说明书要求进行储存，并应与食品级的清洗剂、消毒剂、食品润滑剂分开存放，由经过培训的专人、专库储存，以防被误拿误用。有毒有害化合物的配制及发放由专人负责，并做好进出台账负责管理，并有明确的标示。配制时应遵循所有的使用说明及建议。分装及配置的容器外有本化合物的常用名等标识，且不能存放于可能落到或滴到食品及其包装材料的地方。

7. 人员的健康卫生控制

食品加工人员不能患有以下疾病：病毒性肝炎、活动性肺结核、肠伤寒及其带菌者、细菌性痢疾及其带菌者、化脓性或渗出性脱屑、皮肤病患者等。割伤和皮肤擦伤使用与产品不同颜色的"蓝色"创可贴，手部外伤处还需戴上一次性手套。对加工人员应定期进行健康检查，每年进行一次体检，取得健康合格证明，并设有健康档案。建立健康申报机制，加工人员上岗前主动申报自身健康情况，发现有患病症状的员工，应立即调离食品工作岗位，并进行治疗，待症状完全消失，并确认不会对食品造成影响后才可恢复正常工作。

在加工车间需建立严格的卫生制度，生产人员养成良好的个人卫生习惯，不得化妆、涂指甲油、佩戴首饰手表等进入加工车间，按照规定更换清洁的工作服、帽、口罩、鞋等，手部清洗消毒后方可进入加工区。定期对人员手部、工作服等进行微生物监测。

8. 虫害的防治

厂区周围及厂区内应定期或在必要时进行除虫灭害，防止害虫孳生。设置专用盛装废弃物的容器并设置标志。废弃物容器应选用金属或其他不漏水的材料制成，构造合理，必要时可封闭，以防止污染食品，废弃物的容器和废弃物存放场地、运输工具应及时清洗、消毒。保持清洁卫生。做到日产、日清，防止有害动物聚集滋生。废弃物不堆积在食品处理、储存和其他工作区域及其周围。防止厂区及厂房周围明沟的积水，防止蚊蝇的滋生。

车间及仓库应配备相应的捕鼠器、门帘、风幕、纱窗，应依据制定和执行虫害控制措施，准确绘制虫害控制平面图，与外环境或市政下水道相通的下水道口，安装竖箅子（金属栅栏）或横箅子，箅子缝隙小于10mm，且无缺损；食品库房门口安装600mm高的挡鼠板。库房捕鼠设备每8m²放置1个；安装粘捕式灭蝇灯，其第一盏灭蝇灯应距离入口不应少于3.6m，以免吸引室外昆虫，安装高度以灭蝇灯的底部距离地面1.8~2.0m；可开启的窗户安装有40目（指1in或25.4mm长度中有40个孔眼）及以上，且易拆洗的不锈钢纱窗。

日常定期检查、维护、评估，对出现生物侵入现象，应追查来源，采取纠正措施和相应后续处置。

（五）燕窝罐头的危害分析与关键控制点

1. 关键控制点 CCP1——原料

（1）危害因素分析

燕窝原料中通常含有燕毛、杂质、亚硝酸盐，燕窝在采摘加工过程中会存在霉菌污染和繁殖等。有的燕窝原料供应企业为了提高燕窝卖相，使用化学试剂将其他白色或杂黑颜色的燕窝染色，如染成血燕、黄燕，或者令燕窝看起来比较光亮，甚至伪造燕窝；其材料包括：猪皮、白木耳、银耳、蛋清、明胶、淀粉、豆粉以及琼脂、鱼鳔、植物枝叶、海藻等。其他原料或配料可能存在重金属污染、微生物污染等不安全因素。

（2）关键控制点

对原料进行严格筛选，购买正规进口的燕窝原料，具备《入境货物检验检疫证明》及相应《兽医卫生证书》等，对原料进行亚硝酸盐等安全性指标的监测。对验收合格的原料根据其特性进行储存，并监控储存环境条件。

2. 关键控制点 CCP2——封口

（1）危害因素分析

金属包装卷边质量不合格、塑料包装封口面不平整等会导致封口处密封不严，封口不良往往使罐头失去真空、内容物泄漏，还可使罐内残存的微生物繁殖，使内容物变质。

（2）关键控制点

应严格控制封口过程，对每批容器进行抽样，检验容器的卷边质量、封口面的平整度等，评估容器是否符合要求。核对封口参数，监测灌液中心温度及封口质量，剔除不良品，防止其流向市场。

3. 关键控制点 CCP3——杀菌

（1）危害因素分析

罐头杀菌温度、时间、压力如掌握不好，往往可导致成批的产品变质，后果严重。

（2）关键控制点

罐头杀菌是商业性杀菌，低酸性罐头是以杀灭肉毒杆菌为依据的，应科学制定杀菌规程，生产人员应了解产品的杀菌原理和目的，按照杀菌操作规程生产。为了避免潜在危害发生，必须严格执行杀菌规程，准确控制半成品初温、杀菌温度、时间、压力等因素，保证杀菌效果。

（六）燕窝罐头实施商业无菌检验产生经济价值

1. 商业无菌的检验

罐头食品应为商业无菌，常温下能长期存放。罐头食品经过适度的热杀菌以后，不含有致病的微生物，也不含有在通常温度下能在其中繁殖的非致病性微生物，这种状态称作商业无菌。商业无菌检验程序如图 3-15 所示。

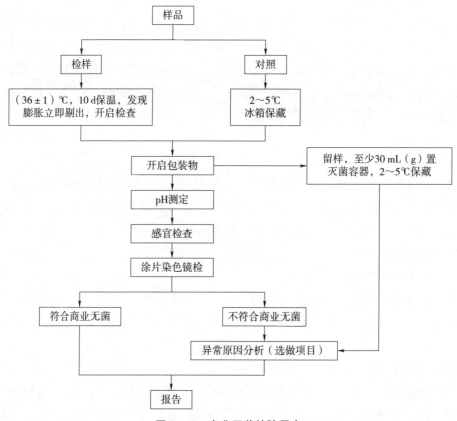

图 3-15　商业无菌检验程序

2. 商业无菌的经济价值

随着商业无菌检验的持续实施，企业实行 GMP、SSOP、HACCP 的水平提高了，燕窝罐头食品加工过程卫生监控不断规范化，产品的安全卫生质量得到了保证，产品由全部保温逐渐过渡到仅对相应的样品部分保温、不需建造大量保温库、直接减轻罐头食品加工企业建厂时的投入以及投产后的生产成本，这还不包括工厂检验部门因实施商业无菌检验取代 5 种致病菌检验的成本。

商业无菌检验，也促使罐头食品加工企业对加工过程中与其安全卫生质量密切相关的关键控制点实施规范化的管理。为了使产品达到商业无菌，企业制定杀菌公式对产品进行杀菌，从而获得"商业无菌"的产品。罐头食品商业无菌的特点是相对无菌、无致病微生物、无常温下能够在罐头内大量繁殖的微生物。达到商业无菌的产品在常温下能长期存放，因此无须添加防腐剂等食品添加剂来延长货架期，在储存和运输上也更加便利。

燕窝罐头生产企业通过良好卫生规范、卫生标准操作程序、危害因素分析与关键控制点的控制，使产品达到商业无菌。不仅保障了产品质量安全还增加了企业经济效益。

第四章　国内外食品商业无菌法规标准现状

"商业无菌"（Commercial Sterility）最早由美国罐头协会（NCA）于20世纪70年代向美国食品药品监督管理局（FDA）提出，之后由美国FDA政府机构将此概念引入美国联邦政府法规中。

商业无菌是罐藏食品的主要特征之一，该类产品将各种食品密封在容器中或无菌灌装，经加热处理，杀灭或抑制了绝大部分微生物，同时又阻止被外界微生物的再次污染，从而获得在常温下商业无菌状态，使得食品可以较长时间保藏。商业无菌这一概念被写入我国的多个国家标准、行业标准、团体标准中，作为采用罐藏技术加工食品的通用食品安全要求，但是我国主要利益相关方对商业无菌的理解只停留在微生物检验这个层面上，对这一概念没有建立很系统和清晰的认识。

本文针对中国、国际食品法典委员会（CAC）、美国、欧盟、加拿大、澳大利亚等6个国家、地区和组织的食品商业无菌相关法规及标准，采用综述研究法和对比分析法，梳理研究了国内外食品商业无菌相关标准法规进展及应用情况等，并对国内外食品生产过程商业无菌检验相关法规标准对比分析，以期望提高利益相关方对商业无菌概念的理解，为完善我国食品商业无菌标准体系提供思路和参考，同时引导食品生产企业建立把产品质量控制的重心前移到生产过程这一现代化产品质量控制和管理理念，正确认识食品商业无菌对食品安全和食品质量的贡献，对促进食品生产企业规范产品质量和安全管理和推动技术进步具有较大的意义。

第一节　我国食品商业无菌标准现状

GB 7098—2015《食品安全国家标准　罐头食品》对商业无菌的定义为：罐头食品经过适度热杀菌后，不含有致病性微生物，也不含有在通常温度下能在其中繁殖的非致病性微生物的状态。GB 8950—2016《食品安全国家标准　罐头食品生产卫生规范》同样规定了商业无菌的定义："食品经过适度热力杀菌后，不含有致病性微生物，也不含有在通常温度下能在其中繁殖的非致病性微生物的状态"。表4-1列出了中国现行食品安全国家标准中规定了商业无菌要求的产品类别，主要包括罐头食品、饮料、乳制品、以乳基为主的特殊医学用途配方食品和特殊医学用途婴儿配方食品及婴幼儿罐装辅助食品、蛋与蛋制品中符合罐头工艺的再制蛋制品，如鹌鹑蛋罐头、卤蛋罐头等。

但也有一些类别的部分产品已采用了商业无菌工艺生产，但还未在食品安全国家标准中体现，如部分甜品糕点、部分酱料、部分汤类产品等。符合商业无菌要求的食品，在其产品标准中一般在微生物限量要求条款中规定"应符合商业无菌的要求"，"按GB 4789.26 规定的方法检验"。

表 4-1　中国食品安全国家标准体系中规定了商业无菌要求的产品标准

标准编号	标准名称	达到商业无菌要求的产品
GB 7098—2015	食品安全国家标准　罐头食品	罐头食品
GB 7101—2022	食品安全国家标准　饮料	经商业无菌生产的产品
GB 25190—2010	食品安全国家标准　灭菌乳	灭菌乳
GB 25191—2010	食品安全国家标准　调制乳	采用灭菌工艺的产品
GB 13102—2022	食品安全国家标准　浓缩乳制品	淡炼乳和调制炼乳
GB 19646—2010	食品安全国家标准　稀奶油、奶油和无水奶油	罐头工艺或超高温灭菌工艺加工的稀奶油
GB 29922—2013	食品安全国家标准　特殊医学用途配方食品通则	液态产品
GB 25596—2010	食品安全国家标准　特殊医学用途婴儿配方食品通则	液态产品
GB 10770—2010	食品安全国家标准　婴幼儿罐装辅助食品	6月龄以上婴儿和幼儿食用的婴幼儿罐装辅助食
GB 2749—2015	食品安全国家标准　蛋与蛋制品	符合罐头食品工艺的再制蛋制品

　　除了产品标准，中国也规定了表 4-1 中产品相应的生产卫生规范，包括 GB 8950—2016《食品安全国家标准　罐头食品生产卫生规范》、GB 12695—2016《食品安全国家标准　饮料生产卫生规范》、GB 12693—2023《食品安全国家标准　乳制品良好生产规范》、GB 23790—2023《食品安全国家标准　婴幼儿配方食品良好生产规范》和GB 21710—2016《食品安全国家标准　蛋与蛋制品生产卫生规范》等。除了 GB 8950—2016《食品安全国家标准　罐头食品生产卫生规范》在第 8 章生产过程食品安全控制中规定了"杀菌安全性评估与管理要求"，明确规定："如果判定该批产品没有达到商业无菌要求，则应全部再杀菌或在严格的监督下做妥善处理。所采取的判定过程、结果和处理方法，都要作详细记录"。该部分同时规定了杀菌和密封的加工过程控制要求，明确了关键控制点，确保生产批次达到商业无菌控制要求，但标准中相关内容未提出明确要求，无法完成商业无菌的关键控制点的评价与控制。现行的其他生产规范标准均未明确提出商业无菌产品所需要满足的特殊杀菌和密封要求。

美国在联邦法规 21 CFR Part 113-2011 中表明了商业无菌在食品安全国家标准中作为一种特殊的微生物限量指标规定，其检验方法也不同于其他微生物限量指标。中国的 GB/T 4789.26《食品卫生微生物学检验　罐头食品商业无菌的检验》的 1989 年版、1994 年版、2003 年版均汲取了联合国粮食及农业组织（FAO）的有关检验方法和美国联邦法规规定及《微生物学分析手册》中一般微生物检验方法的基础，有关政府部门、科研院所和生产企业的专家、技术人员结合国情，确立了过程检验和实验室抽样保温验证相结合、服务于批次产品验收的制标思路，不同于其他微生物检验方法，仅定位某具体样品微生物检验。GB 4789.26—2013《食品安全国家标准　食品微生物学检验　商业无菌检验》删除了 2003 年版推荐性标准中对过程检验要求和批次抽样要求；增加了冰箱对照样；保温方案不再按照产品特性规定，统一规定为（36±1）℃、10d；标准适用范围扩展到食品领域；其标准的定位也发生了转变，定位于终端市售具体样品的商业无菌检验。鉴于标准的实施出现不利于生产企业过程控制的有效应用的情况，故在 2016 年对该标准展开了新一轮的修订工作。

2023 年，GB 4789.26—2023《食品安全国家标准　食品微生物学检验　商业无菌检验》发布，与 2013 年版本相比，主要变化为：①修改了标准适用范围，强调食品生产过程商业无菌检验的重要性；②增加了商业无菌和酸化食品的定义，修改了低酸性和酸性食品的定义；③增加了恒温培养室；④增加了食品生产领域商业无菌检验程序；⑤删除了保温后再次称重的要求和罐头密封性检验方法；⑥修改了低酸性食品和酸性食品的检验步骤。标准修订要点详见本书第六章第二节。

第二节　国外食品商业无菌法规标准分析

一、CAC 及 FAO

国际食品法典委员会（CAC）发布的商业无菌相关标准主要为 CAC/RCP 23-2011 *Recommended international code of hygienic practice for low acid and acidified low acid canned foods*，联合国粮食及农业组织（FAO）在 1992 年发布了 *Food and nutrition paper manual of food quality control, microbiological analysis, other canned food*，二者基本思路和要求一致。

CAC/RCP 23-2011 规定了低酸性和酸化的罐藏食品生产加工关键技术要求，重点对热加工、密封等装备要求及过程检验要求进行了详细的规定，并以附录列出了装在密封容器中的热处理食品检验流程图，见图 4-1。

通过分析国际组织商业无菌相关标准发现，商业无菌工艺生产的食品在卫生操作规范方面不同于其他食品，有一套特殊的生产卫生要求，如特殊的热加工和密封装备要求、水处理要求、对容器的封口检验等。故针对商业无菌工艺生产的食品制定特殊的过程控制规范，并与终产品微生物检验结合的方式才是控制该类食品安全和质量最科学、合理的方式。学习和借鉴该控制系统，对我国商业无菌体系的完善和保障有着重要的意义。

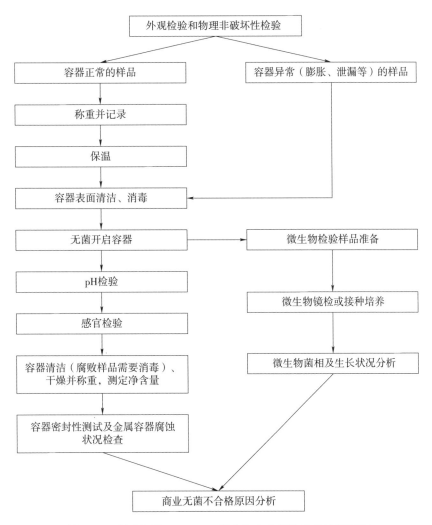

图 4-1 CAC/RCP 23-2011 规定的商业无菌食品检验程序

二、美国

美国商业无菌相关标准和技术文件主要包括美国联邦法规 21 CFR Part 113-2011 *Thermally Processed Low-acid Foods Packaged in Hermetically Sealed Containers* 和 21 CFR Part 114-2011 *Acidified Foods*、美国分析化学家协会（AOAC）972.44-1978 *Microbiological Method Subchapter 6：Sterility（Commerial）of Foods（Canned, Low Acid）*和

Bacteriological Analytical Manual, Chapter 21 A: Examination of Canned Foods 等。

美国联邦法规 21 CFR Part 113-2011 规定了通用要求，包括食品商业无菌定义、低酸性罐头食品定义、设备及容器的商业无菌定义及良好操作规范要求等，还规定了设备要求、食品容器、封口及加工原料控制要求、生产及过程控制要求、记录和报告要求，该规范强调杀菌和容器密封过程控制及记录。在美国联邦法规 21 CFR Part 113-2011 条款 3 中将食品"商业无菌"定义为：经热力杀菌后的食品要达到以下状态：①食品在非冷冻的常温条件下储运分销，没有再繁殖能力的微生物；②也没有有害公众健康的活微生物（包括芽孢）存在；通过控制水分活度和加热，使食品中不含能够在非冷冻的常温储运分销条件下繁殖的微生物。

美国联邦法规 21 CFR Part 114-2011 规定了通用要求，包括酸性食品的定义、酸化食品的定义、设备及容器的商业无菌定义及良好操作规范要求等，还规定了设备要求、食品容器、封口及加工原料控制要求、生产及过程控制要求、记录和报告要求等，基本结构与 21 CFR Part 113 一致。

美国分析化学家协会（AOAC）972.44-1978 以及国际食品法典委员会 CAC/RCP 23-2011 适用于平衡 pH 大于 4.6、未胀罐的低酸性罐头食品。检验前应将罐头置于 21～35℃保温箱中保温至少 10d。检验步骤包括取样、污染对照、pH 测定、镜检、结果分析，开罐需要进行感官检验，记录产品气味和状态。*Bacteriological Analytical Manual, Chapter 21 A: Examination of Canned Foods* 给出了罐头食品发生腐败时，特别是针对不同程度的胀罐应开展的微生物学检验方法。

通过分析美国的商业无菌控制相关技术标准可以发现，从管理角度，商业无菌作为一种食品的最终状态，过程控制和终产品验证结合的方式才是控制商业无菌食品安全最科学、合理的方式。发生商业无菌不合格问题或发生腐败，必定是生产过程关键控制点出现问题，相反亦成立。商业无菌过程控制是该类食品安全的保障，商业无菌检验是验证该类食品安全的最后一道防线，也是验证商业无菌的一种方法。

三、欧盟

欧洲议会和理事会于 2004 年 4 月 29 日制定的（EC）No 853/2023 *Specific hygiene rules for food of animal origin* 第二部分对超高温灭菌的原料乳、初乳、乳制品或乳基产品的生产过程控制进行了商业无菌检验和控制要求，包括原料预处理、热处理设备、热处理关键控制点、终产品微生物检验及限量要求等。由此可见，对于保障食品商业无菌，欧盟采取的也是生产过程控制加终产品微生物检验相配合的方式，这也是公认的最为科学和合理的保障商业无菌食品安全和质量的方法。

四、加拿大

加拿大的商业无菌相关标准和技术文件主要包括加拿大标准委员会（SCC）于

2011 年发布的 *Food And Drug Regulations* 的第 27 部分 *Low-Acid Foods Packaged in Hermetically Sealed Containers* 和渥太华健康食品与食品处于 2001 年发布的《关于罐头食品商业无菌过程控制和微生物检验标准》（MFHPB-01）等，同时在加拿大通用标准委员会于 2014 年发布的 GCS 32.165-89 *Milk and Cream, pasteurized or sterilized*（UHT）乳品和奶油标准中要求灭菌乳需要达到商业无菌要求。

在 *Food and Drug Regulations* 的第 27 部分中明确规定了"商业无菌"的定义，并规定了以密封容器包装的低酸性食品的相关要求。同时在 B.27.004 中明确规定"当署长认为出售以密封容器包装的低酸性食物可能违反 B.27.002 或 B.27.003，署长可藉书面通知，要求该食物的制造企业或进口企业在该通知所指明的日期或之前，提交证据，证明用以制造、加工及包装该食物的工序使该食物保持商业无菌状态"。MFHPB-01 则给出了商业无菌检验的具体方法。同时加拿大是少数几个专门针对灭菌乳商业无菌检验给出具体规定的国家之一，GCS 32.165-89 明确要求灭菌乳需要达到商业无菌。

通过分析加拿大商业无菌标准体系发现，加拿大在标准中明确规定了商业无菌控制方法、出现问题后的处理方法及商业无菌检验方法，已形成了相对完善的商业无菌标准体系，值得我国参考借鉴。

五、澳大利亚

《澳新食品标准法典》4.2.4-2006 *Primary production and processing standard for dairy products*，对满足商业无菌的乳制品相关生产、储存和运输过程进行了规定。澳大利亚虽然没有对商业无菌的微生物检验方法进行规定，但是在此标准中详述了达到商业无菌需要的过程控制点，其中包括对食品安全危害的控制、特殊生产要求以及追溯和杀菌温度、时间等。

六、日本和韩国

日本对罐头产品的微生物检验要求包括保温试验和细菌试验，但对保温试验呈阴性的产品仍进行接种培养，若培养介质混浊，则判定为产品细菌生长阳性，为不合格产品。其判定方法与我国国家标准区别如下：一是保温试验温度，韩国 KF-DA 的保温试验为 35/37℃保温 10d 后，常温放置 1d 再进行接种试验，日本为（35±1）℃保温 14d 后进行接种试验；二是韩国及日本对保温试验未发生胀罐或泄漏的产品均取样进行硫乙醇酸盐液体培养基（适用于需氧菌和厌氧菌生长）培养，35/37℃培养 2d，培养基混浊的则判定为阳性结果。在这种检测方法中，一旦产品中存在未完全杀死的微生物或孢子，则极可能出现阳性结果而被判定为不合格。

第三节 国内外食品商业无菌检验相关法规标准对比

一、中国与国外食品商业无菌过程控制标准对比

中国尚未针对商业无菌控制过程规范制定独立标准，仅有罐头食品生产卫生规范中提到了商业无菌的控制；大多数国际组织及美国、加拿大、澳大利亚等国家在生产卫生规范中提到了生产过程、终产品微生物检验及要求，如加拿大和澳大利亚在法规中提到乳制品商业无菌检验的基本流程和微生物控制要求，国际食品法典委员会（CAC）、美国食品药品监督管理局（FDA）在低酸性罐头食品和酸化罐头食品生产卫生规范中规定了实现商业无菌生产的操作及生产过程注意事项，在法规附件中提到了发生商业无菌不合格时应该采取的微生物检测措施，表4-2列出了国外食品生产过程商业无菌过程控制相关标准法规情况。综上，国外法规中规定了实现商业无菌的关键控制点，并强调了过程控制在商业无菌中的重要地位，国外强调过程控制和终产品检验结合并重的管理体系。商业无菌的重点是通过对食品生产加工过程管控来确保整批产品达到食品安全要求，不是单纯的致病菌等微生物检测，建议中国学习借鉴国际体系，制定专门针对商业无菌控制过程规范的相关标准。

表4-2 国外食品生产过程商业无菌检验相关法规标准情况

国家/组织	标准编号	标准或法规名称	应用范围
CAC	CAC/RCP 23-2011	*Code of Hygienic Practice for Low and Acidified Low Acid Canned Foods*	低酸性和酸化的罐头食品
欧盟	（EC）No 853/2004	CHAPTER Ⅱ部分对原料乳、初乳、乳制品或乳基产品	达到商业无菌要求的乳制品
	（EU）No 605/2010	入欧盟的乳制品灭菌控制要求	达到商业无菌要求的乳制品
美国	21 CFR Part 113	*Thermally Processed Low-acid Foods Packaged in Hermetically Sealed Containers*	密封容器包装的热处理低酸食品
	21 CFR Part 114	*Acidified Foods*	密封容器包装的热处理酸化食品
	—	*Bacteriological Analytical Manual, Chapter 21A: Examination of Canned Foods, 2001*	罐头食品
FAO	—	*Food and nutrition paper 1414, manual of food quality control, microbiological analysis, other canned food*	罐头食品商业无菌常规检验法

续表

国家/组织	标准编号	标准或法规名称	应用范围
加拿大	GCS 32.165-89	*Milk and Cream, pasteurized or sterilized*（UHT）	明确要求灭菌乳需要达到商业无菌。MFHPB-01 商业无菌检验中规定了具体的检验程序和检验方法
	C.R.C.，c. 870	*Food and Drug Regulations*	规定了在密封容器包装的低酸食品的相关要求
澳大利亚	Standard 4.2.4	*Primary production and processing standard for dairy products*	乳制品

二、食品商业无菌检验方法标准的对比研究

对于市售产品或即将进入市场的食品终产品，如果发现已经发生商业无菌不合格或可疑，应该分析商业无菌不合格的原因，中国与国外制定的商业无菌检验相关标准或方法见表 4-3。中国的原国家卫生和计划生育委员会与国家质量监督检验检疫总局、国际食品法典委员会（CAC）、联合国粮食及农业组织（FAO）、美国食品药品监督管理局（FDA）和美国分析化学家协会（AOAC）都规定了专门针对满足商业无菌的微生物检验方法，详见表 4-3。而欧盟和加拿大仅在标准中规定了保温方案和微生物要求，具体微生物检验操作方法需参见其他标准。

表 4-3　中国与国外食品商业无菌检验标准对比

国家/组织	原始资料（检验方法名称及编号）	保温条件	开罐检查	进一步的培养
中国	GB 4789.26—2023 食品安全国家标准　食品微生物学检验　商业无菌检验	食品流通领域：（36±1）℃下保温 10d 食品生产领域：食品生产企业可参考标准给出的推荐方案制定适合本企业产品检验的保温方案	感官、pH 加染色镜检	需要
	SN/T 0400.1—2005 进出口罐头食品检验规程　第 1 部分：总则	低酸性罐头：（36±1）℃保温 10d；酸性罐头：（30±1）℃保温 10d	感官、pH 加染色镜检	需要
CAC	CAC/RCP 23-2011 *Code of Hygienic Practice for Low and Acidified Low Acid Canned Foods*	根据运输和储存环境确定，如 30℃保温 14d，37℃保温 10～14d，55℃保温 5d	感官、pH、空罐腐蚀情况及密封情况	需要

国家/组织	原始资料（检验方法名称及编号）	保温条件	开罐检查	进一步的培养
AOAC	*Official Methods of Analysis*, 15th ed.	35℃ 14d	感官、pH 加染色镜检	需要
欧盟	（EC）No 853/2004 CHAPTER Ⅱ 部分对原料乳、初乳、乳制品或乳基产品	UHT 乳：30℃ 15d 或 55℃ 7d	—	需要
美国 FDA BAM	*Bacteriological Analytical Manual, Chapter 21A: Examination of Canned Foods*, 2001	35℃ 14d	感官、pH 加染色镜检	需要
FAO	Food and Nutrition Paper 1414, *Manual of Food Quality Control, Microbiological Analysis, Other Canned Food*	30～37℃至少 10d 或不保温	顶隙、气体分析、感官、微生物、容器等	需要
加拿大	MFHPB-01	30～35℃，7d	—	需要

中国、美国及美国分析化学家协会（AOAC）等国家和组织的商业无菌检验除包括微生物检验外，还包括感官、pH 两项检验项目；而国际食品法典委员会（CAC）、联合国粮食及农业组织（FAO）除包括这三个项目外，还规定了空罐的分析检测，以国际食品法典委员会（CAC）为例，CAC/RCP 23-2011 规定了商业无菌检验应包括外部检验（即目视检查，应仔细准确地记录容器和标签上的所有识别标记和污渍或腐蚀迹象），和内容物检验（包括检测微生物、pH、感官，以及空罐的内部腐蚀、密封、裂隙等情况）两部分。

通过对比分析不同国家和地区有关商业无菌检验方法的标准，发现部分国家和地区建立了商业无菌食品的微生物检验方法，国外标准中规定的不同食品的保温条件是不同的，而在中国 GB 4789.26—2023《食品安全国家标准　食品微生物学检验　商业无菌检验》中，规定了流通领域和生产领域各类产品的保温方案，食品生产领域的商业无菌检验按照低酸性食品、酸化食品、酸性食品分别规定了商业无菌检验要求，满足相关食品领域 GMP 和 HACCP 的控制措施的有效落地。

第四节　我国食品商业无菌标准化工作思考与建议

食品安全的生产首先是生产过程管控，且商业无菌是通过保障原料安全、包装安全、热处理完全、密封良好等食品生产加工过程管控，来确保产品达到技术要求，而不是单纯地通过致病菌等微生物检测来进行终产品商业无菌判断。美国等外国主要发达国家和地区是对全过程控制点的评价、控制与检验，因此大部分都是制定过程控制规范与终产品检验并行的方式。目前中国实行的是终产品微生物检测方法对风险进行监测，但是实际监管基本没有发现商业无菌微生物检测不合格的产品，管控效果甚微。这是由于达到商业无菌要求的产品不添加食品防腐剂，如产品在货架期出现腐败问题（因为商业无菌不合格造成的），可能会出现胀罐等问题，很容易在销售前或过程中被识别并剔除，故市场监管过程中很难发现，国外也是这个情况。因此，对于中国来说加强商业无菌的过程控制、管理和监督是未来标准化的重点工作。

商业无菌检验标准是食品安全的重要保障，目前还存在对商业无菌检验等标准认识不清、理解不足等问题，因此加强商业无菌检验在食品行业及国内食品安全监管中的应用成为目前标准制定工作者的挑战。目前中国只有商业无菌微生物检验方法标准，建议未来能够建立相对完善的商业无菌控制与评价标准的体系，对食品商业无菌产品标签标识、流通环节控制、商业无菌生产控制过程进行规范，使市场监督便于管理评价，使消费者对商业无菌食品有更客观和清晰的认知，也为食品行业健康发展保驾护航。

第五章 食品热力杀菌评价关键技术标准实施指南

第一节 GB/T 39948—2021《食品热力杀菌设备热分布测试规程》实施指南

一、标准制定背景

食品热力杀菌设备中杀菌温度是否精准、杀菌设备中各个部位温度是否均匀一致，是关系食品热力杀菌成败之关键。

欧美国家的一些热力杀菌专家早在 20 世纪 50～60 年代就致力于这方面的研究，不过大部分工作均游弋于学术研究范围。直到 1971 年，美国发生了罐藏食品生产过程中因热力杀菌不足引起的消费者致病和致死的严重公众健康事件，引起了美国政府、罐藏食品制造业界、美国罐头协会（NCA）等部门的高度重视。当时由 NCA 牵头起草了若干文件上报给美国 FDA，提出了为避免日后再发生此类事故的预防性手段措施的申请书，即提交了《美国联邦食品药品和化妆品法案》第 404 条款。美国政府在这些文件内容基础上制定并日后演变成世界知名的美国联邦法规中的相当重要的内容，即现在生效的美国联邦法规（21 CFR）中 Part 108、110、113、114 等相关条款。在这些法规性的条文中，将食品热力杀菌的设备、工艺、操作及检查等方面的规范列入了食品质量安全的必不可少的要求。

20 世纪 70 年代，尽管已经有了热力杀菌设备热分布的概念，但受当时的科技水平的制约，测试杀菌设备内温度分布的仪器多数是由数组铜与康铜组合的复合导线组成的有线温差热电偶型的测试仪器，在杀菌设备中将诸多的温差电偶线之"布线"工作甚为繁琐，且仪器价格也不菲（如当年一台 4 通道的温度测试仪的价格就要超过 1 万美元），这些因素制约了杀菌设备热分布测试工作的展开。

随着科技的进步，测量多点温度的仪器与设备精度提高，价格也趋合理化，自 20 世纪 80 年代，美国的罐藏食品生产企业已经逐步普及了杀菌设备的热分布测试工作。随着中国的改革开放，很多外资品牌罐藏食品相继在中国生产及出口，很多生产国际品牌的罐藏食品出口企业，在 80 年代也已开始了杀菌设备的热分布测试工作。

自 20 世纪 90 年代起，我国少数罐藏食品生产企业与外资公司合作，陆续开始了杀菌设备热分布测试的工作。进入 21 世纪后，热分布测试工作在出口罐头生产企业中率先得到了展开，并被国家质检部门高度重视。

虽然罐藏食品业界已经开始了杀菌设备的热分布测试工作，纵观全世界范围，热分布测试工作也都在进行，但对温度传感器精度、校正、测试方案、数据处理等尚未有完整的官方公布的规范。至 1996 年，美国食品加工商协会（NFPA）将业界的杀菌设备的热分布测试共识的规范对外发布，即将热分布测试的共识要点汇集在 26-L（第 13 版）公报中，大部分热力杀菌工作者在做热分布测试时参照美国食品加工商协会（NFPA）的 26-L 公报去执行。20 世纪初，美国一部分热力杀菌权威在美国发起成立了民营性质的热力杀菌专家协会（IFTPS），该专业机构起草了热分布测试具体化和细节化测试协议条文。

要展开热分布测试，前提要有温度测量的仪器，当时轻工业部食品发酵工业科学研究所董槐枝高级工程师率先研制成功了有线的温度测试仪，且可以用于旋转杀菌的温度测试，它开启了中国热分布测试的先河。之后中国罐头工业协会与北京师范大学联合研发了有线 24 通道的温度测试仪，杀菌设备的热分布测试在国内陆续得以展开。随着改革开放的步伐加快，国外的温度数据记录仪相继在中国市场展现身手，外资背景测试机构也进入中国市场，热分布测试陆续得到业内重视。

2005 年，国家质量监督检验检疫总局发布了 SN/T 0400《进出口罐头食品检验规程》系列规程，SN/T 0400.6《进出口罐头食品检验规程　第 6 部分：热力杀菌》规定"A.3.3 罐头食品热力杀菌热分布测试备案：罐头食品企业在热力杀菌设备进行自我核查，确认完全符合有关法规和标准规定的基础上进行杀菌设备热分布的测试。杀菌设备热分布测试要求每年至少一次"。从此全国各地生产出口的罐头食品生产企业陆续展开食品杀菌设备的热分布测试工作。

2009 年，中国罐头工业协会科委会在苏州召开年会，会议议定成立"中罐协热力杀菌专家组"（TPEG），成员由中罐协科委会科研人员、罐藏食品生产企业专家、热力杀菌工程专家、出入境检验检疫部门的专家、大学教师、杀菌锅制造企业等技术人员组成，由该专家组着手起草中国版的热分布测试规程。TPEG 组织了测试队伍对全国各种类型的杀菌设备做了超过一千台次的热分布测试，在整理汇总数据的基础上，分析和研究了实际测试工作中正反两方面的案例，与杀菌设备企业研讨设备改进方案，会同罐藏食品生产企业改造杀菌设备的硬件和软件等，并与国外的热力杀菌权威共同研讨相关议题，在参考了美国食品加工业协会的 26-L 公报的相关内容及美国热力杀菌专家协会（IFPTS）对静止式蒸汽设备热分布测试协议基础上，起草了《食品热力杀菌设备热分布测试规程》，以中国罐头工业协会公报形式向全国发布（第 CCFIA/T-01—2013 公报）。随着科技发展，无线温度传感器件逐步普及应用，2013 年后我国罐藏食品企业纷纷开展了热力杀菌设备的热分布测试。通过热分布测试，发现了杀菌设备硬件、软件和操作存在的问题，并针对问题，为各个企业对硬件和软件进行及时改进提供了依据。无数案例证明，热分布测试工作的展开，促使热力杀菌设备获得了长足改进，对食品热力杀菌和食品安全作出了相应的贡献。

2016 年，全国食品工业标准化技术委员会罐头分技术委员会调研了罐藏食品生产企业的现状，结合当时国家出入境检验检疫部门每三年要对出口罐藏食品生产企业年审，对热分布作出测试时限要求的实际情况修订了 GB 8950—2016《食品安全国家标准 罐头食品生产卫生规范》，其中规定"杀菌设备安装后应对其进行热分布测试，确认热分布均匀后方可投入使用。在保证热量供给和传热介质通畅的前提下，每三年至少进行一次热分布测试。如该设备机构、管道、阀门、程序等发生变化及必要时应重新进行热分布测试。"此后，我国凡使用热力杀菌设备的罐藏食品生产企业，逐步将热分布测试纳入了正常工作日程。

虽然，杀菌设备的热分布测试在我国陆续展开，但如何规范测温用感温器的布点、测试程序设置、测试数据评估等内容，其实全国并没有统一的规则，各测试机构也就各施各法，甚至曾发生互相矛盾的不协调现象。在这种情况下，客观上需要有一个标准化文件对热分布测试予以规范。2018 年，全国食品工业标准化技术委员会罐头分技术委员会秘书处承担单位中国食品发酵工业研究院牵头，组建食品热力杀菌设备热分布测试方法国家标准起草工作组国标版起草小组。国家标准草稿经过全国各相关行业利益方代表认真研讨，经过行业多轮沟通和征求意见，提出标准送审稿，最后于 2019 年通过全国食品工业标准化技术委员会罐头分技术委员会审查并正式上报给国家标准化管理委员会。2021 年 3 月 9 日 GB/T 39948—2021《食品热力杀菌设备热分布测试规程》发布，2022 年 4 月 1 日实施。

二、实施要点

GB/T 39948—2021《食品热力杀菌设备热分布测试规程》对测试规程已列出了一些原则，为了更加明确热分布测试的细节，易于操作，现将其实施要点分述如下。

1.关于食品热力杀菌的本质

热力杀菌的本质就是借热媒（传热介质如蒸汽、热水、汽气水混合体等）的热量与被杀菌的食品进行热量交换，使食品受热，完成热力杀菌的过程。该过程既要将食品中的微生物杀死，又要将食品烹调成适宜食用的食品。

如果杀菌设备硬件有缺陷或软件有瑕疵，杀菌设备内各部位的温度不均匀，有些部位的温度高，有些部位温度低，会使热力杀菌产品有些受热过度，有些受热不足，产品品质得不到保证。尤其对受热不足的产品，专业上称"杀菌不足"，会使企业成品合格率下降，更可怕的是会引发影响公众健康的食品安全事件。

为了使杀菌设备有良好的热分布，最有效的先决条件就是要确保杀菌设备及操作符合规范。设备规范从何而来？其实这些规范的内容都是热力杀菌技术前辈在热力杀菌领域长期实践中以实验数据总结出来的经验与教训。实践告诉我们，凡不符合规范的杀菌设备与操作，其热分布测试结果是不可接受的。而符合规范的杀菌设备与操作，其热分布绝大部分是良好的。

2. 杀菌设备及操作规范要求

本质上，规范要求就是对杀菌设备硬件和操作工艺软件的合规的要求，为了读者方便，现将规范主要的内容简列于表 5-1。

表 5-1　杀菌设备及操作规范性要求

序号	技术内容名称	规范要求	规范要求缘由
01	蒸汽供应管压力	需有足够压力（0.4～0.6MPa 或以上，视排气锅数量定）	如无足够蒸气压，便不能完成排气
02	蒸汽扩散管开孔数	扩散管小孔之总面积为进汽管最窄面积 1.5～2 倍	小于此倍数蒸汽利用不足，大于此倍数杀菌锅内局部有汽、局部无汽
03	排气管道直径及根数	按中国检验检疫标准 SN/T 0400.6；或美国 21 CFR Part 113 条款；或美国 NFPA 26-L 公报	使杀菌设备内空气完全排除出杀菌锅体内的确立优化条件
04	排气阀形式	要用闸阀，不可用截止阀	如用截止阀流量减半，影响排气作业
05	排气工艺规范合理性	要执行排气两个至少：①至少达到温度；②至少维持时间；具体数据参见 No.03 项条款列出不同设备不同要求，或见表 5-2	执行"两个至少"才可将空气从杀菌锅内全部排出至锅外，否则会产生排气不足事件
06	热水循环泵流量	要求每隔 4～5min，可以将杀菌锅内的热水循环 1 次	美国杀菌权威实验证实，该流量可以均匀杀菌锅内温度
07	泄气阀的孔径与数量	锅身的孔径为 3mm，数量由锅身长度决定。具体数量可参见 No.03 项内所列文献资料	泄气阀孔径小于规范要求，设备内蒸汽流通不足，热分布不均匀；阀孔径大于规范，虽利于汽流通，但浪费蒸汽
08	温度计/记录仪旁泄气阀	孔径为 1.5mm	确保温度及记录仪温度显示记录准确
09	杀菌载罐篮底/隔板开孔	汽杀菌≥20%；水杀菌≥30%	确保传热介质流通均匀
10	回转杀菌	排气阶段不宜回转	回转时排气使空气回流，影响排气完成

3. 杀菌锅调查

按照中外热力杀菌专家的经验，在做设备热分布测试前，首先应该对杀菌设备做一次是否符合规范性的调查，如果调查后发现杀菌设备不符合规范，最好对设备先加以改造纠正，使之达到符合规范后，再进行热分布测试，这样往往可事半功倍，一次性获得热分布测试良好的结果。否则，当发现热分布测试结果不理想时再去逐条分析，排除或推断热分布不好的原因，再改进，既增加了成本，又花费时间，对企业是不利的。

有些罐藏食品生产企业不理解杀菌设备需要符合规范的要求的必要性，认为热分布测试报告是为了应付政府监管部门的文件所需，往往不关注杀菌设备是否符合规范，只要有热分布测试报告就可以了。不少案例表明，热分布不好的杀菌设备，几乎都是设备本身不符合规范造成的。热分布的好坏直接影响到成品合格率的高低，也关系到食品安全的红线。所以，在热分布测试前，对杀菌设备做一次调查是必不可少的。如不规范，务必先把它改进到规范化。

4. 排气规程

对于蒸汽杀菌方式，排气规范是非常重要的要求，它直接关系热力杀菌成败的关键。美国的热力杀菌专家对不同的杀菌设备的排气规程做了大量的实践测试，总结出了规范性的排气要求，兹将其内容列于表5-2。

表5-2 蒸汽杀菌排气规范性要求

类别	杀菌锅大小	排气方式				排气管间距	排气管公称通径及数量					排气规范	
		集气支管	直排大气	溢流管口	喷水管		DN25	DN40	DN50	DN65	DN80	开排气阀时间≥	温度≥
卧式杀菌锅	多排气管口排气		☆				多个					5min	107℃
			☆				多个					7min	105℃
		☆				1.5m	3个	☆				6min	107℃
		☆					4或5个			☆		6min	107℃
		☆					6或7个				☆	8min	105℃
	锅体长度<4.57m			☆				☆				5min	107℃
				☆						☆		7min	105℃
	锅体长度>4.57m			☆						☆		5min	107℃
				☆						☆		7min	105℃
	锅体长度<4.57m		☆							☆		4min	105℃

续表

类别	杀菌锅大小	排气方式				排气管间距	排气管公称通径及数量					排气规范	
		集气支管	直排大气	溢流管口	喷水管		DN 25	DN 40	DN 50	DN 65	DN 80	开排气阀时间≥	温度≥
立式杀菌锅	2~3笼		☆				☆					5min	110℃
				☆			☆					7min	104℃
			☆						☆			4min	103℃
				☆					☆			5min	102℃

注1：☆表示热力杀菌工作者可根据实际的杀菌锅规格选择对应热力杀菌排气温度与时间。

注2：将喷水管作排气管用，喷水管的孔径与数量应符合表 5-1 所列数或面积相等的孔径和数量。

注3：立式杀菌锅用顶管排气时排气管长不应超过 1.22m。

注4：立式杀菌锅用溢流管排气时排气管长不应超过 1.83m。

注5：排气阀应采用闸阀，或不会减少通径面积的阀门，排气时要开足阀门。

资料来源：美国食品加工商协会（NFPA）26-L 公报。

表 5-2 内的数据虽为美国食品加工商协会（NFPA）的推荐值，但这些规程，已被世界各国或地区（包括我国）采用。当然杀菌设备千差万别，又有各种新设备不断问世，所以，表内的排气规程也有可能还不能覆盖满足所有设备的排气条件，此时可通过热分布测试数据分析来确立合适的排气温度与时间。热分布测试数据分析既可验证排气规程的合理性，又是建立新排气规程的有效手段。

5. 热分布测试注意事项

（1）测温用温度数据记录仪温度校正

热分布测试必须要使用检测和记录温度的仪器，记录温度的感温元器件一般由热电偶、热电阻、红外、光纤感温头组成，以现代技术水平衡量，不论是何种感温器件，其测试温度的精度和稳定性基本上是可胜任的。温度测试的过程都是由感温器材先感知温度，将温度转换成电子信号，再通过电子讯号放大运算后转化成数字形式呈现结果。不同的温度数据记录仪的测温精度与稳定性客观上是不尽相同的，即使是同一品牌的温度数据记录仪，在同一个温度场中所测得的温度也会有少许偏差。有偏差是正常的，毫无偏差反而是不正常的。重要的是，其偏差是否在可接受的范围内。当其温度显示在不可接受范围内时，我们需要对其显示温度予以校正。校正温度的方法通常为将测试温度的感温头放置在标准恒温油浴槽中与标准温度计参照比对校验。

标准恒温油浴槽是容积较大可变更温度但温度较稳定的一个大温度场环境，当油槽达到恒温后，该温度场的温度应基本不变，高精度的温度校正油浴可以稳定在 ±0.001℃内。对于热分布测试仪器，恒温油浴槽能稳定在 0.01～0.1℃，都是可接受的。因为虽然大部分温度数据记录仪的分辨率可以达到 0.01℃，但它们的实际精度基本是 0.1～0.2℃，所以校正油槽如果能稳定在 0.05～0.1℃的精度已经可满足温度数据记录仪的校验。常见的温度校正仪器如图 5-1、图 5-2 所示。

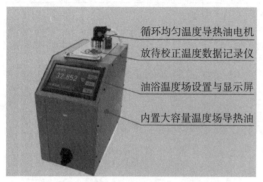

图 5-1　国产温度校正用恒温油槽

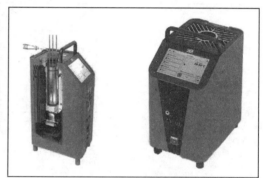

图 5-2　进口便携式温度校验炉

需要指出：温度校正设备本身也需要校正。校正的方法是使用高精度的水银温度计或电子温度计作为标准的参比温度计放入油槽，待温度恒定后，以该标准温度计的温度与恒温油浴槽的温度比对来修正油槽温度。现在恒温油槽的温度显示器多数为电子温度计，可以通过油槽操作界面修正油槽的温度显示值，使它与高精度的参比标准温度计同步。经校正后标准油槽温度在计量要求规定的时段内，可视它为其他温度计比对的参照用标准温度。一般来说，市级的计量部门不能接受委托计量标准油槽的温度时，可委托省级计量部门计量并出具有时限的证书。

（2）温度数据记录仪数据修正

经过上述的温度比对，实验人员可能发现，热分布测试用的温度数据记录仪与标准温度计比对有些是同步的，有些会有偏差，这时需要对温度数据记录仪本身的记录值予以修正。比如在 121℃比对发现温度数据记录仪的记录值高于标准温度计 0.75℃，也就是说 121℃杀菌，它记录下的温度是 121.75℃，我们有必要将它记录的温度值减去 0.75℃。

但修正不是简单地用等量加减法实现，有的温度记录仪误差值呈线性，有的并不呈线性，如在 100℃时并不偏高，而当温度升高，其偏差就变大，热力杀菌专家往往用对应的定点温度比对去给予修正。有的专家在校正温度计的同时，以数据确立了温度差的变量方程式，这样可以利用公式或自定义编程的方式实现不同温度值自动修正。

（3）水银温度计温度值和 @Mig

热分布测试时需要记录水银温度计的温度，理论上水银温度计的温度是整个杀菌设备基准参照温度。然而，水银温度计本身却没有自动记录的功能，所以在热分布测试时，需要用一个温度数据记录仪的感温头置在（或绑在）水银温度计旁，专业上常用 @Mig 符号来表示这个基准性的参照温度，将它的记录值等同于水银温度计温度。对应于水银温度计的 @Mig 温度数据记录仪，应该在众多的测试温度感温仪中挑选温度最标准或最稳定的那一个，因为之后数据的比对都是以它为基准的。

（4）杀菌温度自动记录仪

杀菌设备的规范中有一条是每个杀菌设备需装有一个温度自动记录仪，以便自动记录下整个杀菌过程升温、恒温、降温的全过程，这是确保食品安全的一项措施。理想状态的杀菌设备，水银温度计与温度自动记录仪的感温头靠在一起（相同位置），这样前述的 @Mig 温度数据记录仪记录下的温度可以代表两个温度计所显示的温度。如果这两个温度显示和记录仪不在同一个位置，在热分布测试时应在水银温度计和记录仪旁分别各放置一个温度数据记录仪。温度数据记录仪所记下的温度可核对和校正自动温度记录仪的温度，它对品管文件、食品安全跟踪起到积极的作用。

（5）热分布测试放置温度数据记录仪数量

热分布测试实际上就是对杀菌设备内的温度做一次抽样调查，抽样的样本量越大，准确性越高。样本量小，代表性差，甚至会误判。实际检测中，如果有更多的测温点，肯定对热分布判断更严谨，但放置更多的温度数据记录仪需要增加经济成本。综合中外热力杀菌测试数据，该标准中列出的热分布放置温度数据记录仪的数量是最低要求量，它既考量了热分布测试的代表性、准确性，也照顾了经济性。当然，有条件的话，可以在尽可能多的温度分布点探知杀菌设备内的不同位置温度，现在有些企业就有一次性用 36 个或以上的温度记录仪测温点做热分布测试。

需要指出，标准中规定的测温头的数量是要求一次性同时放入的数量。有些测试人员，将有限的温度数据记录仪先放在一个杀菌篮中测试温度，之后又分别放到另外杀菌篮中测试，由几轮测试的总数来做热分布评估。这种热分布测试的方法，用不同温度环境下检测数据作比对，是违反科学规律的。美国 FDA 交给我国罐头工业协会的书面资料《FDA 下厂检查指南》明确阐述，这种方法系美国 FDA 食品安全与应用营养中心（CFSAN）所不可接受的。

另外，有少数的杀菌设备制造企业在没有负载（即不放置罐头）的"空锅"中放置若干温度数据记录仪测试锅内不同位置的温度评估热分布是不合规的，这是对热分布测试的误读。

（6）关于杀菌设备的负载

热分布需要在杀菌设备热量交换最严酷的环境下测试，故需要满负载，即整个杀菌设备内要装满被杀菌的负载（罐头），对于这些负载也应该选用严苛条件的，如：

①应选用传热条件严苛的最小罐型作为负载。若杀菌设备内小罐型热分布良好，那么，相对应大罐型更易于达到温度均匀。

②应选用对流型传热形态产品。对流型产品吸热快，容易使设备内温度变化，如

果杀菌设备内对流型传热产品热分布没有问题，就一定适用于传导型产品。

③用较低温度（低初温）、较小容器（小罐型）、装填了水的罐俗称"水罐"作为杀菌负载，并进行动态热力杀菌，是测试专家惯用的测试手段。

（7）关于热分布测试结果评估

热分布测试主要目的是要获得杀菌设备内部不同位置的温度变化的状况，并以这些数据进行分析判断。

①蒸汽杀菌过程中，可判断实际排气的温度和时间，验证设定的排气规程是否合理。

②达到杀菌恒温温度所需的时间，即总的升温时间。

③在恒温过程中，同一位置的温度及其波动情况，即可了解杀菌设备实际恒温的温度。无论偏低或偏高，都需要给予调整。

④杀菌设备内，各个不同位置的温度及其波动情况，查对有无冷点或冷区，如有就需要对杀菌设备硬件与软件重新研判。

⑤杀菌设备的实际杀菌温度与杀菌规程的温度有无差异，如有，其差异是否在可接受的范围内。

⑥热分布标准中对热分布是否良好的评估标准主要从两方面考量：

A. 不同位置温度与参照温度趋于一致性的时间同步性

时间同步性在标准内已经列明目标，分别是蒸汽以 1min 和 3min 两个目标要求；而以水为介质的热水杀菌，则可以 6min 为目标。优良的杀菌设备几乎都能达到此目标，甚至提前时间达到目标。如不能实现标准要求的时间目标，则要通过延长升温时间来实现，或者重新审视杀菌设备硬件有无瑕疵或界定最小升温时间来弥补。

B. 热力杀菌设备在恒温阶段中其不同位置的温度一致性

温度一致性在标准中已经列明，要求其温度值与参照温度比对，蒸汽杀菌其标准偏差 σ 在 0.56℃（1℉）内，热水杀菌允差值是 1.1℃（2℉）以内。

该标准中列出了不同热媒对应的不同标准数据，蒸汽杀菌的允差值为 0.56℃（1℉），而热水杀菌的温度允差值是 1.1℃（2℉）。两者为什么不同呢？该允差值与国际业界的规程是同步的，这是从两种不同热媒介质的传热速率不同的实际情况而作出的现实包容性的考量。对于热水杀菌，我国的国标中有一个条件，即每一个温度数据记录仪记录的温度平均值与全数平均值差异在 0.56℃（1℉）内，这个数值与蒸汽杀菌同步。这样，热水杀菌与蒸汽杀菌同样能确保食品安全。

（8）热分布数据分析

热分布测试过程，可以获得诸多数据，这些数据，反映了整个杀菌设备内温度分布的变化和稳定的状态，也为我们研判和评估杀菌设备的热分布是否均匀、是否适用于食品热力杀菌、是否符合食品安全要求提供依据。这些热分布测试过程中汇集的主要数据请参见表 5-3。

表 5-3 杀菌设备热分布数据分析一览表

序号	术语符号	符号含义	数据获得	数据分析	评估意见
1	Mig	水银温度计	由人工读数,并记录在表格内	①读数比杀菌规程温度高 ②读数比杀菌规程温度低 // 杀菌控温装置本身设定值偏高或漏低或水银温度计指示未能达到标准值	不影响杀菌锅的热分布,但还是要校正好控温仪表和水银温度计
2	@Mig	水银温度计劳测得的温度	将测温探头放置在水银温度计劳,借仪器读取数据	与水银温度不一致 // @Mig是温度的标准参照值,会因水银温度计不准或因气阀未开足导致水银温度计示值偏低	@Mig为热分布温度比照的主要参照温度,应该参照以它为准调整到一致
3	$X_1, X_2, \dots, X_n$	各不同编号测温点温度	由仪器读取数据,显示为不同时间不同测温点温度	它是所有温度数据的源头	单一数据不应作评估依据
4	$X_i(dt)$（dt: different time）	同一编号测温头在不同时间所测得的温度	由仪器读取数据,不同时间相同位置记录传感器上所获得温度	$X_i(dt)$ 值波动很大 // 设备本身控温系统不正常,或控温硬件为非比例阀调节阀（如通断阀）控制	单一的 $X_i(dt)$ 不能评估热分布,但能评估其异常,可为改善设备精度提供依据
5	$\bar{X}_i(dt)$	同一编号测温头在不同时间所测得温度的平均值	由仪器读取数据,不同时间相同位置记录传感器上所获得温度	① $\bar{X}_i(dt) - @Mig < \pm\alpha℃$ ② $\bar{X}_i(dt) - @Mig > \pm\alpha℃$ // ①此测温点温度正常 ②此测温点温度异常	可以看出杀菌设备中该位置整个温度控制水平值
6	$X_i(st)$（st: same time）	不同编号测温头同时间所测得的温度	由仪器读取数据	①不同测温头温差<α℃ ②不同测温头温差<α℃,但与@Mig差>α℃ ③不同测温头之差>α℃ // ①各个温点温度均匀 ②可能@Mig数据异常 ③设备问题或排气不充分	①设备热分布均匀 ②排除@Mig数据异常后可认为热分布均匀 ③热分布不好或排气差

续表

序号	术语符号	符号含义	数据获得	数据分析	评估意见
7	$\bar{X}_i$(st)	不同编号测温头同时测得温度平均值	$\bar{X}_i$(st) = ($X_1+X_2\cdots+X_n$)/n (同时同段)	数据显示同时异位温度概况，它是数据子样重要来源	可了解设备全程控温水平
8	Max $\bar{X}_i$(dt)	不同编号测温头平均温度中最高测温头温度	可在电脑中设公式求得 max($X_1, X_2, \cdots, X_n$)	可以了解杀菌设备的温度分布度高温点的位置	不能依据此数据进行热分布评估，但其是了解热分布的重要数据
9	Min $\bar{X}_i$(dt)	不同编号测温头平均温度中最低测温头温度	可在电脑中设公式求得 min($X_1, X_2, \cdots, X_n$)	可以知道杀菌设备的温度分布度最低温点的位置	如验证为冷点，可为研讨如何改进提供重要依据
10	$\bar{\bar{X}}$	所有测温点平均再平均	$=\sum \bar{X}_i$(dt)/n	该数据实际为杀菌设备真实正式意义上的杀菌温度值	对整体评估有真实意义
11	R	最高与最低温度之差	$=$ Max $\bar{X}_i$ - Min $\bar{X}_i$	如 R 值较大说明离散值大	R 值小，温度均一性好
12	σ_n	恒温度阶段全部测量点温度的标准偏差	$=\sqrt{\sum(X_i-\bar{X})^2/n}$ 或电脑运算	$**$ 如温度在 $\bar{X}\pm n\sigma$ 内	σ 值大能反映温度离散大 R$>$2℃数据离散大	可评估热分布

（9）热分布测试的溢价功能

虽然热分布测试的主要目的是验证杀菌设备不同位置的温度是否均匀，并以此来判断杀菌设备是否具有满足食品热力杀菌工艺规程规定的能力。为此测试人员在杀菌设备内安置很多温度数据记录仪，当它们采集到了很多温度数据后，反过来又验证了热力杀菌设备的软硬件的能力水平，其中关键的数据如表 5-4 所示。

表 5-4　热分布测试中的两个关键数据

内容	物理意义	数据来源	数据意义	备注
@Mig $\bar{X}$	位于水银温度计旁的记录仪恒温阶段温度数据的平均值	将温度数据记录仪自动记录的温度除以间隔记录次数	作为杀菌设备中的热分布比对的参照温度	需服从于该 @Mig 校正后准确数值
$\bar{\bar{X}}$	杀菌设备内，所有测温点的平均温度之再平均温度值	$\bar{\bar{X}} = \sum \bar{X}_i(\mathrm{d}t)/n$	杀菌设备中真实有代表意义的杀菌温度，它与 @Mig $\bar{X}$ 非常一致	当 @Mig $\bar{X}$ 数据异常时可用 $\bar{\bar{X}}$ 取代
备注	①通常靠近水银温度计的温度数据记录仪 @Mig 的温度数据在热分布测试中是作为基准的参照温度比对用，故对于这个基准值，必须确保它的稳定性和准确性。 ②富有经验的检测人员，也会在水银温度计旁设置两个温度数据记录仪，如果记录仪没有异常，可以用这两个温度数据记录仪的平均值作为 @Mig 的数值。如果有一个数据异常，可用正常数据的温度值作为 @Mig 数值。 ③因 @Mig 毕竟是一个单一的数据，一旦这个数据有偏差，会影响整个热分布状态的正确评估。从统计学角度考量，$\bar{\bar{X}}$ 是全部测试点温度汇总数据的归类，它的可靠性更值得信赖。故在 @Mig 数值有疑问时，可以用 $\bar{\bar{X}}$ 来替代 @Mig 数值评估。			

理论上，热分布测试需要在杀菌设备杀菌温度准确及控温系统精准的情况下进行测试，但往往不少企业的杀菌设备并没有达到良好控温的精度，甚至出现温度偏差大的问题，这是涉及食品安全的事件。在热分布测试过程中，可获得足够多的温度数据，用这些数据反过来可以评估热力杀菌设备本身控制杀菌温度硬件和软件的可信度。反向评估的项目列于表 5-5。

需要说明的是食品热力杀菌规程包含如下 5 个要素：①容器大小（罐型）；②物料初温（I.T.）；③关键因子（制约性规定与指标）；④杀菌温度（R.T.）；⑤杀菌时间（P.T.）。

在美国，热力杀菌规程理论上需由热力杀菌权威（process authority）通过热穿透测试制定，生产工厂是不能随意变更的，可见杀菌温度（R.T.）是至关重要的温度。热分布测试通常以正常生产实罐的真实的杀菌规程（包括 R.T.，P.T. 要素）或用"水罐"替代负载用假设的杀菌规程来测试。不论用什么作为负载，R.T. 值都是必不可少的重要因子。

表 5-5 热分布测试对杀菌设备原有的温控系统反向评估及调整

内容	数据获得	现象	实质	改进措施
Mig 读数（以 M.t. 表示——即 Mercury temprature）	水银温度计不能自动记录温度，只好由人工定时目视水银温度计的温度，并记下一系列温度数据。用较多的数据可计算出其平均值（可参见表 5-6 水银温度读数表）	如 R.T. 为 121℃，而水银温度计的读数累加平均值为 121.8℃	水银温度计的显示值本身偏高规程温度 0.8℃	有偏差水银温度计不可作为基准温度计，需校正。校正方法：①板式温度计，可调整显示板高低来获得同步；②非板式温度计无法校正温度指示值，只好采用标示牌标示出偏差值贴在温度计旁
		如 R.T. 为 121℃，而水银温度计的读数累加平均值为 120.1℃	水银温度计的显示值本身偏低规程温度 0.9℃	
T（Record）（杀菌设备自带的自动温度记录仪温度）	温度自动记录仪如果是图形式，能自动记下温度曲线。如果是数字式的，可自动记录下整个杀菌过程的温度，包括升温、恒温、冷却全过程	记录仪温度数值高于水银温度计	记录仪数据要永久保存，是品管考核标准，如高于水银温度计等于"虚高"记录	自动温度记录仪要细心调节至等于水银温度计读数，它绝不可以大于水银温度计读数。如果大于，就意味着记录下来的温度比实际值高，是危及食品安全的
		记录仪温度数值低于水银温度计	记录仪的数值应等于或略低于水银温度计数值，这样可确保品管的可靠性	
$\overline{\overline{X}}$（热分布测试温度数据记录恒温总平均温度）	在热分布测试恒温过程中，十几或几十个温度数据记录仪所记录的温度总平均温度值	$\overline{\overline{X}}$ 数值低于杀菌规程 R.T. 值	杀菌锅温度控制系统的控温点本身偏高	出现左列两种情况，主要是杀菌设备温度控制点设置或控制手段不好，需要改进
		$\overline{\overline{X}}$ 数值高于杀菌规程 R.T. 值	杀菌锅控温点本身偏低	
备注	目前我国杀菌设备控温方式主要有两种方式：①通断式输入蒸汽方式，这种控制方式成本低，但温度波动较大，不够平稳；②比例积分方式薄膜阀控制，这种控制方式成本较贵，但温度波动平稳。不论何种方式控温，应尽可能将杀菌控制温度与 $\overline{\overline{X}}$ 相一致为要。即通过热分布测试获得 $\overline{\overline{X}}$ 值，以该值为依据，反向调节杀菌设备对 R.T. 值符合性。			

表 5-6 常用的水银温度计记录方法

记录次数	记录时间	水银温度计读数（M.t.）	备注
01	2022-08-09 10：15	120.8℃	杀菌恒温开始时间
02	2022-08-09 10：17	120.9℃	
03	2022-08-09 10：19	121.0℃	
04	2022-08-09 10：21	121.4℃	
05	2022-08-09 10：23	121.3℃	
⋮	⋮	⋮	
21	2022-08-09 11：00	121.2℃	

记录次数	记录时间	水银温度计读数（M.t.）	备注
22	2022-08-09 11：02	121.0℃	
23	2022-08-09 11：04	121.2℃	
24	2022-08-09 11：06	121.3℃	
25	2022-08-09 10：08	121.2℃	杀菌恒温 50min 结束
恒温阶段水银温度计平均温度		M.t. =∑ M.t./n=121.1℃	该 M.t. 温度应等于 R.T.

三、案例分享

热分布测试是以杀菌设备的两个重要指标来评估的：①时间同步性；②温度一致性。

时间同步性指所有被温度采样的位置的温度趋于一致的时间，这个时间在国标中已有规定，即要求在较短的时间内，杀菌设备内温度达到一致。如果不能趋于一致，说明杀菌设备的软硬件存在问题，需要改进。

温度一致性指每一个测量位置的温度应该一样：符合杀菌规程的相等同或相近同，以满足食品热力杀菌要求。

热力杀菌设备热分布评估就倚重于上述的数据，该数据在热分布报告的数据表中得到体现，并可依数据加以汇总统计得出评估的结论。

热分布测试实例表明，蒸汽杀菌热分布温度较容易达到一致，但以水为传热介质的热水杀菌，其温度达到一致的时间长过蒸汽杀菌，且温度波动比蒸汽杀菌略大，主要因为水的流动速度比蒸汽慢很多。如果杀菌设备按规范加强热水循环的流量和流速，杀菌设备也能均匀及稳定其杀菌温度。对于热水杀菌，我们应该在热分布数据表中找出其真正达到温度一致的时间，并以此设定为最少升温时间，对于热水杀菌，最少升温时间需在热力杀菌规程中给以规定。如果向美国 FDA 登记杀菌文档，也必须要申报最少升温时间，其目的就是克服热水流动慢于蒸汽的现实，确保杀菌设备内温度的一致性。

表 5-7 是某工厂热水杀菌的热水杀菌锅热分布测试数据实例，可以见到即使已经进入到规程的恒温阶段，其时间同步性和温度一致性也未达到要求。

经测试机构与该工厂调研后，确定热水循环的水泵流量不足，经更换新的流量较大的热水泵后再做热分布测试，就发现杀菌锅内的温度无论是时间同步性还是温度一致性都得到了改进。

表 5-8 是更换了新的较大流量的循环泵后，加速了热媒流动性，新的热分布数据表明杀菌设备各项性能获得了改进。

为了直观，将表 5-8 的数据转换成图 5-3，从图中可以一览看到在杀菌恒温阶段，其温度是平稳的，细微波动也在可被接受的范围。

（注：表 5-7、表 5-8 和图 5-3 资料由中国食品工业协会食品研究院提供。）

表5-7 某罐头厂热力杀菌设备（2#锅）热分布测定数据表

记录时间	杀菌锅内各个测温点的温度/℃																@Mig/℃ 17	阶段	最低温度/℃	@Mig与最低温度差/℃
	1	2	3	4	5	6	7	8	9	10	11	12	13	14	15	16				
2012-3-27 12：49：21	38.32	40.82	38.97	40.21	37.99	41.29	36.92	38.58	47.99	41.13	39.62	35.12	37.76	51.06	37.17	36.89	40.93	升温阶段（Come up time）	35.12	5.81
2012-3-27 12：49：51	41.41	43.30	46.68	46.04	44.56	46.94	47.03	43.13	50.49	44.33	43.18	41.02	45.64	52.22	39.15	47.00	46.93		39.15	7.78
2012-3-27 12：50：21	40.89	43.68	44.31	44.25	42.20	44.12	45.25	41.36	45.75	42.34	40.10	40.36	42.67	47.47	38.83	45.22	42.86		38.83	4.03
2012-3-27 12：50：51	40.02	43.60	42.81	42.63	40.68	42.34	43.85	40.09	43.24	40.41	39.27	38.76	40.57	43.06	37.88	43.82	39.47		37.88	1.59
2012-3-27 12：51：21	39.26	43.34	41.98	43.85	39.58	41.75	42.76	39.06	41.59	38.42	38.91	38.51	38.31	37.89	36.97	42.73	37.62		36.97	0.65
2012-3-27 12：51：51	38.72	43.66	42.04	44.20	39.00	41.63	42.32	39.34	41.30	38.74	39.18	37.85	39.14	39.83	37.43	42.29	38.36		37.43	0.93
2012-3-27 12：52：21	43.13	47.94	49.35	57.56	50.09	52.97	49.99	48.17	54.88	47.16	51.71	44.90	47.70	54.46	40.99	49.96	54.77		40.99	13.78
2012-3-27 12：52：51	47.11	49.79	52.81	59.35	52.68	55.58	53.20	51.29	57.49	50.12	53.86	48.63	52.75	56.63	44.08	53.17	56.75		44.08	12.67
2012-3-27 12：53：21	47.70	50.46	53.96	57.54	53.67	55.37	54.97	51.82	56.32	50.85	54.60	49.63	53.22	56.92	45.12	54.94	57.16		45.12	12.04
2012-3-27 12：53：51	50.33	51.29	54.64	57.83	54.50	56.17	55.89	52.88	57.74	52.17	55.27	49.75	53.56	57.46	46.40	55.86	57.63		46.40	11.23

续表

记录时间	杀菌锅内各个测温点的温度/℃																@Mig/℃	阶段	最低温度/℃	@Mig与最低温度差/℃
	1	2	3	4	5	6	7	8	9	10	11	12	13	14	15	16	17			
2012-3-27 12:54:21	52.19	52.06	55.18	57.97	55.14	56.58	56.68	53.70	58.06	53.91	55.59	50.44	54.11	57.99	50.32	56.65	57.99	升温阶段（Come up time）	50.32	7.67
2012-3-27 12:54:51	55.60	52.90	55.48	60.48	56.71	57.78	57.38	56.37	58.46	56.27	56.02	56.08	55.48	58.65	54.12	57.35	58.31		52.90	5.41
2012-3-27 12:55:21	58.13	53.53	55.48	60.04	63.76	59.57	58.13	58.96	59.01	59.04	56.22	61.93	54.96	58.09	55.36	58.10	58.28		53.53	4.75
2012-3-27 12:55:51	59.99	54.18	56.13	58.79	70.33	61.02	60.99	61.29	58.84	61.63	56.53	67.63	55.52	59.09	57.11	60.96	57.85		54.18	3.67
2012-3-27 12:56:21	61.00	55.45	55.62	60.78	73.44	62.28	63.13	62.82	59.31	63.02	56.80	71.23	55.57	59.36	58.31	63.10	57.64		55.45	2.19
2012-3-27 12:56:51	63.83	59.73	56.00	64.62	76.53	65.16	67.91	66.34	63.51	65.27	64.35	71.98	55.98	59.66	61.01	67.88	58.31		55.98	2.33
2012-3-27 12:57:21	62.95	64.15	59.01	68.16	79.53	68.24	71.86	68.78	66.29	66.01	71.26	72.70	60.08	59.97	61.60	71.83	59.03		59.01	0.02
2012-3-27 12:57:51	66.15	67.49	69.28	72.59	80.77	72.84	72.75	72.20	68.74	68.10	76.59	73.24	68.39	61.46	64.02	72.72	66.81		61.46	5.35
2012-3-27 12:58:21	69.28	69.43	73.51	70.88	81.65	73.62	73.67	74.22	68.44	71.00	77.56	76.45	69.00	66.08	67.00	73.64	67.72		66.08	1.64
2012-3-27 12:58:51	71.77	71.96	76.88	71.45	83.00	75.69	75.57	76.40	71.43	74.38	79.11	79.04	70.68	74.43	68.35	75.54	71.97		68.35	3.62

续表

| 记录时间 | 杀菌锅内各个测温点的温度/℃ | | | | | | | | | | | | | | | | @Mig/℃ | 阶段 | 最低温度/℃ | @Mig与最低温度差/℃ |
	1	2	3	4	5	6	7	8	9	10	11	12	13	14	15	16	17			
2012-3-27 12:59:21	76.40	74.85	77.71	74.26	85.19	77.34	76.18	78.74	72.23	77.63	81.28	79.96	73.36	79.44	69.51	76.15	76.28	升温阶段（Come up time）	69.51	6.77
2012-3-27 12:59:51	78.19	76.68	77.65	74.41	85.67	77.45	77.20	79.92	72.08	79.06	83.15	80.92	79.00	81.65	70.73	77.17	79.84		70.73	9.11
2012-3-27 13:00:21	81.37	80.38	80.31	79.76	86.06	80.20	78.62	81.80	74.70	80.96	84.70	80.93	81.08	82.86	73.56	78.59	80.33		73.56	6.77
2012-3-27 13:00:51	84.05	82.62	82.65	81.55	88.08	82.26	81.62	83.48	76.79	83.08	86.51	81.11	82.41	84.23	75.98	81.59	81.96		75.98	5.98
2012-3-27 13:01:21	86.01	84.67	84.28	82.82	90.76	84.14	84.21	85.60	78.71	85.18	89.08	83.19	84.11	86.05	77.92	84.18	83.55		77.92	5.63
2012-3-27 13:01:51	88.20	86.66	85.91	84.38	92.97	85.95	85.36	87.90	80.55	87.19	91.55	85.93	86.26	87.96	79.63	85.33	85.91		79.63	6.28
2012-3-27 13:02:21	90.38	88.33	87.74	86.59	94.35	87.80	87.23	89.14	82.53	89.04	93.27	85.14	88.18	89.81	81.64	87.20	87.96		81.64	—
2012-3-27 13:02:51	92.25	90.09	90.52	88.11	96.15	89.80	89.37	91.16	84.44	90.91	95.50	87.11	89.75	91.55	83.72	89.34	89.50		83.72	—
2012-3-27 13:03:21	94.56	92.10	92.62	90.19	97.99	91.82	91.37	93.29	86.48	93.03	97.46	89.32	91.83	93.78	85.79	91.34	91.48		85.79	—
2012-3-27 13:03:51	96.53	93.77	95.24	92.40	100.01	94.04	93.52	95.19	88.51	95.08	99.42	90.80	93.42	95.76	88.04	93.49	93.16		88.04	—

续表

记录时间	1	2	3	4	5	6	7	8	9	10	11	12	13	14	15	16	@Mig/℃ 17	阶段	最低温度/℃	@Mig与最低温度差/℃
杀菌锅内各个测温点的温度/℃																				
2012-3-27 13：04：21	98.21	95.41	97.35	94.60	102.03	96.30	95.19	97.10	91.23	97.41	101.19	92.71	95.48	97.79	91.62	95.16	94.70	升温阶段（Come up time）	91.23	—
2012-3-27 13：04：51	99.96	97.35	98.97	96.54	104.04	97.98	97.19	99.05	92.40	99.33	103.15	95.14	97.32	99.73	93.61	97.16	96.71		92.40	4.31
2012-3-27 13：05：21	101.72	99.09	99.89	98.22	105.48	99.97	99.58	100.93	96.31	100.60	105.01	97.05	98.97	100.99	94.22	99.55	98.48		94.22	4.26
2012-3-27 13：05：51	103.61	100.41	101.59	99.93	107.67	101.63	101.42	102.76	97.35	103.26	106.77	99.04	101.05	103.11	98.66	101.39	100.27		97.35	2.92
2012-3-27 13：06：21	105.84	102.23	103.13	101.92	109.49	103.00	103.66	104.99	97.47	105.26	108.55	102.60	102.93	104.71	101.03	103.63	101.34		97.47	3.87
2012-3-27 13：06：51	107.68	104.60	105.46	104.18	111.16	105.47	105.41	107.12	101.10	107.11	110.33	105.02	104.66	107.04	102.57	105.38	104.06		101.10	2.96
2012-3-27 13：07：21	109.33	106.25	107.58	105.97	113.14	107.65	107.30	109.12	103.91	108.61	111.97	107.53	106.33	108.47	103.53	107.27	105.91		103.53	2.38
2012-3-27 13：07：51	111.29	107.65	108.89	107.49	114.92	108.93	108.75	110.24	104.42	110.10	113.77	107.00	108.23	110.69	103.50	108.72	107.82		103.50	4.32
2012-3-27 13：08：21	113.15	109.82	110.77	109.26	117.07	110.76	110.81	112.48	105.94	112.51	115.73	110.31	110.33	112.24	107.59	110.78	109.06		105.94	3.12
2012-3-27 13：08：51	114.95	11.95	112.83	111.65	119.36	112.96	112.29	114.61	108.02	113.96	117.36	113.19	112.16	114.09	107.45	112.26	110.85		107.45	3.40
2012-3-27 13：09：21	116.97	113.37	114.29	113.27	120.74	114.30	114.25	116.45	108.91	116.09	119.24	115.31	113.99	115.92	110.75	114.22	113.11		108.91	4.20

续表

记录时间	杀菌锅内各个测温点的温度/℃																@Mig/℃	阶段	最低温度/℃	@Mig与最低温度差/℃
	1	2	3	4	5	6	7	8	9	10	11	12	13	14	15	16	17			
2012-3-27 13:09:51	118.84	115.32	116.13	114.85	122.87	116.22	115.75	118.51	111.05	117.58	120.88	118.11	116.14	117.39	111.22	115.72	114.85	升温阶段（Come up time）	111.05	3.80
2012-3-27 13:10:21	120.57	117.04	117.89	116.60	124.90	117.97	117.59	120.22	112.49	120.45	122.56	119.79	117.87	119.83	116.51	117.56	116.34		112.49	3.85
2012-3-27 13:10:51	122.45	117.55	119.81	118.66	126.55	119.95	119.25	122.15	114.79	121.77	124.17	121.28	119.62	121.08	117.03	119.22	118.26		114.79	3.47
2012-3-27 13:11:21	123.99	119.72	121.95	120.10	127.80	122.18	121.04	123.82	118.89	123.73	125.97	123.16	121.28	123.41	119.72	121.01	119.49		118.89	0.60
2012-3-27 13:11:51	121.22	120.99	121.20	122.19	122.28	121.33	120.67	122.18	119.68	121.90	123.76	122.42	123.23	124.93	119.17	120.64	121.74		119.17	2.57
2012-3-27 13:12:21	120.91	120.85	121.15	123.30	121.60	121.72	118.86	121.41	120.84	121.83	122.11	120.91	123.99	124.46	120.37	118.83	122.52		118.83	3.69
2012-3-27 13:12:51	120.23	121.32	121.02	122.94	121.28	121.52	119.04	121.08	120.84	121.76	121.11	121.49	123.64	124.71	120.84	119.01	122.29	恒温阶段（Process time）	119.01	3.28
2012-3-27 13:13:21	120.12	121.47	120.68	122.58	121.06	121.23	118.46	120.74	120.63	121.40	120.65	120.99	122.47	124.25	120.20	118.43	121.86		118.43	3.43
2012-3-27 13:13:51	120.10	121.16	120.67	122.03	122.49	121.17	118.65	120.56	119.51	121.54	120.22	120.75	122.72	124.18	119.39	118.62	122.03		118.62	3.41
2012-3-27 13:14:21	120.55	121.19	120.80	122.36	122.17	121.32	118.72	121.28	119.95	121.64	122.03	121.24	123.45	124.10	119.74	118.69	122.07		118.69	3.38
2012-3-27 13:14:51	120.67	120.88	121.06	122.58	121.53	121.56	119.03	121.29	121.10	121.75	121.48	121.47	123.50	124.11	120.72	119.00	122.19		119.00	3.19
2012-3-27 13:15:21	120.74	120.61	121.07	122.65	121.07	121.48	119.43	121.16	121.14	121.64	120.86	121.59	123.31	124.02	120.76	119.40	121.97		119.40	2.57

续表

记录时间	1	2	3	4	5	6	7	8	9	10	11	12	13	14	15	16	@Mig/℃ 17	阶段	最低温度/℃	@Mig与最低温度差/℃
										杀菌锅内各个测温点的温度/℃										
2012-3-27 13:15:51	120.53	120.72	120.86	122.21	121.02	121.27	119.21	120.97	121.01	121.51	120.61	121.47	122.91	123.80	120.72	119.18	121.75	恒温阶段（Process time）	119.18	2.57
2012-3-27 13:16:21	120.53	120.73	120.71	122.00	120.81	121.12	119.05	120.86	120.98	121.44	120.49	121.31	122.19	123.77	120.68	119.02	121.54		119.02	2.52
2012-3-27 13:16:51	120.48	120.76	120.63	121.98	121.14	121.06	118.92	120.75	120.51	121.47	120.36	121.13	122.43	123.68	120.58	118.89	121.38		118.89	2.49
2012-3-27 13:17:21	120.92	120.41	122.01	121.84	124.16	122.48	120.15	121.78	121.92	122.46	121.26	122.47	122.80	123.60	121.18	120.12	121.24		120.12	1.12
2012-3-27 13:17:51	121.11	121.26	121.68	122.17	122.71	122.00	120.39	122.07	121.46	122.11	122.13	123.06	122.45	123.39	121.24	120.36	121.12		120.36	0.76
2012-3-27 13:18:21	121.09	121.07	121.23	122.21	122.21	121.59	119.78	121.67	121.29	121.75	121.43	122.47	122.86	123.23	120.94	119.75	121.53		119.75	1.78
2012-3-27 13:18:51	121.25	121.00	121.34	122.57	121.64	121.71	110.89	121.49	121.68	121.76	121.04	121.97	122.84	123.27	121.29	119.86	121.60		119.86	1.74
2012-3-27 13:19:21	121.29	120.98	121.41	122.51	121.25	121.75	120.07	121.48	121.82	121.78	120.97	121.91	122.71	123.17	121.42	120.04	121.59		120.04	1.55
2012-3-27 13:19:51	121.22	120.92	121.37	122.46	121.26	121.69	120.11	121.42	121.80	121.72	120.88	121.92	122.47	123.18	121.37	120.08	121.58		120.08	1.50
2012-3-27 13:20:21	121.18	120.93	121.27	122.38	121.05	121.58	120.04	121.36	121.62	121.65	120.82	121.88	122.47	123.05	121.32	120.01	121.47		120.01	1.46
2012-3-27 13:20:51	121.10	120.88	121.21	122.25	120.98	121.52	119.98	121.30	121.65	121.60	120.76	122.83	122.39	123.02	121.30	119.95	121.33		119.95	1.38
2012-3-27 13:21:21	121.09	120.88	121.18	122.33	120.94	121.49	119.94	121.28	121.53	121.58	120.73	121.84	122.32	123.01	121.28	119.91	121.26		119.91	1.35

续表

记录时间	杀菌锅内各个测温点的温度/℃																	阶段	最低温度/℃	@Mig与最低温度差/℃
	1	2	3	4	5	6	7	8	9	10	11	12	13	14	15	16	17 @Mig/℃			
2012-3-27 13:21:51	120.97	120.85	121.09	122.13	120.88	121.38	119.90	121.18	121.45	121.48	120.64	121.76	122.30	122.86	121.21	119.87	121.19	恒温阶段（Process time）	119.87	1.32
2012-3-27 13:22:21	121.03	120.86	121.06	122.15	120.80	121.36	119.86	121.18	121.43	121.47	120.64	121.72	122.19	122.86	121.19	119.83	121.18		119.83	1.35
2012-3-27 13:22:51	120.94	120.76	121.03	122.10	120.85	121.33	119.81	121.11	121.36	121.40	120.52	121.66	122.12	122.81	121.00	119.78	121.22		119.78	1.44
2012-3-27 13:23:21	120.98	120.75	121.03	122.06	121.06	121.38	119.66	121.10	121.37	121.46	120.46	121.59	122.20	122.76	121.06	119.63	121.18	有一半杀菌时间恒温温度偏离设定值	119.63	1.55
2012-3-27 13:23:51	120.93	120.71	121.36	122.06	122.40	121.74	119.84	121.16	121.17	121.81	120.26	121.72	122.18	122.80	121.13	119.81	121.12		119.81	1.31
2012-3-27 13:24:21	121.22	120.72	121.49	122.17	121.65	121.77	120.37	121.50	121.77	121.75	120.66	122.35	122.21	122.69	121.44	120.34	121.07		120.34	0.73
2012-3-27 13:24:51	121.22	120.77	121.40	122.23	121.36	121.70	120.21	121.46	121.82	121.63	120.78	122.16	122.11	122.66	121.30	120.18	121.13		120.18	0.95
2012-3-27 13:25:21	121.23	120.76	121.26	122.16	121.20	121.55	120.10	121.37	121.59	121.58	120.67	122.05	122.15	122.61	121.29	120.07	121.10		120.07	1.03
2012-3-27 13:25:51	121.23	120.72	121.21	122.25	121.01	121.50	120.05	121.33	121.53	121.54	120.63	121.97	122.01	122.61	121.34	120.02	121.12		120.02	1.10
2012-3-27 13:26:21	121.24	120.72	121.18	122.15	121.00	121.46	120.04	121.28	121.53	121.51	120.55	121.90	121.99	122.55	121.26	120.01	121.09		120.01	1.08
2012-3-27 13:26:51	121.25	120.69	121.16	122.13	120.95	121.44	120.03	121.27	121.54	121.49	120.54	121.88	121.93	122.48	121.28	120.00	121.01		120.00	1.01

续表

记录时间	1	2	3	4	5	6	7	8	9	10	11	12	13	14	15	16	@Mig/℃ 17	阶段	最低温度/℃	@Mig与最低温度差/℃
						杀菌锅内各个测温点的温度/℃														
2012-3-27 13：27：21	121.15	120.68	121.16	122.04	121.12	121.46	119.97	121.22	121.53	121.47	120.48	121.82	121.90	122.40	121.23	119.94	120.87		119.94	0.93
2012-3-27 13：27：51	121.17	120.68	121.24	122.08	121.34	121.54	120.03	121.24	121.51	121.54	120.41	121.84	121.94	122.44	121.21	120.00	120.86		120.00	0.86
2012-3-27 13：28：21	121.22	120.68	121.29	122.07	121.39	121.57	120.14	121.28	121.56	121.56	120.39	121.94	121.82	122.35	121.29	120.11	120.81		120.11	0.70
2012-3-27 13：28：51	121.24	120.63	121.27	122.05	121.31	121.56	120.12	121.32	121.62	121.54	120.49	122.00	121.79	122.33	121.30	120.09	120.83	恒温阶段（Process time）	120.09	0.74
2012-3-27 13：29：21	121.26	120.60	121.21	122.05	121.13	121.49	120.09	121.29	121.57	121.51	120.47	121.96	121.82	122.37	121.31	120.06	120.82		120.06	0.76
2012-3-27 13：29：51	121.19	120.61	121.43	122.05	122.11	121.77	120.06	121.31	121.51	121.74	120.42	121.89	121.86	122.28	121.38	120.03	120.75		120.03	0.72
2012-3-27 13：30：21	121.29	120.62	121.76	122.07	121.79	122.02	120.72	121.65	122.48	121.74	120.72	122.58	121.78	122.22	121.66	120.69	120.69		120.62	0.07
2012-3-27 13：30：51	121.55	120.69	121.72	122.19	121.63	121.97	120.73	121.65	122.35	121.67	120.84	122.47	121.75	122.19	121.52	120.70	120.70		120.69	0.01
2012-3-27 13：31：21	121.35	120.72	121.53	122.13	121.39	121.77	120.60	121.53	122.03	121.60	120.78	122.24	121.79	122.16	121.50	120.57	120.70		120.57	0.13
2012-3-27 13：31：51	121.33	120.74	121.43	122.14	121.25	121.67	120.46	120.46	121.89	121.57	120.67	122.12	121.80	122.16	121.51	120.43	120.68		120.43	0.25
2012-3-27 13：32：21	121.39	120.72	121.38	122.13	121.21	121.62	120.39	121.42	121.79	121.56	120.60	122.09	121.77	122.16	121.51	120.36	120.67		120.36	0.31

续表

记录时间	杀菌锅内各个测温点的温度/℃																@Mig/℃	阶段	最低温度/℃	@Mig与最低温度差/℃
	1	2	3	4	5	6	7	8	9	10	11	12	13	14	15	16	17			
2012-3-27 13:32:51	121.34	120.70	121.36	122.11	121.19	121.60	120.38	121.38	121.77	121.54	120.55	122.05	121.76	122.13	121.50	120.35	120.67	恒温阶段（Process time）	120.35	0.32
2012-3-27 13:33:21	121.36	120.70	121.34	122.09	121.16	121.58	120.35	121.37	121.76	121.53	120.51	122.04	121.74	122.12	121.48	120.32	120.66		120.32	0.34
2012-3-27 13:33:51	121.37	120.66	121.32	122.09	121.13	121.57	120.35	121.36	121.74	121.51	120.51	122.02	121.72	122.07	121.48	120.32	120.63		120.32	0.31
2012-3-27 13:34:21	121.35	120.63	121.30	122.06	121.09	121.55	120.31	121.34	121.75	121.48	120.50	121.99	121.66	122.08	121.43	120.28	120.62		120.28	0.34
2012-3-27 13:34:51	121.33	120.59	121.28	122.04	121.09	121.52	120.30	121.34	121.70	121.45	120.50	122.03	121.64	122.01	121.39	120.27	120.56		120.27	0.29
2012-3-27 13:35:21	121.29	120.58	121.23	121.92	121.09	121.47	120.27	121.30	121.66	121.44	120.45	122.00	121.61	122.00	121.39	120.24	120.55		120.24	0.31
2012-3-27 13:35:51	121.30	120.59	121.23	121.96	121.08	121.47	120.27	121.29	121.64	121.43	120.44	121.98	121.62	121.98	121.37	120.24	120.51		120.24	0.27
2012-3-27 13:36:21	121.27	120.56	121.22	121.95	121.03	121.45	120.27	121.26	121.63	121.41	120.41	121.93	121.60	121.98	121.36	120.24	120.48		120.24	0.24
2012-3-27 13:36:51	121.24	120.55	121.19	121.94	121.05	121.44	120.18	121.25	121.61	121.38	120.39	121.94	121.58	121.95	121.31	120.15	120.43		120.15	0.28
2012-3-27 13:37:21	121.28	120.55	121.18	121.92	121.00	121.43	120.20	121.24	121.62	121.37	120.38	121.89	121.54	121.87	121.33	120.17	120.44		120.17	0.27

记录时间	杀菌锅内各个测温点的温度/℃																@Mig/℃	阶段	最低温度/℃	@Mig与最低温度差/℃
	1	2	3	4	5	6	7	8	9	10	11	12	13	14	15	16	17			
2012-3-27 13:37:51	119.77	119.38	112.65	117.27	109.59	113.40	109.66	113.84	114.11	114.78	103.80	118.40	118.81	109.45	120.34	109.63	110.08	冷却阶段（Cooling step）	103.80	6.28
2012-3-27 13:38:21	111.20	115.86	109.50	114.99	103.52	110.21	106.66	106.30	112.83	107.99	97.79	106.01	113.18	104.00	113.27	106.63	105.76		97.79	7.97
2012-3-27 13:38:51	104.87	109.41	103.18	108.72	98.13	103.83	100.57	100.55	105.30	101.77	91.10	102.43	105.18	98.11	105.98	100.54	98.71		91.10	7.61
2012-3-27 13:39:21	98.33	103.04	98.66	102.69	91.51	98.63	98.77	95.19	101.69	95.33	85.50	98.33	99.04	91.41	100.07	98.74	92.80		85.50	7.30
2012-3-27 13:39:51	92.74	97.08	93.76	97.30	88.09	93.84	93.41	89.92	96.24	91.51	79.46	93.67	94.25	90.45	94.79	93.38	88.06		79.46	8.60
2012-3-27 13:40:21	87.81	91.87	89.07	92.85	86.23	89.69	86.61	85.47	90.61	87.15	74.91	89.50	89.43	84.65	89.94	86.58	83.24		74.91	8.33
2012-3-27 13:40:51	83.72	87.00	86.94	85.00	84.22	87.37	85.25	82.13	89.35	83.56	70.68	86.75	86.78	80.60	85.71	85.22	80.04		70.68	9.36
2012-3-27 13:41:21	79.19	82.75	83.71	81.60	80.54	83.78	83.45	78.02	85.87	80.24	67.46	81.68	83.25	79.90	81.35	83.42	76.49		67.46	9.03
2012-3-27 13:41:51	74.50	79.05	79.80	78.47	77.53	80.40	77.40	74.83	82.68	76.83	64.84	79.58	78.83	77.62	77.70	77.37	72.95		64.84	8.11
2012-3-27 13:42:21	70.52	75.81	76.61	75.46	74.60	77.20	74.25	70.78	79.13	73.04	61.66	73.76	76.74	72.69	74.35	74.22	69.60		61.66	7.94
2012-3-27 13:42:51	66.47	72.13	73.83	72.48	71.40	74.15	72.56	67.68	75.93	69.36	59.13	71.00	75.65	68.72	70.85	72.53	66.52		59.13	7.39
2012-3-27 13:43:21	63.85	68.69	70.86	72.48	68.35	71.08	69.98	64.98	72.64	66.45	57.09	67.91	72.40	65.49	68.13	69.95	63.53		57.09	6.44

续表

记录时间	1	2	3	4	5	6	7	8	9	10	11	12	13	14	15	16	@Mig/℃ (17)	阶段	最低温度/℃	@Mig与最低温度差/℃
						杀菌锅内各个测温点的温度/℃														
2012-3-27 13:43:51	60.74	66.09	68.01	69.65	65.49	68.39	66.51	62.20	70.42	64.39	55.17	64.52	70.27	65.85	65.51	66.48	60.68	冷却阶段（Cooling step）	55.17	5.51
2012-3-27 13:44:21	57.39	63.08	65.19	67.29	62.76	65.73	63.02	59.43	67.71	61.25	52.30	62.32	67.58	61.99	62.86	62.99	58.18		52.30	5.88
2012-3-27 13:44:51	54.81	59.84	62.41	64.44	60.36	62.90	60.46	56.87	64.41	59.23	50.26	59.51	64.96	61.32	60.43	60.43	56.23		50.26	5.97
2012-3-27 13:45:21	51.71	56.84	60.58	62.51	58.46	60.95	59.10	54.85	62.25	56.46	48.84	57.93	62.41	57.40	58.28	59.07	53.96		48.84	5.12
2012-3-27 13:45:51	48.81	54.53	58.68	60.63	56.21	58.80	58.18	52.69	59.71	53.82	47.14	56.01	60.19	54.38	55.90	58.15	52.31		47.14	5.17
2012-3-27 13:46:21	47.09	51.42	56.21	56.47	54.59	56.53	54.93	50.98	57.90	52.27	45.68	54.65	58.16	53.72	54.20	54.90	50.06		45.68	4.38
2012-3-27 13:46:51	44.63	50.00	54.29	54.15	52.24	52.56	53.11	48.88	55.37	50.25	44.09	52.22	56.41	51.86	52.30	53.08	48.31		44.09	4.22
2012-3-27 13:47:21	43.06	48.11	52.50	52.34	50.72	50.60	52.27	47.16	52.87	48.72	42.68	50.37	54.47	50.52	50.61	52.24	47.14		42.68	4.46
2012-3-27 13:47:51	41.96	46.12	50.57	50.67	48.90	48.59	50.44	45.89	50.62	46.55	41.64	49.39	51.73	46.38	48.98	50.41	45.73		41.64	4.09
2012-3-27 13:48:21	41.16	44.32	48.59	49.67	47.11	47.13	48.56	44.46	48.02	45.48	40.32	47.78	50.42	46.08	47.58	48.53	44.27		40.32	3.95
2012-3-27 13:48:51	40.02	43.21	46.86	46.47	45.69	45.69	45.81	43.03	46.30	44.40	38.75	46.22	48.53	45.63	46.29	45.78	42.87		38.75	4.12

续表

记录时间	杀菌锅内各个测温点的温度/℃																@Mig/℃ 17	阶段	最低温度/℃	@Mig号与最低温度差/℃
	1	2	3	4	5	6	7	8	9	10	11	12	13	14	15	16	17			
2012-3-27 13:49:21	39.36	42.06	45.05	48.18	44.04	45.32	43.97	41.40	44.03	42.80	36.86	44.08	46.73	42.61	45.20	43.94	41.84	冷却阶段（Cooling step）	36.86	4.98
2012-3-27 13:49:51	37.85	40.71	43.63	46.83	42.37	43.85	42.74	39.73	42.60	41.21	35.05	42.17	46.10	41.04	43.59	42.71	40.86		35.05	5.81
2012-3-27 13:50:21	36.50	40.34	41.90	45.73	41.14	42.42	39.82	38.30	40.94	39.69	33.51	40.80	43.11	38.89	42.26	39.79	39.50		33.51	5.99
2012-3-27 13:50:51	35.78	39.69	39.64	43.72	37.87	40.10	37.81	37.06	39.18	37.82	31.87	40.50	41.87	36.44	41.21	37.78	37.07		31.87	5.20
同一测温点恒温平均温度（Average temp of same Sensor in Process time）	121.07	120.78	121.23	122.17	121.35	121.55	119.94	121.30	121.47	121.59	120.70	121.89	122.20	122.81	121.16	119.91	121.12	水银温度计旁测温点之平均温度（Average Temp. @Mig）		

符号表示：

$\bar{X}_1$	$\bar{X}_2$	$\bar{X}_3$	$\bar{X}_4$	$\bar{X}_5$	$\bar{X}_6$	$\bar{X}_7$	$\bar{X}_8$	$\bar{X}_9$	$\bar{X}_{10}$	$\bar{X}_{11}$	$\bar{X}_{12}$	$\bar{X}_{13}$	$\bar{X}_{14}$	$\bar{X}_{15}$	$\bar{X}_{16}$	@Mig（℃）

统计量：

- R = 2.90 ℃
- $\bar{\bar{X}}$ = 121.32
- Max $\bar{X}_i$ = 122.81 ℃
- Min $\bar{X}_i$ = 119.91 ℃
- Max~@Mig = 1.69 ℃
- Min~@Mig = -1.21 ℃
- Max~$\bar{X}$ = 1.49 ℃
- Min~$\bar{X}$ = -1.41 ℃
- 最低温点平均低于@Mig（℃）= 1.22 ℃

图注：
- 升温阶段
- 恒温阶段
- 冷却阶段

评估（Comment）：从测试数据分析，2#锅水杀恒温阶段有17.5min的时间，各探头恒温阶段的探头温度计旁的探头温度计的离差值都超过0.56℃，各探头恒温阶段的平均值和总平均值的离差都超过0.56℃，说明热分布不均匀，建议工厂要对杀菌锅加以改进，增加循环泵系统，从而使杀菌锅的热分布均匀。

表5-8　某罐头厂经改进水循环后的热力杀菌设备（2#锅）热分布测试数据表

记录时间	杀菌锅内各个测温点的温度/℃																@Mig/℃ 17	阶段	最低温度/℃	@Mig与最低温度之差/℃
	1	2	3	4	5	6	7	8	9	10	11	12	13	14	15	16				
2012-4-17 11:49:21	31.17	37.38	42.31	50.73	34.76	40.62	40.87	60.10	34.46	67.07	34.34	51.11	37.46	60.47	40.99	54.18	48.28	升温阶段（Come up time）	31.17	17.11
2012-4-17 11:49:51	45.99	56.76	48.00	68.03	55.49	58.59	59.71	71.09	54.33	69.87	52.04	69.43	61.53	71.12	63.57	67.96	66.51		45.99	20.52
2012-4-17 11:50:21	60.07	62.02	53.08	70.88	61.79	65.07	64.94	72.97	62.56	70.98	57.71	71.15	65.83	72.91	68.52	70.59	69.40		53.08	16.32
2012-4-17 11:50:51	60.44	64.57	57.98	72.03	60.37	68.42	66.34	73.59	63.28	71.52	59.91	72.52	69.03	73.90	69.99	71.77	70.36		57.98	12.38
2012-4-17 11:51:21	49.68	60.64	57.77	72.76	50.81	65.77	62.49	73.95	56.42	70.93	48.62	73.09	68.79	74.28	71.24	71.92	71.45		48.62	22.83
2012-4-17 11:51:51	62.20	61.74	67.89	73.11	61.60	58.27	63.68	74.31	61.39	67.63	61.92	73.81	60.39	74.56	71.21	72.08	72.21		58.27	13.94
2012-4-17 11:52:21	65.90	67.86	64.85	73.31	68.73	66.58	69.12	74.69	67.08	69.69	66.54	74.18	66.63	74.88	71.08	72.52	72.52		64.85	7.67
2012-4-17 11:52:51	68.30	70.31	66.27	72.09	73.97	73.25	72.40	74.19	70.66	73.31	69.52	73.87	69.71	72.32	68.23	72.37	73.12		66.27	6.85
2012-4-17 11:53:21	71.08	72.75	68.00	72.44	74.87	76.75	74.20	73.24	72.54	75.95	71.64	74.36	71.68	72.58	69.73	72.35	73.85		68.00	5.85
2012-4-17 11:53:51	75.00	77.23	71.95	75.67	82.47	82.18	79.38	77.46	77.11	77.87	74.53	78.35	73.88	73.26	71.21	72.33	74.49		71.21	3.28
2012-4-17 11:54:21	77.88	80.34	75.40	78.36	85.51	85.74	82.48	81.44	79.87	79.69	76.81	80.86	76.22	74.84	72.78	71.68	74.24		71.68	2.56

续表

记录时间	杀菌锅内各个测温点的温度/℃																@Mig/℃	阶段	最低温度/℃	@Mig与最低温度之温差/℃
	1	2	3	4	5	6	7	8	9	10	11	12	13	14	15	16	17			
2012-4-17 11:54:51	30.85	83.51	78.41	80.35	88.18	88.62	85.16	84.42	82.44	77.91	79.39	82.08	78.30	76.46	74.57	71.56	74.60	升温阶段（Come up time）	71.56	3.04
2012-4-17 11:55:21	83.71	86.82	80.85	82.07	89.80	90.09	87.19	87.61	84.17	79.31	81.36	83.35	79.01	78.72	75.27	72.45	74.87		72.45	2.42
2012-4-17 11:55:51	85.88	88.95	81.50	83.46	90.71	91.04	88.54	89.46	85.37	80.14	82.84	84.51	79.54	80.50	76.42	74.97	76.05		74.97	1.08
2012-4-17 11:56:21	87.37	91.13	84.65	84.46	91.71	91.70	89.75	90.37	87.23	81.61	84.40	85.05	82.62	81.52	77.98	76.39	77.46		76.39	1.07
2012-4-17 11:56:51	89.00	92.99	86.98	86.05	92.10	92.19	90.83	91.66	88.37	84.15	85.86	86.57	84.01	82.65	79.92	83.52	81.91		79.92	1.99
2012-4-17 11:57:21	90.37	94.89	89.23	86.62	92.26	91.86	91.40	91.86	89.52	85.27	87.73	87.41	85.95	83.44	80.59	85.24	84.57		80.59	3.98
2012-4-17 11:57:51	92.31	97.14	91.05	87.82	93.14	93.51	92.90	92.38	90.93	85.37	88.73	88.82	87.34	85.03	82.28	88.62	88.78		82.28	6.50
2012-4-17 11:58:21	94.74	98.91	93.15	89.13	94.17	93.75	93.99	93.14	92.82	87.77	90.50	90.30	89.57	86.27	83.97	89.76	90.81		83.97	6.84
2012-4-17 11:58:51	94.48	99.11	93.99	90.79	98.11	97.43	96.36	95.03	93.97	88.42	92.33	91.89	89.34	88.55	85.47	91.06	92.75		85.47	7.28
2012-4-17 11:59:21	95.87	99.69	94.53	93.28	100.47	100.05	98.37	98.61	95.66	90.59	94.06	93.90	90.64	90.88	87.33	93.26	93.87		87.33	6.54
2012-4-17 11:59:51	97.12	101.39	95.42	94.78	101.61	100.64	99.60	100.12	97.51	92.33	95.34	95.32	93.81	93.17	88.92	94.40	95.13		88.92	6.21

续表

记录时间	杀菌锅内各个测温点的温度/℃																@Mig/℃	阶段	最低温度/℃	@Mig与最低温度之差/℃
	1	2	3	4	5	6	7	8	9	10	11	12	13	14	15	16	17			
2012-4-17 12:00:21	99.71	103.17	98.00	95.85	102.40	100.85	100.56	100.68	98.81	93.92	97.13	96.45	94.32	94.71	90.42	95.89	96.84	升温阶段（Come up time）	90.42	6.42
2012-4-17 12:00:51	101.05	105.02	99.72	97.61	104.23	103.79	102.66	102.67	99.85	95.65	98.77	97.93	94.29	95.60	92.24	97.60	98.51		92.24	6.27
2012-4-17 12:01:21	101.93	105.39	101.06	98.69	106.19	104.58	103.71	103.56	101.61	98.43	100.03	99.07	96.71	98.05	93.45	98.95	99.93		93.45	6.48
2012-4-17 12:01:51	104.03	107.73	102.45	99.98	106.59	105.82	105.03	105.17	103.77	99.02	101.41	99.85	100.71	100.08	94.94	100.51	101.08		94.94	6.14
2012-4-17 12:02:21	104.83	108.31	104.04	102.05	108.58	107.74	106.67	106.43	105.56	100.11	103.56	101.01	103.28	101.42	96.51	101.82	102.70		96.51	6.19
2012-4-17 12:02:51	105.95	109.19	105.20	103.31	110.52	110.15	108.29	109.43	107.08	101.53	104.93	103.48	104.79	101.99	98.34	103.46	103.93		98.34	5.59
2012-4-17 12:03:21	108.31	111.88	106.65	104.14	111.65	111.43	109.77	110.99	108.61	104.01	106.47	105.27	105.89	103.92	99.72	104.64	105.68		99.72	5.96
2012-4-17 12:03:51	109.47	112.71	108.47	106.30	113.09	112.32	111.10	111.62	109.68	106.63	107.90	106.55	106.49	105.46	101.34	106.23	107.00		101.34	5.66
2012-4-17 12:04:21	110.38	113.70	108.53	107.56	111.13	112.11	111.12	112.64	110.17	108.54	109.35	108.44	109.01	107.87	103.82	107.30	107.63		103.82	3.81
2012-4-17 12:04:51	111.72	114.31	109.22	108.46	112.70	113.38	112.21	110.38	111.31	109.49	109.73	110.51	109.51	109.34	107.19	109.12	109.79		107.19	2.60

续表

记录时间	杀菌锅内各个测温温点的温度/℃																@Mig/℃ 17	阶段	最低温度/℃	@Mig号与最低温度之差/℃
	1	2	3	4	5	6	7	8	9	10	11	12	13	14	15	16	17			
2012-4-17 12：05：21	113.50	116.44	110.74	109.55	113.95	114.42	113.59	110.10	112.80	110.89	111.08	112.17	110.96	109.34	108.45	110.44	111.03	升温阶段（Come up time）	108.45	2.58
2012-4-17 12：05：51	115.12	117.80	113.51	111.46	115.53	115.43	115.05	111.16	114.32	113.10	112.87	112.04	112.33	111.02	110.17	111.04	112.16		110.17	1.99
2012-4-17 12：06：21	115.81	118.23	114.30	113.02	117.24	115.15	115.91	113.96	115.59	114.47	114.28	113.41	113.72	112.68	112.02	112.40	113.58		112.02	1.56
2012-4-17 12：06：51	117.98	120.50	114.96	114.55	119.55	116.44	117.76	115.27	117.54	115.98	115.28	114.57	115.09	113.77	113.19	113.63	114.80		113.19	1.61
2012-4-17 12：07：21	119.43	121.00	116.51	116.24	120.64	117.92	118.95	116.81	118.70	117.28	116.72	115.99	116.04	115.07	114.58	114.52	116.08		114.52	1.56
2012-4-17 12：07：51	121.03	121.35	117.91	117.70	121.32	117.83	119.55	118.28	119.91	118.45	118.40	117.39	117.39	116.49	115.86	116.02	117.59		115.86	1.73
2012-4-17 12：08：21	122.35	121.39	119.33	119.17	123.37	120.48	121.10	119.69	121.61	120.31	119.46	118.93	119.12	117.85	117.32	117.36	119.04		117.32	1.72
2012-4-17 12：08：51	124.00	121.73	120.77	120.45	124.64	122.32	122.28	121.09	123.11	120.88	120.99	120.20	120.70	119.50	118.88	118.88	120.57		118.88	1.69
2012-4-17 12：09：21	124.65	121.55	121.89	121.94	124.06	123.56	122.77	122.44	123.33	121.80	121.12	121.72	121.29	120.88	120.31	120.23	121.90		120.23	1.67
2012-4-17 12：09：51	122.41	122.52	122.39	122.33	122.02	122.11	122.24	122.89	121.62	121.49	119.70	122.39	120.45	121.40	120.85	120.69	122.52		119.70	2.82
2012-4-17 12：10：21	121.48	121.79	121.95	121.74	121.09	121.81	121.60	122.31	121.06	121.22	119.62	121.98	120.62	121.20	120.98	121.15	122.13		119.62	2.51

续表

记录时间	杀菌锅内各个测温点的温度/℃																@Mig/℃	阶段	最低温度/℃	@Mig与最低温度之温差/℃
	1	2	3	4	5	6	7	8	9	10	11	12	13	14	15	16	17			
2012-4-17 12:10:51	123.19	121.70	121.61	121.49	122.55	121.75	121.87	121.92	122.31	121.18	121.28	121.62	121.21	121.16	120.96	121.21	121.79		120.96	0.83
2012-4-17 12:11:21	122.29	121.63	121.78	121.56	121.39	121.32	121.47	121.87	121.58	121.22	121.51	121.51	121.06	121.18	121.04	121.21	121.71		121.04	0.67
2012-4-17 12:11:51	122.00	121.51	121.78	121.57	122.48	122.31	121.96	121.94	121.94	121.24	120.75	121.53	121.35	121.15	121.09	121.19	121.64		120.75	0.89
2012-4-17 12:12:21	121.54	121.50	121.80	121.58	122.42	122.18	121.92	121.86	121.80	121.26	120.83	121.52	121.45	121.17	121.16	121.21	121.58		120.83	0.75
2012-4-17 12:12:51	122.73	121.62	121.72	121.57	122.70	122.33	122.05	121.89	122.24	121.33	121.16	121.47	121.30	121.20	121.22	121.11	121.56	恒温阶段（Process time）	121.11	0.45
2012-4-17 12:13:21	122.35	121.54	121.78	121.58	121.56	122.07	121.68	121.89	121.70	121.36	121.48	121.52	121.21	121.27	121.26	121.20	121.59		121.20	0.39
2012-4-17 12:13:51	121.60	121.60	121.87	121.65	121.75	121.38	121.59	121.95	121.52	121.40	120.81	121.59	121.21	121.27	121.31	121.24	121.58		120.81	0.77
2012-4-17 12:14:21	122.49	121.70	121.88	121.66	122.05	121.55	121.74	121.99	121.97	121.42	121.66	121.60	121.37	121.33	121.34	121.29	121.65		121.29	0.36
2012-4-17 12:14:51	123.06	121.95	121.91	121.66	122.71	122.05	122.09	121.99	122.59	121.51	121.53	121.57	122.00	121.35	121.43	121.29	121.63		121.29	0.34
2012-4-17 12:15:21	122.12	121.70	121.95	121.72	122.55	122.13	122.02	122.05	122.04	121.55	121.24	121.65	121.46	121.41	121.51	121.33	121.70		121.24	0.46
2012-4-17 12:15:51	121.69	121.80	122.03	121.77	121.36	121.58	122.62	122.11	121.52	121.55	121.23	121.74	121.53	121.48	121.52	121.41	121.68		121.23	0.45
2012-4-17 12:16:21	121.68	121.74	121.97	121.70	121.64	121.65	121.68	122.06	121.62	121.51	121.25	121.70	121.55	121.46	121.57	121.42	121.70		121.25	0.45

续表

记录时间	杀菌锅内各个测温点的温度/℃ 1	2	3	4	5	6	7	8	9	10	11	12	13	14	15	16	@Mig/℃ 17	阶段	最低温度/℃	@Mig号与最低温度之差/℃
2012-4-17 12:16:51	121.49	121.70	121.92	121.66	121.13	121.53	121.50	122.00	122.40	121.56	121.12	121.66	121.58	121.46	121.60	121.40	121.64		121.12	0.52
2012-4-17 12:17:21	121.96	121.70	121.93	121.66	121.65	121.54	121.63	122.00	122.74	121.59	121.22	121.67	121.62	121.49	121.61	121.41	121.66	恒温阶段（Process time）	121.22	0.44
2012-4-17 12:17:51	122.34	121.72	121.95	121.67	122.32	121.76	121.86	122.01	121.99	121.68	121.50	121.66	121.62	121.53	121.66	121.45	121.67		121.45	0.22
2012-4-17 12:18:21	122.08	121.78	122.03	121.76	122.50	122.15	122.04	122.07	122.09	121.74	121.45	121.72	121.69	121.57	121.74	121.50	121.74		121.45	0.29
2012-4-17 12:18:51	122.13	121.85	122.07	121.79	122.09	121.81	121.88	122.14	121.98	121.72	121.56	121.78	121.74	121.61	121.72	121.54	121.81		121.54	0.27
2012-4-17 12:19:21	121.63	121.83	122.03	121.76	121.31	121.66	121.64	122.12	121.59	121.68	121.43	121.78	121.83	121.61	121.78	121.55	121.74		121.31	0.43
2012-4-17 12:19:51	121.55	121.74	121.96	121.69	121.16	121.62	121.55	122.07	121.51	121.68	121.41	121.74	121.82	121.58	121.79	121.50	121.70		121.16	0.54
2012-4-17 12:20:21	121.52	121.70	121.91	121.65	121.46	121.55	121.59	122.02	121.59	121.64	121.45	121.72	121.81	121.57	121.75	121.53	121.70		121.45	0.25
2012-4-17 12:20:51	121.51	121.69	121.90	121.63	121.11	121.54	121.49	122.00	121.48	121.62	121.47	121.67	121.82	121.57	121.77	121.52	121.66		121.11	0.55
2012-4-17 12:21:21	121.63	121.64	121.85	121.58	121.65	121.50	121.59	121.95	121.69	121.65	121.53	121.64	121.79	121.55	121.75	121.50	121.60		121.50	0.10
2012-4-17 12:21:51	121.68	121.66	121.87	121.59	121.43	121.52	121.55	121.99	121.64	121.72	121.62	121.65	121.83	121.57	121.75	121.55	121.61		121.43	0.18

续表

记录时间	杀菌锅内各个测温点的温度/℃																@Mig/℃	阶段	最低温度/℃	@Mig与最低温度之差/℃
	1	2	3	4	5	6	7	8	9	10	11	12	13	14	15	16	17	恒温阶段（Process time）		
2012-4-17 12:22:21	122.13	121.69	121.93	121.64	122.41	121.86	121.90	122.00	122.12	121.75	121.45	121.68	121.84	121.61	121.79	121.57	121.71		121.45	0.26
2012-4-17 12:22:51	121.84	121.72	121.97	121.70	122.60	122.24	122.06	122.06	122.10	121.80	121.50	121.75	121.87	121.65	121.83	121.55	121.73		121.50	0.23
2012-4-17 12:23:21	121.57	121.78	122.00	121.71	121.68	121.64	121.70	122.11	121.71	121.80	121.59	121.78	121.90	121.66	121.83	121.59	121.75		121.57	0.18
2012-4-17 12:23:51	121.65	121.79	122.01	121.73	121.32	121.66	121.62	122.09	121.63	121.76	121.79	121.81	121.94	121.67	121.86	121.59	121.76		121.32	0.44
2012-4-17 12:24:21	121.55	121.75	121.97	121.69	121.17	121.64	121.56	122.08	121.55	121.74	121.67	121.77	121.93	121.67	121.87	121.62	121.46		121.17	0.29
2012-4-17 12:24:51	121.50	121.70	121.93	121.66	121.16	121.59	121.52	122.03	121.53	121.74	121.69	121.73	121.94	121.65	121.84	121.58	121.71		121.16	0.55
2012-4-17 12:25:21	121.47	121.67	121.89	121.62	121.17	121.54	121.50	122.01	121.52	121.71	121.62	121.70	121.92	121.65	121.85	121.59	121.70		121.17	0.53
2012-4-17 12:25:51	121.44	121.64	121.86	121.58	121.06	121.54	121.45	121.96	121.47	121.69	121.68	121.65	121.91	121.62	121.83	121.58	121.55		121.06	0.49
2012-4-17 12:26:21	121.43	121.58	121.80	121.53	121.47	121.56	121.53	121.91	121.59	121.72	121.66	121.63	121.89	121.61	121.83	121.54	121.64		121.43	0.21
2012-4-17 12:26:51	121.40	121.59	121.83	121.54	121.20	121.48	121.45	121.94	121.49	121.76	121.63	121.59	121.89	121.60	121.83	121.52	121.63		121.20	0.43
2012-4-17 12:27:21	122.47	121.63	121.78	121.54	122.64	122.12	121.98	121.91	122.42	121.84	122.33	121.58	122.17	121.64	121.81	121.56	121.65		121.54	0.11

续表

记录时间	杀菌锅内各个测温点的温度/℃																@Mig/℃	阶段	最低温度/℃	@Mig与最低温度之差/℃
	1	2	3	4	5	6	7	8	9	10	11	12	13	14	15	16	17			
2012-4-17 12:27:51	122.03	121.68	121.91	121.62	122.49	122.31	122.02	121.98	122.15	121.88	121.88	121.66	121.94	121.68	121.86	121.58	121.74		121.58	0.16
2012-4-17 12:28:21	121.70	121.74	121.98	121.70	122.03	121.62	121.77	122.07	121.90	121.89	121.75	121.72	121.98	121.69	121.88	121.65	121.80		121.62	0.18
2012-4-17 12:28:51	121.55	121.78	121.99	121.71	121.43	121.63	121.63	122.09	121.66	121.88	121.74	121.76	121.99	121.71	121.91	121.65	121.81		121.43	0.38
2012-4-17 12:29:21	121.54	121.74	121.95	121.67	121.63	121.66	121.67	122.06	121.72	121.85	121.78	121.74	121.99	121.69	121.92	121.64	121.76	恒温阶段 (Process time)	121.54	0.22
2012-4-17 12:29:51	121.55	121.76	121.95	121.69	121.19	121.63	121.56	122.05	121.58	121.86	121.78	121.70	122.01	121.73	121.94	121.65	121.74		121.19	0.55
2012-4-17 12:30:21	121.55	121.74	121.95	121.69	121.16	121.59	121.54	122.04	121.57	121.91	121.78	121.72	122.02	121.71	121.92	121.65	121.55		121.16	0.39
2012-4-17 12:30:51	121.51	121.70	121.94	121.66	121.68	121.68	121.68	122.03	121.73	121.88	121.76	121.72	122.01	121.69	121.92	121.63	121.71		121.51	0.20
2012-4-17 12:31:21	121.52	121.72	121.92	121.66	121.15	121.61	121.53	122.04	121.56	121.84	121.79	121.73	122.02	121.73	121.96	121.67	121.59		121.15	0.44
2012-4-17 12:31:51	121.49	121.70	121.89	121.60	121.09	121.56	121.48	122.03	121.53	121.85	121.81	121.71	122.01	121.69	121.93	121.66	121.57		121.09	0.48
2012-4-17 12:32:21	121.47	121.63	121.87	121.58	121.07	121.54	121.45	121.99	121.50	121.86	121.80	121.67	121.98	121.65	121.88	121.62	121.45		121.07	0.38
2012-4-17 12:32:51	121.71	121.65	121.87	121.59	121.48	121.54	121.56	121.97	121.72	121.96	121.79	121.68	121.98	121.68	121.91	121.64	121.67		121.48	0.19

续表

记录时间	1	2	3	4	5	6	7	8	9	10	11	12	13	14	15	16	@Mig/℃ 17	阶段	最低温度/℃	@Mig与最低温度之差/℃
	杀菌锅内各个测点的温度/℃																			
2012-4-17 12:33:21	122.21	121.71	121.95	121.65	121.78	121.66	121.70	122.03	122.03	122.02	122.32	121.70	122.10	121.75	121.93	121.66	121.75	恒温阶段（Process time）	121.65	0.10
2012-4-17 12:33:51	121.83	121.80	122.04	121.77	121.73	121.71	121.75	122.11	121.87	122.05	122.40	121.78	122.07	121.78	121.99	121.71	121.82	恒温阶段（Process time）	121.71	0.11
2012-4-17 12:34:21	121.61	121.81	122.03	121.74	121.33	121.69	121.64	122.14	121.67	122.02	121.87	121.82	122.07	121.78	122.00	121.78	121.84	恒温阶段（Process time）	121.33	0.51
2012-4-17 12:34:51	121.59	121.78	122.00	121.73	121.19	121.67	121.59	122.12	121.61	122.30	121.89	121.81	122.07	121.78	122.01	121.74	121.46	恒温阶段（Process time）	121.19	0.27
2012-4-17 12:35:21	121.56	121.75	121.96	121.69	121.16	121.66	121.56	122.11	121.60	121.97	121.87	121.76	122.08	121.75	122.00	121.71	121.52	恒温阶段（Process time）	121.16	0.36
2012-4-17 12:35:51	121.52	121.70	121.91	121.66	121.13	121.62	121.52	122.03	121.57	104.17	121.87	121.74	122.06	121.74	121.97	121.69	121.75	冷却阶段（Cooling step）	104.17	17.58
2012-4-17 12:36:21	121.35	116.53	119.29	120.96	116.73	116.02	117.56	109.27	118.10	98.63	121.68	109.19	116.23	111.42	116.12	118.65	105.63	冷却阶段（Cooling step）	98.63	7.00
2012-4-17 12:36:51	114.61	117.15	118.80	116.62	107.39	105.75	111.72	102.25	112.42	93.29	112.73	98.42	115.26	107.66	112.47	110.78	103.64	冷却阶段（Cooling step）	93.29	10.35
2012-4-17 12:37:21	105.55	109.10	111.28	108.53	99.46	97.94	103.75	95.82	104.22	90.83	105.84	92.76	107.67	101.93	105.95	105.46	98.00	冷却阶段（Cooling step）	90.83	7.17
2012-4-17 12:37:51	99.61	103.91	104.47	102.10	92.36	91.05	97.35	88.26	98.51	86.00	100.18	88.99	103.56	96.77	100.17	99.63	93.92	冷却阶段（Cooling step）	86.00	7.92
2012-4-17 12:38:21	94.09	98.32	98.28	96.28	86.58	86.09	91.81	82.64	93.25	83.28	95.63	85.71	99.10	91.93	95.60	93.97	88.56	冷却阶段（Cooling step）	82.64	5.92

续表

记录时间	1	2	3	4	5	6	7	8	9	10	11	12	13	14	15	16	@Mig/℃	阶段	最低温度/℃	@Mig与最低温度之温差/℃
	杀菌锅内各个测温点的温度/℃																			
2012-4-17 12:38:51	89.13	93.53	92.43	90.77	82.48	81.48	87.06	78.35	88.86	79.75	90.41	81.71	94.97	87.42	90.96	89.09	84.11	冷却阶段（Cooling step）	78.35	5.76
2012-4-17 12:39:21	85.82	90.00	86.94	85.74	78.16	77.17	82.76	74.10	84.78	76.43	86.01	77.46	90.37	83.36	86.97	84.90	80.26		74.10	6.16
2012-4-17 12:39:51	80.95	86.07	81.96	81.66	74.52	73.36	78.90	70.84	80.68	72.48	82.17	74.37	86.57	79.64	83.15	81.25	76.36		70.84	5.52
2012-4-17 12:40:21	77.32	82.16	77.31	77.30	70.81	69.67	74.98	67.54	77.19	69.64	78.47	72.31	82.94	76.39	79.62	77.21	72.67		67.54	5.13
2012-4-17 12:40:51	74.17	76.76	72.67	73.78	68.15	66.83	71.38	64.66	73.97	65.90	74.79	69.07	79.61	73.03	76.32	73.86	69.37		64.66	4.71
2012-4-17 12:41:21	71.82	71.12	69.53	70.56	65.11	63.74	67.63	61.96	71.00	63.21	71.86	65.39	76.09	70.24	73.24	70.78	66.21		61.96	4.25
2012-4-17 12:41:51	68.96	67.40	65.79	67.38	62.61	61.40	64.69	59.48	68.24	60.79	69.14	62.53	73.17	67.47	70.26	67.79	63.31		59.48	3.83
2012-4-17 12:42:21	65.81	64.76	63.25	64.52	59.98	58.75	62.00	57.24	65.46	58.88	66.64	60.21	70.60	64.76	67.49	65.51	61.19		57.24	3.95
2012-4-17 12:42:51	65.36	61.01	60.72	62.14	58.06	56.37	59.39	55.05	63.88	56.14	63.98	58.32	68.22	62.43	65.02	62.57	58.61		55.05	3.56
2012-4-17 12:43:21	63.69	58.11	57.25	59.42	56.04	54.33	56.97	53.11	61.72	53.88	61.64	55.38	65.44	60.30	62.66	60.36	56.76		53.11	3.65
2012-4-17 12:43:51	59.65	55.98	55.30	57.23	53.96	52.33	54.87	51.35	59.08	51.42	59.43	54.10	63.65	58.03	60.35	57.85	54.71		51.35	3.36

续表

记录时间	杀菌锅内各个测温点的温度/℃																	@Mig/℃	阶段	最低温度/℃	@Mig与最低温度之差/℃
	1	2	3	4	5	6	7	8	9	10	11	12	13	14	15	16	17				
2012-4-17 12:44:21	57.90	54.01	53.16	54.89	52.01	50.16	52.76	48.89	57.19	49.42	57.33	50.68	61.68	55.58	58.11	55.64	52.46	52.46	冷却阶段（Cooling step）	48.89	3.57
2012-4-17 12:44:51	55.52	52.15	51.10	52.94	50.24	47.88	50.80	46.93	55.06	47.72	55.43	49.12	59.43	53.81	56.14	53.91	50.55	50.55		46.93	3.62
2012-4-17 12:45:21	53.41	50.33	48.90	50.21	48.36	46.04	48.73	45.26	53.18	46.12	53.64	47.66	57.78	51.93	54.32	52.31	49.09	49.09		45.26	3.83
2012-4-17 12:45:51	50.82	48.47	46.99	48.51	46.67	44.69	47.08	43.60	51.11	44.42	51.68	46.16	55.86	50.11	52.52	50.32	47.22	47.22		43.60	3.62
2012-4-17 12:46:21	49.16	46.97	45.49	46.59	45.22	43.06	45.46	42.48	49.52	42.92	49.97	44.86	54.19	48.65	50.73	48.49	45.49	45.49		42.48	3.01
2012-4-17 12:46:51	47.07	45.40	44.00	45.04	43.83	41.78	44.01	41.11	47.65	41.90	48.58	43.13	52.07	47.07	49.18	46.90	44.03	44.03		41.11	2.92
2012-4-17 12:47:21	44.96	44.15	42.40	43.67	42.24	40.56	42.65	40.00	45.85	40.49	47.08	41.65	50.36	45.58	47.62	45.61	42.94	42.94		40.00	2.94
2012-4-17 12:47:51	43.45	42.33	41.26	42.33	41.09	39.17	41.23	38.83	44.57	38.63	45.76	40.63	49.18	44.28	46.19	44.24	41.53	41.53		38.63	2.90
2012-4-17 12:48:21	42.31	41.17	40.29	41.25	39.60	37.95	39.99	37.41	43.08	37.06	44.53	38.93	47.34	42.78	44.72	42.95	40.25	40.25		37.06	3.19
2012-4-17 12:48:51	41.46	40.35	39.23	40.15	38.33	36.56	38.84	36.15	41.51	36.26	43.15	37.06	44.75	41.30	43.26	41.54	37.94	37.94		36.15	1.79

续表

记录时间	1	2	3	4	5	6	7	8	9	10	11	12	13	14	15	16	@Mig/℃	阶段	最低温度/℃	@Mig与最低温度之差/℃
同一测温点恒温平均温度/℃	21.82	121.70	121.91	121.65	121.69	121.72	121.69	122.02	121.76	121.70	121.58	121.68	121.79	121.56	121.71	121.51	17	水银温度计劳测温点之平均温度（Average Temp. @Mig）	图注	
	$\bar{X}_1$	$\bar{X}_2$	$\bar{X}_3$	$\bar{X}_4$	$\bar{X}_5$	$\bar{X}_6$	$\bar{X}_7$	$\bar{X}_8$	$\bar{X}_9$	$\bar{X}_{10}$	$\bar{X}_{11}$	$\bar{X}_{12}$	$\bar{X}_{13}$	$\bar{X}_{14}$	$\bar{X}_{15}$	$\bar{X}_{16}$				升温阶段
Max $\bar{X}_i$	122.02	R	0.51	$\bar{\bar{X}}$	121.72	Max−@Mig		0.35	℃		Max−$\bar{\bar{X}}$		0.30	℃	最低温点平均低于@Mig（℃）		121.67	℃		恒温阶段
Min $\bar{X}_i$	121.51	℃				Min−@Mig		−0.16	℃		Min−$\bar{\bar{X}}$		−0.21	℃		0.17				冷却阶段
评估（Comment）	从热分布数据分析，进入杀菌恒温阶段 3.5min 后，锅内探头温度计的探头温度的离差值能够在 0.56℃范围内，各探头恒温阶段的离差能够在 0.56℃范围内。锅内探头温度最小值和靠近水银温度计的探头温度的离差值能够在 0.56℃范围内。所以，经改进水循环系统后 2# 高压水杀菌锅热分布均匀，能够符合食品热力杀菌要求。																			

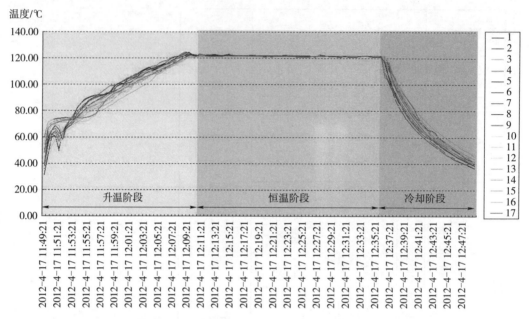

温度/℃

图5-3   某罐头厂经改进水循环后的杀菌设备（2#锅）热分布温度曲线图

第二节   GB/T 39945—2021《罐藏食品热穿透测试规程》实施指南

一、标准制定背景

罐藏食品是通过热力杀菌将食品中的微生物杀死，并借罐藏容器密封性，阻止容器外的微生物及空气再次侵入罐内，达到了罐内食品可以长期保存的目的，确保食品的安全，在专业上称之为达到商业无菌。那么罐藏食品需要受到多少的热量热力杀菌，或者说受到多大的杀菌程度或热力杀菌强度才能达到商业无菌呢？

食品科学家在百余年前已经对热力杀菌的温度与时间作了大量的研究，并做了不同微生物致死温度与时间的TDT（Thermal death time）试验，提出了微生物单位时间致死率（Lethal rate）及累积致死值的概念。鉴于当时电脑还没有发明问世，需将微生物对数规律的致死率用查对数运算表的结果列成表格，得到微生物的致死率后再通过数学运算求得所有微生物致死值的基本方法。兹将计算F值（微生物累积致死率）的计算方法简介如下：

1. 基本法（也称一般法）

1920年美国科学家比奇洛（Bigelow）首先创立推算杀菌强度的基本法（The general mathod），也称基本推算法或一般法。该方法提出了计算包括升温、恒温和冷却阶段在内的整个热杀菌过程中的不同温度－时间组合的微生物致死率之累积，求得整个热杀菌过程的微生物致死值（F值）。基本法（或称一般法）需要将各种数据用坐标纸绘制出来，然后将有效的杀菌致死值（图形面积）绘制出来，截取图 5-4 中下半部分纸片质量与标准致死率（右上角部分）质量用天平称重比较，从而获得整个杀菌强度。

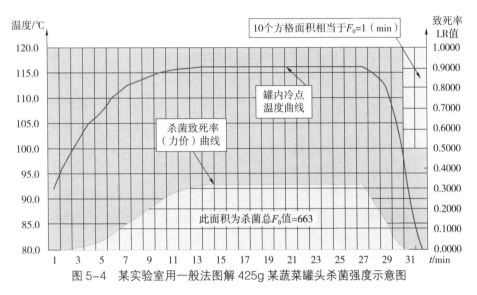

图 5-4　某实验室用一般法图解 425g 某蔬菜罐头杀菌强度示意图

一般法是一种经典的方法，又称累积图解法，它是将杀菌的全过程包括升温、恒温、冷却阶段的所有 F 值累积在一起。通常可以通过数据处理在普通方格坐标纸上作图，横坐标为时间，纵坐标有两个数值，左纵轴为温度值，右纵轴为致死率值（也称致死力价）。上部的一条曲线是罐内冷点的温度变化曲线（由热敏电子器件测温获得），下部另一条是与冷点温度相对应的致死率值曲线（由事先计算好的 F_i 表格查得填入）。图 5-4 中右上角黄色方格中，每一个方格面积为 0.1 致死率值，10 个方格面积为致死值 1min。下部杀菌致死率曲线以下的面积为致死值面积，即 F 值面积。鉴于面积图形不规则，可以用求积仪求积，与右上角 10 个方格的面积相比较就可换算出总致死面积。

当计算不规则图形有困难时，也可剪出下部黄色杀菌致死曲线的面积（做分子）与右上角面积右上角 10 个小方格的面积（分母）相除或用天平称重的方法来换算出致死值，即用如下公式计算获得杀菌强度 F 值。

$$F值 = \frac{图5-4下部杀菌过程中微生物致死值面积黄色纸质量}{图5-4右上角微生物致死率值基准单位面积黄色纸质量}$$

图 5-4 所示中称重得某工厂的 425g 某蔬菜罐头的 F_0 值为 6.63min。微生物的生长与死亡呈对数型的规律，虽然 100 多年前数学家已经计算出小数点四位的对数表，但对于要求累加出微生物的致死值要频繁查表记下食品某温度对应的致死率（Leathal rate）数值，再逐一在坐标图纸上打点绘制曲线，需要花费大量的时间与精力才能完成图 5-4 中的曲线图。一般法的准确性还是较高的，为杀菌强度测试建立了基本模板，

后来发展出来的各种方法都是以它为基础来确定准确性。

2. 公式法

1923 年美国科学家鲍尔（Ball）提出了公式法（formular method），也称数算法（mathematical method），来确定杀菌强度，后来经过美国制罐公司热工学研究组简化，在 1928 年完善成一种用数学模型来计算的方法。这种方法是将热穿透测试过程中的各种传热的因子加以汇集，再通过公式计算出杀菌强度。公式法将罐藏食品的传热特征分为简单型和转折型，两种不同的传热特征将对应不同的计算公式，它需要将有关数据在半对数坐标纸打点连线作传热曲线图获得相应数据，它涉及数据较多（相关数据超过 30 多个）。公式法需将热穿透数据分为简单型传热曲线、转折型传热曲线和冷却曲线（参见示例的图 5-5、图 5-6 和图 5-7），然后通过部分公式及查表来完成微生物致死值的计算。1939 年，奥尔森（Olson）、史蒂文森（Stevens）和舒尔茨（Sehultz）对鲍尔的公式法又提出了改进，使公式法计算更可靠。1948 年，斯顿博（Stumbo）提出了已成为罐头制品最重要的理论基础的 F 值：根据微生物热力致死理论，把微生物数量影响考虑在内的计算杀菌时间的方法。公式法的优点是可以在 F 值确定后计算出杀菌时间，或在杀菌温度变更时，计算出另一个杀菌时间，当知道一个罐型的数据后，就可以换算出其他的罐型数据。

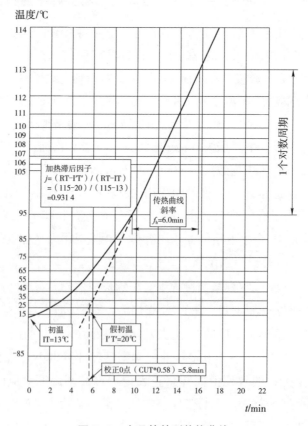

图 5-5　产品简单型传热曲线

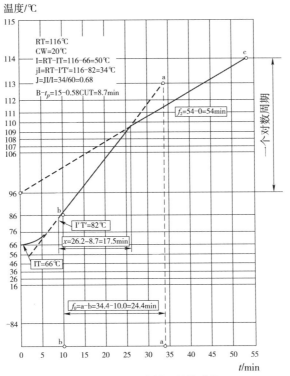

图 5-6 产品转折型传热曲线

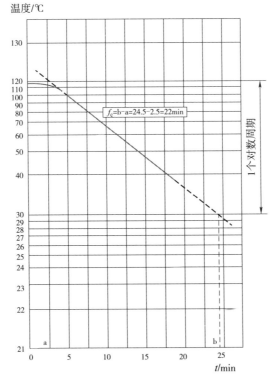

图 5-7 罐藏食品冷却曲线

在美国罐藏食品业界也将公式法称为鲍尔法，公式法中6个重要参数也称为鲍尔参数，现仍为美国 FDA 登记参数的选项内容（参见表5-9）。

表 5-9　公式法热穿透测试中6个重要的参数

序号	名称	数据来源	符号物理意义	单位
1	j	$j=$（R.T.-I′T′）/（R.T.-I.T.）=JI/I	在半对数坐标纸加热曲线呈直线前加热时间的滞后因子	—
2	f_h	可从热穿透曲线获得	热穿透曲线中加热直线的斜率，即横跨一个对数周期所需的时间（min）	min
3	f_2	可从热穿透曲线获得	热穿透曲线中转折后第二条直线的一个对数周期斜率（min）	min
4	j_c	$j_c=$（CW-I′cT′c）/（CW-IcTc）=JcIc/Ic	冷却时滞后因子	—
5	f_c	可从热穿透曲线获得	热穿透曲线中冷却部分直线斜率，也是一个对数周期斜率（min）	min
6	x	从加热曲线中可获得	转折型加热曲线中第一条直线从42%升温时间点到它与第二直线交叉点的加热时间	min

3. 列线图法

列线图法（Nomogram method）是由美国制罐公司的奥森和斯蒂芬（Olson and Steven）在1939年研发出来的一种方法。此法系通过在事先印好列线的图纸上（参见图5-8 热力杀菌计算用列线图空白基表），打点作各种直线，并交叉延长获得数据，过程

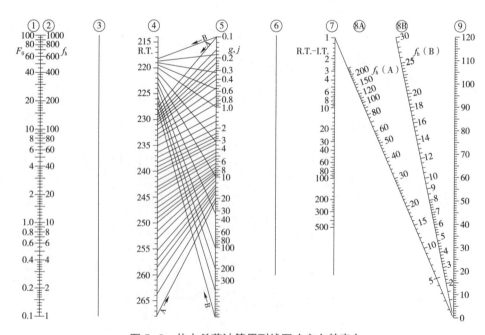

图 5-8　热力杀菌计算用列线图（空白基表）

比较简单，也非常快速。列线图法可以由已知杀菌温度与时间求解 F 值，也可以已知 F 值和杀菌温度求解杀菌时间。

现介绍适用于 Z 值为 10℃和杀菌温度与冷却水温差 $m+g=$（R.T.-CW）为 100℃的列线图求解方法。鉴于列线图是以华氏温度为单位，要把摄氏温度转换成华氏温度。以 284g 清水马蹄罐头为例，用列线图法计算过程简介如下：

已知 F 值，求解杀菌时间

已知：F_0=6.0；R.T.=115℃（239 ℉）；I.T.=13℃（55.4 ℉）；f_h=6.0min；j=0.93。

求解步骤如下：

A. 在图 5-9 图上，在①号线上先找到已知值的 F_0=6.0 的点 ⓐ；

B. 在④号线上找到杀菌温度 R.T.=239 ℉的点 ⓑ；

C. 将 a 和 b 两点相连作一条直线，并与③号线相交于点 ⓒ；

D. 在②号线上找出 f_h 值 =6.0 相应的点 ⓓ；

E. 将 d 点和 c 点相连并延长至④号线，相交于点 ⓔ；

F. 从④号线 e 点向⑤号线的斜线交于⑤号线的 g 值的点 ⓘ；

G. 从⑤号线上找到 j=0.93 的点 ⓕ；

H. 从⑦号线上找到 R.T.-I.T.=183.6 ℉的点 ⓖ；

I. 将 f 点和 g 点相连，并相交于⑥号线的点 ⓗ；

J. 将 i 点和 h 点相连，并交于⑦号线的点 ⓙ；

K. 在⑧号线的上找到 f_h=6.0 的点 ⓚ（注：从⑤号线的 g 值的斜线是向上的方向斜的，应与⑧号 A 线相交，反过来如 g 值的斜线向下斜的应与⑧号 B 线相交）；

L. 将 j 点和 k 点相连，并延长相交⑨号线的点 ⓑ。

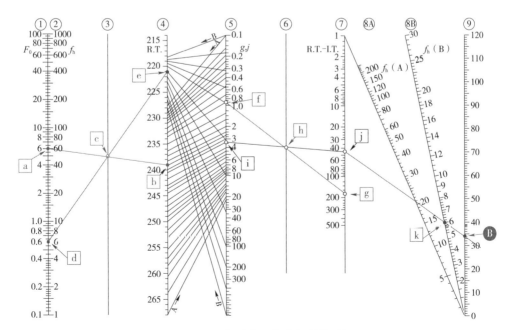

图 5-9 已知杀菌 F 值求解杀菌时间

经过上述 12 个步骤，图 5-8 就变成了图 5-9，并找到了 B 点，在图上可以快速看到杀菌时间约 34min。

列线图法同样适用于知道杀菌温度与时间求解 F 值，只要将划线的方向反过来就可。

列线图法可以花几分钟用简单纸及直尺划线完成计算，在 20 世纪 40 年代，很受美国工厂的欢迎。但它是靠肉眼及手工划线完成作业，计算出的精确度略低，它的数据不适合用于向美国 FDA 注册登记使用。

4. 电脑软件计算法

杀菌强度 F 值的计算是基于微生物的致死率，鉴于微生物的生长规律呈对数规律，而过去凡涉及对数运算均不能进行快速简易运算，都是通过查阅现成出版的对数表的方法获得数据。电脑问世后，对数计算已轻而易举，几分钟时间可以取代过去数天的时间，且电脑具有自动求积或自动求和的功能，它计算精确的数据取代了过去查表、查图等估算和推算的近似数据。因此近 10 年来，F 值现代快捷电脑软件计算法几乎取代了以前所有的方法。

各个测试温度的仪器企业除了提供仪器和测温头/针外，同时还提供自动 F 值计算软件，它可以完成一系列的数据处理，直接显示或打印出杀菌强度 F 值。无论哪个企业，其软件编制的基本原理几乎是一样的，无非将食品中含有微生物的耐热性（Z 值）、温度对它致死的规律（对数规律）和加热杀菌时间，利用电脑，借专用软件计算出杀菌强度 F 值。

5. 测试器件的变迁

以前测量温度的器件都是通过热电偶来完成的，热电偶是借铜与康铜两种不同材料的结合点在受热时产生电流来探测温度的，它不易做成超小型的器件。20 世纪 70 年代起，热电阻得以广泛应用，尤其是铂电阻（如 Pt 100 和 Pt 1000）问世后，不少测试热穿透测试器件几乎都用铂电阻取代了热电偶。又因为芯片微处理技术的发展，当今热穿透测试大部分均采用能记录温度和带数据储存的微型温度数据记录仪（Temperature Data logger），它的体积很小，有的比一根小手指头还小，既方便又实用，为热穿透测试创造了有利的条件。

温度数据记录仪可以记录温度，有的还可以计算不同定义的杀菌强度，如可给出对啤酒杀菌的 P_u 值、对干热杀菌的 F_d 值、对湿热杀菌的 F_h 值、罐藏食品的食品杀菌的 $F_{(Z/Rt)}$ 值和 F_0 值。但热力杀菌工作者更愿意用单独的数据处理软件，以便有选择性地处理数据。

6. 我国罐藏食品热穿透测试的历史

在我国罐藏食品热穿透测试始于 20 世纪 80 年代，向美国出口的罐藏食品需向美国 FDA 申报出口产品的杀菌强度 F 值，当时美国 FDA 同意，只要出口国生产企业选用美国公布的热力杀菌规程，并注明该规程资料来源出处（Process Establishment Source），如美国食品加工商协会（NFPA）、美国大学的教科书或美国研究所的制罐技术著作，无须申报杀菌强度 F 值。但如果其热力杀菌规程来源于美国以外的国家，如日本、中国，必须要注明杀菌规程的来源以及它的杀菌强度 F 值。对于一些通用的产品，我们可以从美国出版物中找到产品的热力杀菌规程，但对于一些中国特有的产品，如马蹄、竹笋罐头，在美国的技术文献中是找不到杀菌规程的。为此，当年我国轻工业部将国家攻关项目"低酸食品罐头杀菌工艺条件的研究"下达给轻工部食品发酵工业科学研究所，由该研究所承担对该低酸性罐头杀菌条件实施攻关，并将实验结果，即制定的热力杀菌规程以《（86）轻食字第 36 号》文件的形式下达给当时全国的国营罐藏食品生产企业，用于生产及向美国登记资料使用。

自此以后，我国的罐藏食品热穿透工作陆续得以展开，有的企业自己研制了有线的温度数据记录仪，也有的企业购买了进口设备测温。

21 世纪初，随着时代变迁，我国向美国出口的罐藏食品在品种和数量上大为增加，美国 FDA 对向美国出口食品的食品安全要求日趋严格，规定了凡向美国出口的罐藏食品，必须申报"杀菌文档"（Process file），其中需要填写杀菌强度 F 值，并须申报测试单位或附上测试数据附件，否则美国海关会对其产品自动扣留。从此，凡出口美国的罐藏食品生产企业将罐藏食品的热穿透测试工作演绎为必须要做的工作。但对罐藏食品热穿透的测试，当时国内尚无一个完整的规程，即使在发达国家也尚未有强制性的标准，习惯上大多数热力杀菌工作者均参照美国食品加工商协会（NFPA）的指引性文件《26-L 公报》开展食品的热穿透测试。

2009 年，中国罐头工业协会科技工作委员会在苏州成立了中罐协热力杀菌专家组（由各方专业人士 11 人组成）。几年内，TPEG 组织了我国的专业技术人员，汇集了大量的热穿透检测数据，总结了测试过程的经验，分析和研究了实际测试工作中正反两方面的案例，在借鉴了美国食品加工业协会《26-L 公报》中热穿透的相关内容以及美国热力杀菌专家协会（IFTPS）产品热穿透测试协议、美国罐藏食品加工业实验室手册等资料的基础上，针对我国食品热穿透测试现状，起草了《罐藏食品热穿透测试规程》。2013 年，由中国罐头工业协会以公报形式向全国发布（第 CCFIA/T-02—2013 公报）。但该公报是属于自愿性带有统一实践性的规程，它并不排除不同的测试方法。全国对热穿透测试规程仍属于百家争鸣阶段，有的主张用一般法就可，不必使用公式法，因为公式法参数太多；也有的认为，只有公式法才是有效的，一般法是无效的，等等。其实，这两种方法本来就是出于同门，一个是基础型（手工裁剪型），另一个是改良型（查表部分数据代入公式）。现时诸多外国的测试器件温度数据记录仪所记录的温度都是感温器件实际测试得到的温度，无论是一般法和公式法，其结果几乎是完全一致的，但数据处理软件会有所不同。当下，国际上诸多品牌的温度数据记录仪，诸如美国的 Delta 和 Mesalab、德国的 ebro、法国的 TMI 和我国生产的绝大部分品牌几乎都是记录杀菌全过程（升温 - 恒温 - 冷却）的温度参数，然后由软件对温度曲线分析，计算得杀菌强度 F 值。同时在曲线及数据中，由软件可以获取表 5-10 的公式法中关键的传热参数。

2016 年，全国食品工业标准化技术委员会罐头分技术委员会（SAC/TC 64/SC 2）在制定国标版《杀菌设备热分布测试规程》的同时，集全国食品热力杀菌工作者，同步安排制定和审议《罐藏食品热穿透规程》工作。之后送审稿经过全国各相关行业代表数十人认真研讨后，形成共识。2021 年 3 月 9 日由国家市场监督管理总局和国家标准化管理委员会以中国国家推荐性标准 GB/T 39945—2021《罐藏食品热穿透测试规程》发布，自 2022 年 4 月 1 日起实施。

二、实施要点

罐藏食品热穿透测试在测试规程中已经列出了一些原则，为了更加明确热穿透测试的细节，易于操作，现将其实施要点分述如下：

1. 关于罐藏食品热穿透测试的本质

所谓罐藏食品热穿透测试实际上就是要探测罐藏食品在热力杀菌过程中内部食品最冷点的温度及其变化，并以冷点温度及变化的数值来判断该食品中是否受到了足够的热力杀菌程度（强度，学术上称 F_0 值），依此来判定该罐藏食品热力杀菌规程设定是否能达到商业无菌，确保罐藏食品安全。热穿透测试可获悉热力杀菌强度（程度）的数字表达值（F_0 值），它是一个国际通识的数字值，不但可判断食品是否达到的商业无菌（安全性），同时还可按该杀菌强度大小的数值来衡量该产品是否符合生产者或消费者需要的商业价值。即热穿透可以衡量：①商业无菌；②商业价值。

2. 罐藏食品热穿透测试主要应用

（1）罐藏食品热穿透测试可实施对老产品热力杀菌规程安全性的验证；

（2）罐藏食品热穿透测试又是制定新产品热力杀菌规程的必要和有效手段。

3. 热穿透测需要核实传热关键因子的数据

热穿透测试形式上就是探测食品内部冷点的温度，但影响温度与传热的因素较多，为使探测的温度准确，必须予以核实影响传热的关键因子，以利于计算与判断的准确性。现以美国 FDA 登记表为例，解读影响热穿透的诸多因素。可以看到，该表格要求获悉下面三方面的资料：

（1）热力杀菌的杀菌规程（物料初温、杀菌温度与时间）。

（2）热力杀菌的关键因子（顶隙、最大装入量、杀菌前罐内可以自由流动的汤液质量、封罐时的最小真空度），这些关键因子，实际上就是影响传热快慢的因素。

（3）热力杀菌强度（F_0 值，如果是酸化食品就是 $F_{(Z/Rt)}$）。

这些数据恰恰就是我们在做热穿透测试时所必需的数据，如果上述数据变更，它会影响热穿透测试结果。

4. 热穿透测试前准备

热穿透测试，主要工作就是测试食品内部的温度，在测试前需要做好准备工作，现将主要的关注点分列如下。

（1）测温用的温度数据记录仪

测温用的温度数据记录仪的温度精确度应与热分布测试一样，要经过校正，误差需记录在案。其录入温度须修正后方可用于数据计算。

（2）热力杀菌的产品初温

尽管热力杀菌强调了初温（I.T.）的重要性，但罐藏食品业界杀菌操作者中仍然有不重视初温者。生产过程中，经常有机器损坏故障，积压半成品，使待杀菌产品初温远低于杀菌规程之初温，就会影响食品安全。因而，在做热穿透测试时应与企业坦诚协商，了解可能的最低初温，而在做测试时，需选择比杀菌规程初温还低一些的温度作初温。当测试初温低于实际初温所获得的热穿透结果是具有安全系数的结果，由此制定或验证的热力杀菌规程可以确保食品安全性。

（3）测温用温度数据记录仪位置及定位

GB/T 39945—2021《罐藏食品热穿透测试规程》分别列出了对流型和传导型产品测试探温头的位置，这些位置是前辈热力杀菌工作者通过努力试验获得的。它可以被直接采用，测试人员也可以探测不同位置来确定食品中温度最低点来做热穿透测试。对于块形较大食品，可将探温头直接插入食品内部，但为了防止食品从探针上脱落，可在食品外套上一个多孔网袋，并扎紧在探温头上，这样探测的温度即为食品内部的温度。

随着科技发展，现在已经问世了分布式温度传感器，即可以一次检测就可将罐内的各个位置的温度记录下来，这样对我们确定罐内食品的冷点是很有效的。

（4）关于食物块形大小

食物的块形可以按正常生产工艺的尺寸基础上适当加大一些或按关键因子中最大块形尺寸再略微放大，这样使热穿透测试的条件严苛过正常生产条件，使测试结果安全系数更大一些。

（5）关于特小块形的食物处理方法

若热穿透测试的对象罐内食品太小，在热穿透测试时，一般的探针很难插入食物内部中，即使插入，食物也破碎了。针对此种情形，可以将测温探针放置在汤液中，但测试得的温度需要修正。按照日本热力杀菌专家池上义照的经验，可以用简单的方法修正温度，其方法简介如下：

① A 组食品（10～12 罐），用专用的特细温度探针（如直径 ϕ 1mm）插入食品内部；

② B 组食品（10～12 罐），用测温探针插在汤液内；

③将 A、B 两组食品放在同一个水浴中加温（如控制恒温温度为 90℃）；

④将测得 A 组与 B 组的温度数据记录下来就可以计算出固体内部的加热滞后因子 J 值；

⑤将所测得的汤液的数据转化成固体的数据即可。

如果是经常为客户专门检测的机构，可以对一些形状微小的食物先在实验室做好一系列试验，求出一系列的滞后因子，待正式检测时调用数据即可。

（6）测试样品在杀菌设备内放置位置

有的人员或有的资料认为要将热穿透测试的样品放在杀菌设备内冷点的位置做测试，这种观点初听起来很有道理的，其实是一个误区。因为：

①首先在杀菌设备里，测试人员未必知道哪里是冷点，很难将被测试样品放在所谓冷点的位置去测试；冷点又分为结构性冷点和操作因素性冷点，前者有相对固定位置（但非绝对固定），而后者会游移变化。因而理想化地要将食品放在冷点测试是有难度的。

②另外，如果已经知道了该杀菌设备有冷点，足可以证明该杀菌设备有瑕疵，属于温度不均匀的热力杀菌设备，它本身就不适宜作为食品热力杀菌的设备，更不宜做热穿透测试。首要的问题应该是对设备进行改造，直至它的温度分布均匀为止。

因此，罐藏食品的热穿透测试，对容器放置位置应该没有太机械化的要求，但它必须被放置在热分布测试显示良好的设备中。当然最好也不要放在底部蒸汽直接喷到的位置及顶部冷水直接淋到的部位，以放置在杀菌篮的中部较为适宜。

5. 热穿透测试杀菌强度 F 值公式解析

热穿透测试所采集得到数据主要是食品内部不同时间的温度，现代的温度数据记录仪都能自动如实记录下来。我们只要利用公式就可以求出该食品受到热力杀菌的强度（程度），其计算见公式（5-1）：

$$F = \sum \mathrm{LR}_i = \sum \left[\frac{t_p}{\lg^{-1}(\frac{Rt - Ct}{Z})} \right]_i \tag{5-1}$$

从上面的计算公式，可以看到：

①上式中 Rt 为杀菌参照温度，它是一个相对不变的数值。

对于低酸性食品，以 F_0 为单位，其 Rt 为 121℃；对于酸化食品，以 $F_{(Z/Rt)}$ 表示，当选定了 Z 值和参照温度 Tref 后，如 Z 值为 8.89℃、Rt 为 93.3℃，其参照温度是相对固定的。

②容器内食品内部温度 Ct 值是一个变量，当杀菌温度升高时或杀菌时间增加时，Ct 值也会增加，Ct 值增大，F 值增大；

③微生物耐热性 Z 值以食品属性的关键参数 pH 和水分活度来决定的，食品属性选定后，Z 值也就是一个相对固定的数，但从式中可见，Z 值选得大，F 值会变小；

④如热穿透测试前就设置了采样时间间隔后，其 t_p 值是不变的，t_p 间隔时间越短，测试精度越高。而 $\sum t_p$ 是总的热力杀菌时间，该数值越大，其 F 值也越大。上述计算式内各种关系如表 5-10 所示。

表 5-10 杀菌强度计算公式解析表

计算式内容	含义	变量情况	影响 F 值
Rt	杀菌参照温度（以低酸或酸化食品选定后为不变量）	↑	↓
Ct	容器内食品冷点温度	↑	↑
Z	微生物耐热性	↑	↓
$\sum t_p$	采样测温总时间次数	↑	↑
LR_i	微生物单位时间受热致死率	↑	↑
$\lg^{-1}[(Rt-Ct)/Z]$	微生物对温度数生长规律	以 Rt、Ct、Z 建立对数运算关系，计算出微生物单位时间受热致死率 LR_i	
$\sum LR_i$	所有热力杀菌时间内微生物致死值累加	$\sum LR_i$ 就是热力杀菌强度 F 值	

上述计算公式实质上就是一个求和的关系式，相当于前述的一般法（基本法）求和的含义，现美国习惯性称累积法（cumulated method）计算 F 值。因为是电脑自动完成计算，故已经无须像公式法中要求的考虑加热滞后因子 j_h、冷却滞后因子 j_c、校正零点等一系列工作，而且可以将通过电脑获取的数据予以分析、切割取舍。故电脑软件计算法已经是当今热力杀菌工作者不可缺少的手段。

6. 热穿透测试数据整理切割舍取

罐藏食品热穿透测试的温度转换成杀菌强度 F 值后，有时会发现其数值有差别，这是因为样品与样品之间因固形物、汤汁质量、顶隙、初温、净重等因素不可能完全相同，加之测温探针在罐内的位置不同或变化都会影响到探测结果，进而计算出的杀菌强度 F 值也有所不同。一般而言，数据不同是正常现象。通常以最小的杀菌强度来衡量，倘若最小的 F 值已经达到或超过商业无菌要求，可以判断为符合商业无菌要求。

需要说明一个客观存在现象，那就是不同的杀菌设备不同杀菌方式会引起罐内食品受热时间先后或受热时间长短不一致，也就会引起罐与罐之间杀菌强度测试结果差异。例如：

①静止式杀菌升温阶段，各罐之间初温不一致，各容器所受热均匀度不一样，使罐与罐之间受热程度不一样，这种情况对于对流型传热产品尤为明显。

②静止式杀菌设备在冷却阶段，冷却水从杀菌锅顶部喷下，或冷却水从底部喷汽管自下而上，因杀菌锅体积大，冷却水在从冷水管中喷出时，受设备设计、开孔面积、水压力、流量、冷却水的温度等因素影响，包装容器的冷却速度是不同的，使罐与罐之间受冷却的程度也不　致。这种情况与升温阶段相似，对于对流型传热产品较为明显。

③对传导型传热产品，升温和降温都较均匀。

④高压水浴／喷淋式杀菌设备是以水为传热介质的，其热熔值低，包装容器在升温阶段受热不太均匀，而在杀菌和冷却阶段温度较均匀。

⑤采用常压水浴式连续杀菌设备杀菌的产品，因容器在移动过程中，内容物、汤汁在容器内翻动，而不同的容器与容器之间内容物形态大小也有所不同，造成 F 值离差较大，这是正常的现象。只要最小 F 值在安全范围内，可验证杀菌规程的安全性。

鉴于上述的事实，就有必要合理切割取舍数据，以获得较为一致的杀菌强度 F 值，可以使罐藏食品热穿透测试所得到的杀菌强度离差值缩小，表 5-11 为用不同杀菌设备所获得的热穿透数据及 F 值在安全性评估时选择性取舍的汇总建议表。总之，取舍截取热穿透数据的目的一是要使测试结果离差值缩小，二是将不稳定的 F 值舍去，使评估产品安全性时安全系数更大。

表 5-11 杀菌强度 F 值计算阶段取舍建议表

杀菌设备型式			高压静止蒸汽杀菌设备（卧 / 立）		高压静止水浴 / 高压喷淋水杀菌		常压连续 /喷淋，高压回转
产品主要传热方式			对流 / 混合	传导型	对流 / 混合	传导	对流 / 混合
杀菌规程	升温阶段	A	×	√	×	×	√
	杀菌恒温	B	√	√	√	√	√
	冷却阶段	C	× / √	√	√	√	√
$\sum F$			B+（C）	A+B+C	B+C	B+C	A+B+C
注:"√"表示采集，"×"表示可不采集。							

7. 警惕热穿透测试中对 F 值的曲解

有的测试人员对 F 值有所曲解，他们认为罐藏食品的杀菌强度只要达到和超过商业无菌的门槛，就认为杀菌可以结束，如果再杀菌就会浪费蒸汽。其实热力杀菌不仅是一个杀菌过程，它同时也是一个烹调过程。多数罐藏食品是在热力杀菌过程中完成烹调程序，并实现产品的商业价值。例如八宝粥罐头的杀菌，它的 F_0 值都在 60min 以上，有的品牌达到 80min 以上，按理来说以肉毒杆菌的耐热性 D 值 12 倍的安全 F_0 值，只要 2.52min，考虑安全系数，国际上和我国的国标都以 ≥3.0min 要求，但对于八宝粥罐头，如果它的杀菌强度在 3.0min 时，它的内容物几乎全是生的，根本无法食用，为了要使粥充分糊化，必须要用较大的杀菌强度杀菌，使产品既达到商业无菌状态，又实现了商品的商业价值。

鉴于上述的实例，热力测试的技术人员与企业的生产及产品研发人员共同研讨制定产品的热力杀菌规程是一个不错的选择。

8. 测试杀菌设备有效性

罐藏食品的热穿透测试的设备可以在大型的实际生产性杀菌设备内进行，也可以在合规的小型的实验性杀菌设备内进行。合规的实验性杀菌设备配置较高，有的甚至能显示杀菌强度及具备记录的功能，这类设备的测试结果与大型的生产性设备测试结果几乎一致，美国很多热力杀菌规程都出自实验性杀菌设备之测试。但有些实验性杀菌设备过于简单，控温控压精度较差，并不适宜热穿透测试。

有人认为，生产性杀菌设备比实验室杀菌锅蒸汽足，因而实验室的结果不适用于热穿透，这种观点其实是不全面的。热力杀菌靠温度和时间共同作用，只要温度与时间一致，不同的杀菌设备效果是一样的。重要的是两个设备的温度控制的精度应一致。故实验室制定的热力杀菌规程，最好在生产性杀菌设备上作验证。

9. 无菌罐装产品热穿透测试

（1）液态食品无菌罐装核心设备——超高温杀菌设备

目前，我国市场上涌现了大量的液态无菌罐装产品，其中主要有无菌罐装的酸化食品（如果汁类）和低酸性食品（如豆奶和乳品类）。这些产品大部分是用超高温短时间来杀菌的，俗称 UHT（Ultra-high temperature）杀菌设备。对 UHT 设备处理的食品的杀菌强度安全性进行评估，也需要做热穿透测试。

广泛的乳品类生产都使用 UHT 设备杀菌，对于 UHT 杀菌的杀菌强度，较少用专业的杀菌强度 F 值来评估，大部分都引用制造企业提供的数据，即用杀菌温度与杀菌时间的组合来表示。如表达为 135℃、8s，或 136℃、5s。它们之间究竟哪一个杀菌强度大呢？如果光看这两组数据，一时是难以辨别的。将它们的数据用公式计算后，可知晓：135℃、8s 的 F_0（3.3492min）是大于 136℃、5s 的 F_0（2.6352min），所以 UHT 设备的杀菌强度单位表示与传统的罐藏食品是一样的，即杀菌强度 F 值，而 F 值的归类（酸化食品的 $F_{(Z/Tref)}$ 或低酸食品的 F_0 值）、大小与传统罐藏食品也完全一致。但这种设备的测试方法有别于罐头食品中放置温度数据记录仪的方法，而是要求测试或验证以下的数据便可以计算出该无菌灌装系统的杀菌强度 F 值：

①要测试出被杀菌的物料的流量（一般可以观察 UHT 设备中流量计读出数值）；

②物料在 UHT 设备的加热管出口尾端的温度（现代的 UHT 系统均有显示或记录）；

③物料在 UHT 设备加热后进入保温管尾端的温度（现代的 UHT 系统均有显示或记录）；

④物料在 UHT 设备保温管内停留的时间（该时间设备没有记录，需测试人员计算）。

除此以外，要严格控制包装材料的杀菌和灌装间的洁净度，包材与灌装区域的杀菌，一般用洁净的化学制剂（如 H_2O_2）来完成，实现真正的无菌罐装。

（2）UHT 设备测试要点简述

①测试温度点位置

如图 5-10 所示，可以看到，物料在 UHT 加热区中是接受管道中夹套的热源加温，以蒸汽或过热水为热媒。加温后的物料被输入保温管（也有称保持管，Holding tube）区域，该保温管区域没有热源加温，它仅靠物料自身的温度维持一段时间（Holding time）。图中Ⓐ点的温度是最高温度的点，物料经过保温管后温度略有下降（因管外有保温材料，温度下降极微），到了出口端，它的温度是保温管中最低的温度点，可以用此保温管尾端Ⓑ点的温度来代表杀菌温度。而在保温管中停留的时间可以视作杀菌时间 t。

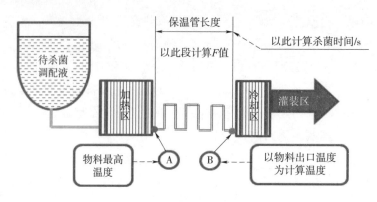

低酸食品UHT杀菌*F*值计算示意图

图 5-10   UHT 设备计算杀菌强度示意图

不采用Ⓐ点的温度而用Ⓑ点的较低的温度主要是考量计算结果要更保险和更安全。

②杀菌强度计算公式

国标 GB/T 39945—2021 附录 A 中显示杀菌强度公式是 $F=t/60 \times 10^{(Ct-Rt)/Z}$，其实它与传统罐藏食品的计算式本质是一样的，仅将杀菌时间的秒转换为分钟，并把对数运算简化成指数运算。上述公式中 t 为物料在保温管中停留的时间，可以理解为物料被杀菌的总时间。物料温度 Ct 就是Ⓑ点的温度，而 Rt 也就是杀菌参照温度，对于低酸性食品 Rt 定义为 121℃，Z 值可选择 10℃。

③UHT 杀菌方式物料热穿透测试 F_0 值计算示例：

A. 测量保温管的内径

大多数保温管是可以拆卸的，因为需要应对不同产品，需要增加或减少保温管的长度。拆开保温管就可用游标卡尺轻易量出管的内径，通常不锈钢管的内径有 DN32（1.25in）、DN40（1.5in）、DN50（2in）、DN65（2.5in）、DN80（3in）等不同的规格，也可以通过外径减去壁厚计算出管的内径。保温管的内径记可作 "D"（单位为 mm）。

B. 测量保温管的长度

保温管的直线长度很容易用卷尺测量得出，而弯头可以用中径长度测量得出，测得总长度可记作 "L"（单位为 m）。

C. 确定 UHT 流量

流量表可以直接从仪表上读取，可记作 "Q"（通常单位为 m³/h）。

如设备没有配备流量表，可以通过查阅设备均质机的输出流量规格来确定。也可以用单位时间输出数量测算出流量，测算方法为

$$Q=(V/1000 \times N \times 60)/1000 \qquad (5-2)$$

式中：

Q——计算流量，单位为立方米／时（m³/h）；

N——输出量（产量），单位为分（min）；

V——每包装单位容量，单位为毫升（mL）。

D. 确定保温管的总容量

$$V_h = \pi \times (D/2)2 \times L \tag{5-3}$$

式中：

V_h——保温管容积，单位为升（L）；

D——保温管内径；

L——保温管的长度。

E. UHT 每秒钟流量

$$Ls = Q/60/60 \tag{5-4}$$

F. 物料在保温管内滞留时间

$$t = V_h/Ls \tag{5-5}$$

将上述的在保温管中物料滞留时间 t 数值代入杀菌强度公式 $F = t/60 \times 10^{(Ct-Rt)/Z}$ 中，便可以计算出杀菌强度 F 值。

④ UHT 杀菌强度校正

尽管 UHT 杀菌强度经上述步骤计算出来，但那是假设液体物料完全充满 UHT 保温管内的理想状态的参数。实际上有一些因素会影响物料在保温管内的受热状况，这些因素必须要考虑进去，故某些参数要给予修正，兹将修正参数内容简介如下：

A. 在受热时物料体积要膨胀，故要考虑因物料的热膨胀减少了的实际流量；

一般来说热膨胀系数可以由实验室测定，热膨胀系数测定的公式如下：

$$\alpha = \Delta V/(V \times \Delta T) \tag{5-6}$$

有了膨胀系数，就可以计算出膨胀后体积

$$V_{热胀} = V_{常}(1+\alpha) \tag{5-7}$$

在上述计算中，需用修正后热膨胀容积取代原有的容积，这样使 F 值略微降低。

B. 液体物料在管道中流动的状态可能是"层流"或"湍流"，不同的流动方式会影响物料在保温管中滞留时间，故要加以修正。为确定流动方式，须按以下雷诺系数计算的数值来判断液体流动方式：

$$Re = \rho V D/\mu \tag{5-8}$$

式中：

Re——雷诺系数；

ρ——物料密度；

V——物料流速；

D——保温管的内径；

μ——黏度。

当计算出的雷诺系数大于 4000 时，可判断为"湍流"，小于 2300 时为"层流"，其中间值为过渡型。目前美国 FDA 的 2541g 注册登记表中规定了流量属于湍流型，修正系数用 0.83；属于层流型，修正系数用 0.50。将获取的修正系数乘以流量后等于产生了新的修正流量（其实变小了），使 F 值也相应减小。

综上所述，用 UHT 设备杀菌的杀菌强度（F 值）计算公式实际上可演化为下式所示：

$$F = f_c \times (t/60) \times (10^{(Ct-Rt)/Z}) \tag{5-9}$$

式中：

F——物料在 UHT 杀菌设备中被杀菌的杀菌强度，单位为分（min）。

f_c——物料流量校正系数，按雷诺系数计算，层流取 0.50，而湍流取 0.80。

t ——物料在 UHT 杀菌设备保温管中停留时间，单位为秒（s）。

60——物料在 UHT 杀菌设备保温管中停留时间秒数转换成分数的系数。

Ct——保温管出口处的物料温度，它是冷却前最低温度点。

Rt——杀菌参照温度，通常酸化食品取 93.3℃；低酸性食品取 121.1℃。

Z——微生物耐热性的 Z 值，通常酸化食品取 8.89℃，低酸性食品取 10℃。

10. 重温罐藏食品热穿透测试意义

罐藏食品热穿透测试的意义是相当重要的。

（1）衡量罐藏食品热力杀菌规程是否达到了商业无菌食品安全状态，这是验证原有的热力杀菌规程安全性的有效方法。

（2）由热穿透数据导航，可简易调整热力杀菌规程，使罐藏食品安全更有保障。

（3）通过热穿透测试，可了解热力杀菌阶段食品内温度变化过程，并以对照食品的感官（形态色香味）、各项理化指标与温度作对比，改善热力杀菌规程，为制作出好的罐藏食品提供量化依据。

（4）以数字化的好手段来制定热力杀菌规程，既确保了产品商业无菌又实现良好的商业价值。

三、案例分享

罐藏食品的热穿透测试资料中可以发现有些产品的热力杀菌规程制定得比较合理，既能符合商业无菌，又兼顾了产品品质的商业价值。现以某国际知名品牌饮料为例，展示它的热穿透测试资料（见表 5-12），供读者研习。

有些企业产品的热穿透数据表明，其热力杀菌规程制定得不合理（见表 5-13）。企业凭热穿透数据，改进热力杀菌规程，使产品既符合商业无菌，还满足了商业价值需要。

表5-12　某食品公司 280mL 玻璃瓶装乳饮料热穿透测试数据表

记录时间	1 温度℃	1 ΣF₀	2 温度℃	2 ΣF₀	3 温度℃	3 ΣF₀	4 温度℃	4 ΣF₀	5 温度℃	5 ΣF₀	6 温度℃	6 ΣF₀	7 温度℃	7 ΣF₀	8 温度℃	8 ΣF₀	9 温度℃	9 ΣF₀	10 温度℃	10 ΣF₀	11 温度℃	11 ΣF₀	12 温度℃	12 ΣF₀	13 温度℃	13 ΣF₀	14 温度℃	14 ΣF₀	15 温度℃	15 ΣF₀	16 温度℃	16 ΣF₀	17 @Mig	阶段
23:04:45	30.06	3.00	30.57	0.00	33.67	0.00	36.45	0.00	36.81	0.00	30.57	0.00	30.25	0.00	34.41	0.00	36.57	0.00	38.50	0.00	30.71	0.00	31.10	0.00	32.76	0.00	35.00	0.00	38.43	0.00	37.24	0.00	55.20	升温阶段（Come up time）
23:05:00	30.56	0.00	31.11	0.00	34.71	0.00	37.80	0.00	38.10	0.00	31.14	0.00	30.35	0.00	35.57	0.00	37.93	0.00	39.93	0.00	31.22	0.00	31.71	0.00	33.63	0.00	36.15	0.00	39.90	0.00	38.57	0.00	57.05	
23:05:15	31.09	0.00	31.77	0.00	35.82	0.00	39.22	0.00	39.44	0.00	31.75	0.00	30.55	0.00	36.77	0.00	39.30	0.00	41.34	0.00	31.80	0.00	32.49	0.00	34.57	0.00	37.35	0.00	41.37	0.00	39.92	0.00	58.86	
23:05:30	31.68	0.00	32.52	0.00	36.98	0.00	40.68	0.00	40.80	0.00	32.47	0.00	31.22	0.00	37.99	0.00	40.72	0.00	42.76	0.00	32.41	0.00	33.33	0.00	35.59	0.00	38.61	0.00	42.86	0.00	41.32	0.00	60.65	
23:05:45	32.42	0.40	33.33	0.00	38.16	0.00	42.11	0.00	42.13	0.00	33.27	0.00	31.94	0.00	39.27	0.00	42.16	0.00	44.21	0.00	33.13	0.00	34.21	0.00	36.68	0.00	39.91	0.00	44.37	0.00	42.76	0.00	62.30	
23:06:00	33.22	0.00	34.18	0.00	39.38	0.00	43.55	0.00	43.48	0.00	34.16	0.00	32.72	0.00	40.55	0.00	43.58	0.00	45.70	0.00	33.89	0.00	35.16	0.00	37.82	0.00	41.24	0.00	45.88	0.00	44.26	0.00	64.04	
23:06:15	34.09	0.03	35.07	0.00	40.62	0.00	44.99	0.00	44.85	0.00	35.10	0.00	33.55	0.00	41.86	0.00	45.02	0.00	47.23	0.00	34.73	0.00	36.17	0.00	38.99	0.00	42.57	0.00	47.40	0.00	45.78	0.00	59.30	
23:06:30	35.02	0.00	36.06	0.00	41.94	0.00	46.47	0.00	46.29	0.00	36.15	0.00	34.42	0.00	43.22	0.00	46.46	0.00	48.70	0.00	35.65	0.00	37.21	0.00	40.13	0.00	43.82	0.00	48.72	0.00	47.17	0.00	59.28	
23:06:45	35.98	0.00	37.03	0.00	43.12	0.00	47.64	0.00	47.35	0.00	37.12	0.00	35.25	0.00	44.29	0.00	47.46	0.00	49.61	0.00	36.55	0.00	38.20	0.00	41.17	0.00	44.92	0.00	49.50	0.00	48.19	0.00	59.82	
23:07:00	36.88	0.00	37.93	0.00	44.13	0.00	48.55	0.00	48.09	0.00	38.07	0.00	36.01	0.00	45.24	0.00	48.32	0.00	50.24	0.00	37.43	0.00	39.14	0.00	42.08	0.00	45.76	0.00	50.09	0.00	49.14	0.00	64.10	
23:07:15	37.76	0.00	38.80	0.00	45.08	0.00	49.39	0.00	48.72	0.00	38.96	0.00	36.78	0.00	46.16	0.00	49.16	0.00	50.76	0.00	38.24	0.00	40.05	0.00	42.91	0.00	46.61	0.00	50.68	0.00	50.07	0.00	58.93	
23:07:30	38.64	0.00	39.65	0.00	46.03	0.00	50.28	0.00	49.43	0.00	39.91	0.00	37.57	0.00	47.14	0.00	50.10	0.00	51.51	0.00	39.13	0.00	40.98	0.00	43.77	0.00	47.49	0.00	51.40	0.00	51.05	0.00	59.80	
23:07:45	39.54	0.00	40.50	0.00	46.94	0.00	51.09	0.00	50.03	0.00	40.78	0.00	38.34	0.00	47.91	0.00	50.79	0.00	52.06	0.00	39.83	0.00	41.81	0.00	44.57	0.00	48.23	0.00	51.92	0.00	51.74	0.00	62.36	
23:08:00	40.38	0.00	41.32	0.00	47.67	0.00	51.70	0.00	50.51	0.00	41.63	0.00	39.04	0.00	48.68	0.00	51.39	0.00	52.50	0.00	40.71	0.00	42.63	0.00	45.31	0.00	48.86	0.00	52.38	0.00	52.42	0.00	65.39	
23:08:15	41.17	0.00	42.09	0.00	48.36	0.00	52.32	0.00	51.02	0.00	42.49	0.00	39.79	0.00	49.50	0.00	52.17	0.00	53.10	0.00	41.69	0.00	43.46	0.00	46.09	0.00	49.58	0.00	52.99	0.00	53.32	0.00	67.50	
23:08:30	42.02	0.00	42.89	0.00	49.31	0.00	53.13	0.00	51.76	0.00	43.44	0.00	40.59	0.00	50.39	0.00	53.13	0.00	53.95	0.00	42.91	0.00	44.36	0.00	46.95	0.00	50.42	0.00	53.85	0.00	54.30	0.00	69.59	
23:08:45	42.93	0.00	+3.76	0.00	50.24	0.00	54.08	0.00	52.74	0.00	44.40	0.00	41.42	0.00	51.49	0.00	54.18	0.00	55.09	0.00	43.54	0.00	45.26	0.00	47.86	0.00	51.36	0.00	54.96	0.00	55.20	0.00	71.50	
23:09:00	43.85	0.00	44.67	0.00	51.22	0.00	55.08	0.00	53.85	0.00	45.37	0.00	42.31	0.00	52.56	0.00	55.30	0.00	56.28	0.00	44.70	0.00	46.20	0.00	48.84	0.00	52.38	0.00	56.18	0.00	56.33	0.00	74.42	
23:09:15	44.81	0.00	45.63	0.00	52.25	0.00	56.30	0.00	55.06	0.00	46.44	0.00	43.27	0.00	53.73	0.00	56.54	0.00	57.66	0.00	45.83	0.00	47.19	0.00	49.97	0.00	53.53	0.00	57.53	0.00	57.48	0.00	73.36	
23:09:30	45.83	0.00	46.61	0.00	53.35	0.00	57.66	0.00	56.48	0.00	47.50	0.00	44.30	0.00	55.01	0.00	57.94	0.00	59.07	0.00	46.79	0.00	48.26	0.00	51.12	0.00	54.76	0.00	58.99	0.00	58.80	0.00	73.03	
23:09:45	46.88	0.00	47.63	0.00	54.49	0.00	58.89	0.00	57.73	0.00	48.64	0.00	45.35	0.00	56.22	0.00	59.19	0.00	60.28	0.00	47.70	0.00	49.31	0.00	52.22	0.00	55.92	0.00	60.25	0.00	60.19	0.00	72.47	
23:10:00	47.92	0.00	48.51	0.00	55.60	0.00	60.00	0.00	58.84	0.00	49.57	0.00	46.39	0.00	57.34	0.00	60.21	0.00	61.24	0.00	48.54	0.00	50.33	0.00	53.30	0.00	56.99	0.00	61.23	0.00	61.25	0.00	71.83	
23:10:15	48.89	0.00	49.57	0.00	56.64	0.00	60.93	0.00	59.73	0.00	50.75	0.00	47.38	0.00	58.30	0.00	61.13	0.00	62.04	0.00	49.69	0.00	51.31	0.00	54.29	0.00	57.94	0.00	61.99	0.00	62.19	0.00	70.10	

续表

记录时间	1 温度℃	1 ΣF₀	2 温度℃	2 ΣF₀	3 温度℃	3 ΣF₀	4 温度℃	4 ΣF₀	5 温度℃	5 ΣF₀	6 温度℃	6 ΣF₀	7 温度℃	7 ΣF₀	8 温度℃	8 ΣF₀	9 温度℃	9 ΣF₀	10 温度℃	10 ΣF₀	11 温度℃	11 ΣF₀	12 温度℃	12 ΣF₀	13 温度℃	13 ΣF₀	14 温度℃	14 ΣF₀	15 温度℃	15 ΣF₀	16 温度℃	16 ΣF₀	17 @Mig	阶段
23:10:30	49.83	0.00	50.45	0.00	57.67	0.00	61.72	0.00	60.47	0.00	51.68	0.00	48.34	0.00	59.19	0.00	61.86	0.00	62.65	0.00	50.65	0.00	52.25	0.00	55.21	0.00	58.74	0.00	62.57	0.00	62.96	0.00	69.48	升温阶段（Come up time）
23:10:45	50.71	0.00	51.29	0.00	58.38	0.00	62.38	0.00	61.08	0.00	52.62	0.00	49.24	0.00	59.92	0.00	62.45	0.00	63.10	0.00	51.17	0.00	53.11	0.00	56.00	0.00	59.43	0.00	62.98	0.00	63.53	0.00	68.73	
23:11:00	51.53	0.00	52.11	0.00	59.11	0.00	62.83	0.00	61.53	0.00	53.54	0.00	50.07	0.00	60.50	0.00	62.95	0.00	63.38	0.00	52.04	0.00	53.89	0.00	56.65	0.00	60.00	0.00	63.25	0.00	63.98	0.00	68.14	
23:11:15	52.32	0.00	52.89	0.00	59.72	0.00	63.30	0.00	61.93	0.00	54.25	0.00	50.83	0.00	61.08	0.00	63.34	0.00	63.61	0.00	52.77	0.00	54.63	0.00	57.26	0.00	60.50	0.00	63.48	0.00	64.35	0.00	67.62	
23:11:30	53.06	0.00	53.58	0.00	60.10	0.00	63.61	0.00	62.26	0.00	55.02	0.00	51.55	0.00	61.53	0.00	63.65	0.00	63.69	0.00	53.28	0.00	55.28	0.00	57.80	0.00	60.93	0.00	63.65	0.00	64.67	0.00	67.19	
23:11:45	53.75	0.00	54.23	0.00	60.67	0.00	63.86	0.00	62.51	0.00	55.65	0.00	52.23	0.00	61.85	0.00	63.89	0.00	63.84	0.00	54.20	0.00	55.87	0.00	58.29	0.00	61.29	0.00	63.76	0.00	64.89	0.00	66.82	
23:12:00	54.40	0.00	54.80	0.00	61.07	0.00	64.07	0.00	62.69	0.00	56.29	0.00	52.86	0.00	62.21	0.00	64.08	0.00	63.95	0.00	54.69	0.00	56.41	0.00	58.72	0.00	61.60	0.00	63.85	0.00	64.99	0.00	66.51	
23:12:15	55.00	0.00	55.37	0.00	61.43	0.00	64.21	0.00	62.84	0.00	56.83	0.00	53.45	0.00	62.47	0.00	64.25	0.00	64.01	0.00	55.15	0.00	56.91	0.00	59.11	0.00	61.85	0.00	63.91	0.00	65.09	0.00	66.25	
23:12:30	55.58	0.00	55.88	0.00	61.70	0.00	64.32	0.00	62.99	0.00	57.35	0.00	53.99	0.00	62.74	0.00	64.40	0.00	64.08	0.00	55.74	0.00	57.39	0.00	59.44	0.00	62.10	0.00	63.96	0.00	65.18	0.00	66.02	
23:12:45	56.10	0.00	56.38	0.00	61.97	0.00	64.42	0.00	63.10	0.00	57.82	0.00	54.51	0.00	62.94	0.00	64.49	0.00	64.11	0.00	56.17	0.00	57.83	0.00	59.79	0.00	62.30	0.00	64.01	0.00	65.30	0.00	65.82	
23:13:00	56.58	0.00	56.82	0.00	62.11	0.00	64.50	0.00	63.20	0.00	58.25	0.00	54.99	0.00	63.09	0.00	64.58	0.00	64.15	0.00	56.63	0.00	58.24	0.00	60.10	0.00	62.45	0.00	64.03	0.00	65.34	0.00	65.66	
23:13:15	57.04	0.00	57.23	0.00	62.41	0.00	64.61	0.00	63.31	0.00	58.66	0.00	55.44	0.00	63.30	0.00	64.65	0.00	64.17	0.00	56.98	0.00	58.60	0.00	60.37	0.00	62.62	0.00	64.06	0.00	65.38	0.00	65.52	
23:13:30	57.47	0.00	57.62	0.00	62.60	0.00	64.66	0.00	63.36	0.00	59.02	0.00	55.88	0.00	63.43	0.00	64.71	0.00	64.18	0.00	57.36	0.00	58.96	0.00	60.61	0.00	62.75	0.00	64.07	0.00	65.39	0.00	65.39	
23:13:45	57.88	0.00	57.97	0.00	62.77	0.00	64.72	0.00	63.45	0.00	59.36	0.00	56.29	0.00	63.55	0.00	64.75	0.00	64.15	0.00	58.04	0.00	59.25	0.00	60.83	0.00	62.88	0.00	64.10	0.00	65.40	0.00	65.29	
23:14:00	58.25	0.00	58.30	0.00	62.90	0.00	64.75	0.00	63.47	0.00	59.69	0.00	56.68	0.00	63.66	0.00	64.78	0.00	64.19	0.00	58.16	0.00	59.53	0.00	61.06	0.00	62.98	0.00	64.10	0.00	65.41	0.00	65.20	
23:14:15	58.60	0.00	58.61	0.00	63.04	0.00	64.78	0.00	63.54	0.00	59.96	0.00	57.04	0.00	63.75	0.00	64.80	0.00	64.22	0.00	58.43	0.00	59.83	0.00	61.27	0.00	63.07	0.00	64.12	0.00	65.41	0.00	65.12	
23:14:30	58.92	0.00	58.92	0.00	63.14	0.00	64.82	0.00	63.58	0.00	60.26	0.00	57.39	0.00	63.81	0.00	64.83	0.00	64.23	0.00	58.76	0.00	60.10	0.00	61.47	0.00	63.17	0.00	64.14	0.00	65.40	0.00	65.06	
23:14:45	59.23	0.00	59.20	0.00	63.27	0.00	64.83	0.00	63.62	0.00	60.51	0.00	57.71	0.00	63.91	0.00	64.84	0.00	64.24	0.00	59.03	0.00	60.33	0.00	61.65	0.00	63.27	0.00	64.15	0.00	65.41	0.00	65.00	
23:15:00	59.52	0.00	59.46	0.00	63.36	0.00	64.83	0.00	63.64	0.00	60.75	0.00	58.02	0.00	63.99	0.00	64.84	0.00	64.24	0.00	59.31	0.00	60.56	0.00	61.82	0.00	63.34	0.00	64.15	0.00	65.39	0.00	64.95	
23:15:15	59.79	0.00	59.70	0.00	63.46	0.00	64.83	0.00	63.68	0.00	60.98	0.00	58.31	0.00	64.00	0.00	64.84	0.00	64.24	0.00	59.69	0.00	60.78	0.00	61.97	0.00	63.42	0.00	64.15	0.00	65.38	0.00	64.91	
23:15:30	60.05	0.00	59.95	0.00	63.54	0.00	64.84	0.00	63.68	0.00	61.18	0.00	58.60	0.00	64.03	0.00	64.85	0.00	64.24	0.00	59.83	0.00	60.97	0.00	62.12	0.00	63.48	0.00	64.16	0.00	65.32	0.00	64.89	
23:15:45	60.29	0.00	60.18	0.00	63.58	0.00	64.84	0.00	63.75	0.00	61.38	0.00	58.85	0.00	64.09	0.00	64.87	0.00	64.24	0.00	60.16	0.00	61.16	0.00	62.26	0.00	63.56	0.00	64.16	0.00	65.34	0.00	64.85	

续表

阶段：升温阶段（Come up time）

记录时间	1 温度℃	1 ΣF₀	2 温度℃	2 ΣF₀	3 温度℃	3 ΣF₀	4 温度℃	4 ΣF₀	5 温度℃	5 ΣF₀	6 温度℃	6 ΣF₀	7 温度℃	7 ΣF₀	8 温度℃	8 ΣF₀	9 温度℃	9 ΣF₀	10 温度℃	10 ΣF₀	11 温度℃	11 ΣF₀	12 温度℃	12 ΣF₀	13 温度℃	13 ΣF₀	14 温度℃	14 ΣF₀	15 温度℃	15 ΣF₀	16 温度℃	16 ΣF₀	17 @Mig
23:16:00	60.54	0.00	60.40	0.00	63.62	0.00	64.83	0.00	63.77	0.00	61.56	0.00	59.11	0.00	64.14	0.00	64.88	0.00	64.24	0.00	60.36	0.00	61.33	0.00	62.36	0.00	63.60	0.00	64.18	0.00	65.31	0.00	64.84
23:16:15	60.76	0.00	60.59	0.00	63.73	0.00	64.82	0.00	63.78	0.00	61.71	0.00	59.35	0.00	64.19	0.00	64.88	0.00	64.24	0.00	60.48	0.00	61.50	0.00	62.45	0.00	63.65	0.00	64.18	0.00	65.27	0.00	64.81
23:16:30	60.96	0.00	60.78	0.00	63.81	0.00	64.81	0.00	63.81	0.00	61.87	0.00	59.59	0.00	64.23	0.00	64.89	0.00	64.26	0.00	60.70	0.00	61.67	0.00	62.57	0.00	63.70	0.00	64.19	0.00	65.26	0.00	64.80
23:16:45	61.16	0.00	60.96	0.00	63.86	0.00	64.82	0.00	63.82	0.00	62.02	0.00	59.79	0.00	64.26	0.00	64.87	0.00	64.26	0.00	60.87	0.00	61.81	0.00	62.69	0.00	63.71	0.00	64.19	0.00	65.23	0.00	64.80
23:17:00	61.34	0.00	61.13	0.00	63.89	0.00	64.81	0.00	63.84	0.00	62.16	0.00	60.00	0.00	64.27	0.00	64.87	0.00	64.26	0.00	61.05	0.00	61.94	0.00	62.78	0.00	63.76	0.00	64.20	0.00	65.22	0.00	64.78
23:17:15	61.49	0.00	61.29	0.00	63.97	0.00	64.81	0.00	63.85	0.00	62.30	0.00	60.20	0.00	64.31	0.00	64.85	0.00	64.26	0.00	61.22	0.00	62.06	0.00	62.87	0.00	63.79	0.00	64.21	0.00	65.20	0.00	64.78
23:17:30	61.66	0.00	61.45	0.00	64.02	0.00	64.82	0.00	63.87	0.00	62.43	0.00	60.40	0.00	64.32	0.00	64.85	0.00	64.27	0.00	61.40	0.00	62.19	0.00	62.95	0.00	63.83	0.00	64.21	0.00	65.16	0.00	64.78
23:17:45	61.80	0.00	61.59	0.00	64.04	0.00	64.81	0.00	63.89	0.00	62.55	0.00	60.57	0.00	64.36	0.00	64.85	0.00	64.27	0.00	61.55	0.00	62.31	0.00	63.03	0.00	63.87	0.00	64.23	0.00	65.17	0.00	64.80
23:18:00	61.95	0.00	61.74	0.00	64.07	0.00	64.79	0.00	63.91	0.00	62.66	0.00	60.75	0.00	64.39	0.00	64.85	0.00	64.27	0.00	61.69	0.00	62.42	0.00	63.11	0.00	63.90	0.00	64.24	0.00	65.16	0.00	64.80
23:18:15	62.08	0.00	61.85	0.00	64.08	0.00	64.78	0.00	63.94	0.00	62.77	0.00	60.91	0.00	64.40	0.00	64.85	0.00	64.28	0.00	61.83	0.00	62.53	0.00	63.17	0.00	63.93	0.00	64.24	0.00	65.13	0.00	64.80
23:18:30	62.21	0.00	61.97	0.00	64.12	0.00	64.79	0.00	63.95	0.00	62.87	0.00	61.07	0.00	64.42	0.00	64.84	0.00	64.29	0.00	62.00	0.00	62.63	0.00	63.23	0.00	63.97	0.00	64.25	0.00	65.13	0.00	64.81
23:18:45	62.33	0.00	62.08	0.00	64.17	0.00	64.79	0.00	63.98	0.00	62.96	0.00	61.22	0.00	64.45	0.00	64.84	0.00	64.29	0.00	62.08	0.00	62.72	0.00	63.30	0.00	63.99	0.00	64.27	0.00	65.12	0.00	66.77
23:19:00	62.43	0.00	62.20	0.00	64.21	0.00	64.79	0.00	64.00	0.00	63.05	0.00	61.36	0.00	64.46	0.00	64.84	0.00	64.31	0.00	62.21	0.00	62.81	0.00	63.39	0.00	64.02	0.00	64.28	0.00	65.12	0.00	67.90
23:19:15	62.55	0.00	62.33	0.00	64.22	0.00	64.81	0.00	64.02	0.00	63.14	0.00	61.52	0.00	64.51	0.00	64.91	0.00	64.36	0.00	62.34	0.00	62.93	0.00	63.48	0.00	64.12	0.00	64.34	0.00	65.21	0.00	69.30
23:19:30	62.68	0.00	62.46	0.00	64.33	0.00	64.93	0.00	64.11	0.00	63.28	0.00	61.70	0.00	64.62	0.00	65.04	0.00	64.49	0.00	62.50	0.00	63.07	0.00	63.63	0.00	64.23	0.00	64.52	0.00	65.32	0.00	70.39
23:19:45	62.86	0.00	62.62	0.00	64.48	0.00	65.04	0.00	64.39	0.00	63.45	0.00	61.92	0.00	64.85	0.00	65.32	0.00	64.80	0.00	62.70	0.00	63.23	0.00	63.83	0.00	64.46	0.00	64.86	0.00	65.48	0.00	71.48
23:20:00	63.05	0.00	62.83	0.00	64.65	0.00	65.37	0.00	65.11	0.00	63.64	0.00	62.18	0.00	65.09	0.00	65.76	0.00	65.45	0.00	62.95	0.00	63.44	0.00	64.03	0.00	64.83	0.00	65.51	0.00	65.77	0.00	72.46
23:20:15	63.28	0.00	63.09	0.00	64.77	0.00	65.92	0.00	65.78	0.00	63.88	0.00	62.45	0.00	65.44	0.00	66.27	0.00	66.26	0.00	63.43	0.00	63.67	0.00	64.40	0.00	65.31	0.00	66.24	0.00	66.34	0.00	73.43
23:20:30	63.51	0.00	63.37	0.00	64.98	0.00	66.48	0.00	66.36	0.00	64.11	0.00	62.74	0.00	65.79	0.00	66.81	0.00	67.00	0.00	63.75	0.00	63.94	0.00	64.82	0.00	65.80	0.00	66.94	0.00	66.88	0.00	74.27
23:20:45	63.76	0.00	63.56	0.00	65.53	0.00	67.00	0.00	66.93	0.00	64.35	0.00	63.05	0.00	66.33	0.00	67.36	0.00	67.70	0.00	63.97	0.00	64.21	0.00	65.25	0.00	66.31	0.00	67.61	0.00	67.42	0.00	75.04
23:21:00	64.01	0.00	63.55	0.00	65.98	0.00	67.55	0.00	67.52	0.00	64.65	0.00	63.40	0.00	66.76	0.00	67.94	0.00	68.37	0.00	64.15	0.00	64.52	0.00	65.73	0.00	66.84	0.00	68.23	0.00	67.97	0.00	75.70
23:21:15	64.28	0.00	64.31	0.00	66.51	0.00	68.15	0.00	68.12	0.00	64.93	0.00	63.79	0.00	67.27	0.00	68.54	0.00	69.01	0.00	64.54	0.00	64.92	0.00	66.23	0.00	67.42	0.00	68.89	0.00	68.56	0.00	76.38

续表

记录时间	1 温度℃	1 ΣF₀	2 温度℃	2 ΣF₀	3 温度℃	3 ΣF₀	4 温度℃	4 ΣF₀	5 温度℃	5 ΣF₀	6 温度℃	6 ΣF₀	7 温度℃	7 ΣF₀	8 温度℃	8 ΣF₀	9 温度℃	9 ΣF₀	10 温度℃	10 ΣF₀	11 温度℃	11 ΣF₀	12 温度℃	12 ΣF₀	13 温度℃	13 ΣF₀	14 温度℃	14 ΣF₀	15 温度℃	15 ΣF₀	16 温度℃	16 ΣF₀	17 @Mig
23：21：30	64.61	0.00	64.71	0.00	67.13	0.00	68.82	0.00	68.71	0.00	65.31	0.00	64.20	0.00	67.88	0.00	69.10	0.00	69.63	0.00	65.03	0.00	65.33	0.00	66.70	0.00	67.90	0.00	69.48	0.00	69.17	0.00	77.04
23：21：45	64.97	0.00	65.12	0.00	67.68	0.00	69.40	0.00	69.28	0.00	65.74	0.00	64.64	0.00	68.46	0.00	69.64	0.00	70.22	0.00	65.45	0.00	65.81	0.00	67.15	0.00	68.46	0.00	70.09	0.00	69.77	0.00	77.68
23：22：00	65.38	0.00	65.55	0.00	68.25	0.00	69.96	0.00	69.75	0.00	66.13	0.00	65.08	0.00	68.97	0.00	70.22	0.00	70.80	0.00	65.42	0.00	66.32	0.00	67.69	0.00	69.00	0.00	70.67	0.00	70.39	0.00	78.29
23：22：15	65.79	0.00	66.00	0.00	68.82	0.00	70.53	0.00	70.35	0.00	66.65	0.00	65.53	0.00	69.57	0.00	70.30	0.00	71.41	0.00	65.90	0.00	66.80	0.00	68.16	0.00	69.57	0.00	71.24	0.00	70.98	0.00	78.90
23：22：30	66.23	0.00	66.45	0.00	69.33	0.00	71.08	0.00	70.88	0.00	67.10	0.00	66.01	0.00	70.12	0.00	71.39	0.00	71.99	0.00	66.43	0.00	67.27	0.00	68.74	0.00	70.11	0.00	71.78	0.00	71.58	0.00	79.52
23：22：45	66.69	0.00	66.92	0.00	69.93	0.00	71.66	0.00	71.41	0.00	67.42	0.00	66.48	0.00	70.68	0.00	71.98	0.00	72.57	0.00	67.14	0.00	67.79	0.00	69.26	0.00	70.64	0.00	72.32	0.00	72.17	0.00	80.36
23：23：00	67.15	0.00	67.39	0.00	70.44	0.00	72.19	0.00	71.98	0.00	68.05	0.00	66.97	0.00	71.22	0.00	72.57	0.00	73.12	0.00	67.41	0.00	68.31	0.00	69.76	0.00	71.21	0.00	72.86	0.00	72.76	0.00	81.14
23：23：15	67.62	0.00	67.87	0.00	70.99	0.00	72.74	0.00	72.56	0.00	68.57	0.00	67.46	0.00	71.80	0.00	73.17	0.00	73.68	0.00	67.92	0.00	68.85	0.00	70.28	0.00	71.79	0.00	73.43	0.00	73.39	0.00	81.90
23：23：30	68.06	0.00	68.36	0.00	71.59	0.00	73.34	0.00	73.15	0.00	68.97	0.00	67.98	0.00	72.37	0.00	73.77	0.00	74.33	0.00	68.27	0.00	69.40	0.00	70.82	0.00	72.37	0.00	74.02	0.00	74.02	0.00	82.60
23：23：45	68.59	0.00	68.85	0.00	72.17	0.00	73.95	0.00	73.72	0.00	69.54	0.00	68.51	0.00	72.93	0.00	74.40	0.00	74.95	0.00	68.81	0.00	69.94	0.00	71.40	0.00	72.96	0.00	74.63	0.00	74.70	0.00	83.30
23：24：00	69.11	0.00	69.37	0.00	72.73	0.00	74.60	0.00	74.32	0.00	70.14	0.00	69.05	0.00	73.61	0.00	75.04	0.00	75.56	0.00	69.25	0.00	70.52	0.00	71.99	0.00	73.56	0.00	75.28	0.00	75.37	0.00	84.00
23：24：15	69.64	0.00	69.89	0.00	73.34	0.00	75.25	0.00	74.91	0.00	70.61	0.00	69.59	0.00	74.23	0.00	75.68	0.00	76.17	0.00	69.92	0.00	71.09	0.00	72.60	0.00	74.15	0.00	75.95	0.00	75.98	0.00	84.68
23：24：30	70.14	0.00	70.41	0.00	73.92	0.00	75.87	0.00	75.52	0.00	71.14	0.00	70.15	0.00	74.86	0.00	76.33	0.00	76.83	0.00	70.51	0.00	71.67	0.00	73.22	0.00	74.77	0.00	76.59	0.00	76.69	0.00	85.35
23：24：45	70.71	0.00	70.96	0.00	74.57	0.00	76.50	0.00	76.14	0.00	71.75	0.00	70.72	0.00	75.50	0.00	76.96	0.00	77.47	0.00	71.08	0.00	72.20	0.00	73.84	0.00	75.39	0.00	77.24	0.00	77.35	0.00	86.01
23：25：00	71.25	0.00	71.51	0.00	75.15	0.00	77.10	0.00	76.75	0.00	72.38	0.00	71.30	0.00	76.12	0.00	77.61	0.00	78.12	0.00	71.43	0.00	72.80	0.00	74.47	0.00	76.01	0.00	77.84	0.00	78.04	0.00	86.67
23：25：15	71.80	0.00	72.07	0.00	75.73	0.00	77.75	0.00	77.37	0.00	73.21	0.00	71.87	0.00	76.75	0.00	78.25	0.00	78.74	0.00	72.22	0.00	73.40	0.00	75.09	0.00	76.64	0.00	78.44	0.00	78.69	0.00	87.30
23：25：30	72.37	0.00	72.62	0.00	76.38	0.00	78.39	0.00	77.98	0.00	73.83	0.00	72.46	0.00	77.35	0.00	78.91	0.00	79.36	0.00	72.84	0.00	73.99	0.00	75.73	0.00	77.26	0.00	79.05	0.00	79.37	0.00	87.93
23：25：45	72.94	0.00	73.19	0.00	76.99	0.00	78.99	0.00	78.61	0.00	74.23	0.00	73.07	0.00	78.00	0.00	79.56	0.06	79.98	0.00	73.22	0.00	74.61	0.00	76.38	0.00	77.90	0.00	79.65	0.00	80.02	0.00	88.79
23：26：00	73.52	0.00	73.79	0.00	77.61	0.00	79.68	0.00	79.22	0.00	74.84	0.00	73.68	0.00	78.65	0.00	80.22	0.0	80.59	0.00	73.93	0.00	75.23	0.00	77.01	0.00	78.52	0.00	80.27	0.00	80.71	0.00	89.43
23：26：15	74.14	0.00	74.37	0.00	78.20	0.00	80.32	0.00	79.88	0.00	75.51	0.00	74.30	0.00	79.29	0.00	80.87	0.30	81.23	0.00	74.54	0.00	75.85	0.00	77.68	0.00	79.14	0.00	80.89	0.00	81.41	0.00	90.48
23：26：30	74.74	0.00	74.95	0.00	78.89	0.00	80.97	0.00	80.51	0.00	76.27	0.00	74.92	0.00	79.94	0.00	81.54	0.30	81.90	0.00	75.48	0.00	76.50	0.00	78.33	0.00	79.78	0.00	81.48	0.00	82.07	0.00	91.23
23：26：45	75.34	0.00	75.55	0.00	79.54	0.00	81.67	0.00	81.21	0.00	76.62	0.00	75.55	0.00	80.57	0.00	82.24	0.00	82.60	0.00	75.73	0.00	77.13	0.00	79.00	0.00	80.46	0.00	82.20	0.00	82.78	0.00	92.05
23：27：00	75.96	0.00	76.15	0.00	80.20	0.00	82.36	0.00	81.90	0.00	77.63	0.00	76.20	0.00	81.27	0.00	82.95	3.00	83.30	0.00	76.65	0.00	77.77	0.00	79.66	0.00	81.13	0.00	82.93	0.00	83.51	0.00	90.62

阶段：升温阶段（Come up time）

续表

阶段　升温阶段（Come up time）

记录时间	1 温度℃	1 ΣF₀	2 温度℃	2 ΣF₀	3 温度℃	3 ΣF₀	4 温度℃	4 ΣF₀	5 温度℃	5 ΣF₀	6 温度℃	6 ΣF₀	7 温度℃	7 ΣF₀	8 温度℃	8 ΣF₀	9 温度℃	9 ΣF₀	10 温度℃	10 ΣF₀	11 温度℃	11 ΣF₀	12 温度℃	12 ΣF₀	13 温度℃	13 ΣF₀	14 温度℃	14 ΣF₀	15 温度℃	15 ΣF₀	16 温度℃	16 ΣF₀	17 @Mig
23:27:15	76.55	0.00	76.77	0.00	80.85	0.00	83.06	0.00	82.51	0.00	77.94	0.00	76.85	0.00	81.95	0.00	83.58	0.00	83.91	0.00	77.11	0.00	78.39	0.00	80.29	0.00	81.74	0.00	83.58	0.00	84.11	0.00	92.60
23:27:30	77.19	0.00	77.37	0.00	81.43	0.00	83.65	0.00	83.03	0.00	78.58	0.00	77.47	0.00	82.52	0.00	84.14	0.00	84.43	0.00	77.84	0.00	78.99	0.00	80.89	0.00	82.32	0.00	84.13	0.00	84.72	0.00	93.29
23:27:45	77.72	0.00	77.95	0.00	82.03	0.00	84.29	0.00	83.64	0.00	79.17	0.00	78.11	0.00	83.18	0.00	84.79	0.00	85.04	0.00	78.35	0.00	79.65	0.00	81.52	0.00	82.89	0.00	84.70	0.00	85.43	0.00	94.14
23:28:00	78.32	0.00	78.56	0.00	82.68	0.00	84.93	0.00	84.30	0.00	79.90	0.00	78.75	0.00	83.81	0.00	85.46	0.00	85.67	0.00	78.99	0.00	80.29	0.00	82.12	0.00	83.56	0.00	85.28	0.00	86.07	0.00	94.92
23:28:15	79.11	0.00	79.18	0.00	83.34	0.00	85.59	0.00	84.91	0.00	80.48	0.00	79.41	0.00	84.45	0.00	86.15	0.00	86.33	0.00	79.45	0.00	80.90	0.00	82.79	0.00	84.20	0.00	85.95	0.00	86.76	0.00	95.65
23:28:30	79.73	0.00	79.80	0.00	83.95	0.00	86.27	0.00	85.56	0.00	81.22	0.00	80.09	0.00	85.13	0.00	86.84	0.00	87.01	0.00	80.13	0.00	81.54	0.00	83.45	0.00	84.86	0.00	86.63	0.00	87.47	0.00	96.43
23:28:45	80.29	0.00	80.44	0.00	84.63	0.00	86.94	0.00	86.23	0.00	81.94	0.00	80.75	0.00	85.78	0.00	87.55	0.00	87.62	0.00	80.79	0.00	82.22	0.00	84.11	0.00	85.53	0.00	87.33	0.00	88.15	0.00	97.15
23:29:00	81.03	0.00	81.09	0.00	85.26	0.00	87.66	0.00	86.82	0.00	82.50	0.00	81.42	0.00	86.44	0.00	88.25	0.00	88.41	0.00	81.58	0.00	82.95	0.00	84.80	0.00	86.22	0.00	88.05	0.00	88.86	0.00	97.84
23:29:15	81.66	0.00	81.72	0.00	85.89	0.00	88.32	0.00	87.54	0.00	83.14	0.00	82.09	0.00	87.12	0.00	88.97	0.00	89.11	0.00	82.48	0.00	83.65	0.00	85.51	0.00	86.90	0.00	88.73	0.00	89.61	0.00	98.56
23:29:30	82.28	0.00	82.36	0.00	86.54	0.00	89.02	0.00	88.21	0.00	83.79	0.00	82.77	0.00	87.81	0.00	89.69	0.00	89.80	0.00	82.77	0.00	84.34	0.00	86.20	0.00	87.58	0.00	89.46	0.00	90.32	0.00	99.26
23:29:45	82.98	0.00	83.01	0.00	87.19	0.00	89.71	0.00	88.92	0.00	84.51	0.00	83.47	0.00	88.49	0.00	90.42	0.00	90.48	0.00	83.74	0.00	85.03	0.00	86.87	0.00	88.28	0.00	90.22	0.00	91.02	0.00	100.05
23:30:00	83.60	0.00	83.67	0.00	87.84	0.00	90.38	0.00	89.55	0.00	85.38	0.00	84.16	0.00	89.16	0.00	91.13	0.00	91.16	0.00	84.43	0.00	85.70	0.00	87.57	0.00	88.98	0.00	90.92	0.00	91.75	0.00	100.94
23:30:15	84.23	0.00	84.34	0.00	88.51	0.00	91.01	0.00	90.26	0.00	85.97	0.00	84.88	0.00	89.87	0.00	91.84	0.00	91.84	0.00	85.22	0.01	86.40	0.00	88.27	0.00	89.68	0.00	91.66	0.00	92.46	0.00	101.70
23:30:30	85.06	0.00	85.02	0.00	89.19	0.00	91.74	0.00	90.94	0.00	86.72	0.00	85.60	0.00	90.60	0.00	92.58	0.00	92.58	0.00	85.92	0.01	87.13	0.00	88.98	0.00	90.37	0.00	92.38	0.00	93.20	0.00	102.47
23:30:45	85.65	0.00	85.69	0.00	89.88	0.00	92.49	0.00	91.64	0.00	87.41	0.00	86.33	0.00	91.27	0.00	93.31	0.00	93.28	0.00	86.72	0.01	87.83	0.00	89.70	0.00	91.05	0.00	93.09	0.00	93.94	0.00	103.17
23:31:00	86.39	0.00	86.39	0.00	90.57	0.00	93.27	0.00	92.37	0.00	88.10	0.00	87.06	0.00	91.96	0.00	94.06	0.00	93.99	0.00	87.11	0.01	88.56	0.00	90.41	0.00	91.78	0.00	93.78	0.00	94.69	0.00	103.89
23:31:15	87.13	0.00	87.09	0.00	91.24	0.00	93.98	0.00	93.02	0.00	88.93	0.00	87.80	0.00	92.68	0.00	94.78	0.00	94.66	0.00	88.19	0.01	89.24	0.00	91.13	0.00	92.52	0.00	94.48	0.00	95.43	0.00	104.61
23:31:30	87.82	0.00	87.81	0.00	91.94	0.00	94.71	0.00	93.75	0.00	89.58	0.00	88.56	0.00	93.44	0.00	95.49	0.00	95.40	0.00	88.55	0.01	89.97	0.00	91.85	0.00	93.22	0.00	95.19	0.00	96.16	0.01	105.26
23:31:45	88.40	0.00	88.52	0.00	92.65	0.00	95.43	0.01	94.44	0.01	90.20	0.00	89.32	0.00	94.16	0.00	96.22	0.00	96.08	0.01	89.37	0.01	90.68	0.00	92.59	0.00	93.95	0.00	95.97	0.01	96.93	0.01	105.96
23:32:00	89.24	0.00	89.23	0.00	93.37	0.00	96.15	0.01	95.06	0.01	91.01	0.00	90.07	0.00	94.87	0.00	96.95	0.00	96.80	0.01	90.18	0.01	91.41	0.00	93.31	0.00	94.65	0.00	96.70	0.01	97.67	0.01	106.62
23:32:15	89.85	0.00	89.95	0.00	94.07	0.00	96.84	0.01	95.71	0.01	91.71	0.00	90.83	0.00	95.58	0.00	97.67	0.01	97.50	0.01	90.96	0.01	92.12	0.00	94.03	0.00	95.35	0.00	97.41	0.01	98.39	0.01	105.15
23:32:30	90.68	0.00	90.68	0.00	94.82	0.00	97.55	0.01	96.47	0.01	92.62	0.00	91.57	0.00	96.28	0.01	98.32	0.01	98.14	0.01	91.76	0.01	92.84	0.00	94.72	0.00	96.03	0.01	98.10	0.01	99.02	0.01	107.15
23:32:45	91.30	0.00	91.37	0.00	95.48	0.00	98.18	0.01	96.92	0.01	93.30	0.00	92.27	0.00	96.89	0.01	98.89	0.01	98.70	0.01	92.31	0.01	93.51	0.00	95.36	0.00	96.64	0.01	98.61	0.01	99.63	0.01	107.60

续表

阶段：升温阶段（Come up time）

记录时间	1		2		3		4		5		6		7		8		9		10		11		12		13		14		15		16		17
	温度℃	$\sum F_0$	温度℃	$\sum F_0$	温度℃	$\sum F_0$	温度℃	$\sum F_0$	温度℃	$\sum F_0$	温度℃	$\sum F_0$	温度℃	$\sum F_0$	温度℃	$\sum F_0$	温度℃	$\sum F_0$	温度℃	$\sum F_0$	温度℃	$\sum F_0$	温度℃	$\sum F_0$	温度℃	$\sum F_0$	温度℃	$\sum F_0$	温度℃	$\sum F_0$	温度℃	$\sum F_0$	@Mig
23:33:00	91.94	0.00	92.03	0.00	96.10	0.01	98.77	0.01	97.60	0.01	93.83	0.00	92.99	0.00	97.50	0.00	99.53	0.01	99.30	0.01	92.98	0.00	94.19	0.00	96.01	0.01	97.30	0.01	99.19	0.01	100.28	0.01	108.42
23:33:15	92.59	0.00	92.72	0.00	96.77	0.01	99.43	0.01	98.26	0.01	94.57	0.00	93.70	0.00	98.17	0.00	100.17	0.01	99.89	0.01	93.67	0.00	94.86	0.00	96.66	0.01	97.94	0.01	99.83	0.01	100.94	0.02	109.13
23:33:30	93.33	0.00	93.39	0.00	97.41	0.01	100.10	0.01	99.01	0.01	95.21	0.00	94.42	0.00	98.83	0.00	100.79	0.02	100.52	0.02	94.34	0.00	95.51	0.00	97.32	0.01	98.60	0.01	100.54	0.02	101.54	0.02	109.74
23:33:45	93.94	0.00	94.06	0.00	98.03	0.01	100.71	0.02	99.57	0.01	96.09	0.01	95.12	0.01	99.50	0.01	101.44	0.02	101.19	0.02	94.99	0.00	96.19	0.01	97.96	0.01	99.25	0.01	101.10	0.02	102.22	0.02	110.34
23:34:00	94.77	0.00	94.74	0.00	98.67	0.01	101.37	0.02	100.26	0.02	96.59	0.01	95.84	0.01	100.13	0.01	102.11	0.02	101.83	0.02	95.92	0.00	96.84	0.01	98.60	0.01	99.88	0.01	101.66	0.02	102.88	0.03	110.99
23:34:15	95.40	0.00	95.42	0.00	99.30	0.01	102.01	0.02	100.90	0.02	97.53	0.01	96.54	0.01	100.80	0.01	102.77	0.03	102.48	0.02	96.50	0.01	97.51	0.01	99.27	0.01	100.56	0.02	102.28	0.02	103.53	0.03	111.54
23:34:30	96.11	0.01	96.08	0.01	99.94	0.01	102.68	0.03	101.58	0.02	98.05	0.01	97.25	0.01	101.46	0.01	103.42	0.03	103.11	0.03	97.15	0.01	98.17	0.01	99.94	0.01	101.21	0.02	103.00	0.03	104.10	0.04	112.13
23:34:45	96.79	0.01	96.75	0.01	100.58	0.02	103.30	0.03	102.23	0.03	98.91	0.02	97.97	0.01	102.14	0.01	104.09	0.04	103.76	0.03	97.88	0.01	98.85	0.01	100.60	0.02	101.85	0.02	103.63	0.03	104.79	0.04	112.68
23:35:00	97.47	0.01	97.41	0.01	101.27	0.02	103.90	0.03	102.90	0.03	99.56	0.02	98.64	0.01	102.77	0.01	104.71	0.04	104.39	0.04	98.79	0.01	99.49	0.01	101.28	0.02	102.51	0.02	104.23	0.04	105.37	0.05	113.19
23:35:15	98.12	0.01	98.10	0.01	101.83	0.02	104.51	0.04	103.55	0.03	100.09	0.03	99.36	0.01	103.39	0.01	105.34	0.05	105.00	0.04	99.24	0.01	100.14	0.01	101.94	0.02	103.17	0.02	104.84	0.04	106.08	0.06	113.68
23:35:30	98.72	0.01	98.78	0.01	102.55	0.02	105.15	0.05	104.23	0.04	100.69	0.03	100.05	0.01	104.07	0.02	105.95	0.06	105.63	0.05	99.83	0.01	100.81	0.02	102.60	0.02	103.81	0.03	105.44	0.05	106.68	0.07	114.25
23:35:45	99.44	0.01	99.46	0.01	103.11	0.03	105.76	0.06	104.83	0.05	101.39	0.04	100.74	0.02	104.67	0.02	106.59	0.06	106.24	0.06	100.46	0.02	101.47	0.02	103.23	0.03	104.44	0.03	106.03	0.06	107.32	0.08	114.66
23:36:00	100.06	0.01	100.12	0.01	103.70	0.03	106.37	0.06	105.42	0.06	102.06	0.04	101.42	0.02	105.31	0.02	107.18	0.07	106.83	0.07	101.22	0.02	102.10	0.02	103.87	0.03	105.04	0.04	106.60	0.07	107.92	0.09	115.22
23:36:15	100.67	0.02	100.78	0.02	104.38	0.04	106.99	0.07	106.02	0.06	102.70	0.05	102.10	0.02	105.92	0.03	107.78	0.09	107.44	0.08	101.89	0.02	102.75	0.03	104.50	0.04	105.66	0.05	107.11	0.08	108.52	0.10	115.67
23:36:30	101.34	0.02	101.42	0.02	105.00	0.04	107.54	0.08	106.63	0.07	103.28	0.06	102.77	0.02	106.53	0.04	108.37	0.10	108.03	0.09	102.53	0.02	103.39	0.03	105.11	0.05	106.26	0.06	107.65	0.09	109.11	0.12	116.10
23:36:45	102.02	0.02	102.04	0.02	105.58	0.05	108.10	0.10	107.22	0.08	104.01	0.07	103.42	0.03	107.13	0.05	108.93	0.11	108.62	0.11	103.29	0.03	104.02	0.04	105.72	0.05	106.84	0.07	108.23	0.10	109.64	0.14	114.79
23:37:00	102.66	0.03	102.67	0.03	106.13	0.06	108.66	0.11	107.78	0.09	104.66	0.08	104.06	0.03	107.69	0.06	109.45	0.13	109.16	0.12	103.85	0.03	104.62	0.04	106.31	0.06	107.39	0.08	108.81	0.12	110.11	0.15	114.93
23:37:15	103.22	0.03	103.28	0.03	106.61	0.07	109.15	0.13	108.20	0.10	105.15	0.09	104.64	0.04	108.15	0.07	109.87	0.15	109.56	0.14	104.44	0.04	105.20	0.05	106.82	0.07	107.86	0.09	109.19	0.13	110.50	0.18	116.28
23:37:30	103.79	0.03	103.84	0.03	107.10	0.08	109.53	0.14	108.64	0.11	105.81	0.11	105.19	0.05	108.62	0.09	110.26	0.17	109.98	0.16	104.80	0.05	105.74	0.05	107.32	0.08	108.27	0.11	109.61	0.15	110.92	0.20	115.10
23:37:45	104.33	0.04	104.41	0.04	107.58	0.09	109.97	0.16	109.08	0.13	106.32	0.13	105.75	0.05	109.07	0.11	110.68	0.19	110.36	0.18	105.52	0.06	106.27	0.06	107.84	0.09	108.74	0.12	110.04	0.17	111.27	0.23	116.62
23:38:00	104.89	0.05	104.94	0.05	108.04	0.10	110.34	0.18	109.47	0.15	106.80	0.15	106.26	0.06	109.50	0.13	111.03	0.22	110.69	0.20	105.94	0.07	106.77	0.07	108.28	0.11	109.15	0.14	110.39	0.19	111.66	0.26	117.11
23:38:15	105.38	0.05	105.46	0.05	108.51	0.12	110.76	0.21	109.90	0.17	107.43	0.17	106.78	0.07	109.94	0.16	111.45	0.25	111.08	0.23	106.39	0.08	107.27	0.08	108.73	0.12	109.57	0.15	110.70	0.21	112.11	0.29	118.03
23:38:30	105.95	0.06	106.00	0.06	108.98	0.13	111.22	0.23	110.36	0.19	107.92	0.19	107.32	0.08	110.41	0.19	111.87	0.28	111.51	0.26	107.09	0.08	107.75	0.09	109.21	0.14	110.01	0.17	111.12	0.24	112.55	0.32	118.63

续表

阶段：升温阶段（Come up time）

记录时间	1 温度℃	1 ΣF₀	2 温度℃	2 ΣF₀	3 温度℃	3 ΣF₀	4 温度℃	4 ΣF₀	5 温度℃	5 ΣF₀	6 温度℃	6 ΣF₀	7 温度℃	7 ΣF₀	8 温度℃	8 ΣF₀	9 温度℃	9 ΣF₀	10 温度℃	10 ΣF₀	11 温度℃	11 ΣF₀	12 温度℃	12 ΣF₀	13 温度℃	13 ΣF₀	14 温度℃	14 ΣF₀	15 温度℃	15 ΣF₀	16 温度℃	16 ΣF₀	17 @Mig
23:38:45	106.43	0.07	106.55	0.07	109.41	0.15	111.65	0.26	110.83	0.21	108.29	0.11	107.84	0.09	110.85	0.21	112.33	0.31	112.01	0.29	107.58	0.09	108.25	0.11	109.69	0.15	110.47	0.19	111.54	0.27	113.00	0.36	119.17
23:39:00	107.00	0.08	107.08	0.08	109.91	0.17	112.11	0.29	111.28	0.24	108.91	0.12	108.38	0.11	111.34	0.24	112.81	0.35	112.49	0.32	108.14	0.10	108.74	0.12	110.19	0.17	110.96	0.22	112.06	0.30	113.44	0.40	119.73
23:39:15	107.53	0.09	107.61	0.09	110.39	0.19	112.58	0.33	111.79	0.27	109.37	0.14	108.93	0.12	111.81	0.26	113.31	0.39	113.03	0.36	108.55	0.11	109.28	0.14	110.72	0.20	111.46	0.25	112.63	0.33	113.96	0.45	120.18
23:39:30	107.93	0.10	108.13	0.10	110.90	0.21	113.10	0.37	112.36	0.30	109.89	0.16	109.46	0.14	112.36	0.30	113.81	0.43	113.54	0.40	109.16	0.13	109.82	0.16	111.22	0.22	111.98	0.28	113.28	0.37	114.45	0.51	120.70
23:39:45	108.59	0.11	108.67	0.12	111.39	0.24	113.60	0.41	112.94	0.34	110.48	0.18	110.03	0.16	112.91	0.34	114.33	0.49	114.05	0.45	109.66	0.15	110.32	0.18	111.76	0.25	112.49	0.31	113.86	0.42	114.96	0.57	121.12
23:40:00	109.12	0.13	109.22	0.13	111.99	0.27	114.15	0.46	113.50	0.38	110.95	0.20	110.58	0.18	113.44	0.38	114.83	0.55	114.53	0.51	110.20	0.17	110.85	0.20	112.28	0.29	113.01	0.35	114.42	0.47	115.45	0.63	121.61
23:40:15	109.62	0.15	109.75	0.15	112.45	0.30	114.72	0.52	113.97	0.43	111.42	0.23	111.11	0.21	113.94	0.43	115.31	0.61	115.03	0.57	110.73	0.19	111.37	0.23	112.82	0.32	113.55	0.39	114.93	0.54	115.99	0.71	121.95
23:40:30	110.10	0.17	110.28	0.17	112.95	0.34	115.21	0.58	114.55	0.49	112.01	0.26	111.66	0.23	114.46	0.48	115.84	0.69	115.54	0.64	111.18	0.22	111.89	0.26	113.34	0.36	114.07	0.44	115.40	0.60	116.46	0.80	121.11
23:40:45	110.70	0.19	110.83	0.20	113.45	0.39	115.62	0.65	115.05	0.55	112.60	0.30	112.20	0.27	114.95	0.54	116.24	0.77	116.02	0.72	111.78	0.25	112.40	0.29	113.85	0.41	114.54	0.50	115.83	0.68	116.86	0.89	121.11
23:41:00	111.19	0.22	111.35	0.22	113.90	0.43	116.03	0.73	115.49	0.62	113.02	0.34	112.67	0.30	115.37	0.61	116.62	0.86	116.42	0.80	112.22	0.28	112.88	0.33	114.29	0.46	114.96	0.56	116.19	0.76	117.23	0.99	121.08
23:41:15	111.67	0.25	111.82	0.25	114.35	0.49	116.37	0.82	115.87	0.69	113.56	0.38	113.14	0.34	115.77	0.68	116.99	0.95	116.75	0.89	112.79	0.32	113.33	0.37	114.67	0.52	115.34	0.63	116.54	0.85	117.57	1.10	121.11
23:41:30	112.16	0.28	112.29	0.28	114.70	0.54	116.72	0.91	116.14	0.77	113.83	0.43	113.59	0.39	116.14	0.76	117.32	1.06	117.06	0.99	113.18	0.36	113.73	0.42	115.05	0.58	115.68	0.70	116.83	0.94	117.84	1.22	121.20
23:41:45	112.51	0.31	112.73	0.32	115.11	0.61	117.03	1.01	116.41	0.86	114.24	0.48	114.00	0.44	116.45	0.85	117.59	1.17	117.34	1.10	113.47	0.40	114.14	0.47	115.42	0.65	116.06	0.78	117.01	1.04	118.13	1.35	121.29
23:42:00	113.05	0.35	113.16	0.36	115.47	0.67	117.38	1.11	116.62	0.94	114.70	0.54	114.38	0.49	116.77	0.94	117.84	1.29	117.59	1.21	113.87	0.45	114.51	0.52	115.79	0.72	116.32	0.86	117.22	1.14	118.38	1.48	121.38
23:42:15	113.41	0.39	113.55	0.41	115.82	0.75	117.62	1.22	116.90	1.04	115.06	0.60	114.76	0.55	117.04	1.04	118.13	1.41	117.83	1.33	114.38	0.50	114.87	0.58	116.11	0.80	116.65	0.95	117.43	1.25	118.63	1.62	121.52
23:42:30	113.78	0.44	113.95	0.45	116.19	0.83	117.87	1.34	117.20	1.14	115.44	0.67	115.12	0.61	117.29	1.14	118.27	1.54	118.06	1.45	114.72	0.56	115.21	0.65	116.41	0.89	116.87	1.04	117.64	1.36	118.88	1.77	121.58
23:42:45	114.17	0.49	114.30	0.51	116.55	0.92	118.09	1.47	117.51	1.25	115.70	0.74	115.46	0.68	117.61	1.25	118.53	1.68	118.30	1.58	115.17	0.62	115.57	0.72	116.73	0.98	117.14	1.14	117.85	1.48	119.07	1.93	121.76
23:43:00	114.54	0.55	114.68	0.56	116.82	1.01	118.35	1.60	117.72	1.37	116.07	0.82	115.81	0.75	117.84	1.37	118.80	1.83	118.49	1.72	115.46	0.69	115.91	0.79	117.00	1.08	117.38	1.25	118.08	1.60	119.28	2.10	121.87
23:43:15	114.87	0.61	115.03	0.62	116.99	1.11	118.52	1.74	118.00	1.49	116.37	0.90	116.11	0.83	118.08	1.50	119.01	1.98	118.69	1.86	115.87	0.76	116.22	0.87	117.25	1.18	117.63	1.36	118.32	1.73	119.51	2.27	121.96
23:43:30	115.25	0.67	115.37	0.69	117.34	1.21	118.73	1.88	118.26	1.62	116.74	0.99	116.42	0.92	118.32	1.63	119.18	2.14	118.90	2.01	116.16	0.84	116.52	0.96	117.50	1.29	117.87	1.48	118.53	1.87	119.69	2.45	122.00
23:43:45	115.56	0.74	115.70	0.76	117.59	1.32	118.97	2.04	118.48	1.76	116.99	1.09	116.72	1.01	118.52	1.77	119.36	2.31	119.12	2.17	116.46	0.93	116.81	1.05	117.78	1.40	118.13	1.61	118.72	2.02	119.85	2.64	122.01
23:44:00	115.88	0.82	115.99	0.84	117.81	1.44	119.18	2.20	118.63	1.90	117.25	1.19	117.00	1.10	118.76	1.91	119.54	2.49	119.31	2.34	116.62	1.02	117.07	1.15	118.02	1.53	118.33	1.74	118.91	2.17	119.98	2.83	122.12
23:44:15	116.15	0.90	116.29	0.92	118.05	1.56	119.34	2.36	118.80	2.04	117.53	1.30	117.26	1.21	118.97	2.07	119.73	2.67	119.47	2.51	116.95	1.12	117.32	1.26	118.22	1.66	118.55	1.88	119.10	2.32	120.13	3.03	122.30

续表

记录时间	1		2		3		4		5		6		7		8		9		10		11		12		13		14		15		16		17
	温度℃	ΣF_0	温度℃	ΣF_0	温度℃	ΣF_0	温度℃	ΣF_0	温度℃	ΣF_0	温度℃	ΣF_0	温度℃	ΣF_0	温度℃	ΣF_0	温度℃	ΣF_0	温度℃	ΣF_0	温度℃	ΣF_0	温度℃	ΣF_0	温度℃	ΣF_0	温度℃	ΣF_0	温度℃	ΣF_0	温度℃	ΣF_0	@Mig
23:44:30	116.45	0.98	116.57	1.01	118.26	1.69	119.52	2.54	119.01	2.20	117.78	1.42	117.54	1.32	119.19	2.23	119.91	2.86	119.64	2.69	117.18	1.22	117.57	1.37	118.43	1.79	118.80	2.03	119.29	2.49	120.29	3.24	122.39
23:44:45	116.71	1.07	116.84	1.10	118.52	1.83	119.72	2.72	119.21	2.36	118.00	1.54	117.79	1.43	119.39	2.40	120.08	3.06	119.81	2.87	117.43	1.32	117.82	1.48	118.65	1.93	118.99	2.18	119.45	2.66	120.45	3.45	122.51
23:45:00	116.98	1.17	117.11	1.20	118.69	1.98	119.88	2.91	119.46	2.53	118.25	1.67	118.04	1.56	119.59	2.57	120.25	3.26	119.98	3.07	117.68	1.44	118.04	1.61	118.88	2.08	119.18	2.34	119.61	2.84	120.62	3.68	122.55
23:45:15	117.25	1.27	117.37	1.31	118.92	2.13	120.06	3.10	119.63	2.71	118.48	1.81	118.26	1.69	119.80	2.76	120.41	3.48	120.10	3.27	117.89	1.56	118.26	1.74	119.10	2.24	119.37	2.51	119.78	3.02	120.78	3.91	122.55
23:45:30	117.48	1.38	117.62	1.42	119.11	2.29	120.23	3.31	119.81	2.90	118.71	1.95	118.48	1.82	119.97	2.95	120.5	3.70	120.27	3.47	118.14	1.68	118.48	1.87	119.24	2.40	119.56	2.68	119.92	3.21	120.89	4.15	122.51
23:45:45	117.76	1.50	117.87	1.54	119.32	2.45	120.37	3.52	119.98	3.09	118.92	2.10	118.69	1.97	120.12	3.15	120.67	3.92	120.33	3.68	118.35	1.82	118.68	2.02	119.43	2.57	119.74	2.87	120.07	3.41	121.01	4.39	122.51
23:46:00	117.97	1.62	118.09	1.67	119.48	2.62	120.53	3.74	120.20	3.29	119.13	2.26	118.92	2.12	120.27	3.36	120.30	4.16	120.44	3.90	118.59	1.96	118.88	2.17	119.60	2.75	119.90	3.06	120.21	3.61	121.12	4.64	122.45
23:46:15	118.20	1.75	118.31	1.80	119.64	2.80	120.65	3.97	120.34	3.50	119.27	2.43	119.10	2.28	120.37	3.57	120.91	4.39	120.59	4.12	118.81	2.10	119.06	2.32	119.77	2.94	120.04	3.25	120.37	3.83	121.22	4.90	122.39
23:46:30	118.45	1.88	118.51	1.94	119.82	2.99	120.77	4.20	120.47	3.72	119.51	2.60	119.28	2.44	120.52	3.79	121.00	4.64	120.71	4.35	119.02	2.26	119.26	2.49	119.92	3.13	120.17	3.45	120.49	4.04	121.33	5.16	122.38
23:46:45	118.63	2.02	118.72	2.08	119.97	3.18	120.89	4.44	120.58	3.94	119.64	2.78	119.46	2.61	120.64	4.01	121.10	4.89	120.83	4.58	119.23	2.42	119.43	2.66	120.09	3.32	120.29	3.66	120.59	4.26	121.42	5.43	122.33
23:47:00	118.84	2.17	118.90	2.23	120.09	3.38	120.99	4.68	120.72	4.17	119.80	2.96	119.63	2.79	120.75	4.24	121.22	5.15	120.92	4.82	119.33	2.59	119.57	2.83	120.25	3.53	120.41	3.87	120.71	4.49	121.47	5.71	122.28
23:47:15	119.01	2.33	119.09	2.39	120.18	3.58	121.08	4.93	120.83	4.40	119.94	3.15	119.78	2.98	120.85	4.48	12.30	5.41	121.04	5.07	119.49	2.76	119.73	3.02	120.37	3.74	120.53	4.09	120.80	4.73	121.53	5.98	122.28
23:47:30	119.19	2.49	119.25	2.55	120.32	3.79	121.20	5.18	120.91	4.64	120.11	3.35	119.91	3.17	120.93	4.72	121.37	5.67	121.12	5.32	119.65	2.94	119.87	3.20	120.48	3.96	120.65	4.32	120.90	4.97	121.60	6.26	122.25
23:47:45	119.34	2.65	119.40	2.72	120.44	4.01	121.26	5.44	120.98	4.89	120.23	3.56	120.05	3.36	121.03	4.96	121.42	5.94	121.20	5.58	119.78	3.12	120.00	3.40	120.57	4.18	120.75	4.55	121.00	5.21	121.67	6.55	122.22
23:48:00	119.50	2.83	119.56	2.90	120.56	4.23	121.31	5.71	121.08	5.14	120.35	3.77	120.16	3.56	121.12	5.21	121.47	6.22	121.25	5.83	119.98	3.32	120.12	3.60	120.67	4.41	120.84	4.78	121.09	5.46	121.72	6.83	122.22
23:48:15	119.63	3.01	119.69	3.08	120.64	4.45	121.36	5.97	121.11	5.39	120.44	3.98	120.28	3.77	121.20	5.47	121.54	6.49	121.32	6.10	120.06	3.51	120.23	3.80	120.76	4.64	120.89	5.02	121.16	5.71	121.76	7.13	122.21
23:48:30	119.77	3.19	119.82	3.26	120.70	4.68	121.43	6.24	121.20	5.64	120.56	4.20	120.39	3.98	121.25	5.73	121.59	6.77	121.37	6.36	120.17	3.72	120.36	4.01	120.86	4.87	120.97	5.27	121.21	5.97	121.81	7.42	122.21
23:48:45	119.92	3.38	119.95	3.45	120.80	4.91	121.49	6.51	121.28	5.90	120.65	4.43	120.49	4.20	121.32	5.99	121.63	7.05	121.42	6.63	120.27	3.92	120.45	4.23	120.91	5.11	121.06	5.51	121.28	6.23	121.82	7.72	122.20
23:49:00	120.01	3.57	120.07	3.65	120.87	5.15	121.52	6.79	121.32	6.17	120.76	4.66	120.58	4.42	121.38	6.26	121.66	7.34	121.46	6.90	120.36	4.13	120.55	4.45	120.99	5.36	121.12	5.76	121.33	6.49	121.86	8.01	122.20
23:49:15	120.11	3.77	120.18	3.85	120.93	5.39	121.56	7.07	121.36	6.43	120.83	4.90	120.68	4.65	121.45	6.53	121.68	7.62	121.50	7.18	120.48	4.35	120.66	4.68	121.06	5.60	121.16	6.02	121.35	6.76	121.89	8.31	122.22
F_0 value of come up time		3.77		3.85		5.39		7.07		6.43		4.90		4.65		6.53		7.62		7.18		4.35		4.68		5.60		6.02		6.76		8.31	Max. 122.33

阶段：升温阶段（Come up time）

Max. 8.31 Min. 3.77

@Mig Min. 122.25

续表

记录时间	1 温度℃	1 ΣF₀	2 温度℃	2 ΣF₀	3 温度℃	3 ΣF₀	4 温度℃	4 ΣF₀	5 温度℃	5 ΣF₀	6 温度℃	6 ΣF₀	7 温度℃	7 ΣF₀	8 温度℃	8 ΣF₀	9 温度℃	9 ΣF₀	10 温度℃	10 ΣF₀	11 温度℃	11 ΣF₀	12 温度℃	12 ΣF₀	13 温度℃	13 ΣF₀	14 温度℃	14 ΣF₀	15 温度℃	15 ΣF₀	16 温度℃	16 ΣF₀	17 @Mig
23:49:30	120.24	3.98	120.28	4.06	121.02	5.64	121.60	7.35	121.40	6.70	120.93	5.14	120.77	4.88	121.49	6.80	121.72	7.91	121.55	7.46	120.57	4.57	120.74	4.91	121.14	5.86	121.22	6.27	121.39	7.03	121.93	8.62	122.09
23:49:45	120.35	4.19	120.37	4.27	121.08	5.88	121.65	7.63	121.44	6.97	121.00	5.38	120.85	5.12	121.53	7.08	121.76	8.20	121.58	7.73	120.69	4.80	120.82	5.14	121.21	6.11	121.29	6.54	121.45	7.30	121.93	8.92	122.03
23:50:00	120.44	4.40	120.47	4.49	121.14	6.14	121.68	7.92	121.49	7.24	121.00	5.63	120.91	5.36	121.59	7.36	121.77	8.50	121.62	8.02	120.72	5.03	120.88	5.38	121.24	6.37	121.33	6.80	121.49	7.57	121.97	9.22	121.97
23:50:15	120.52	4.52	120.55	4.71	121.19	6.39	121.70	8.20	121.50	7.52	121.12	5.88	120.98	5.60	121.61	7.64	121.79	8.79	121.64	8.30	120.82	5.26	120.96	5.62	121.29	6.63	121.37	7.07	121.51	7.84	121.97	9.53	121.92
23:50:30	120.60	4.85	120.62	4.93	121.23	6.65	121.72	8.49	121.52	7.79	121.19	6.13	121.03	5.85	121.63	7.92	121.80	9.08	121.66	8.58	120.87	5.50	121.01	5.86	121.33	6.90	121.41	7.33	121.54	8.12	121.97	9.83	121.88
23:50:45	120.68	5.07	120.69	5.16	121.27	6.91	121.70	8.78	121.54	8.07	121.23	6.39	121.08	6.09	121.66	8.21	121.81	9.38	121.67	8.87	120.93	5.74	121.05	6.11	121.35	7.16	121.43	7.60	121.55	8.40	121.97	10.14	121.84
23:51:00	120.74	5.30	120.76	5.39	121.31	7.17	121.74	9.07	121.54	8.34	121.28	6.65	121.14	6.35	121.67	8.49	121.83	9.67	121.68	9.15	121.00	5.98	121.10	6.36	121.39	7.43	121.44	7.87	121.58	8.68	121.95	10.44	121.80
23:51:15	120.79	5.54	120.82	5.63	121.35	7.44	121.74	9.36	121.56	8.62	121.31	6.92	121.18	6.60	121.69	8.78	121.84	9.97	121.68	9.44	121.04	6.23	121.14	6.61	121.43	7.70	121.47	8.15	121.59	8.96	121.95	10.75	121.78
23:51:30	120.86	5.77	120.86	5.86	121.39	7.70	121.76	9.65	121.56	8.90	121.35	7.18	121.22	6.86	121.69	9.07	121.83	10.26	121.67	9.73	121.08	6.48	121.18	6.87	121.45	7.97	121.48	8.42	121.60	9.24	121.95	11.05	121.75
23:51:45	120.91	6.01	120.91	6.10	121.40	7.97	121.76	9.94	121.57	9.18	121.37	7.45	121.24	7.12	121.71	9.35	121.83	10.56	121.67	10.01	121.13	6.73	121.21	7.12	121.47	8.24	121.50	8.69	121.60	9.52	121.95	11.36	121.73
23:52:00	120.97	6.25	120.97	6.34	121.40	8.24	121.76	10.23	121.58	9.46	121.40	7.71	121.27	7.38	121.71	9.64	121.83	10.86	121.67	10.30	121.17	6.99	121.25	7.38	121.47	8.51	121.51	8.97	121.60	9.80	121.94	11.66	121.76
23:52:15	121.00	6.50	121.01	6.59	121.43	8.51	121.76	10.52	121.60	9.74	121.42	7.98	121.29	7.64	121.71	9.93	121.83	11.15	121.66	10.58	121.20	7.24	121.27	7.64	121.51	8.79	121.52	9.24	121.60	10.08	121.93	11.96	121.70
23:52:30	121.06	6.75	121.04	6.84	121.43	8.78	121.76	10.81	121.60	10.02	121.45	8.25	121.32	7.90	121.71	10.22	121.83	11.45	121.66	10.86	121.24	7.50	121.30	7.91	121.51	9.06	121.51	9.52	121.60	10.36	121.93	12.27	121.75
23:52:45	121.08	6.99	121.08	7.08	121.45	9.05	121.76	11.11	121.60	10.30	121.46	8.53	121.33	8.16	121.73	10.50	121.81	11.74	121.66	11.15	121.26	7.76	121.33	8.17	121.52	9.34	121.55	9.80	121.62	10.64	121.93	12.57	121.70
23:53:00	121.14	7.25	121.12	7.34	121.45	9.32	121.76	11.40	121.58	10.58	121.49	8.80	121.36	8.43	121.74	10.79	121.80	12.04	121.66	11.43	121.29	8.02	121.34	8.43	121.55	9.62	121.56	10.07	121.60	10.92	121.93	12.87	121.69
23:53:15	121.16	7.50	121.15	7.59	121.48	9.59	121.76	11.69	121.58	10.86	121.50	9.07	121.39	8.70	121.74	11.08	121.80	12.33	121.66	11.72	121.32	8.28	121.37	8.70	121.56	9.89	121.59	10.35	121.60	11.20	121.91	13.17	121.73
23:53:30	121.20	7.76	121.18	7.84	121.48	9.87	121.76	11.98	121.58	11.14	121.53	9.35	121.40	8.96	121.74	11.37	121.79	12.62	121.66	12.00	121.34	8.55	121.38	8.97	121.56	10.17	121.59	10.63	121.60	11.48	121.91	13.47	121.66
23:53:45	121.23	8.01	121.22	8.10	121.49	10.14	121.74	12.27	121.58	11.42	121.53	9.63	121.43	9.23	121.74	11.66	121.79	12.92	121.66	12.29	121.37	8.81	121.39	9.23	121.56	10.45	121.59	10.91	121.60	11.77	121.90	13.77	121.71
23:54:00	121.25	8.27	121.23	8.36	121.50	10.41	121.74	12.56	121.58	11.70	121.54	9.90	121.44	9.50	121.74	11.95	121.79	13.21	121.66	12.57	121.38	9.08	121.42	9.50	121.58	10.73	121.60	11.19	121.60	12.05	121.90	14.07	121.69
23:54:15	121.28	8.53	121.27	8.62	121.50	10.69	121.74	12.85	121.58	11.98	121.56	10.18	121.45	9.78	121.74	12.24	121.79	13.50	121.66	12.86	121.39	9.35	121.43	9.77	121.58	11.01	121.60	11.47	121.60	12.33	121.89	14.37	121.67

阶段

恒温阶段（Process time）（14minutes）

续表

记录时间	1 温度℃	1 ∑F₀	2 温度℃	2 ∑F₀	3 温度℃	3 ∑F₀	4 温度℃	4 ∑F₀	5 温度℃	5 ∑F₀	6 温度℃	6 ∑F₀	7 温度℃	7 ∑F₀	8 温度℃	8 ∑F₀	9 温度℃	9 ∑F₀	10 温度℃	10 ∑F₀	11 温度℃	11 ∑F₀	12 温度℃	12 ∑F₀	13 温度℃	13 ∑F₀	14 温度℃	14 ∑F₀	15 温度℃	15 ∑F₀	16 温度℃	16 ∑F₀	17 恒温阶段(Process time)(14minutes) @Mig
23:54:30	121.31	8.80	121.29	8.88	121.52	10.96	121.76	13.14	121.58	12.26	121.57	10.46	121.48	10.05	121.73	12.53	121.79	13.80	121.64	13.14	121.42	9.62	121.44	10.04	121.60	11.29	121.60	11.75	121.60	12.61	121.89	14.67	121.71
23:54:45	121.33	9.06	121.31	9.14	121.52	11.24	121.76	13.43	121.58	12.54	121.57	10.74	121.49	10.32	121.74	12.82	121.79	14.09	121.66	13.42	121.43	9.89	121.46	10.31	121.62	11.57	121.62	12.04	121.60	12.89	121.89	14.97	121.66
23:55:00	121.35	9.32	121.33	9.41	121.53	11.52	121.74	13.72	121.60	12.82	121.58	11.02	121.50	10.60	121.74	13.11	121.79	14.38	121.66	13.71	121.45	10.16	121.47	10.59	121.60	11.85	121.62	12.32	121.60	13.17	121.89	15.27	121.73
23:55:15	121.37	9.59	121.35	9.67	121.53	11.79	121.76	14.01	121.60	13.10	121.60	11.30	121.52	10.87	121.74	13.40	121.79	14.67	121.66	13.99	121.46	10.43	121.48	10.86	121.62	12.13	121.62	12.60	121.60	13.45	121.88	15.57	121.66
23:55:30	121.39	9.86	121.36	9.94	121.54	12.07	121.76	14.30	121.60	13.38	121.61	11.58	121.53	11.15	121.73	13.69	121.77	14.97	121.66	14.28	121.47	10.70	121.50	11.13	121.62	12.41	121.62	12.88	121.60	13.73	121.88	15.87	121.71
23:55:45	121.41	10.13	121.39	10.20	121.56	12.35	121.76	14.59	121.60	13.66	121.61	11.86	121.53	11.42	121.74	13.98	121.77	15.26	121.64	14.56	121.49	10.97	121.51	11.41	121.62	12.69	121.62	13.16	121.60	14.01	121.88	16.17	121.71
23:56:00	121.42	10.39	121.40	10.47	121.54	12.62	121.76	14.88	121.61	13.94	121.62	12.14	121.54	11.70	121.74	14.27	121.77	15.55	121.64	14.84	121.50	11.25	121.52	11.68	121.62	12.98	121.62	13.45	121.60	14.29	121.88	16.47	121.66
23:56:15	121.44	10.67	121.41	10.74	121.56	12.90	121.76	15.17	121.62	14.22	121.62	12.42	121.54	11.98	121.74	14.56	121.77	15.84	121.66	15.13	121.51	11.52	121.54	11.96	121.62	13.26	121.62	13.73	121.60	14.57	121.86	16.77	121.71
23:56:30	121.45	10.94	121.43	11.01	121.56	13.18	121.76	15.47	121.64	14.50	121.63	12.71	121.54	12.25	121.74	14.85	121.77	16.13	121.66	15.41	121.52	11.80	121.54	12.24	121.62	13.54	121.62	14.01	121.60	14.85	121.86	17.06	121.66
23:56:45	121.48	11.21	121.44	11.28	121.56	13.46	121.76	15.76	121.62	14.79	121.63	12.99	121.56	12.53	121.74	15.14	121.76	16.42	121.66	15.70	121.52	12.07	121.55	12.51	121.62	13.82	121.62	14.29	121.60	15.13	121.86	17.36	121.71
23:57:00	121.49	11.48	121.45	11.55	121.57	13.73	121.74	16.05	121.62	15.07	121.65	13.27	121.56	12.81	121.74	15.43	121.76	16.71	121.66	15.98	121.54	12.35	121.55	12.79	121.62	14.10	121.62	14.57	121.60	15.41	121.85	17.66	121.69
23:57:15	121.50	11.76	121.47	11.82	121.57	14.01	121.74	16.34	121.62	15.35	121.65	13.56	121.57	13.09	121.75	15.72	121.76	17.00	121.66	16.26	121.55	12.63	121.56	13.07	121.62	14.39	121.63	14.86	121.60	15.69	121.85	17.96	121.69
23:57:30	121.52	12.03	121.47	12.09	121.57	14.29	121.74	16.63	121.62	15.63	121.65	13.84	121.58	13.37	121.75	16.01	121.76	17.30	121.67	16.55	121.55	12.90	121.58	13.35	121.63	14.67	121.63	15.14	121.60	15.97	121.85	18.25	121.67
23:57:45	121.53	12.31	121.48	12.37	121.58	14.57	121.74	16.92	121.64	15.91	121.66	14.12	121.58	13.65	121.75	16.36	121.76	17.59	121.67	16.83	121.56	13.18	121.58	13.63	121.63	14.95	121.63	15.42	121.60	16.25	121.85	18.55	121.73
23:58:00	121.54	12.58	121.49	12.64	121.58	14.85	121.74	17.20	121.64	16.20	121.66	14.41	121.58	13.93	121.75	16.59	121.75	17.88	121.67	17.12	121.56	13.46	121.59	13.91	121.63	15.23	121.63	15.70	121.60	16.53	121.85	18.85	121.67
23:58:15	121.56	12.86	121.50	12.92	121.60	15.13	121.74	17.49	121.64	16.48	121.66	14.69	121.58	14.20	121.75	16.88	121.75	18.17	121.66	17.40	121.58	13.74	121.59	14.19	121.63	15.52	121.63	15.99	121.60	16.81	121.85	19.14	121.74
23:58:30	121.56	13.14	121.52	13.19	121.61	15.41	121.74	17.78	121.64	16.76	121.66	14.98	121.60	14.49	121.75	17.17	121.75	18.46	121.67	17.69	121.58	14.02	121.59	14.47	121.64	15.80	121.63	16.27	121.60	17.09	121.84	19.44	121.67
23:58:45	121.57	13.42	121.52	13.47	121.61	15.69	121.74	18.07	121.65	17.05	121.67	15.26	121.60	14.77	121.75	17.46	121.75	18.75	121.66	17.97	121.59	14.30	121.59	14.75	121.64	16.08	121.64	16.55	121.60	17.38	121.84	19.74	121.73
23:59:00	121.58	13.70	121.53	13.74	121.61	15.97	121.74	18.36	121.65	17.33	121.67	15.55	121.60	15.05	121.75	17.75	121.75	19.04	121.67	18.26	121.59	14.58	121.59	15.03	121.64	16.36	121.64	16.83	121.60	17.66	121.84	20.03	121.69

续表

记录时间	1 温度℃	1 ΣF₀	2 温度℃	2 ΣF₀	3 温度℃	3 ΣF₀	4 温度℃	4 ΣF₀	5 温度℃	5 ΣF₀	6 温度℃	6 ΣF₀	7 温度℃	7 ΣF₀	8 温度℃	8 ΣF₀	9 温度℃	9 ΣF₀	10 温度℃	10 ΣF₀	11 温度℃	11 ΣF₀	12 温度℃	12 ΣF₀	13 温度℃	13 ΣF₀	14 温度℃	14 ΣF₀	15 温度℃	15 ΣF₀	16 温度℃	16 ΣF₀	17 @Mig	阶段
23:59:15	121.58	13.98	121.54	14.02	121.61	16.26	121.74	18.65	121.65	17.61	121.67	15.83	121.61	15.33	121.75	18.04	121.75	19.33	121.67	18.54	121.60	14.86	121.60	15.31	121.64	16.65	121.64	17.12	121.62	17.94	121.82	20.33	121.69	恒温阶段 (Process time)(14minutes)
23:59:30	121.60	14.26	121.56	14.30	121.61	16.54	121.74	18.94	121.65	17.90	121.67	16.12	121.61	15.61	121.75	18.33	121.75	19.62	121.67	18.83	121.60	15.14	121.60	15.59	121.64	16.93	121.64	17.40	121.62	18.22	121.82	20.62	121.73	
23:59:45	121.60	14.54	121.56	14.57	121.61	16.82	121.74	19.23	121.66	18.18	121.69	16.40	121.61	15.89	121.75	18.62	121.75	19.91	121.68	19.11	121.62	15.42	121.60	15.87	121.64	17.21	121.64	17.68	121.62	18.50	121.82	20.92	121.67	
0:00:00	121.60	14.32	121.56	14.85	121.62	17.10	121.74	19.52	121.66	18.47	121.69	16.69	121.62	16.17	121.74	18.91	121.75	20.20	121.67	19.40	121.62	15.70	121.60	16.15	121.66	17.50	121.65	17.97	121.62	18.78	121.82	21.21	121.73	
0:00:15	121.61	15.10	121.57	15.13	121.62	17.38	121.74	19.81	121.67	18.75	121.69	16.98	121.62	16.45	121.75	19.20	121.75	20.49	121.68	19.69	121.62	15.98	121.60	16.43	121.66	17.78	121.65	18.25	121.62	19.06	121.82	21.51	121.69	
0:00:30	121.61	15.33	121.57	15.41	121.62	17.66	121.74	20.10	121.67	19.04	121.69	17.26	121.64	16.74	121.75	19.49	121.75	20.78	121.67	19.97	121.63	16.27	121.61	16.71	121.66	18.07	121.65	18.53	121.63	19.35	121.82	21.80	121.74	
0:00:45	121.62	15.66	121.58	15.69	121.62	17.95	121.74	20.39	121.69	19.32	121.69	17.55	121.64	17.02	121.75	19.78	121.75	21.07	121.68	20.26	121.63	16.55	121.61	16.99	121.67	18.35	121.65	18.82	121.63	19.63	121.82	22.10	121.67	
0:01:00	121.62	15.94	121.58	15.97	121.64	18.23	121.74	20.68	121.69	19.61	121.70	17.84	121.64	17.30	121.75	20.07	121.75	21.36	121.68	20.54	121.63	16.83	121.61	17.27	121.67	18.64	121.65	19.10	121.63	19.91	121.82	22.39	121.70	
0:01:15	121.63	16.23	121.58	16.25	121.64	18.51	121.74	20.97	121.69	19.90	121.70	18.12	121.64	17.59	121.75	20.36	121.75	21.65	121.68	20.83	121.64	17.12	121.61	17.55	121.67	18.92	121.65	19.39	121.63	20.19	121.81	22.69	121.67	
0:01:30	121.63	16.51	121.60	16.53	121.65	18.79	121.74	21.26	121.69	20.18	121.70	18.41	121.64	17.87	121.75	20.65	121.75	21.94	121.68	21.11	121.64	17.40	121.61	17.83	121.67	19.21	121.65	19.67	121.63	20.48	121.81	22.98	121.73	
0:01:45	121.65	16.79	121.60	16.81	121.65	19.08	121.74	21.55	121.69	20.47	121.70	18.70	121.64	18.15	121.75	20.94	121.75	22.23	121.68	21.40	121.64	17.68	121.63	18.12	121.67	19.49	121.65	19.95	121.63	20.76	121.81	23.28	121.67	
0:02:00	121.65	17.08	121.60	17.09	121.65	19.36	121.74	21.84	121.69	20.76	121.70	18.98	121.64	18.44	121.75	21.23	121.75	22.52	121.70	21.69	121.64	17.96	121.63	18.40	121.67	19.78	121.65	20.24	121.63	21.04	121.81	23.57	121.74	
0:02:15	121.66	17.36	121.61	17.37	121.64	19.64	121.74	22.13	121.69	21.04	121.70	19.27	121.65	18.72	121.75	21.52	121.73	22.81	121.70	21.97	121.66	18.25	121.63	18.68	121.67	20.06	121.67	20.52	121.64	21.32	121.81	23.87	121.67	
0:02:30	121.67	17.65	121.61	17.65	121.65	19.93	121.74	22.42	121.70	21.33	121.71	19.56	121.65	19.00	121.75	21.81	121.73	23.10	121.70	22.26	121.66	18.53	121.63	18.96	121.67	20.35	121.67	20.81	121.64	21.61	121.81	24.16	121.71	
0:02:45	121.67	17.93	121.61	17.93	121.65	20.21	121.74	22.71	121.70	21.62	121.71	19.85	121.65	19.29	121.75	22.10	121.73	23.39	121.70	22.55	121.66	18.82	121.63	19.25	121.67	20.63	121.67	21.09	121.63	21.89	121.81	24.45	121.69	
0:03:00	121.67	18.22	121.62	18.21	121.65	20.50	121.74	23.00	121.70	21.90	121.71	20.13	121.65	19.57	121.75	22.39	121.73	23.68	121.70	22.83	121.66	19.10	121.63	19.53	121.68	20.92	121.67	21.38	121.64	22.17	121.81	24.75	121.71	
0:03:15	121.69	18.50	121.62	18.50	121.65	20.78	121.74	23.29	121.70	22.19	121.71	20.42	121.65	19.85	121.75	22.68	121.73	23.97	121.70	23.12	121.67	19.39	121.63	19.81	121.68	21.20	121.68	21.66	121.64	22.46	121.81	25.04	121.67	
F₀value of Process time	14.73		14.64		15.39		16.22		15.76		15.53		15.20		16.15		16.34		15.94		15.04		15.14		15.60		15.65		15.70		16.73		Max. 16.73 Min. 14.64	16.73 / 14.64

续表

记录时间	1 温度℃	1 ΣF₀	2 温度℃	2 ΣF₀	3 温度℃	3 ΣF₀	4 温度℃	4 ΣF₀	5 温度℃	5 ΣF₀	6 温度℃	6 ΣF₀	7 温度℃	7 ΣF₀	8 温度℃	8 ΣF₀	9 温度℃	9 ΣF₀	10 温度℃	10 ΣF₀	11 温度℃	11 ΣF₀	12 温度℃	12 ΣF₀	13 温度℃	13 ΣF₀	14 温度℃	14 ΣF₀	15 温度℃	15 ΣF₀	16 温度℃	16 ΣF₀	17 @Mig	阶段
0:03:30	121.69	18.79	121.62	18.78	121.65	21.06	121.74	23.58	121.70	22.48	121.71	20.71	121.66	20.14	121.75	22.97	121.73	24.26	121.70	23.41	121.67	19.67	121.64	20.09	121.68	21.49	121.67	21.95	121.64	22.74	121.81	25.34	121.32	冷却阶段（Cooling step）
0:03:45	121.69	19.08	121.62	19.06	121.65	21.35	121.74	23.87	121.70	22.76	121.71	21.00	121.66	20.42	121.75	23.27	121.73	24.55	121.70	23.69	121.67	19.96	121.64	20.38	121.68	21.78	121.68	22.23	121.64	23.02	121.80	25.63	110.41	
0:04:00	121.69	19.36	121.62	19.34	121.65	21.63	121.65	24.15	121.37	23.03	121.25	21.26	121.65	20.71	121.65	23.55	121.52	24.82	121.57	23.97	121.09	20.21	121.64	20.66	121.66	22.06	121.63	22.52	121.47	23.29	121.06	25.88	114.23	
0:04:15	121.70	19.59	121.53	19.62	121.36	21.90	121.56	24.43	121.56	23.31	119.74	21.44	120.94	20.95	120.93	23.79	121.07	25.07	121.36	24.24	120.21	20.41	120.92	20.90	121.39	22.33	121.52	22.79	121.51	23.57	120.75	26.11	113.55	
0:04:30	120.22	19.79	120.90	19.86	120.87	22.13	121.12	24.68	121.49	23.58	119.26	21.60	120.40	21.16	120.58	24.01	120.74	25.30	121.05	24.49	119.71	20.59	120.40	21.11	121.17	22.58	121.22	23.05	121.49	23.84	120.33	26.32	114.17	
0:04:45	120.77	19.98	120.43	20.07	120.57	22.36	120.89	24.92	121.15	23.83	118.84	21.75	119.99	21.35	120.23	24.22	120.53	25.52	120.76	24.72	119.27	20.76	120.00	21.31	120.76	22.81	121.00	23.29	121.16	24.10	119.85	26.51	114.45	
0:05:00	119.36	20.15	120.07	20.27	120.22	22.56	120.52	25.14	121.03	24.08	118.46	21.89	119.65	21.53	119.84	24.40	120.17	25.72	120.54	24.94	118.90	20.91	119.65	21.49	120.45	23.03	120.65	23.52	120.80	24.33	119.45	26.68	114.72	
0:05:15	119.02	20.30	119.74	20.45	119.89	22.75	120.24	25.34	120.72	24.31	118.14	22.01	119.36	21.70	119.50	24.58	119.81	25.91	120.29	25.14	118.59	21.05	119.34	21.65	120.15	23.23	120.38	23.73	120.70	24.56	119.07	26.83	115.04	
0:05:30	118.73	20.45	119.47	20.62	119.60	22.93	119.97	25.54	120.40	24.52	117.88	22.13	119.11	21.86	119.19	24.74	119.49	26.08	119.96	25.34	118.32	21.18	119.05	21.81	119.86	23.42	120.16	23.93	120.41	24.77	118.76	26.98	115.26	
0:05:45	118.50	20.58	119.22	20.78	119.32	23.09	119.74	25.72	120.20	24.73	117.67	22.25	118.89	22.01	118.93	24.89	119.26	26.24	119.79	25.52	118.10	21.30	118.80	21.96	119.61	23.59	119.83	24.12	120.13	24.97	118.49	27.12	115.44	
0:06:00	118.30	20.71	119.00	20.94	119.09	23.25	119.43	25.89	119.98	24.92	117.51	22.36	118.68	22.15	118.71	25.03	119.01	26.40	119.48	25.69	117.92	21.42	118.59	22.10	119.37	23.76	119.60	24.29	119.89	25.16	118.25	27.25	115.62	
0:06:15	118.14	20.84	118.81	21.09	118.86	23.40	119.17	26.05	119.74	25.10	117.37	22.46	118.51	22.29	118.49	25.17	118.77	26.54	119.36	25.86	117.76	21.54	118.39	22.23	119.18	23.92	119.37	24.46	119.69	25.34	118.04	27.37	115.73	
0:06:30	117.99	20.96	118.64	21.23	118.67	23.54	118.97	26.20	119.53	25.28	117.25	22.56	118.35	22.42	118.30	25.30	118.59	26.68	119.11	26.02	117.63	21.65	118.24	22.36	118.98	24.08	119.16	24.62	119.48	25.51	117.86	27.49	115.60	
0:06:45	117.87	21.08	118.50	21.37	118.48	23.68	118.76	26.35	119.35	25.44	117.16	22.67	118.21	22.55	118.14	25.43	118.40	26.82	118.97	26.17	117.51	21.76	118.09	22.48	118.80	24.22	118.98	24.78	119.27	25.68	117.70	27.60	114.76	
0:07:00	117.75	21.20	118.34	21.50	118.34	23.81	118.59	26.49	119.17	25.60	117.05	22.76	118.06	22.67	117.99	25.55	118.23	26.95	118.77	26.32	117.39	21.87	117.95	22.60	118.64	24.36	118.80	24.92	119.11	25.84	117.54	27.71	114.82	
0:07:15	117.63	21.31	118.19	21.63	118.18	23.94	118.40	26.62	119.01	25.76	116.92	22.86	117.92	22.79	117.83	25.67	118.06	27.07	118.63	26.46	117.25	21.97	117.80	22.72	118.46	24.50	118.61	25.06	118.91	25.99	117.36	27.82	110.24	
0:07:30	117.49	21.42	118.05	21.75	118.01	24.06	118.22	26.75	118.81	25.90	116.78	22.95	117.75	22.91	117.65	25.78	117.95	27.19	118.43	26.60	117.08	22.07	117.63	22.83	118.27	24.63	118.44	25.20	118.73	26.13	117.12	27.92	108.68	
0:07:45	117.29	21.52	117.87	21.87	117.79	24.18	118.04	26.87	118.58	26.04	116.37	23.04	117.49	23.02	117.36	25.85	117.54	27.30	118.06	26.72	116.70	22.16	117.34	22.94	118.04	24.75	118.17	25.33	118.52	26.27	116.72	28.01	109.18	
0:08:00	116.89	21.62	117.58	21.98	117.43	24.28	117.73	26.99	118.29	26.18	116.16	23.11	117.13	23.12	116.96	25.93	117.11	27.40	117.77	26.84	116.20	22.24	116.93	23.03	117.70	24.87	117.88	25.45	118.11	26.39	116.26	28.09	108.55	
0:08:15	116.36	21.70	117.17	22.08	117.09	24.38	117.29	27.09	117.93	26.30	114.72	23.18	116.79	23.21	116.58	26.07	116.73	27.49	117.52	26.95	115.61	22.31	116.55	23.12	117.36	24.97	117.50	25.56	117.79	26.51	115.82	28.17	109.26	
0:08:30	115.89	21.78	116.74	22.17	116.67	24.47	116.92	27.19	117.63	26.41	114.72	23.23	116.40	23.30	116.18	26.15	116.33	27.58	117.01	27.04	115.13	22.38	116.09	23.20	116.98	25.07	117.17	25.66	117.34	26.62	115.31	28.23	109.15	
0:08:45	115.44	21.84	116.31	22.26	116.29	24.56	116.55	27.28	117.28	26.51	114.26	23.28	116.03	23.37	115.79	26.22	115.98	27.65	116.84	27.14	114.71	22.43	115.60	23.27	116.60	25.16	116.82	25.75	116.88	26.71	114.86	28.29	109.01	

续表

记录时间	1 温度℃	1 ΣF₀	2 温度℃	2 ΣF₀	3 温度℃	3 ΣF₀	4 温度℃	4 ΣF₀	5 温度℃	5 ΣF₀	6 温度℃	6 ΣF₀	7 温度℃	7 ΣF₀	8 温度℃	8 ΣF₀	9 温度℃	9 ΣF₀	10 温度℃	10 ΣF₀	11 温度℃	11 ΣF₀	12 温度℃	12 ΣF₀	13 温度℃	13 ΣF₀	14 温度℃	14 ΣF₀	15 温度℃	15 ΣF₀	16 温度℃	16 ΣF₀	17 @Mig	阶段
0:09:00	115.02	21.91	115.94	22.33	115.86	24.63	116.20	27.36	116.94	26.61	113.90	23.33	115.70	23.45	115.39	26.29	115.59	27.72	116.55	27.22	114.33	22.49	115.21	23.34	116.20	25.24	116.49	25.84	116.78	26.80	114.45	28.35	109.18	冷却阶段（Cooling step）
0:09:15	114.64	21.96	115.58	22.40	115.48	24.70	115.83	27.43	116.63	26.70	113.54	23.38	115.39	23.51	115.01	26.35	115.23	27.79	116.25	27.31	113.99	22.53	114.85	23.40	115.84	25.32	116.13	25.92	116.41	26.89	114.05	28.40	108.64	
0:09:30	114.30	22.02	115.26	22.47	115.11	24.76	115.44	27.50	116.32	26.78	113.24	23.42	115.10	23.58	114.66	26.41	114.92	27.85	115.95	27.38	113.66	22.58	114.52	23.45	115.51	25.38	115.76	25.99	116.04	26.97	113.67	28.44	108.16	
0:09:45	114.00	22.07	114.94	22.53	114.76	24.82	115.17	27.56	116.02	26.86	112.93	23.45	114.80	23.64	114.32	26.46	114.57	27.90	115.69	27.45	113.33	22.62	114.19	23.50	115.17	25.45	115.42	26.06	115.78	27.04	113.31	28.48	107.71	
0:10:00	113.68	22.12	114.63	22.58	114.46	24.87	114.74	27.62	115.70	26.93	112.60	23.49	114.49	23.69	113.97	26.51	114.21	27.95	115.37	27.52	113.01	22.66	113.85	23.55	114.84	25.51	115.11	26.12	115.48	27.11	112.96	28.52	107.13	
0:10:15	113.35	22.15	114.30	22.64	114.11	24.92	114.48	27.68	115.34	27.00	112.26	23.52	114.19	23.74	113.62	26.56	113.87	28.00	114.95	27.58	112.67	22.70	113.51	23.59	114.49	25.56	114.77	26.18	115.18	27.17	112.59	28.56	103.99	
0:10:30	113.02	22.19	113.96	22.68	113.76	24.97	114.09	27.73	114.98	27.06	111.92	23.55	113.88	23.79	113.27	26.60	113.49	28.05	114.67	27.64	112.33	22.73	113.16	23.63	114.15	25.61	114.39	26.23	114.73	27.23	112.21	28.59	100.37	
0:10:45	112.65	22.22	113.60	22.73	113.35	25.01	113.64	27.77	114.63	27.11	111.60	23.58	113.48	23.83	112.83	26.63	113.05	28.08	114.25	27.69	111.82	22.76	112.74	23.67	113.76	25.66	113.98	26.28	114.29	27.28	111.65	28.62	101.53	
0:11:00	112.09	22.26	113.13	22.77	112.87	25.05	113.19	27.81	114.08	27.16	111.40	23.60	113.00	23.87	112.29	26.67	112.46	28.12	113.75	27.74	111.15	22.78	112.15	23.70	113.27	25.70	113.39	26.32	113.70	27.33	110.97	28.64	101.27	
0:11:15	111.41	22.28	112.56	22.80	112.28	25.08	112.64	27.85	113.57	27.21	109.88	23.62	112.50	23.90	111.69	26.70	111.91	28.15	113.28	27.78	110.47	22.81	111.57	23.73	112.80	25.74	112.98	26.36	113.10	27.37	110.36	28.66	101.15	
0:11:30	110.73	22.31	111.97	22.83	111.74	25.11	112.09	27.88	113.12	27.25	109.18	23.64	112.03	23.94	111.13	26.72	111.36	28.18	112.87	27.82	109.83	22.82	110.99	23.75	112.32	25.77	112.51	26.40	112.97	27.41	109.73	28.68	100.88	
0:11:45	110.14	22.33	111.40	22.86	111.22	25.14	111.57	27.91	112.74	27.28	108.57	23.65	111.58	23.96	110.55	26.74	110.85	28.20	112.39	27.85	109.20	22.84	110.38	23.77	111.80	25.80	112.00	26.43	112.48	27.44	109.21	28.70	100.51	
0:12:00	109.57	22.34	110.87	22.88	110.66	25.16	111.08	27.93	112.20	27.32	108.01	23.66	111.14	23.99	110.00	26.76	110.30	28.22	111.82	27.88	108.64	22.85	109.80	23.79	111.30	25.83	111.47	26.45	111.99	27.47	108.51	28.71	100.00	
0:12:15	109.07	22.36	110.34	22.91	110.12	25.18	110.59	27.95	111.84	27.35	107.46	23.67	110.69	24.01	109.44	26.78	109.77	28.24	111.51	27.91	108.08	22.87	109.25	23.81	110.76	25.85	110.95	26.48	111.53	27.50	107.92	28.72	99.43	
0:12:30	108.53	22.37	139.83	22.92	109.57	25.20	109.96	27.97	111.33	27.37	106.94	23.68	110.26	24.03	108.89	26.79	109.26	28.25	110.91	27.93	107.56	22.88	108.73	23.82	110.24	25.87	110.44	26.50	110.85	27.52	107.33	28.73	98.88	
0:12:45	108.02	22.39	109.33	22.94	109.05	25.21	109.55	27.99	110.80	27.40	106.43	23.69	109.86	24.05	108.35	26.81	108.71	28.27	110.48	27.95	107.05	22.89	108.20	23.84	109.73	25.89	109.94	26.52	110.53	27.54	106.77	28.74	98.33	
0:13:00	107.53	22.40	128.84	22.96	108.51	25.23	108.86	28.00	110.36	27.42	105.90	23.70	109.41	24.07	107.83	26.82	108.19	28.28	110.07	27.97	106.52	22.90	107.69	23.85	109.24	25.90	109.40	26.53	110.09	27.56	106.21	28.75	97.94	
0:13:15	107.03	22.41	108.34	22.97	107.97	25.24	108.32	28.02	109.72	27.43	105.41	23.71	108.97	24.08	107.31	26.83	107.66	28.29	109.50	27.99	106.02	22.90	107.17	23.86	108.74	25.92	108.97	26.55	109.45	27.58	105.65	28.76	97.58	
0:13:30	106.52	22.42	107.82	22.98	107.48	25.25	107.85	28.03	109.30	27.45	104.90	23.71	108.51	24.10	106.77	26.84	107.12	28.30	108.76	28.00	105.49	22.91	106.66	23.87	108.26	25.93	108.40	26.56	108.98	27.60	105.12	28.76	94.82	
0:13:45	106.01	22.42	107.31	22.99	106.98	25.26	107.29	28.04	108.81	27.47	104.39	23.72	108.06	24.11	106.26	26.85	106.59	28.31	108.59	28.02	105.00	22.92	106.16	23.87	107.77	25.94	107.88	26.58	108.46	27.61	104.57	28.77	89.79	
0:14:00	105.51	22.43	106.80	23.00	106.44	25.27	106.78	28.05	108.37	27.48	103.73	23.72	107.60	24.12	105.69	26.85	106.01	28.32	108.06	28.03	104.33	22.92	105.60	23.88	107.23	25.95	107.24	26.59	107.78	27.62	103.87	28.77	90.32	

续表

冷却阶段（Cooling step）

记录时间	1		2		3		4		5		6		7		8		9		10		11		12		13		14		15		16		17
	温度℃	ΣF_0	温度℃	ΣF_0	温度℃	ΣF_0	温度℃	ΣF_0	温度℃	ΣF_0	温度℃	ΣF_0	温度℃	ΣF_0	温度℃	ΣF_0	温度℃	ΣF_0	温度℃	ΣF_0	温度℃	ΣF_0	温度℃	ΣF_0	温度℃	ΣF_0	温度℃	ΣF_0	温度℃	ΣF_0	温度℃	ΣF_0	@Mig
0:14:15	104.80	22.44	106.18	23.01	105.79	25.28	106.14	28.06	107.72	27.49	102.77	23.73	107.03	24.13	104.93	26.86	105.31	28.33	107.40	28.04	103.43	22.93	104.86	23.89	106.55	25.96	106.66	26.59	107.20	27.63	103.01	28.78	90.72
0:14:30	103.96	22.44	105.45	23.02	105.08	25.28	105.42	28.06	106.92	27.50	101.86	23.73	106.43	24.14	104.18	26.87	104.60	28.33	106.76	28.05	102.58	22.93	104.04	23.89	105.93	25.97	105.99	26.60	106.39	27.64	102.20	28.78	90.65
0:14:45	103.17	22.45	104.72	23.02	104.34	25.29	104.66	28.07	106.42	27.51	101.01	23.73	105.81	24.15	103.43	26.87	103.37	28.34	106.07	28.06	101.79	22.93	103.24	23.90	105.26	25.98	105.31	26.61	106.05	27.65	101.42	28.78	90.08
0:15:00	102.41	22.45	104.03	23.03	103.62	25.29	104.00	28.07	105.79	27.52	100.24	23.73	105.25	24.15	102.71	26.87	103.15	28.34	105.50	28.06	101.01	22.94	102.49	23.90	104.58	25.98	104.63	26.61	105.34	27.65	100.68	28.78	89.26
0:15:15	101.64	22.45	103.30	23.03	102.91	25.30	103.48	28.08	105.23	27.52	99.53	23.74	104.69	24.16	101.98	26.88	102.50	28.34	104.76	28.07	100.23	22.94	101.81	23.90	103.93	25.99	103.97	26.62	104.80	27.66	99.89	28.78	88.39
0:15:30	100.84	22.45	102.59	23.03	102.20	25.30	102.62	28.08	104.58	27.53	98.82	23.74	104.11	24.16	101.25	26.88	101.83	28.35	104.22	28.07	99.50	22.94	101.09	23.91	103.21	25.99	103.32	26.62	103.82	27.66	99.11	28.79	87.73
0:15:45	100.10	22.46	101.89	23.04	101.48	25.30	101.91	28.09	103.90	27.53	98.11	23.74	103.54	24.17	100.49	26.88	101.18	28.35	103.47	28.08	98.75	22.94	100.38	23.91	102.57	25.99	102.65	26.63	103.38	27.67	98.34	28.79	87.18
0:16:00	99.38	22.46	101.22	23.04	100.72	25.30	101.18	28.09	103.23	27.54	97.42	23.74	102.95	24.17	99.81	26.88	100.50	28.35	102.95	28.08	98.05	22.94	99.62	23.91	101.92	25.99	101.96	26.63	102.86	27.67	97.58	28.79	86.87
0:16:15	98.69	22.46	100.57	23.04	100.02	25.31	100.43	28.09	102.58	27.54	96.76	23.74	102.35	24.17	99.09	26.88	99.79	28.35	102.28	28.09	97.37	22.94	98.92	23.91	101.29	26.00	101.26	26.63	102.22	27.68	96.85	28.79	86.56
0:16:30	98.05	22.46	99.93	23.04	99.32	25.31	99.73	28.09	102.03	27.54	96.11	23.74	101.76	24.18	98.40	26.89	59.07	28.36	101.82	28.09	96.74	22.94	98.24	23.91	100.64	26.00	100.60	26.64	101.45	27.68	96.12	28.79	86.16
0:16:45	97.44	22.46	99.30	23.05	98.66	25.31	99.08	28.09	101.37	27.55	95.47	23.74	101.19	24.18	97.72	26.89	98.38	28.36	101.10	28.09	96.09	22.95	97.61	23.91	100.00	26.00	99.91	26.64	100.78	27.68	95.46	28.79	85.74
0:17:00	96.83	22.46	98.61	23.05	98.02	25.31	98.39	28.10	100.76	27.55	94.86	23.74	100.63	24.18	97.09	26.89	97.74	28.36	99.99	28.10	95.46	22.95	96.98	23.91	99.41	26.00	99.24	26.64	100.24	27.68	94.81	28.79	77.23
0:17:15	96.24	22.46	97.97	23.05	97.38	25.31	97.75	28.10	100.09	27.55	94.18	23.74	100.00	24.18	96.41	26.89	97.06	28.36	99.74	28.10	94.73	22.95	96.29	23.92	98.77	26.01	98.54	26.64	99.31	27.69	94.00	28.79	78.63
0:17:30	95.49	22.46	97.28	23.05	96.63	25.31	96.95	28.10	99.29	27.55	93.11	23.74	99.31	24.19	95.55	26.89	96.22	28.36	99.09	28.10	93.72	22.95	95.43	23.92	98.05	26.01	97.80	26.64	98.24	27.69	93.04	28.79	78.15
0:17:45	94.50	22.46	96.42	23.05	95.78	25.31	96.12	28.10	98.58	27.56	92.10	23.74	98.66	24.19	94.67	26.89	95.35	28.36	98.33	28.10	92.78	22.95	94.51	23.92	97.30	26.01	97.00	26.64	97.96	27.69	92.11	28.79	76.74
0:18:00	93.58	22.46	95.54	23.05	94.88	25.31	95.30	28.10	97.73	27.56	91.15	23.74	97.97	24.19	93.78	26.89	94.52	28.36	97.47	28.10	91.87	22.95	93.60	23.92	96.54	26.01	96.19	26.64	97.24	27.69	91.18	28.80	76.10
0:18:15	92.65	22.47	94.69	23.05	94.01	25.31	94.43	28.10	96.99	27.56	90.15	23.74	97.24	24.19	92.87	26.89	93.73	28.36	96.68	28.10	90.85	22.95	92.71	23.92	95.74	26.01	95.31	26.64	96.45	27.69	90.23	28.80	75.44
0:18:30	91.69	22.47	93.82	23.05	93.10	25.31	93.54	28.10	96.22	27.56	89.19	23.74	96.49	24.19	91.96	26.85	92.84	28.36	95.72	28.10	89.82	22.95	91.84	23.92	94.94	26.01	94.48	26.64	95.62	27.69	89.32	28.80	74.77
0:18:45	90.68	22.47	92.97	23.05	92.20	25.32	92.69	28.10	95.46	27.56	88.28	23.74	95.78	24.19	91.05	26.89	91.99	28.36	95.25	28.10	88.87	22.95	90.93	23.92	94.11	26.01	93.65	26.64	94.61	27.69	88.35	28.80	74.11
0:19:00	89.74	22.47	92.06	23.05	91.21	25.32	91.76	28.10	94.59	27.56	87.38	23.74	95.07	24.19	90.14	26.89	91.21	28.36	94.64	28.10	87.98	22.95	90.06	23.92	93.31	26.01	92.85	26.65	94.12	27.69	87.39	28.80	73.55
0:19:15	88.88	22.47	91.20	23.05	90.34	25.32	90.90	28.10	93.77	27.56	86.52	23.74	94.33	24.19	89.25	26.39	90.43	28.36	93.99	28.10	87.10	22.95	89.23	23.92	92.51	26.01	92.01	26.65	93.33	27.69	86.46	28.80	72.76
0:19:30	88.05	22.47	90.37	23.05	89.44	25.32	90.08	28.10	93.00	27.56	85.68	23.74	93.60	24.19	88.39	26.39	89.62	28.36	93.17	28.10	86.25	22.95	88.44	23.92	91.70	26.01	91.17	26.65	92.47	27.69	85.56	28.80	72.12
0:19:45	87.17	22.47	89.54	23.05	88.54	25.32	89.19	28.10	92.24	27.56	84.84	23.74	92.87	24.19	87.53	26.89	88.66	28.36	92.39	28.10	85.41	22.95	87.64	23.92	90.89	26.01	90.34	26.65	91.60	27.69	84.68	28.80	71.66

续表

冷却阶段（Cooling step）

记录时间	1 温度℃	1 ΣF₀	2 温度℃	2 ΣF₀	3 温度℃	3 ΣF₀	4 温度℃	4 ΣF₀	5 温度℃	5 ΣF₀	6 温度℃	6 ΣF₀	7 温度℃	7 ΣF₀	8 温度℃	8 ΣF₀	9 温度℃	9 ΣF₀	10 温度℃	10 ΣF₀	11 温度℃	11 ΣF₀	12 温度℃	12 ΣF₀	13 温度℃	13 ΣF₀	14 温度℃	14 ΣF₀	15 温度℃	15 ΣF₀	16 温度℃	16 ΣF₀	17 @Mig
0:20:00	86.34	22.47	88.69	23.05	87.74	25.32	88.36	28.10	91.52	27.56	84.02	23.74	92.19	24.19	86.70	26.89	87.83	28.36	91.57	28.10	84.58	22.95	86.86	23.92	90.17	26.01	89.51	26.65	90.92	27.69	83.80	28.80	71.17
0:20:15	85.55	22.47	87.83	23.05	86.92	25.32	87.53	28.10	90.70	27.56	83.22	23.74	91.50	24.19	85.87	26.89	87.03	28.36	90.92	28.10	83.75	22.95	86.09	23.92	89.41	26.01	88.71	26.65	89.68	27.69	82.96	28.80	70.63
0:20:30	84.74	22.47	87.06	23.05	86.11	25.32	86.72	28.10	89.91	27.56	82.45	23.74	90.81	24.19	85.08	26.89	86.21	28.36	90.19	28.10	82.96	22.95	85.35	23.92	88.70	26.01	87.88	26.65	89.07	27.69	82.14	28.80	70.10
0:20:45	83.97	22.47	86.29	23.05	85.32	25.32	85.91	28.10	89.10	27.56	81.70	23.74	90.11	24.19	84.29	26.89	85.44	28.36	89.24	28.10	82.18	22.95	84.62	23.92	87.96	26.01	87.11	26.65	88.60	27.69	81.37	28.80	69.57
0:21:00	83.25	22.47	85.54	23.05	84.56	25.32	85.13	28.10	88.35	27.56	80.97	23.74	89.44	24.19	83.53	26.89	84.66	28.36	88.77	28.10	81.43	22.95	83.90	23.92	87.29	26.01	86.33	26.65	87.70	27.69	80.61	28.80	69.01
0:21:15	82.51	22.47	84.78	23.05	83.79	25.32	84.39	28.10	87.66	27.56	80.26	23.74	88.77	24.19	82.79	26.89	83.89	28.36	88.09	28.10	80.73	22.95	83.19	23.92	86.63	26.01	85.58	26.65	87.24	27.69	79.88	28.80	68.46
0:21:30	81.78	22.47	84.04	23.05	83.04	25.32	83.63	28.10	86.87	27.56	79.55	23.74	88.11	24.19	82.05	26.89	83.17	28.36	87.31	28.11	80.05	22.95	82.51	23.92	86.00	26.01	84.82	26.65	86.33	27.69	79.17	28.80	68.08
0:21:45	81.00	22.47	83.30	23.05	82.30	25.32	82.88	28.10	86.09	27.56	78.86	23.74	87.45	24.19	81.33	26.89	82.46	28.36	86.67	28.11	79.38	22.95	81.83	23.92	85.36	26.01	84.07	26.65	85.81	27.69	78.47	28.80	65.45
0:22:00	80.27	22.47	82.58	23.05	81.59	25.32	82.17	28.10	85.39	27.56	78.20	23.74	86.76	24.19	80.61	26.89	81.78	28.36	85.74	28.11	78.69	22.95	81.17	23.92	84.68	26.01	83.33	26.65	85.16	27.69	77.80	28.80	62.51
0:22:15	79.60	22.47	81.88	23.05	80.87	25.32	81.45	28.10	84.68	27.56	77.44	23.74	86.06	24.19	79.88	26.89	81.02	28.36	85.35	28.11	77.90	22.95	80.46	23.92	83.97	26.01	82.58	26.65	84.42	27.69	77.00	28.80	62.31
0:22:30	78.84	22.47	81.13	23.05	80.06	25.32	80.67	28.10	83.94	27.56	76.53	23.74	85.32	24.19	79.05	26.89	80.22	28.36	84.60	28.11	76.97	22.95	79.66	23.92	83.22	26.01	81.78	26.65	83.65	27.69	76.17	28.80	61.39
0:22:45	78.00	22.47	80.34	23.05	79.25	25.32	79.83	28.10	83.20	27.56	75.64	23.74	84.58	24.20	78.21	26.89	79.40	28.36	83.84	28.11	76.05	22.95	78.85	23.92	82.47	26.01	81.00	26.65	82.82	27.69	75.34	28.80	60.36
0:23:00	77.12	22.47	79.49	23.05	78.41	25.32	79.00	28.10	82.39	27.56	74.73	23.74	83.81	24.20	77.37	26.89	78.59	28.36	83.20	28.11	75.15	22.95	78.01	23.92	81.72	26.01	80.21	26.65	81.95	27.69	74.46	28.80	59.84
0:23:15	76.25	22.47	78.65	23.05	77.56	25.32	78.16	28.10	81.60	27.56	73.81	23.74	83.06	24.20	76.51	26.89	77.80	28.36	82.39	28.11	74.24	22.95	77.14	23.92	80.98	26.01	79.42	26.65	81.48	27.69	73.56	28.80	59.31
0:23:30	75.40	22.47	77.81	23.05	76.70	25.32	77.34	28.10	80.85	27.56	72.94	23.74	82.31	24.20	75.63	26.89	76.99	28.36	81.68	28.11	73.39	22.95	76.29	23.92	80.23	26.01	78.66	26.65	80.69	27.69	72.68	28.80	58.89
0:23:45	74.54	22.47	77.02	23.05	75.85	25.32	76.53	28.10	79.94	27.56	72.08	23.74	81.55	24.20	74.79	26.89	76.19	28.36	80.85	28.11	72.54	22.95	75.46	23.92	79.48	26.01	77.90	26.65	79.97	27.69	71.85	28.80	58.40
0:24:00	73.66	22.47	76.22	23.05	75.01	25.32	75.73	28.10	79.12	27.56	71.27	23.74	80.83	24.20	73.98	26.89	75.39	28.36	80.14	28.11	71.70	22.95	74.65	23.92	78.74	26.01	77.13	26.65	79.04	27.69	71.04	28.80	57.89
0:24:15	72.84	22.47	75.42	23.05	74.18	25.32	74.94	28.10	78.47	27.56	70.48	23.74	80.09	24.20	73.17	26.89	74.58	28.36	79.37	28.11	70.85	22.95	73.82	23.92	77.98	26.01	76.36	26.65	78.40	27.69	70.23	28.80	57.36
0:24:30	72.04	22.47	74.64	23.05	73.35	25.32	74.15	28.10	77.61	27.56	69.71	23.74	79.38	24.20	72.38	26.89	73.81	28.36	78.71	28.11	70.02	22.95	73.04	23.92	77.27	26.01	75.58	26.65	77.72	27.69	69.44	28.80	56.88
0:24:45	71.27	22.47	73.85	23.05	72.58	25.32	73.37	28.10	77.01	27.56	68.94	23.74	78.66	24.20	71.60	26.89	73.04	28.36	77.94	28.11	69.25	22.95	72.26	23.92	76.57	26.01	74.82	26.65	76.88	27.69	68.67	28.80	56.29
0:25:00	70.51	22.47	73.08	23.05	71.77	25.32	72.58	28.10	76.15	27.56	68.20	23.74	77.95	24.20	70.83	26.89	72.25	28.36	77.23	28.11	68.52	22.95	71.48	23.92	75.88	26.01	74.05	26.65	75.99	27.69	67.92	28.80	55.87
0:25:15	69.78	22.47	72.33	23.05	71.01	25.32	71.82	28.10	75.52	27.56	67.49	23.74	77.26	24.20	70.08	26.89	71.51	28.36	76.22	28.11	67.81	22.95	70.69	23.92	75.22	26.01	73.30	26.65	75.37	27.69	67.20	28.80	55.41
0:25:30	69.07	22.47	71.58	23.05	70.25	25.32	71.11	28.10	74.75	27.56	66.81	23.74	76.56	24.20	69.35	26.89	70.77	28.36	75.77	28.11	67.10	22.95	69.93	23.92	74.58	26.01	72.58	26.65	74.54	27.69	66.49	28.80	54.97

续表

阶段：冷却阶段（Cooling step）

记录时间	1 温度℃	1 ΣF₀	2 温度℃	2 ΣF₀	3 温度℃	3 ΣF₀	4 温度℃	4 ΣF₀	5 温度℃	5 ΣF₀	6 温度℃	6 ΣF₀	7 温度℃	7 ΣF₀	8 温度℃	8 ΣF₀	9 温度℃	9 ΣF₀	10 温度℃	10 ΣF₀	11 温度℃	11 ΣF₀	12 温度℃	12 ΣF₀	13 温度℃	13 ΣF₀	14 温度℃	14 ΣF₀	15 温度℃	15 ΣF₀	16 温度℃	16 ΣF₀	17 @Mig	17 ΣF₀
0:25:45	68.38	22.47	70.85	23.05	69.51	25.32	70.38	28.10	74.02	27.56	66.13	23.74	75.88	24.20	68.61	26.89	70.01	28.36	75.05	28.11	66.40	22.95	69.21	23.92	73.95	26.01	71.84	26.65	73.69	27.69	65.81	28.80	54.60	28.80
0:26:00	67.70	22.47	70.16	23.05	68.80	25.32	69.67	28.10	73.28	27.56	65.47	23.74	75.18	24.20	67.92	26.89	69.27	28.36	74.12	28.11	65.73	22.95	68.51	23.92	73.35	26.01	71.13	26.65	72.58	27.69	65.14	28.80	54.17	28.80
0:26:15	67.02	22.47	69.45	23.05	68.11	25.32	68.99	28.10	72.58	27.56	64.83	23.74	74.52	24.20	67.23	26.89	68.56	28.36	73.68	28.11	65.09	22.95	67.85	23.92	72.71	26.01	70.46	26.65	72.09	27.69	64.50	28.80	53.79	28.80
0:26:30	66.36	22.47	68.77	23.05	67.41	25.32	68.28	28.10	71.86	27.56	64.20	23.74	73.85	24.20	66.56	26.89	67.87	28.36	72.88	28.11	64.47	22.95	67.24	23.92	72.11	26.01	69.79	26.65	71.31	27.69	63.87	28.80	53.49	28.80
0:26:45	65.72	22.47	68.12	23.05	66.74	25.32	67.59	28.10	71.16	27.56	63.58	23.74	73.20	24.20	65.92	26.89	6.17	28.36	72.22	28.11	63.87	22.95	66.63	23.92	71.51	26.01	69.11	26.65	70.66	27.69	63.24	28.80	50.32	28.80
0:27:00	65.07	22.47	67.43	23.05	66.07	25.32	66.96	28.10	70.48	27.56	62.99	23.74	72.55	24.20	65.27	26.89	65.52	28.36	71.62	28.11	63.26	22.95	66.00	23.92	70.93	26.01	68.44	26.65	70.00	27.69	62.61	28.80	49.58	28.80
0:27:15	64.41	22.47	66.75	23.05	65.42	25.32	66.29	28.10	69.78	27.56	62.29	23.74	71.88	24.20	64.58	26.89	65.85	28.36	70.79	28.11	62.54	22.95	65.34	23.92	70.31	26.01	67.75	26.65	69.31	27.69	61.91	28.80	48.85	28.80
0:27:30	63.68	22.47	66.01	23.05	64.70	25.32	65.58	28.10	69.08	27.56	61.54	23.74	71.20	24.20	63.87	26.89	55.14	28.36	69.62	28.11	61.76	22.95	64.62	23.92	69.66	26.01	67.05	26.65	68.52	27.69	61.20	28.80	48.11	28.80
0:27:45	62.95	22.47	65.25	23.05	63.98	25.32	64.83	28.10	68.36	27.56	60.80	23.74	70.51	24.20	63.15	26.89	64.44	28.36	69.31	28.11	60.97	22.95	63.90	23.92	68.99	26.01	66.34	26.65	67.73	27.69	60.50	28.80	47.29	28.80
0:28:00	62.22	22.47	64.52	23.05	63.24	25.32	64.12	28.10	67.63	27.56	60.06	23.74	69.79	24.20	62.43	26.89	63.76	28.36	68.46	28.11	60.21	22.95	63.18	23.92	68.33	26.01	65.63	26.65	66.90	27.69	59.78	28.80	46.49	28.80
0:28:15	61.52	22.47	63.78	23.05	62.52	25.32	63.40	28.10	66.92	27.56	59.32	23.74	69.08	24.20	61.71	26.89	63.08	28.36	67.94	28.11	59.48	22.95	62.45	23.92	67.69	26.01	64.92	26.65	66.12	27.69	59.07	28.80	45.78	28.80
0:28:30	60.81	22.47	63.05	23.05	61.80	25.32	62.69	28.10	66.21	27.56	58.57	23.74	68.37	24.20	60.99	26.89	62.40	28.36	67.31	28.11	58.75	22.95	61.70	23.92	67.03	26.01	64.23	26.65	65.46	27.69	58.35	28.80	45.03	28.80
0:28:45	60.09	22.47	62.33	23.05	61.07	25.32	61.98	28.10	65.50	27.56	57.81	23.74	67.68	24.20	60.26	26.89	61.70	28.36	66.21	28.11	58.02	22.95	60.95	23.92	66.41	26.01	63.49	26.65	64.92	27.69	57.65	28.80	43.22	28.80
0:29:00	59.29	22.47	61.58	23.05	60.33	25.32	61.27	28.10	64.79	27.56	57.05	23.74	67.00	24.20	59.52	26.89	61.01	28.36	65.78	28.11	57.29	22.95	60.19	23.92	65.74	26.01	62.79	26.65	64.28	27.69	56.93	28.80	40.36	28.80
0:29:15	58.49	22.47	60.84	23.05	59.57	25.32	60.53	28.10	64.05	27.56	56.26	23.74	66.30	24.20	58.76	26.89	60.29	28.36	64.71	28.11	56.49	22.95	59.46	23.92	65.07	26.01	62.08	26.65	63.66	27.69	56.14	28.80	38.89	28.80
0:29:30	57.66	22.47	60.02	23.05	58.76	25.32	59.74	28.10	63.35	27.56	55.33	23.74	65.53	24.20	57.94	26.89	59.51	28.36	63.83	28.11	55.60	22.95	58.72	23.92	64.35	26.01	61.36	26.65	62.88	27.69	55.28	28.80	37.60	28.80
0:29:45	56.77	22.47	59.20	23.05	57.93	25.32	58.92	28.10	62.59	27.56	54.37	23.74	64.75	24.20	57.09	26.89	58.67	28.36	63.46	28.11	54.68	22.95	57.92	23.92	63.59	26.01	60.61	26.65	62.16	27.69	54.39	28.80	36.57	28.80
0:30:00	55.83	22.47	58.36	23.05	57.05	25.32	58.07	28.10	61.79	27.56	53.39	23.74	63.97	24.20	56.21	26.89	57.81	28.36	62.12	28.11	53.74	22.95	57.07	23.92	62.81	26.01	59.84	26.65	61.40	27.69	53.47	28.80	35.69	28.80
0:30:15	54.87	22.47	57.48	23.05	56.18	25.32	57.23	28.10	61.03	27.56	52.39	23.74	63.19	24.20	55.31	26.89	56.95	28.36	61.63	28.11	52.81	22.95	56.20	23.92	62.00	26.01	59.03	26.65	60.52	27.69	52.55	28.80	34.94	28.80
F_s value of cooling step	3.96		4.56		4.54		4.81		5.37		3.32		4.34		4.21		4.40		4.98		3.56		4.11		4.81		4.98		5.24		3.75		Max. 5.37	Min. 3.32

续表

记录时间	1	2	3	4	5	6	7	8	9	10	11	12	13	14	15	16	17 @Mig	阶段
	ΣF_o	ΣF_o	ΣF_o	ΣF_o	ΣF_o	ΣF_o	ΣF_o	ΣF_o	ΣF_o	ΣF_o	ΣF_o	ΣF_o	ΣF_o	ΣF_o	ΣF_o	ΣF_o		
升温阶段 F_o	3.77	3.85	5.39	7.07	6.43	4.90	4.65	6.53	7.62	7.18	4.35	4.68	5.60	6.02	6.76	8.31	Max. / Min.	8.31 / 3.77
恒温阶段 F_o	14.73	14.64	15.39	16.22	15.76	15.53	15.20	16.15	16.34	15.94	15.04	15.14	15.60	15.65	15.70	16.73	Max. / Min.	16.73 / 14.64
冷却阶段 F_o	3.96	4.56	4.54	4.81	5.37	3.32	4.34	4.21	4.40	4.98	3.56	4.11	4.81	4.98	5.24	3.75	Max. / Min.	5.37 / 3.32
累积 F_o (Accumulated F_o)	22.47	23.05	25.32	28.10	27.56	23.74	24.20	26.89	28.36	28.11	22.95	23.92	26.01	26.65	27.69	28.80	Max. / Min.	28.80 / 22.47
不计升温 F_o (Not included CUT)	18.69	19.20	19.93	21.03	21.13	18.85	19.55	20.36	20.74	20.93	18.60	19.24	20.41	20.63	20.94	20.48	Max. / Min.	21.13 / 18.60
杀菌规程要求与实际杀菌操作温度之差值修正后 F 值 (Corrected F_o)	15.80	16.23	16.84	17.78	17.86	15.93	16.52	17.21	17.53	17.69	15.72	16.27	17.25	16.54	17.58	17.31	Max. / Min. / Average	17.86 / 15.72 / 16.88

评估 (Comment)：热芯数据显示，最小 F_o（杀菌温阶段和冷却阶段）为 18.60min，在良好操作规范下，它能符合低酸性罐藏食品商业无菌要求

恒温时水银温度计处平均温度
（Average Temp.@Mig.of Process Period） 121.73 ℃

修正系数 fc 0.85

表 5-13 某食品有限公司 20g 低脂鸡胸肉胸肉软包装热穿透测试数据表

记录时间	1 温度℃	1 ΣF	2 温度℃	2 ΣF	3 温度℃	3 ΣF	4 温度℃	4 ΣF	5 温度℃	5 ΣF	6 温度℃	6 ΣF	7 温度℃	7 ΣF	8 温度℃	8 ΣF	9 温度℃	9 ΣF	10 温度℃	10 ΣF	11 温度℃	11 ΣF	12 温度℃	12 ΣF	13 @ Mig	阶段
2021/1/19 15:58:30	17.46	0.00	18.19	0.00	17.38	0.00	17.15	0.00	18.97	0.00	18.99	0.00	17.54	0.00	18.75	0.00	17.39	0.00	17.36	0.00	17.31	0.00	17.55	0.00	20.38	升温阶段（Come up time）
2021/1/19 15:59:00	17.46	0.00	18.48	0.00	17.40	0.00	17.17	0.00	19.05	0.00	21.17	0.00	17.73	0.00	18.76	0.00	17.39	0.00	17.42	0.00	17.35	0.00	17.57	0.00	94.55	
2021/1/19 15:59:30	17.48	0.00	33.38	0.00	18.87	0.00	21.14	0.00	28.48	0.00	46.40	0.00	27.65	0.00	19.03	0.00	18.82	0.00	20.20	0.00	27.33	0.00	19.29	0.00	108.03	
2021/1/19 16:00:00	21.11	0.00	50.59	0.00	24.29	0.00	33.94	0.00	47.41	0.00	56.79	0.00	42.12	0.00	21.49	0.00	27.16	0.00	27.87	0.00	41.92	0.00	32.71	0.00	108.83	
2021/1/19 16:00:30	30.78	0.00	60.59	0.00	31.23	0.00	46.11	0.00	58.46	0.00	64.40	0.00	54.87	0.00	27.98	0.00	39.81	0.00	38.13	0.00	50.20	0.00	48.34	0.00	108.87	
2021/1/19 16:01:00	42.38	0.00	67.09	0.00	38.01	0.00	55.48	0.00	65.80	0.00	71.11	0.00	64.78	0.00	36.32	0.00	51.49	0.00	47.65	0.00	57.27	0.00	59.94	0.00	106.84	
2021/1/19 16:01:30	53.30	0.00	72.52	0.00	44.31	0.00	62.79	0.00	71.56	0.00	76.65	0.00	72.33	0.00	44.33	0.00	60.98	0.00	56.12	0.00	64.45	0.00	68.20	0.00	102.35	
2021/1/19 16:02:00	62.56	0.00	78.28	0.00	50.06	0.00	69.40	0.00	76.75	0.00	81.87	0.00	79.32	0.00	51.65	0.00	68.46	0.00	63.99	0.00	71.51	0.00	75.28	0.00	100.60	
2021/1/19 16:02:30	70.26	0.00	82.19	0.00	55.40	0.00	74.84	0.00	81.35	0.00	86.12	0.00	84.59	0.00	58.32	0.00	74.63	0.00	70.91	0.00	76.66	0.00	81.34	0.00	100.33	
2021/1/19 16:03:00	76.40	0.00	85.62	0.00	60.08	0.00	79.12	0.00	84.89	0.00	89.38	0.00	88.51	0.00	64.40	0.00	79.44	0.00	76.58	0.00	80.66	0.00	85.77	0.00	100.70	
2021/1/19 16:03:30	81.20	0.00	88.79	0.00	64.18	0.00	82.71	0.00	87.76	0.00	91.88	0.00	91.84	0.00	69.86	0.00	83.23	0.00	81.45	0.00	84.20	0.00	89.35	0.00	101.39	
2021/1/19 16:04:00	85.04	0.00	91.61	0.00	67.90	0.00	85.79	0.00	90.27	0.00	94.02	0.00	94.71	0.00	74.63	0.00	86.36	0.01	85.70	0.00	87.19	0.00	92.33	0.00	102.09	
2021/1/19 16:04:30	88.25	0.00	93.99	0.00	71.32	0.00	88.44	0.00	92.49	0.00	95.83	0.00	97.11	0.00	78.80	0.00	89.04	0.01	89.29	0.01	89.74	0.00	94.90	0.00	103.12	
2021/1/19 16:05:00	90.99	0.00	95.93	0.00	74.47	0.00	90.76	0.00	94.33	0.00	97.30	0.00	99.17	0.01	82.46	0.00	91.37	0.01	92.33	0.00	92.07	0.00	97.16	0.00	104.05	
2021/1/19 16:05:30	93.34	0.00	97.76	0.01	77.35	0.00	92.85	0.00	96.24	0.00	98.96	0.00	100.94	0.01	85.66	0.01	93.44	0.00	94.90	0.00	94.31	0.00	99.06	0.01	105.45	
2021/1/19 16:06:00	95.36	0.00	99.30	0.01	80.01	0.00	94.75	0.00	97.98	0.00	100.35	0.01	102.44	0.02	88.49	0.01	95.32	0.01	97.04	0.01	95.94	0.01	100.59	0.01	106.25	
2021/1/19 16:06:30	97.11	0.01	100.71	0.01	82.44	0.00	96.51	0.00	99.54	0.01	101.68	0.01	103.69	0.03	91.02	0.01	96.97	0.01	98.86	0.01	97.47	0.01	101.84	0.02	107.10	
2021/1/19 16:07:00	98.69	0.01	102.19	0.02	84.69	0.00	98.08	0.00	100.96	0.01	102.97	0.01	104.79	0.04	93.24	0.01	98.32	0.01	100.44	0.01	98.94	0.03	102.98	0.03	108.15	
2021/1/19 16:07:30	100.09	0.01	103.59	0.03	86.79	0.00	99.57	0.00	102.18	0.01	104.15	0.02	105.84	0.05	95.26	0.01	99.64	0.01	101.86	0.02	100.52	0.04	104.03	0.04	108.98	

续表

记录时间	1 温度℃	1 ∑F	2 温度℃	2 ∑F	3 温度℃	3 ∑F	4 温度℃	4 ∑F	5 温度℃	5 ∑F	6 温度℃	6 ∑F	7 温度℃	7 ∑F	8 温度℃	8 ∑F	9 温度℃	9 ∑F	10 温度℃	10 ∑F	11 温度℃	11 ∑F	12 温度℃	12 ∑F	13 @Mig	阶段
2021/1/19 16:08:00	101.39	0.02	104.84	0.04	88.75	0.00	100.99	0.02	103.31	0.03	105.11	0.05	106.81	0.07	97.04	0.01	100.92	0.02	103.15	0.03	101.97	0.02	105.05	0.05	109.78	升温阶段 (Come up time)
2021/1/19 16:08:30	102.56	0.02	106.02	0.06	90.62	0.00	102.34	0.02	104.30	0.04	105.94	0.06	107.75	0.10	98.64	0.01	102.16	0.02	104.34	0.04	103.07	0.03	106.05	0.06	110.53	
2021/1/19 16:09:00	103.71	0.03	106.57	0.07	92.37	0.00	103.62	0.03	105.21	0.05	106.67	0.08	108.51	0.12	100.09	0.01	103.32	0.03	105.47	0.05	104.08	0.04	107.04	0.08	110.78	
2021/1/19 16:09:30	104.79	0.05	107.09	0.09	94.01	0.00	104.74	0.04	106.12	0.07	107.53	0.10	109.01	0.15	101.46	0.02	104.47	0.04	106.47	0.07	105.08	0.05	107.81	0.11	110.98	
2021/1/19 16:10:00	105.81	0.06	107.61	0.12	95.55	0.00	105.73	0.06	106.98	0.09	108.26	0.13	109.38	0.19	102.75	0.02	105.53	0.06	107.34	0.09	105.99	0.07	108.40	0.13	110.93	
F0 value of come up time		0.06		0.12		0.00		0.06		0.09		0.13		0.19		0.02		0.06		0.09		0.07		0.13	Max. / Min.	0.19 / 0.00
2021/1/19 16:10:30	106.73	0.08	108.06	0.14	96.95	0.01	106.54	0.07	107.67	0.11	108.83	0.16	109.68	0.22	103.91	0.03	106.47	0.07	108.07	0.11	106.75	0.08	108.90	0.16	111.06	恒温阶段 (Process time) (15 minutes)
2021/1/19 16:11:00	107.52	0.10	108.48	0.17	98.19	0.01	107.23	0.10	108.27	0.14	109.29	0.19	109.92	0.26	104.92	0.05	107.25	0.09	108.66	0.14	107.38	0.10	109.28	0.20	111.01	
2021/1/19 16:11:30	108.18	0.13	108.82	0.20	99.35	0.01	107.81	0.12	108.78	0.17	109.66	0.23	110.11	0.30	105.83	0.06	107.90	0.12	109.16	0.17	107.97	0.13	109.59	0.23	111.11	
2021/1/19 16:12:00	108.71	0.15	109.13	0.23	100.39	0.02	108.27	0.14	109.19	0.20	109.96	0.27	110.28	0.34	106.62	0.08	108.45	0.14	109.54	0.21	108.42	0.16	109.85	0.27	111.04	
2021/1/19 16:12:30	109.16	0.19	109.39	0.26	101.37	0.02	108.69	0.17	109.54	0.23	110.21	0.31	110.40	0.39	107.29	0.10	108.89	0.17	109.87	0.25	108.85	0.19	110.04	0.31	111.09	
2021/1/19 16:13:00	109.53	0.22	109.61	0.30	102.23	0.03	109.03	0.20	109.83	0.27	110.41	0.35	110.51	0.43	107.85	0.12	109.27	0.21	110.13	0.29	109.19	0.22	110.22	0.35	111.06	
2021/1/19 16:13:30	109.81	0.26	109.80	0.34	103.03	0.04	109.30	0.24	110.06	0.31	110.59	0.40	110.59	0.47	108.34	0.15	109.57	0.24	110.32	0.33	109.47	0.25	110.34	0.39	111.06	
2021/1/19 16:14:00	110.06	0.30	109.96	0.37	103.78	0.05	109.57	0.27	110.23	0.35	110.70	0.44	110.66	0.52	108.76	0.18	109.83	0.28	110.49	0.37	109.72	0.29	110.46	0.43	111.04	
2021/1/19 16:14:30	110.24	0.34	110.09	0.41	104.43	0.06	109.76	0.31	110.40	0.39	110.79	0.49	110.71	0.57	109.10	0.21	110.04	0.32	110.60	0.42	109.93	0.33	110.55	0.48	111.07	
2021/1/19 16:15:00	110.41	0.38	110.22	0.46	105.04	0.07	109.94	0.35	110.51	0.44	110.86	0.53	110.77	0.61	109.41	0.24	110.21	0.36	110.73	0.46	110.09	0.37	110.62	0.52	111.04	
2021/1/19 16:15:30	100.54	0.43	110.32	0.50	105.61	0.08	110.09	0.39	110.62	0.48	110.94	0.58	110.80	0.66	109.67	0.28	110.37	0.40	110.81	0.51	110.23	0.41	110.68	0.57	111.09	
2021/1/19 16:16:00	110.64	0.47	110.39	0.54	106.12	0.10	110.22	0.43	110.70	0.53	110.99	0.63	110.83	0.71	109.87	0.32	110.49	0.45	110.88	0.56	110.37	0.45	110.72	0.61	111.06	
2021/1/19 16:16:30	11L72	0.52	110.46	0.58	106.57	0.12	110.34	0.47	110.80	0.57	111.02	0.68	110.85	0.75	110.05	0.36	110.59	0.49	110.93	0.60	110.47	0.49	110.77	0.66	111.09	

续表

记录时间	1 温度℃	1 ΣF	2 温度℃	2 ΣF	3 温度℃	3 ΣF	4 温度℃	4 ΣF	5 温度℃	5 ΣF	6 温度℃	6 ΣF	7 温度℃	7 ΣF	8 温度℃	8 ΣF	9 温度℃	9 ΣF	10 温度℃	10 ΣF	11 温度℃	11 ΣF	12 温度℃	12 ΣF	13 @Mig	阶段
2021/1/19 16:17:00	110.79	0.56	110.54	0.63	107.00	0.14	110.43	0.51	110.85	0.62	111.06	0.73	110.88	0.80	110.19	0.40	110.69	0.54	110.97	0.65	110.55	0.54	110.82	0.71	111.06	恒温阶段 (Process time) (15 minutes)
2021/1/19 16:17:30	110.87	0.61	110.60	0.67	107.39	0.16	110.51	0.56	110.89	0.67	111.08	0.78	110.89	0.85	110.33	0.44	110.77	0.58	111.02	0.70	110.63	0.58	110.84	0.75	111.07	
2021/1/19 16:18:00	110.90	0.66	110.64	0.72	107.75	0.18	110.58	0.60	110.94	0.72	111.11	0.85	110.92	0.90	110.43	0.48	110.82	0.63	111.05	0.75	110.69	0.63	110.88	0.80	111.06	
2021/1/19 16:18:30	110.94	0.71	110.69	0.76	108.06	0.20	110.64	0.65	110.98	0.77	111.13	0.88	110.94	0.94	110.52	0.53	110.89	0.68	111.07	0.80	110.76	0.67	110.90	0.85	111.09	
2021/1/19 16:19:00	110.96	0.75	110.72	0.81	108.36	0.23	110.69	0.69	110.99	0.81	111.13	0.93	110.93	0.99	110.59	0.57	110.94	0.72	111.07	0.85	110.81	0.72	110.93	0.90	111.07	
2021/1/19 16:19:30	111.00	0.80	110.77	0.85	108.62	0.26	110.74	0.74	111.04	0.86	111.15	0.98	110.95	1.04	110.66	0.62	110.99	0.77	111.10	0.90	110.85	0.77	110.93	0.95	111.11	
2021/1/19 16:20:00	111.03	0.85	110.80	0.90	108.86	0.29	110.79	0.78	111.06	0.91	111.17	1.03	110.96	1.09	110.69	0.66	111.02	0.82	111.12	0.95	110.88	0.82	110.95	0.99	111.07	
2021/1/19 16:20:30	111.05	0.90	110.80	0.95	109.07	0.32	110.83	0.83	111.07	0.96	111.17	1.08	110.97	1.14	110.76	0.71	111.07	0.87	111.14	1.00	110.91	0.86	110.97	1.04	110.99	
2021/1/19 16:21:00	111.07	0.95	110.83	0.99	109.27	0.35	110.84	0.88	111.08	1.01	111.17	1.13	110.97	1.19	110.79	0.75	111.10	0.92	111.14	1.05	110.92	0.91	110.98	1.09	111.07	
2021/1/19 16:21:30	111.07	1.00	110.85	1.04	109.44	0.39	110.88	0.93	111.08	1.06	111.18	1.18	110.97	1.23	110.83	0.80	111.11	0.97	111.14	1.10	110.95	0.96	110.99	1.14	111.03	
2021/1/19 16:22:00	111.09	1.05	110.87	1.09	109.60	0.42	110.91	0.97	111.11	1.11	111.17	1.24	110.99	1.28	110.86	0.85	111.14	1.02	111.15	1.15	110.97	1.01	111.01	1.19	111.06	
2021/1/19 16:22:30	111.09	1.10	110.88	1.14	109.75	0.46	110.92	1.02	111.10	1.16	111.19	1.29	110.98	1.33	110.88	0.90	111.15	1.07	111.15	1.20	111.00	1.06	111.01	1.24	111.04	
2021/1/19 16:23:00	111.11	1.15	110.87	1.18	109.89	0.50	110.93	1.07	111.12	1.21	111.19	1.34	110.99	1.38	110.90	0.94	111.18	1.12	111.16	1.25	110.99	1.11	111.01	1.29	111.07	
2021/1/19 16:23:30	111.11	1.20	110.89	1.23	110.00	0.54	110.95	1.12	111.13	1.26	111.19	1.39	110.97	1.43	110.91	0.99	111.18	1.18	111.15	1.30	111.00	1.15	111.01	1.34	111.09	
2021/1/19 16:24:00	111.11	1.25	110.90	1.28	110.12	0.58	110.95	1.17	111.08	1.31	111.16	1.44	110.98	1.48	110.93	1.04	111.19	1.23	111.16	1.36	110.99	1.20	111.03	1.39	110.07	
2021/1/19 16:24:30	111.12	1.30	110.88	1.33	110.21	0.62	110.96	1.21	111.02	1.36	111.11	1.49	110.96	1.53	110.93	1.09	111.19	1.28	111.15	1.41	110.95	1.25	111.03	1.43	110.03	
2021/1/19 16:25:00	111.12	1.35	110.79	1.37	110.28	0.66	110.95	1.26	110.96	1.41	111.05	1.54	110.94	1.57	110.89	1.14	111.19	1.33	111.12	1.46	110.95	1.30	111.02	1.48	110.06	
F_0 value of Process time	1.29		1.26		0.65		1.21		1.32		1.41		1.39		1.11		1.27		1.37		1.23		1.35		Max.	1.41
																									Min.	0.65

续表

记录时间	1 温度℃	1 ∑F	2 温度℃	2 ∑F	3 温度℃	3 ∑F	4 温度℃	4 ∑F	5 温度℃	5 ∑F	6 温度℃	6 ∑F	7 温度℃	7 ∑F	8 温度℃	8 ∑F	9 温度℃	9 ∑F	10 温度℃	10 ∑F	11 温度℃	11 ∑F	12 温度℃	12 ∑F	13 ∑F	13 @Mig	阶段
2021/1/19 16:25:30	111.08	1.40	110.70	1.42	110.33	0.70	110.92	1.31	110.89	1.46	110.98	1.59	110.89	1.62	110.81	1.18	111.14	1.38	111.09	1.51	110.88	1.35	110.97	1.53	1.53	110.06	冷却阶段（Cooling step）
2021/1/19 16:26:00	110.49	1.45	103.64	1.43	109.63	0.74	109.92	1.35	99.44	1.46	92.97	1.59	109.64	1.66	110.24	1.22	109.72	1.42	110.64	1.55	96.81	1.35	110.27	1.57	1.57	109.91	
2021/1/19 16:26:30	103.33	1.45	86.88	1.43	104.32	0.75	103.00	1.36	83.21	1.46	73.24	1.59	98.31	1.66	107.61	1.25	101.61	1.42	105.23	1.56	83.55	1.35	102.01	1.58	1.58	109.77	
2021/1/19 16:27:00	91.11	1.45	73.15	1.43	95.63	0.75	92.06	1.36	71.09	1.46	61.16	1.59	82.11	1.66	100.51	1.25	88.95	1.42	94.88	1.57	72.56	1.35	87.14	1.58	1.58	109.47	
2021/1/19 16:27:30	78.54	1.45	62.96	1.43	86.43	0.75	80.88	1.36	61.90	1.46	51.54	1.59	67.84	1.66	91.31	1.25	76.53	1.42	83.67	1.57	63.55	1.35	72.79	1.58	1.58	77.01	
2021/1/19 16:28:00	67.36	1.45	54.97	1.43	77.80	0.75	71.01	1.36	54.41	1.46	43.80	1.59	56.52	1.66	81.94	1.25	65.81	1.42	73.26	1.57	56.03	1.35	61.20	1.58	1.58	41.17	
2021/1/19 16:28:30	57.84	1.45	48.48	1.43	70.24	0.75	62.55	1.36	48.18	1.46	37.71	1.59	47.81	1.66	73.11	1.25	56.92	1.42	63.95	1.57	49.70	1.35	52.21	1.58	1.58	26.53	
2021/1/19 16:29:00	49.90	1.45	43.76	1.43	63.70	0.75	55.46	1.36	42.89	1.46	32.54	1.59	40.98	1.66	65.07	1.25	49.51	1.42	55.88	1.57	44.10	1.35	45.12	1.58	1.58	28.20	
2021/1/19 16:29:30	43.39	1.45	39.96	1.43	58.09	0.75	49.51	1.36	38.84	1.46	29.46	1.59	35.72	1.66	57.96	1.25	43.51	1.42	49.03	1.57	39.15	1.35	39.42	1.58	1.58	28.85	
2021/1/19 16:30:00	38.22	1.45	36.73	1.43	53.35	0.75	44.51	1.36	35.44	1.46	27.13	1.59	31.58	1.66	51.76	1.25	38.77	1.42	43.25	1.57	35.38	1.35	34.95	1.58	1.58	29.37	
2021/1/19 16:30:30	34.06	1.45	33.04	1.43	49.29	0.75	40.04	1.36	31.53	1.46	24.99	1.59	28.65	1.66	46.45	1.25	34.84	1.42	38.47	1.57	32.85	1.35	31.25	1.58	1.58	25.69	
2021/1/19 16:31:00	31.04	1.45	31.80	1.43	46.08	0.75	37.10	1.36	29.76	1.46	24.70	1.59	27.31	1.66	41.94	1.25	31.97	1.42	34.85	1.57	31.81	1.35	29.06	1.58	1.58	24.78	
2021/1/19 16:31:30	29.28	1.45	31.00	1.43	43.76	0.75	35.13	1.36	28.92	1.46	24.90	1.59	26.68	1.66	38.59	1.25	30.32	1.42	32.43	1.57	30.81	1.35	28.05	1.58	1.58	26.37	
2021/1/19 16:32:00	23.21	1.45	30.37	1.43	41.91	0.75	33.64	1.36	28.55	1.46	25.02	1.59	26.34	1.66	36.10	1.25	29.31	1.42	30.73	1.57	30.04	1.35	27.53	1.58	1.58	28.98	
2021/1/19 16:32:30	27.51	1.45	30.30	1.43	40.38	0.75	32.60	1.36	28.40	1.46	24.99	1.59	26.17	1.66	34.23	1.25	28.67	1.42	29.58	1.57	29.79	1.35	27.23	1.58	1.58	30.48	
2021/1/19 16:33:00	25.08	1.45	30.24	1.43	39.27	0.75	31.93	1.36	28.23	1.46	24.96	1.59	26.10	1.66	32.88	1.25	28.27	1.42	28.89	1.57	29.48	1.35	27.06	1.58	1.58	31.05	
2021/1/19 16:33:30	26.82	1.45	30.08	1.43	38.39	0.75	31.46	1.36	28.08	1.46	24.91	1.59	26.06	1.66	31.96	1.25	27.99	1.42	28.43	1.57	29.14	1.35	26.98	1.58	1.58	31.10	
2021/1/19 16:34:00	26.53	1.45	29.92	1.43	37.66	0.75	31.09	1.36	27.93	1.46	24.94	1.59	26.05	1.66	31.31	1.25	27.80	1.42	28.11	1.57	28.86	1.35	26.89	1.58	1.58	31.37	
2021/1/19 16:34:30	26.48	1.45	29.75	1.43	37.03	0.75	30.81	1.36	27.81	1.46	24.97	1.59	26.04	1.66	30.83	1.25	27.66	1.42	27.86	1.57	28.62	1.35	26.85	1.58	1.58	31.68	
2021/1/19 16:35:00	26.27	1.45	27.73	1.43	36.50	0.75	30.54	1.36	27.72	1.46	25.00	1.59	26.03	1.66	30.47	1.25	27.54	1.42	27.60	1.57	28.42	1.35	26.80	1.58	1.58	31.61	

续表

记录时间	1	2	3	4	5	6	7	8	9	10	11	12	13 @Mig		阶段
Fo value of cooling period（温度℃ / ΣF）													Max.	Min.	
升温阶段 Fo	0.06	0.12	0.00	0.06	0.09	0.13	0.19	0.02	0.06	0.09	0.07	0.13	0.19	0.00	0.19 / 0.00
恒温阶段 Fo	1.29	1.26	0.65	1.21	1.32	1.41	1.39	1.11	1.27	1.37	1.23	1.35	1.41	0.65	1.41 / 0.65
冷却阶段 Fo	0.10	0.05	0.09	0.09	0.05	0.05	0.09	0.12	0.09	0.11	0.05	0.10	0.12	0.05	0.12 / 0.05
累积 Fo（Accumulated Fo）	1.45	1.43	0.75	1.36	1.46	1.59	1.66	1.25	1.42	1.57	1.35	1.58	Max. 1.66	Min. 0.75	1.66 / 0.75
杀菌规程温度与实际操作温度之差修正后 F 值（Corrected Fo）	1.17	1.15	0.60	1.10	1.18	1.28	1.34	1.01	1.15	1.26	1.09	1.28	Max. 1.34　Min. 0.60	Average	1.34 / 0.60 / Average 1.13

恒温阶段水银温度旁温度数据记录仪平均温度（Average Temp. @Mig. of Process Period）　110.93　℃

回归规程正常温度修正系数 fc　0.81

评估及建议（Comment）

1. 该产品热力杀菌规程为初温（I.T.）≥20℃，但热穿透数据显示，初温均低于规程初温，产品的最低要求，是否影响食品安全的不合规的操作。
2. 产品的杀菌强度较低，最小 Fo 值只有 0.75min，不能达到商业无菌的最低要求，产品的安全性会有问题。
3. 本次测试杀菌规程显示 110℃，实际显示为 110.93℃。即使这样，实际热力杀菌的 F 值未能达到商业无菌，倘回归到正常杀菌锅温度控制，杀菌强度 F 值更低。
4. 杀菌锅的控制温度系统是偏高 0.93℃。
5. 本次热穿透测试须报警，生产方须调整杀菌规程，可提高温度或延长时间，或两者兼具，并再做热穿透测试以确保食品安全。

第六章　GB 4789.26—2023《食品安全国家标准　食品微生物学检验　商业无菌检验》实施指南

第一节　标准修订背景

一、为什么修订

GB 4789.26 于 1989 年首次发布，先后于 1994 年、2003 年和 2013 年进行了 3 次修订。该标准的实施，进一步规范了实验室进行商业无菌检验操作，确保了相关产品达到商业无菌要求，促进了罐头食品及相关产品的发展。2013 年版标准在实施的过程中，发现了一些问题，如该标准仅适用于终端产品的检验，缺乏对生产过程食品安全性评估的内容，从而影响了对整个批次产品的食品安全性评估的全面性、准确性和科学性。该标准是 GB 8950—2016《食品安全国家标准　罐头食品生产卫生规范》、GB 12693《食品安全国家标准　乳制品良好生产规范》及产品标准的重要配套标准。因此，为了更好地规范食品行业商业无菌检验规程，确保罐头、乳制品、饮料等行业及相关产品领域的食品安全，亟须进行该标准的第 4 次修订。

该项目是受原国家卫生和计划生育委员会委托修订的食品安全国家标准项目，项目编号为 SPAQ—2017-082。该项目是对 GB 4789.26—2013《食品安全国家标准　食品微生物学检验　商业无菌检验》进行的修订。

二、标准简要起草过程及修订思路

1. 组建起草工作组、查阅相关资料和文献

为确保项目完成，组建了以中国食品发酵工业研究院、龙岩海关（原龙岩出入境检验检疫局）、国家食品安全风险评估中心、中国罐头工业协会、厦门市产品质量监督检验院、漳州海关等单位为主要起草组成员的起草工作组。起草组于 2017 年 11 月～12 月组织开展国内外资料调研、标准行业修订建议征集，完成调研工作总结报告。

2. 第一次标准起草工作会议

2018 年 1 月 11 日，由中国食品发酵工业研究院和龙岩出入境检验检疫局在北京组织召开标准启动工作会议。与会专家和行业代表讨论了商业无菌概念、商业无菌检验

在罐头行业的应用现状、标准修订思路和基本方案。初步确定标准名称不变，适用范围修改为"本标准适用于采用罐藏技术加工的罐头食品、饮料、乳制品等食品"；梳理评估快速检测技术在食品商业无菌上的应用；标准根据食品生产过程商业无菌检验需求修订；梳理国内外关于保温时间的操作现状，确定保温时间制定依据，确定了具体修改方案；各利益相关方编写 GB 4789.26—2013 执行情况报告。

3. 第二次标准起草工作会议

2018 年 7 月 24 日，《食品安全国家标准　微生物学检验　商业无菌检验》第二次标准起草工作会议在厦门召开。与会人员继续梳理我国食品安全产品标准和生产卫生规范标准，为该标准修订思路提供法规标准依据。基本达成共识：该标准适用于生产过程整批产品验收的商业无菌检验及市售终端产品监督的商业无菌检验。市售终端产品监督的商业无菌建议保温方案可基本执行 2013 年版标准方案，具体修订细节还需开展研究工作；参考 2003 年版标准建立食品生产过程整批产品验收的商业无菌检验流程。具体保温方案还需在标准化基础研究基础上确定，起草组继续针对各类典型产品开展研究，根据低酸性食品和酸性食品、酸化食品的不同特点提出科学的保温方案。重点研究乳制品相关产品特点。相关单位完成《关于食品商业无菌检验保温方案建议及支撑研究验证报告》。

4. 第三次标准起草工作会议

2018 年 10 月 11 日～12 日，食品商业无菌检验与乳品规范标准技术研讨会与第三次标准起草工作会议在北京召开。起草组在第二次起草工作会议基础上按食品生产过程商业无菌检验和市售食品商业无菌检验两部分提出标准草案，会议针对食品商业无菌检验原理、国外法规标准及应用情况、国内生产企业应用实践情况进行研讨，针对标准适用范围（非热力杀菌是否纳入）、关键术语和定义、保温方案、快速检验方法、食品生产过程商业无菌检验流程进行了讨论，形成以下共识或建议：①起草组根据会议讨论要点修改标准文本；②保温方案按低酸性罐藏食品、酸化罐藏食品、酸性罐藏食品规定保温温度和时间，各类食品可针对典型产品特点规定不同保温方案并提出技术依据报告；③评估生产企业可采用三磷酸腺苷（ATP）生物发光法等方法开展商业无菌的验证工作的可行性评估，提出验证评估报告。

5. 多轮专家研讨会

由于商业无菌在监管层面、消费者认知层面不是很统一，起草组召集食品监管、生产、检验、科研、消费者等不同层面专家和代表进行多轮研讨，从商业无菌的概念、技术体系、应用实践等不同角度进行沟通交流，最终在标准制修订思路上达成共识：该标准通过整合 2003 年版和 2013 年版商业无菌检验标准，定位于流通检验和生产过程检验所需要的商业无菌检验方法配套。2020 年 9 月 22 日，国家食品安全国家标准审评委员会秘书处办公室组织召开第二届食品安全国家标准审评委员会微生物检验方法与规程专业委员会第四次会议，会审结论为通过。

第二节　标准修订要点

食品商业无菌检验标准修订以食品安全风险评估结果为主要依据，充分考虑我国经济发展水平和客观实际需要，参考国际标准和风险评估结果，并遵循"先进性、实用性、统一性、规范性"原则，注重标准的可操作性。以我国现行的国家标准为基础，参考国际商业无菌检验实际实施经验、国际标准及国外权威食品检测机构的检测方法，进行检测方法的比对和验证试验，在国内外充分调研、研讨的基础上提出修订方案，重点在适用范围、术语和定义、设备与材料、检验流程等部分进行修订。

一、标准适用范围的变化

2013 版标准适用范围为："本标准适用于食品商业无菌检验。"

新版标准适用范围为："本标准适用于商业无菌检验。"

本标准与我国现行食品安全国家标准中已经规定了商业无菌要求的产品标准及对应生产卫生规范标准配套实施，主要包括罐头食品、饮料、乳制品、特殊医学用途配方食品等产品类别。强调食品生产过程商业无菌检验对食品安全产业链控制至关重要，引导行业企业重视过程控制管理水平和科学性。

二、术语和定义

1. 增加了"酸化食品"定义

参考 QB/T 5218—2018《罐藏食品工业术语》2.17，增加"酸化食品"的定义：经添加酸度调节剂或通过其他酸化方法将食品酸化后，使水分活度大于 0.85、其平衡 pH 等于或小于 4.6 的食品。

2. 修改了"酸性食品"定义

酸性食品：未经酸化，杀菌后食品本身或汤汁平衡 pH 小于或等于 4.6、水分活度大于 0.85 的食品。pH 小于 4.7 的番茄制品为酸性食品。

修改理由：根据美国联邦法规 Part 113（低酸性罐藏食品）和 Part 114（酸化罐藏食品），罐藏的无花果、梨、菠萝或热带水果平衡 pH 大于 4.6 且水分活度大于 0.85，应归为低酸性罐藏食品管理；如果罐藏的无花果、梨、菠萝或热带水果通过酸化平衡 pH 小于 4.6 且水分活度大于 0.85，应归为酸化罐藏食品管理。具体参考 QB/T 5218—2018《罐藏食品工业术语》。

3. 增加"商业无菌"定义

参考 GB 7098 及 QB/T 5218—2018《罐藏食品工业术语》。

在我国，罐头食品按照专业领域进行管理；美国及一些欧洲国家没有专门设立罐头方向，而是用罐藏食品统一管理，涵盖乳制品、特殊膳食食品、果蔬制品、肉制品、水产制品、饮料等各大食品。因此商业无菌定义中不再强调罐头，用"食品"代替"罐头"。

三、关于设备和材料

增加"恒温培养室"。起草组通过书面调研和企业现场走访调研发现，食品生产企业根据生产规模不同，采用恒温培养箱和恒温培养室进行食品商业无菌检验，温度偏差控制能力有差异，但均满足商业无菌检验要求。因此，修订时调整恒温培养箱和恒温水浴箱要求，并增加恒温培养室温度偏差控制要求。通过调研各工厂实际控制情况，目前产品采样量大的工厂，均使用恒温培养室进行样品保温，不仅环境空间大（结合产量不同，工厂培养室面积一般在 $100 \sim 500 m^2$，有的分上下层放置样品），而且大部分室内温度范围可以控制在设置温度的 $\pm 2 \, ℃$。

四、关于"食品流通领域商业无菌检验"

1. 删除"称重"步骤

根据 GB 4789.26—2013 食品安全再评估意见和结论，"称重"步骤非商业无菌判定必要步骤。2013 年版标准 6.3.2 规定"保温结束时，再次称重并记录，比较保温前后样品重量有无变化。如有变轻，表明样品发生泄漏。"2013 年版标准中 6.3.2 用保温前后称重变化来判断产品是否泄漏不符合实际检验操作。

2. 删除"减压试漏"和"加压试漏"

"减压试漏"和"加压试漏"是金属空罐容器测试密封性常用方法，在 GB/T 14251—2017《罐头食品金属容器通用技术要求》已有规定，并且软包装也有相关密封性测试方法。本标准侧重于商业无菌检验，不再列出具体密封性测试方法。

五、关于"食品生产领域商业无菌检验"

1. 增加检验程序图

根据检验步骤总结程序图，2003 年版商业无菌检验标准认可了 pH 和"感官检查"判断商业无菌的方案，但是没有明确具体要求，通过调研发现，一般对于风险级别较小的酸性罐头食品会采用该方案，其他产品一般需要镜检或其他方法判断微生物的增殖情况。

2. 关于食品生产领域商业无菌检验步骤

（1）食品生产加工过程关键控制点的记录审查

我国建立产品标准、规范标准、方法标准等各类标准共同构成食品安全标准体系。食品生产企业应严格执行相关生产加工规范安全标准，并针对商业无菌控制技术要求，建立完善的关键控制点验证程序，如容器密封、杀菌等。GB/T 4789.26—2003 列出了审查的具体内容，我国罐头食品、饮料、乳制品等行业都制定了具体生产加工卫生规范，本标准与此类标准做好衔接，不再规定具体审查内容。

（2）关于原 GB/T 4789.26 抽样方案

食品安全标准不强制规定抽样方案，由各利益相关方根据检验目标确定适合的抽样方案，本标准仅规定检验方法。

食品行业经过几十年的发展，罐头、饮料、乳制品等行业对抽样方案的设计逐渐科学化、理论化，我国也建立起了与国际食品法典委员会一致的 GB/T 2828.1 等抽样系列国家标准，生产企业应根据产品特点和企业质量目标，产品的杀菌方式、品种、规格、批量大小等，可参照 GB/T 2828.1，建立合适的抽样方案和接收质量限（AQL）。

（3）关于产品保温方案

保温的目的是发现非商业无菌的产品，通常采用适合目标微生物增殖的温度。但是微生物不是一种，要使一个温度区间可以满足检验要求，保温方案的确定应考虑如下因素：①应根据产品 pH 和水分活度确定食品属性；②应考虑企业生产卫生规范和良好生产规范执行情况；③应考虑企业生产加工技术水平；④应考虑企业杀菌设备工作状况；⑤应考虑产品销售环境温度；⑥应考虑产品的包装容器类型；⑦应考虑产品的货架期。

生产企业应根据具体生产情况制定适合产品本身的保温方案，该标准参考国际标准规定了生产企业在实施标准时的推荐方案，其中低酸性乳制品、饮料等液体产品采用（36±1）℃，保温 7d。

国外主要法规现状：

①欧盟法规（EC）No 853/2004

该法规 CHAPTER Ⅱ 部分对原料乳、初乳、乳制品或乳基产品的热处理作出规定：要求产品达到 UHT 处理温度，且要确保产品在 30℃的密闭容器中于温育 15d 或在 55℃的密闭容器中于温育 7d 后或在证明已采用适当热处理的任何其他方法后保持微生物稳定。

②新西兰初级产业部发布的《食品（进口乳及乳制品）标准》

当 UHT 处理与无菌包装结合在一起时，便产生了一种商业上无菌的乳制品，足以确保该产品在以下培养后保持微生物稳定：在 30℃封闭容器中培养 15d，或在 55℃封闭容器中培养 7d，或任何其他方法证明已经应用适当的热处理方法。

③加拿大

加拿大是少数几个专门针对灭菌乳商业无菌检验有具体规定的国家之一，其 GCS 32.165-89 明确要求灭菌乳需要达到商业无菌。其 MFHPB-01 商业无菌检验中规定了具体的检验程序和检验方法。其保温条件为 30～35℃，7d。

④法国

法国官方规定了灭菌乳的取样标准和检测程序，从生产线抽取 1% 的样品 30℃保温 7d，保温结束后，其中 1/4 样品进行微生物检查，如果没有发现坏包，允许放行。如果发现坏包，剩余保温样品开包并进行无菌检查，无坏包则放行。如还有坏包，则进行故障排查。

⑤ CAC

CAC-RCP 23-1979 规定，罐藏食品如果经过国际海运，可不必进行产品保温。保温方案以推荐方式列出，如 30℃保温 14d，和 / 或 37℃保温 10～14d。如果产品销售温度较高，容器保温应在更高的温度保温，如 55℃保温 5d。

结合上述法规标准及国内外产业实践，推荐低酸性乳制品、饮料等液体食品采用（36±1）℃，保温 7d 的方案。

生产企业应制定适合本企业产品检验评价的保温方案。对抽取的样品应如数按保温方案要求，进行恒温培养室或恒温培养箱保温，保温过程中应按规定的时间每天对样品进行外观检查，并逐一记录样品状态。

（4）关于 pH 测定及结果分析

①关于 pH 的说明

每种产品的 pH 不是固定不变的，各种产品都有一个控制范围，企业应该根据内控标准进行判断，即使是同一类产品，如桃罐头，由于品种或南北方原料的差异，pH 范围也不同。罐藏食品 pH 控制范围，对于企业产品生产加工极为重要，它是企业制定产品杀菌规程的重要依据。因此，对于食品加工商业无菌检验，生产企业应根据产品特点，建立对该类产品的 pH 控制范围。pH 测定应按照 GB 5009.237 或相关标准规定的方法测定。pH 若超过控制范围，应进行涂片镜检。

②涂片染色镜检

参考 GB/T 4789.26—2003，增加"对感官或 pH 检查结果认为可疑的，以及腐败时 pH 反应不灵敏的（如肉、禽、鱼等）罐头样品，均应进行涂片染色镜检"。

微生物染色镜检判断：生产企业可根据产品品种生产历史数据，建立该类正常产品微生物明显增殖的判断标准。与判断标准相比，判断是否有明显的微生物增殖现象。

③关于结果判断和异常原因分析

生产企业应参考该标准，结合本企业实际情况，制定若发生非商业无菌后的应对方案，应进行原因分析，建立纠偏措施，基本分析步骤参考 GB 4789.26—2013 附录和美国分析化学家协会 972.44。具体步骤可参考 CAC/RCP 23-2011《低酸性和酸化罐藏食品卫生规范》附件 V。

第三节　标准实施要点

一、明确标准适用对象

本标准应用对象，按照检验方不同，可分为食品生产企业和政府监管机构、部门或检验机构。食品商业无菌检验是我国相关食品生产卫生规范标准和产品标准的配套标准。从全球法规标准现状（见第四章）来看，我国食品安全标准把商业无菌规定为一个特殊的食品安全指标；目前国家抽检都需要依据该标准，对流通领域商业无菌检验流程实施监管。

对于食品生产企业，商业无菌控制和管理是一个系统工程，涵盖了该类产品原料管理、生产管理和出厂管理，食品生产企业应把本标准生产领域商业无菌检验流程纳入过程管理。

二、明确食品属性

本标准参考国内外相关标准，规定了商业无菌食品的属性分类和定义，根据水分活度和平衡 pH 不同，分为低酸性食品、酸性食品和酸化食品。不同属性的产品，需要控制的食品安全目标微生物、保温方案、放行方案都不同。对于低酸性食品，需要建立最严格的过程控制体系来保障食品商业无菌状态的实现和维持。

低酸性食品：凡杀菌后平衡 pH 大于 4.6，水分活度大于 0.85 的食品。

酸性食品：未经酸化，杀菌后食品本身或汤汁平衡 pH 小于或等于 4.6、水分活度大于 0.85 的食品。pH 小于 4.7 的番茄制品为酸性食品。

酸化食品：经添加酸度调节剂或通过其他酸化方法将食品酸化后，使水分活度大于 0.85、其平衡 pH 小于或等于 4.6 的食品。

三、根据食品特性建立科学抽样方案和保温时间

1. 监管机构或检验机构

对于监管部门，可根据监管目标确定抽样方案。抽样数量可根据检验批或生产批来确定，一般抽取 6～10 个样品可满足检验。监管目标是通过随机抽检，来判断企业整体生产管理水平。监管机构或检验机构抽取的样品一般都已经过了企业的出厂检验和较长时间（一般大于 10d）的货架期挑战，如果再次发现商业无菌不合格问题，说明该企业生产管理体系具有较大风险。

每个批次取 1 个样品置于 2～5℃冰箱保存作为对照，将其余样品在（36±1）℃下保温 10d。保温过程中应每天定时检查，如有胀罐（袋、瓶、杯等）或泄漏现象，应立

即取出，开启检查并记录。

2. 食品生产企业

对于食品生产企业，一般根据食品质量安全控制目标来确定，生产企业应根据产品特点和企业质量目标、产品的杀菌方式、品种、规格、批量大小等，可参照GB/T 2828.1，建立合适的抽样方案和接收质量限（AQL）。检验目标是通过批次随机抽检，来判断该批次产品是否可以出厂。

食品生产企业可参考表6-1制定适合本企业产品检验的保温方案。对抽取的样品，应按保温方案要求，进行恒温培养室或恒温培养箱保温，保温过程中应每天定时检查，如有胀罐（袋、瓶、杯等）或泄漏现象，应立即取出，按标准文本条款开启检查并记录。

表 6-1　样品保温时间和温度推荐方案

样品属性	种类	温度 /℃	时间 /d
低酸性食品、酸化食品	乳制品、饮料等液态食品	36 ± 1	7
	罐头食品	36 ± 1	10
	预定销售时产品储存温度40℃以上的低酸性食品	55 ± 1	6 ± 1
酸性食品	罐头食品、饮料	30 ± 1	10
注：恒温培养室温度偏差可为 ± 2℃。			

四、结合过程控制建立商业无菌检验体系

国内外食品商业无菌的应用实践表明，食品商业无菌检验主要服务于食品生产企业过程质量安全控制。"商业无菌状态"是食品生产企业组织生产管理的重要实现目标，批次不合格将导致产品整批报废。食品生产企业应结合过程控制建立科学的商业无菌检验体系，保障生产过程 GMP、SSOP 和 HACCP 有效实施和目标的实现。

第四节　典型食品的生产领域商业无菌检验

一、乳制品

1. 食品类别

参考 GB 4789.26—2023 定义，按照产品的 pH 和水分活度划分，UHT 灭菌乳、UHT 灭菌调制乳、淡炼乳、稀奶油属于低酸性食品。

2. 抽样方案和保温方案

参考 GB 4789.26—2023 中 6.2.2，乳制品是相对独立的食品类别，企业已经根据产品特性建立与之配套的成熟生产工艺，通过目标微生物分析、工艺分析及国内外法规分析，该产品的抽样 AQL 为 6.5（非实际生产控制值，生产企业应该自身工艺水平确定），保温方案为（36±1）℃，保温 7d。

3. 抽样方案和保温方案支撑研究报告

（1）乳中微生物研究

①生乳以及乳制品由于其营养丰富，在条件合适的情况下可能有多种微生物类别存在。

细菌：比动植物细胞要小很多，种类复杂，分布广泛，例如沙门氏菌、大肠杆菌、李斯特菌、乳杆菌、球菌等。

霉菌和酵母菌：菌类个体要比细菌体积大，生产过程可能产生毒素，威胁食用者身体健康。例如黄曲霉菌、酿酒酵母菌。

寄生虫：体积比细胞大很多，需要寄主，不能在食品中独立生长。例如鞭毛虫、环孢子虫、变形虫等。

病毒：体积比细胞小，需要寄主，不能在食品中独立生长。例如肝炎病毒、流感病毒等。

在特定条件下，并不是所有微生物都对产品和消费者人体有害，例如发酵产品中的乳酸菌、霉菌、酵母菌等。因此，通常情况下，我们在处理生乳及乳制品时，通常针对的是能造成产品品质破坏的（例如杆菌球菌等杂菌）或者对消费者引起公众风险的微生物（致病菌）。

②食源性微生物常见种类

金黄色葡萄球菌：革兰氏阳性球菌，没有鞭毛，不生孢子，耐盐，触酶阳性，并且兼性厌氧，但是在有氧环境中生长良好。在干燥环境中，低于 -20℃ 会存活一段时期（但是活力会降低），会在加热蒸煮和巴氏杀菌中被杀死，但是产生的毒素则不会。通常在生长达到 $10^4 \sim 10^5$ 级 CFU/g 时会产生毒素。金黄色葡萄球菌生存条件见表 6-2。

表 6-2　金黄色葡萄球菌生存条件

项目	最低	最适宜	最高
温度 /℃	6	35～40	48
pH	4.0	6.0～7.0	10
水分活度	0.86	0.98	＞0.99

蜡样芽孢杆菌：在自然界中广泛存在，包括土壤、灰尘、自然界水、动物或者植物中。革兰氏阳性杆菌，有鞭毛，内生孢子，触酶阳性，相当耐盐和兼性厌氧菌，但

是在有氧环境中生长良好，孢子在有氧存在下很容易形成。对二氧化碳敏感。当生长达到大约 10^5 级 CFU/g 时产生毒素。食用该细菌会导致腹泻和呕吐综合征。烹煮和巴氏杀菌可以杀死营养细胞，但是杀不死孢子和产生的催吐毒素。蜡样芽孢杆菌生存条件详见表 6-3。

表 6-3　蜡样芽孢杆菌生存条件

项目	最低	最适宜	最高
温度 /℃	4	30～37	42
pH	4.3	6.0～7.0	9.3
水分活度	0.93	0.98	>0.99

在低于4℃或者高于60℃环境下，保存烹饪过的食品，孢子不会萌发，细胞也不会生长。

单核细胞增生李斯特菌：革兰氏阳性，不产生孢子，兼性厌氧细菌，在无氧或者有氧的环境下都能存活。感染剂量取决于菌（10^3～10^9 级 CFU/g）和被感染人易感性。症状可以出现在食用被感染的食物之后 2～70d 的任何时间，有腹泻、高烧、头痛和肌肉痛，甚至可能导致死亡。可以在低温（如 0℃）生长，在冷藏食品中数量也可能呈指数增长。大部分可以在冷冻温度下存活，但是不能吸收营养、生长或者繁殖。单核细胞增生李斯特菌的生存条件详见表 6-4。

表 6-4　单核细胞增生李斯特菌生存条件

项目	最低	最适宜	最高
温度 /℃	-0.4	30～37	45
pH	4.0	6.0～7.0	9.6
水分活度	0.93（蔗糖） 0.92（盐） 0.90（甘油）	—	—

梭菌属：梭菌是一种革兰氏阳性杆菌，包括一些严重人类致病菌，是中毒病原和腹泻的重要原因，如梭状芽孢杆菌、产气荚膜梭菌等。是腐烂的植被、海洋沉积物、人类肠道和其他脊椎动物、昆虫和土壤中的正常成分。专性厌氧菌可产生内生孢子。通常，栖息于土壤和动物，包括人类的肠道中。大部分菌对冷冻敏感。内毒素在体内（肠道）产生，在食物中和在营养细胞的孢子形成过程中不太常见。毒素对于极限 pH（pH<6 或 pH>8）敏感，并且热不稳定（60℃、5min），但是孢子热稳定性非常强。通常在孢子形成时感染剂量为 10^6～10^7 级 CFU/g。肉毒杆菌可以产生的内毒毒素是对

人类毒性最强的毒素之一，肉毒毒素是热不稳定的，可以在 80℃ 10min、85℃ 5min、90℃ 几秒被破坏。具体生存条件见表 6-5。

表 6-5 梭菌生存条件

项目	最低	最适宜	最高
温度 /℃	6	40～45	52
pH	5.0	7.2	8.3
水分活度	0.94	0.995	—

沙门氏菌：属于肠杆菌科，革兰氏阴性，不产生孢子，氧化酶阴性，触酶阳性杆菌。大部分有周生鞭毛运动，并且在有氧和无氧环境下都可以生长。分布极其广泛，是世界范围内最常见的食品中毒原因之一，严重的情况下会导致死亡。沙门氏菌对干燥有耐性，在低水分、高脂肪条件下可以存活多年，在干燥食品中的存活率随贮藏温度和湿度的增加而降低。在存在 3%～4% NaCl 时生长通常被抑制，但是可能在之后一段时期保持活力。当水分含量 / 水分活度降低时，耐热性增强，在高脂肪食品类型中有更高的耐热性。沙门氏菌的生存条件详见表 6-6。

表 6-6 沙门氏菌生存条件

项目	最低	最适宜	最高
温度 /℃	2～4	35～37	52
pH	3.8	6.5～7.5	9.5
水分活度	0.945	—	—

致病性大肠埃希氏菌：革兰氏阴性，杆菌，兼性厌氧细菌。热敏感性强。最可能的初始来源是动物和农作物的生产过程中的交叉污染和水源。所有的沙门氏菌污染途径也适用于致病性大肠杆菌污染。同样的预防和控制措施可作用于沙门氏菌也可以应用于致病性大肠埃希氏菌。致病性大肠埃希氏菌的生存条件详见表 6-7。

表 6-7 致病性大肠埃希氏菌生存条件

项目	最低	最适宜	最高
温度 /℃	6.5	35～40	46
pH	4.0～4.5	6.0～7.0	9.0
水分活度	0.95	0.995	—

食源寄生虫：寄生虫是从宿主等其他生物体中获得营养和保护的有机体，会从动物到人、从动物到动物，或者从人到动物进行传播。适当的热处理是有效和经济的控制食源性寄生虫的方法。

从上述数据可以看出，大部分细菌适宜的生存温度为30～37℃，少部分耐热菌可在55℃以上生存。从微生物生产条件而言，对于现在的商业无菌产品，通过高温热处理以及无菌灌装进行生产，是对产品破坏最小、最经济、最易实现、最有效的方法。

（2）灭菌乳耐热芽孢菌的灭活及生长情况研究

通常经过巴氏杀菌后能够杀死大部分细菌，还有部分耐热性的微生物存在。在巴氏杀菌后存活的细菌是能够产生孢子的芽孢杆菌，是一类重要的耐热型细菌，而且能够在牛乳中生长繁殖。

从巴氏灭菌乳中分离出的不同类型的芽孢杆菌见表6-8。

表6-8　巴氏灭菌乳中分离出的芽孢杆菌

种类	分离出的比率/%	
	平均值	随季节变化值
地衣芽孢杆菌	32	6～53
嗜热脂肪芽孢杆菌	14	3～25
蜡样芽孢杆菌	8	0～22
环状芽孢杆菌，短小芽孢杆菌	6	0～17
枯草芽孢杆菌，蕈状芽孢杆菌，迟缓芽孢杆菌	5	0～32
短芽孢杆菌	4	0～10
巴氏芽孢杆菌，凝结芽孢杆菌	3	0～10
球形芽孢杆菌，苏云金芽孢杆菌、解淀粉芽孢杆菌、多黏芽孢杆菌	1～2	0～17
坚强芽孢杆菌，测芽孢杆菌，产芽孢杆菌	<1	0～3

尽管巴氏杀菌不能杀灭这些细菌，但可以采取保持式灭菌和超高温灭菌的方式。随着加工技术的发展，通过升高灭菌温度和缩短保持时间也能够达到相同的灭菌效果，这类灭菌方式称为超高温瞬时灭菌（UHT）。UHT杀菌主要杀灭肉毒梭菌，不能保证将嗜热脂肪芽孢杆菌杀死。为了杀死嗜热脂肪芽孢杆菌，可以对牛乳进行高温长时间灭菌。高温长时间灭菌也称保持式灭菌，灭菌条件为115～121℃、10～30min。

考虑到微生物和营养物质两方面的因素，在对牛乳和乳制品进行连续式UHT杀菌时一般选择137～142℃、2～7s的条件。保持式灭菌是二段工艺，第一段采用UHT杀菌，即138～142℃、2～7s，第二段经120℃、10～12min杀菌。经过超高温灭菌工艺的牛乳一般采用无菌灌装。牛乳中主要微生物芽孢的热致死时间详见表 6-9。

表 6-9　牛乳中微生物芽孢热致死时间

芽孢种类	致死时间 /s
肉毒梭菌	3
蜡样芽孢杆菌	2～4
凝结芽孢杆菌	18
枯草芽孢杆菌	3～20
嗜热脂肪芽孢杆菌	200～500

灭菌乳发生质变的主要原因是存在耐热能力很强的芽孢杆菌，但并不是所有的芽孢杆菌都会使牛乳变质。尽管一些芽孢杆菌在巴氏杀菌后存活，但经 UHT 杀菌，绝大部分的孢子都会被杀死。低酸性食品中，肉毒梭菌是引起食品质变的主要微生物之一，其耐热性比较低。相反，嗜热脂肪芽孢杆菌的耐热性最高，如果需要彻底杀死该菌芽孢需要大大提高加热处理的强度。因此，嗜热脂肪芽孢杆菌可能是引起灭菌乳变质的主要微生物。

根据《乳品加工手册》第九章的介绍，检测 UHT 设备的灭菌效率通常使用枯草芽孢杆菌（*B.subtilis*）和嗜热脂肪芽孢杆菌（*G.stearothermaphilas*）的芽孢作为实验微生物，因为这些菌株尤其是嗜热脂肪芽孢杆菌会形成相当抗热的芽孢。细菌芽孢的致死效果由约 115℃起始并随着温度的上升而快速上升。

图 6-1、图 6-2 为温度上升对化学特性和芽孢失活影响的速度曲线以及常用 UHT 灭菌曲线。

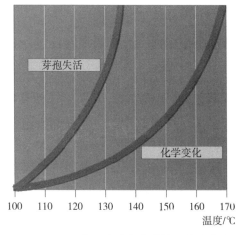

图 6-1　温度上升对化学特性和芽孢失活
影响的速度曲线

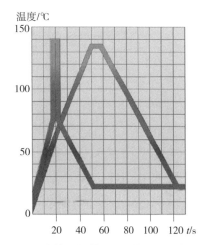

图 6-2　直接和间接 UHT 处理的温度曲线

比对这两个图可以发现，UHT 杀菌能够使牛奶中的芽孢下降几个数量级，以生乳里的芽孢数每毫升不足 10^3 级来计，一次 UHT 杀菌能使 1 吨牛奶中只有 1 个芽孢的残留，这是一个很安全的数字。而通常生乳芽孢数是不超过 10^2 级的，一次 UHT 杀菌足以保证牛奶中的芽孢数几乎为 0。

具体选用何种灭菌方式需要考虑产品的特点，当牛乳长时间处于高温下时，会生成一些化学反应产物，导致牛乳变色（褐变），并伴随产生蒸煮味和焦糖味，最终出现大量的沉淀。而在高温短时热处理中，牛乳的这些缺陷就可以在很大程度上得以避免。因此，选择正确的温度 / 时间组合使芽孢的失活达到满意的程度而乳中的化学变化保持在最低水平是非常重要的。UHT 灭菌能够最大保留产品本来的风味，是目前市场上的最佳选择。而保持式灭菌更适合罐装和瓶装食品。

图 6-3 为灭菌方式选择图，具体选择何种灭菌方式需要根据产品特点。

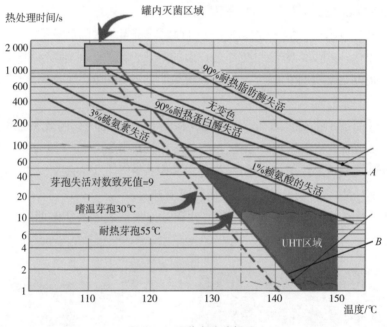

图 6-3　灭菌方式选择图

灭菌曲线是基于减少 12 倍对数级的肉毒杆菌芽孢来建立的。不同的灭菌温度对应相应的保留时间，保证灭菌的效果。

（3）造成 UHT 灭菌乳被破坏的因素

牛乳采用 UHT 灭菌后，通过无菌灌装工艺灌装至无菌包材中，采用的是整体无菌系统。造成其商业无菌被破坏的因素包括：因素 1——杀菌效率不足；因素 2——无菌体系被破坏；因素 3——残留的痕量胞外耐热酶水解乳脂肪及乳蛋白。

杀菌效率不足的可能性很小，工厂在整个灭菌过程中对温度、压力和时间都有相应的要求和监控。第一个因素基本可以忽略。即便是杀菌效率不足，也会出现无菌体系被破坏的情况。如果无菌体系被破坏，微生物在牛乳这种营养丰富的环境中会迅速繁殖。

1）细菌的繁殖公式

$$N = N_0 \times 2^{t/g}$$

式中：

N——到时间 t 时每毫升体积中的细菌数；

N_0——开始时（时间为 0）每毫升体积中的细菌数；

t——生长时间，单位为小时（h_1）；

g——世代时间，单位为小时（h_1）。

在适宜条件下，细菌的裂殖周期为 20～30min，细菌繁殖的速度可用上面的公式表示。假如世代时间为 0.5h，在最佳温度下，每毫升体积牛奶中有 1 个细菌，10h 内将增殖为每毫升体积中 100 万个细菌。在最适合的条件下，食品中能形成 10^9～10^{10} 级 CFU/mL。

2）细菌的生长曲线

从图 6-4 可以看出，细菌繁殖从延迟期到对数生长期时间很短。

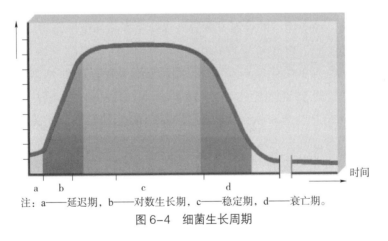

注：a——延迟期，b——对数生长期，c——稳定期，d——衰亡期。

图 6-4　细菌生长周期

根据企业无菌生产经验，出现无菌体系被破坏的情况会引起大面积的牛奶腐败变性，通常 2～3d 内就能发现大批量的胀坏包现象。因素 3 只在保质期的中后期造成坏包、苦包，这是由于胞外耐热酶量极少，水解乳脂肪及蛋白需要的时间长，到保质期的中后期由于水解作用量变引起质变。

（4）UHT 灭菌乳商业无菌检验程序保温方案

保温是为了让产品中残留的细菌或芽孢生长，从而根据其发生胀包或酸包而剔除出不合格批次的产品，确保商业无菌。需要设置最佳的保温条件（综合保温时间和温度）来设计孢子或其他不同类型污染物的繁殖。

保温需要基于以下条件：微生物的生长特性；这些生长特性对产品的依赖程度；储存和生产的成本。

根据前文介绍，大部分微生物适宜生长的温度为 30~37℃，少部分为 55℃。灭菌乳中如果残留细菌或芽孢，一般 2~3d 就能生长出来，保温 7d 是一个合理的天数，几乎绝大部分的坏包都能被发现，保温 10d 并不能比保温 7d 带来更高的坏包发现率。

乳制品营养丰富，非常适宜微生物的繁殖。研究表明 30℃是大部分微生物繁殖较适宜的温度。在这些合适的条件下，微生物能够在乳制品中迅速繁殖，引起胀包、结块等现象的产生。通过这些现象，企业能够很快发现产品无菌性被破坏，无须等到 10d。

保温不仅要看时间还要看温度对微生物繁殖的影响，同时需要考虑企业仓储的成本，过长的保温时间会占用企业大量的库存，给企业增加成本。

同时保温温度主要看产品在市场上的保存温度，通常市场上灭菌乳的储存条件为常温保存。由于灭菌乳在常温下保存，所以工厂实验样品保温温度以 30~37℃为宜。

虽然上文提到有一些嗜热芽孢菌可能在 UHT 杀菌后存活下来，但其适宜的生长温度是 50℃以上，所以除非灭菌乳需要在 50℃以上的环境下储运和售卖，否则不需要做高温下的保存试验。

4. 某企业 UHT 灭菌乳及 UHT 灭菌调制乳等商业无菌的检验情况

（1）样品分类及保温

某企业对灭菌乳商业无菌的保温方案分为实验室样品和生产样品。

①实验室样品

按照取样要求执行 30℃保温 7d 后直接划线培养。目的是验证嗜温菌的生长繁殖。

按照取样要求执行 55℃保温 5d 后直接划线培养。目的是验证嗜热菌的生长繁殖。

按照 GB 4789.26 取样要求执行 37℃保温培养 10d 后执行商业无菌检测。

②生产样品

按照生产量取一定数量的样品放入 30℃保温室培养，保温 7d 结束后用摇包仪摇包，观察是否有胀包、坏包现象或进行 pH 检测。

摇包仪通过检测样品的黏弹特性（例如黏度）变化来迅速判断产品是否发生无菌性被破坏的情况。目前大部分液态乳制品企业都在使用摇包仪，普及率很高。这种仪器的特点是非破坏性检查，检测迅速，十几秒钟即可检测一个样品，能够迅速判断本批次产品是否出现大量的商业无菌失效的情况，为企业节省大量的人力和物力。

（2）产品检验情况

pH、感官、微生物镜检符合企业内控控制技术标准。

（3）商业无菌过程控制 UHT 乳 HACCP 控制

应符合企业内控技术要求。

①鲜奶接收与控制：从前端牧场开始对鲜奶进行预处理，将温度降至 4℃。从牧场到工厂运输过程中跟踪鲜奶温度，控制运抵工厂时的温度需不超过 8℃。同时菌落总数（TPC）作为鲜奶放行时的指标之一，对于超标的予以拒收。

②鲜奶暂存：严格监控鲜奶暂存的温度与时间，控制微生物的生长繁殖。

③鲜奶预处理：对参与配料或标准化之前的鲜奶、鲜奶油、脱脂奶进行巴氏杀菌，控制微生物水平。

④UHT乳标准化：监控标准化过程的温度和时间，并作为OPRP点管控。

⑤UHT乳杀菌：

杀菌机至无菌罐过程设定为无菌段，杀菌前通过蒸汽进行系统预灭菌，营造无菌环境。作为CCP点管控。

依据设定的热力杀菌参数，采用直接或间接式杀菌机对鲜奶进行杀菌，由PLC自动连续监控杀菌过程的温度、流量。作为CCP点管控。

经过热力杀菌的UHT乳进入无菌罐暂存，通过无菌压缩空气保证无菌罐的正压，继续保持UHT乳处于无菌环境中。作为CCP点管控。

⑥灌装过程：

灌装机的预灭菌，灌装前使用规定温度、浓度的过氧化氢溶液对灌装机的灌注管、灌注仓进行预灭菌。作为CCP点管控。

包材预灭菌，UHT乳包材在成形前使用规定浓度和温度的过氧化氢溶液进行预灭菌，避免包材表面的微生物污染。作为OPRP点管控。

灌装好的产品定期进行包装完整性检查，包括撕包检查、横封和纵封的检查、电导率试验及红墨水注射试验。作为OPRP点管控。

二、罐头食品

1. 食品类别

参考GB 4789.26—2023定义，按照产品的pH和水分活度，罐头食品包含各类低酸性食品。

2. 抽样方案和保温方案

参考GB 4789.26—2023条款6.2.2，企业已经根据产品特性建立与之配套的成熟生产工艺，通过目标微生物分析、工艺分析及国内外法规分析，该产品的抽样AQL为6.5（非实际生产控制值，生产企业应根据自身工艺水平确定），保温方案为（36±1）℃，保温7d。

3. 抽样方案和保温方案支撑研究报告

国际食品微生物标准委员会关于耐长期保存的罐头食品的抽样方案建议：耐长期保存的罐头食品指包装在密封容器中，并经过适当的热杀菌将所有的微生物都杀灭或保证存活下来的微生物不致在食品中生长的产品。这种热杀菌过程可有3种情况：适于低酸性食品（即pH为4.6或以上）的所谓"杀灭肉毒梭状芽孢杆菌的高压加热"处理；适于含某些腌制的食品的较轻度的热处理；对pH低于4.6的食品的温和热处理。经过这样处理的罐头产品都被称为是商业无菌的。

罐头食品是有引起常见致命疾病（肉毒梭状芽孢杆菌中毒）的可能性的，但是实践表明，没有一种设计出来的抽样方案能直接测出其存在。因此，就只能采用间接控制的方法，其中就包括"车间内"控制以保证采用有效的杀菌过程。良好的车间卫生和科学的成品分析以明确杀菌过程是否真正有效以及罐头封口是否能够保持"密封"状态。通过提高罐头密封质量和控制杀菌冷却水质量将二次污染的风险降至最低。

（1）罐头食品商业灭菌的方案

美国在1971年发生了两起流传较广的罐头汤品肉毒梭状芽孢杆菌中毒事件，该国的美国罐头协会遂向美国卫生部递交了一份关于密封容器中食品的商业灭菌的方案。对于所有进入国际贸易的低酸性蔬菜罐头都应考虑一个相应的作业规程，采用这样的规程将能维护和提高所有这类制品的安全可信度。

（2）罐头封口的完整性

罐头食品所用密封容器的封口的完整性对于安全杀菌来说是一个关键。因此，要求空罐厂和罐头厂实施有效的质量管控。有缺陷的包装容器可能使罐头的内容物在热杀菌以后重新污染。如果污染的是致病微生物，就有危害消费者健康的风险。经验表明，曾发生过由于封口缺陷而导致产品罐头腐败引起的食物中毒（罐头金枪鱼引起的E型肉毒中毒、罐头咸牛肉引起的伤寒、罐头菜豆的葡萄球菌食物中毒），但是这样的事故还是比较稀少的。

（3）冷却水

除了罐头的质量控制外，罐头厂必须用氯化过的饮用水来冷却杀菌后的罐头，按方案抽样检查冷却水是罐头厂应负的责任。

（4）保温试验

在一些情况下，应先由检验机构提交从各个货批中取出的小部分罐头的保温试验的结果。然而，一方面，这些试验对于那些已经过所谓"杀灭肉毒梭菌的加压杀菌"的食品在安全性评价上很少甚至没有意义，此可靠性判定应放在用提供的数据所制定出来的热杀菌过程是否足够充分上。另一方面，保温试验对于某些低酸性食品（如腌肉）还是需要的，这种罐头通常没有受过经过计算的"杀灭肉毒梭菌的加压杀菌"（杀菌强度 F_0 值有待确定），但人们认为这种罐头是比较稳定的，因为该产品经过高温杀菌，同时还有抑菌剂。对于在静止的加压杀菌过程杀菌的罐头食品，应在每锅中至少从两个不同位置取出两个罐（例如在杀菌锅顶部和中心部位各取一罐）进行保温试验。

采用较新的高温短时灭菌法（连续或非连续式的回转杀菌锅、无菌操作等）杀菌后的低酸性食品罐头食品，建议由杀菌工抽取很小的部分去进行保温处理，并将结果提交检验控制机构。作为最低的方案，建议在每条流水线上至少每15min取一罐标记取样时间后，在30~37℃温度下保温14d。在保温过程中，对所有罐头检查是否胀罐，然后应将10%左右的罐打开彻底检验容器和内容物。如果未出现胀罐，而且所有打开罐头的内容物无腐败迹象或pH变化，该货批可认为是满意的。然而报告再次强调，没有一种抽样方法对于肉毒梭状芽孢杆菌中毒的危险能有足够的安全保证——较大的可信度应寄托在热杀菌的记录、公司的过程管理稳定上以及采用一套科学的杀菌验证流程确保生产可靠性。

（5）生产加工过程操作控制数据

除抽样、保温及加热杀菌的数据外，还建议将用水、封口检验、适当的化学成分及 pH 提交给检验机构。化学成分的数据，至少应有平均值和标准偏差或变化范围。如果这些数据是充分的和满意的，就没有必要对成品做进一步试验；如果这些数据没有或不足，就应抽取样品，所有样品都应随机取样。

（6）进口罐头食品的检验

不推荐对罐头食品进行常规的微生物检验，而代之以在进口港口进行视检，而在某些情况下（见下文），对保温的罐头应观察胀罐和封口缺陷情况。对一个货批首次检验胀罐和封口缺陷时，先从整批中随机抽取若干个纸箱，再从这些纸箱中随机抽取罐头，方法见表 6-10。

表 6-10　进口罐头食品抽样建议

每箱罐数	应取罐数
5 或以下	全部
6～12	6
13～60	12
61～250	16
251 或以上	24

例如，每箱位 24 罐时，则随机地打开 17 箱，其中的 16 箱每箱随机抽取出 12 罐，剩下的 1 箱中随机取 8 罐，总计 200 罐。如果按上述办法抽样，总数不足 200 罐时，则可以从每箱中多抽罐数，如果罐头总数少于 200 罐，则取全部罐头。

对 200 个罐头进行胀罐和封口缺陷检查。胀罐是指由于内容物中微生物作用产生的气体使罐头引起膨胀的罐头。如果未发现缺陷罐，则该货批接受；如果发现 3 罐或更多的缺陷罐，则该货批应废弃。

如果检出 1～2 个缺陷罐，则整个货批要进行挑选以剔除缺陷罐，挑选时抽样员或由他批准的人员必须在场，以挑出缺陷罐并进行技术鉴定。如果缺陷罐达到 1% 或以上，则该货批拒收；如果缺陷罐少于 1%，则按上表的规定随机取出 200 个完好的罐头去保温。

如果挑出供保温用的 200 个罐头是放在运输纸箱中的，每个罐头的标识就不必要了，但应在纸箱上贴上标签。

罐头运往实验室期间不需要冷藏。运到后，将罐头从纸箱中取出，并对每个罐头进行妥当地标识。对于低酸性食品和腌肉，在 30～37℃温度下保温 10d。如果要考察嗜热性细菌的腐败，就要取一半罐头在（55±1）℃保温同样的时间。对酸性罐头食品，采用（25±0.5）℃保温。有时，对这类罐头做较长时间保温可能更合适。应该每天检查罐头是否胀罐。

如果保温的罐头中有 1 罐出现胀罐，则拒收该货批。如果未发现胀罐，随机取其中 20 罐撕开封口检查缺陷，根据美国 FDA 或罐头制造厂所定的步骤检查封口。对一些食品最好测定一下内容物的 pH。如未发现缺陷，接收该货批。如果检查的罐头中发现有胀罐，将这些罐头送到实验室分析发生缺陷可能的原因。

当 n（样本量）=200、C（缺陷抽样）=0 时，合格质量标准（AQL）为 0.025%，即有 0.025% 缺陷罐的货批有 95% 的机会被接收，有 0.1% 缺陷罐的货批将有 82% 的机会被接收，有 0.35% 缺陷罐的货批将有 50% 的机会被接收，有 1.15% 缺陷罐的货批只有 10% 的机会被接收（消费者的风险）。n=200、C=0，这样的方案严格地说是最低的。一些工厂在发现有 0.01% 的缺陷罐时就会引起关注。

最后再次强调所提出的取样方案对判断肉毒梭菌的是否存在是不够的，并且也不足以作为唯一安全措施。这种方案只可能检出杀菌和封口中的重大差错。[①]

4. 某罐头企业食品商业无菌加工过程检验

生产企业检验部门对送检产品应认真审阅以下操作记录：

①杀菌记录：杀菌记录包括自动记录仪的记录纸和相应的手记记录。记录纸上要标明产品名称、规格、生产日期和杀菌设备编号。每项图表均应由杀菌设备操作人员记录和签字，并分别由生产车间负责人和检验部门负责人审查签字。

②杀菌后冷却水有效氯含量测定的记录。

③采用卷封结构的金属容器密封性检验记录：罐头密封性检验的全部记录应包括空罐和实罐卷边封口质量、焊缝质量的常规检验记录，记录上应明确标记批号和罐数等，并由检验人员和负责人审查签字。

④软包装产品、玻璃瓶产品是否需要开展密封性测试。

5. 某罐头企业食品商业无菌的成品检验规程

本规程规定了成品抽样方案、检验项目及检验方法，从而确保经检验合格的成品能够销售。

（1）抽样方案

由技术质量部综合 GB/T 10786《罐头食品的检验方法》和 GB 4789.26《食品安全国家标准　食品微生物学检验　商业无菌检验》中的规定，确定日常检验所需的产品抽样量，见表 6-11。

---

① 本规范原文（有删减）：IOMSF Microorganisms in Fcqds，VOL Ⅱ 1974

表 6-11　产品抽样量

产量 / 罐	样品类别				
	留样 / 罐	厂检 / 罐	商业无菌 / 罐	感官检验补缺 / 罐	样品总量 / 罐
1～1200	3	2	3	0	8
1201～20000	3	2	3	3	11
20001～26000	3	2	4	2	11
26001～34000	3	2	5	1	11
34001～54000	3	2	6	0	11
54001～74000	3	2	7	0	12
74001 或以上	3	2	8	0	13

（2）检验项目及方法

1）感官检验

①样品总量构成规则：厂检 2 罐，选每个检验批生产始末各 1 罐；商业无菌检验样品也作为感官检验合格与否的评价依据。

②检验时间的规定：在产品生产的隔日（工作日），对厂检 2 罐进行检验；商业无菌检验样品中每个批次取 1 罐样品置于常温保存，作为对照，其余样品保温 10d 后检验。

③检验项目和方法：按各产品标准中规定的感官检验项目进行；按 GB/T 10786 中的规定方法操作。

2）商业无菌检验

①将样品按 GB 4789.26 规定的方法进行检验。将检验结果输入数据库中的"罐头商业无菌检验记录"。

②商业无菌 pH、镜检数的判定

pH 检测样品的制备：液态样品混匀后测定；固相和液相分开的样品取混匀后的液相部分测定；稠厚或半稠厚样品取一部分样品搅碎后加入适当比例无菌蒸馏水混匀，去除上层悬浮物后测定。（八宝饭取样时注意小料、米饭、豆沙的比例要均匀。）

pH：各种产品 pH 合格范围（略），同批次最大差值≤X。

镜检数判定：镜检数允许范围 Y 个 / 视野，且不得有混合菌相；番茄沙司罐头镜检数允许范围≤Z 个 / 视野。

pH、镜检数出现异常应按商业无菌标准继续接种培养，根据结果判定是否商业无菌。

第五节　三磷酸腺苷（ATP）快速检测技术在商业无菌检验中的应用

一、背景

现行商业无菌检测标准操作复杂，检测时间长，通常为 7～10d，大大降低了产品的放行速度，增加了企业的仓储成本。对于乳制品而言，采用标准方法极大地增加质量管理成本。国外乳制品行业通常采用快速检测方法，国内大型乳品企业也在进行尝试。因此，商业无菌的快速检测方法非常必要。

ATP 生物发光法能够快速检测 UHT 乳及乳制品、饮料、罐头类食品等样品的商业无菌情况，该方法操作简单，乳及乳制品无须制备，检测速度快，48h 内可完成商业无菌检测，部分产品可实现自动化检测，大大节约劳动力，提高检测速度，而且所有微生物中均含有 ATP，因此结果准确可靠。目前，已有采用 ATP 生物荧光法的团体标准（T/TDSTIA 029—2022《乳及乳制品商业无菌检验　三磷酸腺苷生物荧光法》）。

二、ATP 生物发光法原理

ATP 是一种能量分子，普遍存在于有机体中。ATP 含量与微生物活细胞数量成一定正比。食品中的 ATP 包括游离 ATP 和微生物 ATP（植物源性食品中还包括植物细胞ATP）。首先通过 ATP 降解酶酶解微生物细胞外的游离 ATP；之后裂解微生物活细胞，释放出微生物活细胞内的 ATP；在荧光素酶的存在下，ATP 可与荧光素快速反应，发出荧光；最后通过 ATP 商业无菌检测仪捕获 ATP 荧光反应的发光信号并报告结果，单位为 RLU（相对发光单位）。ATP 含量越高，荧光强度越强。

三、方法应用及验证

1. 适用样品类型

适用于原味奶、巧克力奶及风味奶、脱脂奶、无乳糖奶、豆奶及其他风味大豆饮料、奶油、炼乳、植物蛋白饮料、常温酸奶、冰淇淋、牛奶糊、杏仁乳、椰子汁、肉汤、果泥、菜泥、肉泥等罐藏食品商业无菌的检验。

2. 检测限

1 CFU/ 样品。

3. 试剂或材料

除非另有规定，仅适用分析纯试剂。

（1）清洗液：有商品化试剂可用。

（2）无 ATP 试剂水：有商品化试剂可用。

（3）ATP 降解酶：有商品化试剂可用。

（4）微生物细胞裂解剂：有商品化试剂可用。

（5）植物细胞 ATP 裂解剂：有商品化试剂可用。

（6）荧光反应试剂：有商品化试剂可用。

（7）TSB 液体培养基。

（8）生理盐水。

（9）无菌吸头：20～200μL。

（10）无菌吸管：1mL（具 0.01mL 刻度）、10mL。

（11）灭菌试管：16mm × 160mm。

（12）微孔板。

（13）废液板。

4. 仪器设备

（1）ATP 商业无菌检测仪。

（2）冰箱：2～5℃。

（3）恒温培养箱：（30 ± 1）℃；（36 ± 1）℃；（55 ± 1）℃。

（4）恒温水浴箱：（55 ± 1）℃。

（5）电子天平：感量 0.1g。

（6）移液器：20～200μL。

5. 样品制备

（1）乳及乳制品

①将样品在 36℃保温 48h。

②液态制品混匀备用。

③对于黏稠样品，用生理盐水 1∶1 稀释。

④吸取 50μL 样品用商业无菌检测仪检测。

（2）植物蛋白饮料

①在 36℃原包培养样品 24～48h。

②将试管置于试管架上，并做好标记。

③吸取 30μL 植物细胞 ATP 裂解剂到试管中。

④取出培养箱中的样品包，充分摇晃样品包使样品混合均匀。

⑤小心打开包装，吸取 1mL 样品到对应的含植物细胞 ATP 裂解剂的试管里，盖紧离心管帽。

⑥涡旋 10 次，使试剂与样品充分混匀。

⑦将试管置于室温下静置 15min。

⑧吸取50μL混合物用商业无菌检测仪检测。

（3）罐头

①在无菌环境下，取样品25g（mL）至225mL TSB液体培养基中，混匀，培养24h。

②取培养后的培养液25mL，转移到225mL TSB液体培养基中，混匀，培养48h。

③取50μL培养后样品，用商业无菌检测仪检测。

6. 试验步骤

（1）检测仪准备

①初始化分液器。

②将废液板装入板架中。用清洗液和试剂水清洗管线。

③将ATP降解酶、微生物细胞裂解剂和荧光反应试剂充填至对应的分液器（每个洗3遍）。

④取出废液板，倒掉其中试剂。

⑤样品检测前，进行日常性能分析。所有结果必须符合要求。

（2）测定步骤

①移取50μL样品至微孔板微孔中，将微孔板置于板架上。

②在仪器软件页面，输入第一个样品孔的位置和样品数量，然后点击"Start"。

③ATP商业无菌检测仪自动进行以下操作：

在每个微孔中添加50μL ATP降解酶，反应10min。

在第一个待测微孔中添加95μL微生物细胞裂解剂，反应7s。

再向第一个待测微孔中添加95μL荧光反应试剂。1s后输出荧光信号，单位为RLU（相对发光单位）。

④所有剩余样品重复上述步骤②、③。

7. 结果判定（数据仅作参考，具体判定标准需要结合具体产品来确定）

RLU值小于或等于150时，结果为阴性，表明无微生物增殖现象，报告为商业无菌。

RLU值为151～300时，结果为疑似阳性，表明可能存在微生物增殖现象，需重新取5个样品进行检测。若5个样品中有3个或3个以上样品的检测结果仍为150～300，或者1个及1个以上样品的结果大于300，则报告为非商业无菌。

RLU值大于300，结果为阳性，表明存在微生物增殖现象，可报告该样品为非商业无菌。

8. 应用案例

（1）加标样品检测

①乳制品、植物蛋白饮料

选择UHT纯奶、UHT谷物早餐奶、UHT巧克力奶、乳饮料、豆奶和炼乳作为检测样品，将蜡样芽孢杆菌ATCC#11778、枯草芽孢杆菌ATCC#6051、荧光假单胞菌ATCC#13525、大肠埃希氏菌ATCC#25922、李斯特菌ATCC#33090、鼠伤寒沙门菌 ATCC#14028、金黄色葡萄球菌 ATCC#6538、米曲霉 ATCC#1010、酿酒酵母 ATCC#4098、铜绿假单胞菌 ATCC#27853 10 种标准品分别加入每种样品中，获得浓度为 5CFU/ 包和 50CFU/ 包的待测样品。

在 36℃下培养所有加工样品的待测样品以及每种待测样品的阴性对照（未加标），在培养 48h、72h、96h 和 168h 后，无菌采集样品，采用商业无菌快速检测仪、GB 4789.26《食品安全国家标准　食品微生物学检验　商业无菌检验》方法（以下简称 GB 法）和稀释涂布平板法（以下简称平板法）检测每个样品。当产品出现可见质地变化或胀包后，将包装从培养箱中取出并丢弃。检测结果见表 6-12～表 6-19。

表 6-12　阴性产品（未加标）

产品	48h 培养		72h 培养		96h 培养		168h 培养（1 周）		GB 4789.26 法的结果
	商业无菌快速检测仪（RLU）	pH	商业无菌快速检测仪（RLU）	pH	商业无菌快速检测仪（RLU）	pH	商业无菌快速检测仪（RLU）	pH	
UHT 纯奶	7	6.7	7	6.8	7	7.0	3	6.7	阴性
UHT 谷物早餐奶	2	6.7	2	6.6	2	6.6	2	6.7	阴性
UHT 巧克力奶	9	6.7	12	6.7	12	6.7	4	6.5	阴性
乳饮料	4	6.2	6	6.2	6	6.2	7	6.2	阴性
豆奶	2	6.7	2	6.6	2	6.6	2	6.7	阴性
炼乳	4	6.2	6	6.2	6	6.2	7	6.2	阴性

表 6-13　UHT 纯奶

蜡样芽孢杆菌 ATCC #11778												
加标水平	48h 培养			72h 培养			96h 培养			168h 培养（1 周）		
	商业无菌快速检测仪（RLU）	pH	平板法	商业无菌快速检测仪（RLU）	pH	平板法	商业无菌快速检测仪（RLU）	pH	平板法	商业无菌快速检测仪（RLU）	pH	平板法
5CFU/ 包	12571	6.5	TNTC	20191	6.3	TNTC	25980	6.1	TNTC	23702	6.0	TNTC
50CFU/ 包	26065	6.4	TNTC	48123	6.2	TNTC	50592	6.0	TNTC	43098	5.9	TNTC

荧光假单胞菌 ATCC #13525											
加标水平	48h 培养			72h 培养			96h 培养			168h 培养（1 周）		
	商业无菌快速检测仪（RLU）	pH	平板法	商业无菌快速检测仪（RLU）	pH	平板法	商业无菌快速检测仪（RLU）	pH	平板法	商业无菌快速检测仪（RLU）	pH	平板法
5CFU/ 包	14551	6.5	TNTC	79327	6.3	TNTC	74974	6.1	TNTC	58443	6.0	TNTC
50CFU/ 包	28229	6.4	TNTC	88851	6.2	TNTC	83714	5.9	TNTC	46248	5.8	TNTC

大肠埃希氏菌 ATCC#25922										
加标水平	48h 培养			72h 培养			96h 培养			168h 培养（1 周）
	商业无菌快速检测仪（RLU）	pH	平板法	商业无菌快速检测仪（RLU）	pH	平板法	商业无菌快速检测仪（RLU）	pH	平板法	商业无菌快速检测仪（RLU） pH 平板法
5CFU/ 包	13959	5.3	TNTC	15556	5.1	TNTC	没有检测：大肠杆菌产生的大量气体使包装爆裂			
50CFU/ 包	14293	5.2	TNTC	16550	5.0	TNTC				

枯草芽孢杆菌 ATCC #6051										
加标水平	48h 培养			72h 培养			96h 培养			168h 培养（1 周）
	商业无菌快速检测仪（RLU）	pH	平板法	商业无菌快速检测仪（RLU）	pH	平板法	商业无菌快速检测仪（RLU）	pH	平板法	商业无菌快速检测仪（RLU） pH 平板法
5CFU/ 包	20656	6.3	TNTC	50913	6.1	TNTC	16630	5.7	TNTC	胀气，没有检测
50CFU/ 包	40067	6.2	TNTC	52496	6.2	TNTC	15418	5.6	TNTC	

李斯特菌 ATCC #33090											
加标水平	48h 培养			72h 培养			96h 培养			168h 培养（1 周）		
	商业无菌快速检测仪（RLU）	pH	平板法	商业无菌快速检测仪（RLU）	pH	平板法	商业无菌快速检测仪（RLU）	pH	平板法	商业无菌快速检测仪（RLU）	pH	平板法
5CFU/ 包	43993	6.6	TNTC	55185	6.4	TNTC	43925	6.3	TNTC	64516	6.1	TNTC
50CFU/ 包	64959	6.5	TNTC	68722	6.3	TNTC	67749	6.2	TNTC	61225	6.0	TNTC

续表

鼠伤寒沙门氏菌 ATCC#14028											
加标水平	48h 培养			72h 培养			96h 培养			168h 培养（1 周）		
	商业无菌快速检测仪（RLU）	pH	平板法	商业无菌快速检测仪（RLU）	pH	平板法	商业无菌快速检测仪（RLU）	pH	平板法	商业无菌快速检测仪（RLU）	pH	平板法
5CFU/ 包	87388	6.5	TNTC	98537	6.3	TNTC	96269	6.1	TNTC	胀气，没有检测		
50CFU/ 包	95950	6.4	TNTC	109080	6.2	TNTC	96872	6.1	TNTC			

金黄色葡萄球菌 ATCC#6538											
加标水平	48h 培养			72h 培养			96h 培养			168h 培养（1 周）		
	商业无菌快速检测仪（RLU）	pH	平板法	商业无菌快速检测仪（RLU）	pH	平板法	商业无菌快速检测仪（RLU）	pH	平板法	商业无菌快速检测仪（RLU）	pH	平板法
5CFU/ 包	78523	6.6	TNTC	81098	6.3	TNTC	84123	6.1	TNTC	86011	6.0	TNTC
50CFU/ 包	91482	6.5	TNTC	95432	6.3	TNTC	97891	6.1	TNTC	98103	5.9	TNTC

米曲霉 ATCC#1010											
加标水平	48h 培养			72h 培养			96h 培养			168h 培养（1 周）		
	商业无菌快速检测仪（RLU）	pH	平板法	商业无菌快速检测仪（RLU）	pH	平板法	商业无菌快速检测仪（RLU）	pH	平板法	商业无菌快速检测仪（RLU）	pH	平板法
5CFU/ 包	2876	6.6	TNTC	4080	6.4	TNTC	7919	6.2	TNTC	胀气，没有检测		
50CFU/ 包	7635	6.5	TNTC	10235	6.3	TNTC	13576	6.1	TNTC			

酿酒酵母 ATCC#4098											
加标水平	48h 培养			72h 培养			96h 培养			168h 培养（1 周）		
	商业无菌快速检测仪（RLU）	pH	平板法	商业无菌快速检测仪（RLU）	pH	平板法	商业无菌快速检测仪（RLU）	pH	平板法	商业无菌快速检测仪（RLU）	pH	平板法
5CFU/ 包	4198	6.7	TNTC	6578	6.5	TNTC	8967	6.3	TNTC	胀气，没有检测		
50CFU/ 包	9817	6.6	TNTC	10769	6.4	TNTC	12354	6.3	TNTC			

续表

铜绿假单胞菌 ATCC #27853											
加标水平	48h 培养			72h 培养			96h 培养			168h 培养（1 周）		
	商业无菌快速检测仪（RLU）	pH	平板法	商业无菌快速检测仪（RLU）	pH	平板法	商业无菌快速检测仪（RLU）	pH	平板法	商业无菌快速检测仪（RLU）	pH	平板法
5CFU/ 包	16397	6.9	TNTC	62093	6.7	TNTC	120205	6.5	TNTC	68778	6.5	TNTC
50CFU/ 包	42705	6.9	TNTC	66115	6.6	TNTC	93844	6.5	TNTC	50017	5.5	TNTC

表 6-14　UHT 谷物早餐奶

蜡样芽孢杆菌 ATCC #11778											
加标水平	24h 培养			48h 培养			72h 培养			168h 培养（1 周）		
	商业无菌快速检测仪（RLU）	pH	平板法	商业无菌快速检测仪（RLU）	pH	平板法	商业无菌快速检测仪（RLU）	pH	平板法	商业无菌快速检测仪（RLU）	pH	平板法
5CFU/ 包	12335	6.5	TNTC	17657	6.3	TNTC	23476	6.1	TNTC	21098	6.0	TNTC
50CFU/ 包	21534	6.4	TNTC	26754	6.2	TNTC	32145	6.0	TNTC	29856	5.9	TNTC

荧光假单胞菌 ATCC #13525											
加标水平	24h 培养			48h 培养			72h 培养			168h 培养（1 周）		
	商业无菌快速检测仪（RLU）	pH	平板法	商业无菌快速检测仪（RLU）	pH	平板法	商业无菌快速检测仪（RLU）	pH	平板法	商业无菌快速检测仪（RLU）	pH	平板法
5CFU/ 包	9856	6.5	TNTC	16893	6.4	TNTC	19703	6.2	TNTC	20142	6.0	TNTC
50CFU/ 包	21789	6.5	TNTC	32698	6.3	TNTC	51437	6.1	TNTC	50879	5.9	TNTC

大肠埃希氏菌 ATCC#25922										
加标水平	24h 培养			48h 培养			72h 培养			168h 培养（1 周）	
	商业无菌快速检测仪（RLU）	pH	平板法	商业无菌快速检测仪（RLU）	pH	平板法	商业无菌快速检测仪（RLU）	pH	平板法	商业无菌快速检测仪（RLU）	pH / 平板法
5CFU/ 包	11958	5.4	TNTC	13556	5.2	TNTC	没有检测：大肠杆菌产生的大量气体使包装爆裂				
50CFU/ 包	12297	5.3	TNTC	13558	5.1	TNTC					

续表

枯草芽孢杆菌 ATCC #6051												
加标水平	24h 培养			48h 培养			72h 培养			168h 培养（1周）		
	商业无菌快速检测仪（RLU）	pH	平板法	商业无菌快速检测仪（RLU）	pH	平板法	商业无菌快速检测仪（RLU）	pH	平板法	商业无菌快速检测仪（RLU）	pH	平板法
5CFU/包	18656	6.5	TNTC	46913	6.3	TNTC	15629	6.1	TNTC	胀气，没有检测		
50CFU/包	38067	6.3	TNTC	50487	6.1	TNTC	16439	5.8	TNTC			

李斯特菌 ATCC #33090												
加标水平	24h 培养			48h 培养			72h 培养			168h 培养（1周）		
	商业无菌快速检测仪（RLU）	pH	平板法	商业无菌快速检测仪（RLU）	pH	平板法	商业无菌快速检测仪（RLU）	pH	平板法	商业无菌快速检测仪（RLU）	pH	平板法
5CFU/包	33939	6.4	TNTC	45158	6.2	TNTC	10937	6.1	TNTC	64476	5.9	TNTC
50CFU/包	54967	6.3	TNTC	78688	6.1	TNTC	87795	5.9	TNTC	61252	5.8	TNTC

鼠伤寒沙门氏菌 ATCC#14028												
加标水平	24h 培养			48h 培养			72h 培养			168h 培养（1周）		
	商业无菌快速检测仪（RLU）	pH	平板法	商业无菌快速检测仪（RLU）	pH	平板法	商业无菌快速检测仪（RLU）	pH	平板法	商业无菌快速检测仪（RLU）	pH	平板法
5CFU/包	97325	6.3	TNTC	108552	6.2	TNTC	166284	6.0	TNTC	胀气，没有检测		
50CFU/包	105849	6.2	TNTC	114395	6.0	TNTC	186889	5.8	TNTC			

金黄色葡萄球菌 ATCC#6538												
加标水平	24h 培养			48h 培养			72h 培养			168h 培养（1周）		
	商业无菌快速检测仪（RLU）	pH	平板法	商业无菌快速检测仪（RLU）	pH	平板法	商业无菌快速检测仪（RLU）	pH	平板法	商业无菌快速检测仪（RLU）	pH	平板法
5CFU/包	68519	6.5	TNTC	71087	6.3	TNTC	74109	6.2	TNTC	76023	6.0	TNTC
50CFU/包	81439	6.4	TNTC	85419	6.2	TNTC	91876	6.0	TNTC	96177	5.8	TNTC

米曲霉 ATCC#1010												
	24h 培养			48h 培养			72h 培养			168h 培养（1周）		
加标水平	商业无菌快速检测仪（RLU）	pH	平板法	商业无菌快速检测仪（RLU）	pH	平板法	商业无菌快速检测仪（RLU）	pH	平板法	商业无菌快速检测仪（RLU）	pH	平板法
5CFU/包	3869	6.5	TNTC	4989	6.4	TNTC	8965	6.0	TNTC	13308	5.6	TNTC
50CFU/包	7998	6.4	TNTC	11376	6.2	TNTC	14532	5.8	TNTC	19761	5.5	TNTC

酿酒酵母 ATCC#4098												
	24h 培养			48h 培养			72h 培养			168h 培养（1周）		
加标水平	商业无菌快速检测仪（RLU）	pH	平板法	商业无菌快速检测仪（RLU）	pH	平板法	商业无菌快速检测仪（RLU）	pH	平板法	商业无菌快速检测仪（RLU）	pH	平板法
5CFU/包	4187	6.5	TNTC	6634	6.4	TNTC	9083	6.3	TNTC	10361	6.0	TNTC
50CFU/包	9239	6.4	TNTC	10754	6.3	TNTC	13349	6.1	TNTC	14241	5.9	TNTC

铜绿假单胞菌 ATCC #27853												
	24h 培养			48h 培养			72h 培养			168h 培养（1周）		
加标水平	商业无菌快速检测仪（RLU）	pH	平板法	商业无菌快速检测仪（RLU）	pH	平板法	商业无菌快速检测仪（RLU）	pH	平板法	商业无菌快速检测仪（RLU）	pH	平板法
5CFU/包	23435	6.9	TNTC	53869	6.7	TNTC	137058	6.5	TNTC	58616	6.5	TNTC
50CFU/包	25960	6.9	TNTC	60358	6.6	TNTC	141449	6.5	TNTC	87986	6.5	TNTC

表 6-15 UHT 巧克力奶

蜡样芽孢杆菌 ATCC #11778												
	24h 培养			48h 培养			72h 培养			168h 培养（1周）		
加标水平	商业无菌快速检测仪（RLU）	pH	平板法	商业无菌快速检测仪（RLU）	pH	平板法	商业无菌快速检测仪（RLU）	pH	平板法	商业无菌快速检测仪（RLU）	pH	平板法
5CFU/包	68972	6.5	TNTC	86096	6.3	TNTC	98171	6.1	TNTC	60312	6.0	TNTC
50CFU/包	85857	6.4	TNTC	98121	6.2	TNTC	115410	6.0	TNTC	86785	5.9	TNTC

续表

荧光假单胞菌 ATCC #13525											
加标水平	24h 培养			48h 培养			72h 培养			168h 培养（1周）		
	商业无菌快速检测仪（RLU）	pH	平板法	商业无菌快速检测仪（RLU）	pH	平板法	商业无菌快速检测仪（RLU）	pH	平板法	商业无菌快速检测仪（RLU）	pH	平板法
5CFU/ 包	24580	6.6	TNTC	49327	6.4	TNTC	64985	6.2	TNTC	58443	6.0	TNTC
50CFU/ 包	48229	6.5	TNTC	95851	6.3	TNTC	123695	6.1	TNTC	57248	5.9	TNTC

大肠埃希氏菌 ATCC#25922											
加标水平	24h 培养			48h 培养			72h 培养			168h 培养（1周）		
	商业无菌快速检测仪（RLU）	pH	平板法	商业无菌快速检测仪（RLU）	pH	平板法	商业无菌快速检测仪（RLU）	pH	平板法	商业无菌快速检测仪（RLU）	pH	平板法
5CFU/ 包	109841	5.4	TNTC	135649	5.2	TNTC	没有检测：大肠杆菌产生的大量气体使包装爆裂					
50CFU/ 包	142937	5.2	TNTC	165305	5.1	TNTC						

枯草芽孢杆菌 ATCC #6051											
加标水平	24h 培养			48h 培养			72h 培养			168h 培养（1周）		
	商业无菌快速检测仪（RLU）	pH	平板法	商业无菌快速检测仪（RLU）	pH	平板法	商业无菌快速检测仪（RLU）	pH	平板法	商业无菌快速检测仪（RLU）	pH	平板法
5CFU/ 包	20656	6.3	TNTC	50913	6.1	TNTC	16630	5.7	TNTC	胀气，没有检测		
50CFU/ 包	40067	6.2	TNTC	52496	6.2	TNTC	15418	5.6	TNTC			

李斯特菌 ATCC #33090											
加标水平	24h 培养			48h 培养			72h 培养			168h 培养（1周）		
	商业无菌快速检测仪（RLU）	pH	平板法	商业无菌快速检测仪（RLU）	pH	平板法	商业无菌快速检测仪（RLU）	pH	平板法	商业无菌快速检测仪（RLU）	pH	平板法
5CFU/ 包	81542	6.4	TNTC	95286	6.2	TNTC	103678	6.0	TNTC	153276	5.8	TNTC
50CFU/ 包	128063	6.3	TNTC	130877	6.1	TNTC	167829	5.9	TNTC	125641	5.7	TNTC

鼠伤寒沙门氏菌 ATCC#14028											
加标水平	24h 培养			48h 培养			72h 培养			168h 培养（1 周）		
	商业无菌快速检测仪（RLU）	pH	平板法	商业无菌快速检测仪（RLU）	pH	平板法	商业无菌快速检测仪（RLU）	pH	平板法	商业无菌快速检测仪（RLU）	pH	平板法
5CFU/包	67342	6.3	TNTC	87436	6.1	TNTC	96269	5.9	TNTC	168710	5.7	TNTC
50CFU/包	87654	6.2	TNTC	93089	6.0	TNTC	98898	5.8	TNTC	175969	5.6	TNTC

金黄色葡萄球菌 ATCC#6538											
加标水平	24h 培养			48h 培养			72h 培养			168h 培养（1 周）		
	商业无菌快速检测仪（RLU）	pH	平板法	商业无菌快速检测仪（RLU）	pH	平板法	商业无菌快速检测仪（RLU）	pH	平板法	商业无菌快速检测仪（RLU）	pH	平板法
5CFU/包	65143	6.4	TNTC	72355	6.2	TNTC	86789	6.0	TNTC	78191	5.8	TNTC
50CFU/包	85698	6.3	TNTC	89673	6.1	TNTC	96138	5.9	TNTC	97093	5.7	TNTC

米曲霉 ATCC#1010											
加标水平	24h 培养			48h 培养			72h 培养			168h 培养（1 周）		
	商业无菌快速检测仪（RLU）	pH	平板法	商业无菌快速检测仪（RLU）	pH	平板法	商业无菌快速检测仪（RLU）	pH	平板法	商业无菌快速检测仪（RLU）	pH	平板法
5CFU/包	3562	6.4	TNTC	4080	6.3	TNTC	6291	6.0	TNTC	10898	5.9	TNTC
50CFU/包	6769	6.4	TNTC	9895	6.3	TNTC	12307	6.1	TNTC	15131	5.9	TNTC

酿酒酵母 ATCC#4098											
加标水平	24h 培养			48h 培养			72h 培养			168h 培养（1 周）		
	商业无菌快速检测仪（RLU）	pH	平板法	商业无菌快速检测仪（RLU）	pH	平板法	商业无菌快速检测仪（RLU）	pH	平板法	商业无菌快速检测仪（RLU）	pH	平板法
5CFU/包	3752	6.4	TNTC	5699	6.3	TNTC	8892	6.1	TNTC	9353	5.9	TNTC
50CFU/包	7921	6.3	TNTC	9657	6.2	TNTC	11892	6.0	TNTC	13958	5.8	TNTC

续表

铜绿假单胞菌 ATCC #27853												
加标水平	24h 培养			48h 培养			72h 培养			168h 培养（1周）		
	商业无菌快速检测仪（RLU）	pH	平板法	商业无菌快速检测仪（RLU）	pH	平板法	商业无菌快速检测仪（RLU）	pH	平板法	商业无菌快速检测仪（RLU）	pH	平板法
5CFU/包	3070	6.7	TNTC	3990	6.7	TNTC	5271	6.7	TNTC	8845	6.7	TNTC
50CFU/包	4011	6.7	TNTC	6566	6.7	TNTC	7967	6.8	TNTC	2533	6.7	TNTC

表 6-16 乳饮料

蜡样芽孢杆菌 ATCC #11778												
加标水平	24h 培养			48h 培养			72h 培养			168h 培养（1周）		
	商业无菌快速检测仪（RLU）	pH	平板法	商业无菌快速检测仪（RLU）	pH	平板法	商业无菌快速检测仪（RLU）	pH	平板法	商业无菌快速检测仪（RLU）	pH	平板法
5CFU/包	9869	6.1	TNTC	15652	5.9	TNTC	21064	5.7	TNTC	19867	5.6	TNTC
50CFU/包	15351	6.1	TNTC	30542	5.9	TNTC	38760	5.7	TNTC	33982	5.5	TNTC
荧光假单胞菌 ATCC #13525												
加标水平	24h 培养			48h 培养			72h 培养			168h 培养（1周）		
	商业无菌快速检测仪（RLU）	pH	平板法	商业无菌快速检测仪（RLU）	pH	平板法	商业无菌快速检测仪（RLU）	pH	平板法	商业无菌快速检测仪（RLU）	pH	平板法
5CFU/包	10323	6.0	TNTC	21342	5.8	TNTC	40986	5.6	TNTC	31587	5.5	TNTC
50CFU/包	25763	5.9	TNTC	56942	5.7	TNTC	98761	5.5	TNTC	65634	5.4	TNTC
大肠埃希氏菌 ATCC#25922												
加标水平	24h 培养			48h 培养			72h 培养			168h 培养（1周）		
	商业无菌快速检测仪（RLU）	pH	平板法	商业无菌快速检测仪（RLU）	pH	平板法	商业无菌快速检测仪（RLU）	pH	平板法	商业无菌快速检测仪（RLU）	pH	平板法
5CFU/包	9841	5.5	TNTC	12365	5.2	TNTC	没有检测：大肠杆菌产生的大量气体使包装爆裂					
50CFU/包	12937	5.3	TNTC	15305	5.1	TNTC						

续表

枯草芽孢杆菌 ATCC #6051

加标水平	24h 培养			48h 培养			72h 培养			168h 培养（1 周）		
	商业无菌快速检测仪（RLU）	pH	平板法	商业无菌快速检测仪（RLU）	pH	平板法	商业无菌快速检测仪（RLU）	pH	平板法	商业无菌快速检测仪（RLU）	pH	平板法
5CFU/ 包	18985	6.1	TNTC	30482	5.9	TNTC	23175	5.7	TNTC	胀气，没有检测		
50CFU/ 包	35098	6.0	TNTC	45876	5.8	TNTC	26981	5.6	TNTC			

李斯特菌 ATCC #33090

加标水平	24h 培养			48h 培养			72h 培养			168h 培养（1 周）		
	商业无菌快速检测仪（RLU）	pH	平板法	商业无菌快速检测仪（RLU）	pH	平板法	商业无菌快速检测仪（RLU）	pH	平板法	商业无菌快速检测仪（RLU）	pH	平板法
5CFU/ 包	60768	6.1	TNTC	79865	6.0	TNTC	98142	5.8	TNTC	97869	5.6	TNTC
50CFU/ 包	80964	6.0	TNTC	90877	5.8	TNTC	96823	5.6	TNTC	98123	5.5	TNTC

鼠伤寒沙门氏菌 ATCC#14028

加标水平	24h 培养			48h 培养			72h 培养			168h 培养（1 周）		
	商业无菌快速检测仪（RLU）	pH	平板法	商业无菌快速检测仪（RLU）	pH	平板法	商业无菌快速检测仪（RLU）	pH	平板法	商业无菌快速检测仪（RLU）	pH	平板法
5CFU/ 包	59603	6.0	TNTC	76098	5.8	TNTC	90123	5.6	TNTC	胀气，没有检测		
50CFU/ 包	76091	5.9	TNTC	89564	5.7	TNTC	100546	5.5	TNTC			

金黄色葡萄球菌 ATCC#6538

加标水平	24h 培养			48h 培养			72h 培养			168h 培养（1 周）		
	商业无菌快速检测仪（RLU）	pH	平板法	商业无菌快速检测仪（RLU）	pH	平板法	商业无菌快速检测仪（RLU）	pH	平板法	商业无菌快速检测仪（RLU）	pH	平板法
5CFU/ 包	30126	6.1	TNTC	42786	5.9	TNTC	59603	5.7	TNTC	40345	5.6	TNTC
50CFU/ 包	56971	6.0	TNTC	76801	5.8	TNTC	89091	5.6	TNTC	79816	5.5	TNTC

续表

米曲霉 ATCC#1010												
加标水平	24h 培养			48h 培养			72h 培养			168h 培养（1 周）		
	商业无菌快速检测仪（RLU）	pH	平板法	商业无菌快速检测仪（RLU）	pH	平板法	商业无菌快速检测仪（RLU）	pH	平板法	商业无菌快速检测仪（RLU）	pH	平板法
5CFU/ 包	1098	6.2	TNTC	2651	6.1	TNTC	4395	5.9	TNTC	7906	5.9	TNTC
50CFU/ 包	3825	6.1	TNTC	6001	5.9	TNTC	10211	5.7	TNTC	胀气，没有检测		

酿酒酵母 ATCC#4098												
加标水平	24h 培养			48h 培养			72h 培养			168h 培养（1 周）		
	商业无菌快速检测仪（RLU）	pH	平板法	商业无菌快速检测仪（RLU）	pH	平板法	商业无菌快速检测仪（RLU）	pH	平板法	商业无菌快速检测仪（RLU）	pH	平板法
5CFU/ 包	2018	6.1	TNTC	3178	6.0	TNTC	5239	5.8	TNTC	8902	5.6	TNTC
50CFU/ 包	3109	6.1	TNTC	4251	6.0	TNTC	7683	5.8	TNTC	12571	5.6	TNTC

铜绿假单胞菌 ATCC #27853												
加标水平	24h 培养			48h 培养			72h 培养			168h 培养（1 周）		
	商业无菌快速检测仪（RLU）	pH	平板法	商业无菌快速检测仪（RLU）	pH	平板法	商业无菌快速检测仪（RLU）	pH	平板法	商业无菌快速检测仪（RLU）	pH	平板法
5CFU/ 包	2597	6.2	TNTC	9401	6.2	TNTC	15098	6.2	TNTC	22374	6.1	TNTC
50CFU/ 包	7676	6.2	TNTC	4411	6.2	TNTC	17865	6.2	TNTC	26399	6.1	TNTC

表 6-17　豆奶

蜡样芽孢杆菌 ATCC #11778												
加标水平	24h 培养			48h 培养			72h 培养			168h 培养（1 周）		
	商业无菌快速检测仪（RLU）	pH	平板法	商业无菌快速检测仪（RLU）	pH	平板法	商业无菌快速检测仪（RLU）	pH	平板法	商业无菌快速检测仪（RLU）	pH	平板法
5CFU/ 包	18976	6.5	TNTC	38796	6.3	TNTC	58091	6.1	TNTC	56437	5.9	TNTC
50CFU/ 包	36254	6.4	TNTC	87982	6.2	TNTC	113673	6.0	TNTC	98734	5.8	TNTC

荧光假单胞菌 ATCC #13525											
加标水平	24h 培养			48h 培养			72h 培养			168h 培养（1周）		
	商业无菌快速检测仪（RLU）	pH	平板法	商业无菌快速检测仪（RLU）	pH	平板法	商业无菌快速检测仪（RLU）	pH	平板法	商业无菌快速检测仪（RLU）	pH	平板法
5CFU/ 包	6705	6.6	TNTC	8901	6.5	TNTC	11785	6.3	TNTC	12356	6.1	TNTC
50CFU/ 包	8963	6.5	TNTC	11238	6.4	TNTC	15986	6.2	TNTC	19651	6.0	TNTC

大肠埃希氏菌 ATCC#25922											
加标水平	24h 培养			48h 培养			72h 培养			168h 培养（1周）		
	商业无菌快速检测仪（RLU）	pH	平板法	商业无菌快速检测仪（RLU）	pH	平板法	商业无菌快速检测仪（RLU）	pH	平板法	商业无菌快速检测仪（RLU）	pH	平板法
5CFU/ 包	28850	6.2	TNTC	24475	5.9	TNTC	没有检测：大肠杆菌产生的大量气体使包装爆裂					
50CFU/ 包	60210	5.0	TNTC	31115	4.9	TNTC						

枯草芽孢杆菌 ATCC #6051											
加标水平	24h 培养			48h 培养			72h 培养			168h 培养（1周）		
	商业无菌快速检测仪（RLU）	pH	平板法	商业无菌快速检测仪（RLU）	pH	平板法	商业无菌快速检测仪（RLU）	pH	平板法	商业无菌快速检测仪（RLU）	pH	平板法
5CFU/pk	25079	7.0	TNTC	16960	6.8	TNTC	78874	6.7	TNTC	胀气，没有检测		
50CFU/ 包	38505	7.0	TNTC	115391	6.5	TNTC	163999	6.0	TNTC			

李斯特菌 ATCC #33090											
加标水平	24h 培养			48h 培养			72h 培养			168h 培养（1周）		
	商业无菌快速检测仪（RLU）	pH	平板法	商业无菌快速检测仪（RLU）	pH	平板法	商业无菌快速检测仪（RLU）	pH	平板法	商业无菌快速检测仪（RLU）	pH	平板法
5CFU/ 包	90587	6.6	TNTC	98921	6.4	TNTC	11365	6.2	TNTC	13490	6.0	TNTC
50CFU/ 包	13256	6.5	TNTC	14886	6.3	TNTC	107593	6.1	TNTC	129806	5.9	TNTC

续表

鼠伤寒沙门氏菌 ATCC#14028											
加标水平	24h 培养			48h 培养			72h 培养			168h 培养（1周）		
	商业无菌快速检测仪（RLU）	pH	平板法	商业无菌快速检测仪（RLU）	pH	平板法	商业无菌快速检测仪（RLU）	pH	平板法	商业无菌快速检测仪（RLU）	pH	平板法
5CFU/包	76980	6.5	TNTC	96421	6.3	TNTC	104269	6.1	TNTC	胀气，没有检测		
50CFU/包	91206	6.4	TNTC	100185	6.2	TNTC	118901	6.0	TNTC			

金黄色葡萄球菌 ATCC#6538											
加标水平	24h 培养			48h 培养			72h 培养			168h 培养（1周）		
	商业无菌快速检测仪（RLU）	pH	平板法	商业无菌快速检测仪（RLU）	pH	平板法	商业无菌快速检测仪（RLU）	pH	平板法	商业无菌快速检测仪（RLU）	pH	平板法
5CFU/包	32540	6.6	TNTC	45103	6.4	TNTC	69872	6.2	TNTC	80951	6.0	TNTC
50CFU/包	65781	6.5	TNTC	74560	6.3	TNTC	85132	6.1	TNTC	93408	5.9	TNTC

米曲霉 ATCC#1010											
加标水平	24h 培养			48h 培养			72h 培养			168h 培养（1周）		
	商业无菌快速检测仪（RLU）	pH	平板法	商业无菌快速检测仪（RLU）	pH	平板法	商业无菌快速检测仪（RLU）	pH	平板法	商业无菌快速检测仪（RLU）	pH	平板法
5CFU/包	1098	6.5	TNTC	3562	6.3	TNTC	7683	6.1	TNTC	9578	5.9	TNTC
50CFU/包	3598	6.4	TNTC	6685	6.2	TNTC	11076	6.0	TNTC	13504	5.8	TNTC

酿酒酵母 ATCC#4098											
加标水平	24h 培养			48h 培养			72h 培养			168h 培养（1周）		
	商业无菌快速检测仪（RLU）	pH	平板法	商业无菌快速检测仪（RLU）	pH	平板法	商业无菌快速检测仪（RLU）	pH	平板法	商业无菌快速检测仪（RLU）	pH	平板法
5CFU/包	1376	6.5	TNTC	3088	6.3	TNTC	6542	6.1	TNTC	8891	5.9	TNTC
50CFU/包	5643	6.4	TNTC	7981	6.2	TNTC	10531	6.0	TNTC	12809	5.8	TNTC

续表

铜绿假单胞菌 ATCC #27853											
	24h 培养			48h 培养			72h 培养			168h 培养（1周）		
加标水平	商业无菌快速检测仪（RLU）	pH	平板法	商业无菌快速检测仪（RLU）	pH	平板法	商业无菌快速检测仪（RLU）	pH	平板法	商业无菌快速检测仪（RLU）	pH	平板法
5CFU/包	6705	6.8	TNTC	5362	6.7	TNTC	5906	6.7	TNTC	6439	6.6	TNTC
50CFU/包	6243	6.8	TNTC	4823	6.7	TNTC	12596	6.7	TNTC	19651	6.7	TNTC

表 6-18　炼乳

蜡样芽孢杆菌 ATCC #11778											
	24h 培养			48h 培养			72h 培养			168h 培养（1周）		
加标水平	商业无菌快速检测仪（RLU）	pH	平板法	商业无菌快速检测仪（RLU）	pH	平板法	商业无菌快速检测仪（RLU）	pH	平板法	商业无菌快速检测仪（RLU）	pH	平板法
5CFU/包	1081	6.1	TNTC	2159	5.9	TNTC	4102	5.7	TNTC	1063	5.6	TNTC
50CFU/包	2189	6.1	TNTC	3276	5.9	TNTC	5016	5.7	TNTC	3298	5.5	TNTC

荧光假单胞菌 ATCC #13525											
	24h 培养			48h 培养			72h 培养			168h 培养（1周）		
加标水平	商业无菌快速检测仪（RLU）	pH	平板法	商业无菌快速检测仪（RLU）	pH	平板法	商业无菌快速检测仪（RLU）	pH	平板法	商业无菌快速检测仪（RLU）	pH	平板法
5CFU/包	426	6.1	TNTC	896	5.9	TNTC	1505	5.7	TNTC	1356	5.6	TNTC
50CFU/包	687	6.1	TNTC	959	5.9	TNTC	1889	5.7	TNTC	2373	5.6	TNTC

大肠埃希氏菌 ATCC#25922											
	24h 培养			48h 培养			72h 培养			168h 培养（1周）		
加标水平	商业无菌快速检测仪（RLU）	pH	平板法	商业无菌快速检测仪（RLU）	pH	平板法	商业无菌快速检测仪（RLU）	pH	平板法	商业无菌快速检测仪（RLU）	pH	平板法
5CFU/包	2460	5.4	TNTC	3477	5.2	TNTC	没有检测：包装产生大量气体					
50CFU/包	2626	5.4	TNTC	1733	5.3	TNTC						

续表

枯草芽孢杆菌 ATCC #6051											
加标水平	24h 培养			48h 培养			72h 培养			168h 培养（1周）		
	商业无菌快速检测仪（RLU）	pH	平板法	商业无菌快速检测仪（RLU）	pH	平板法	商业无菌快速检测仪（RLU）	pH	平板法	商业无菌快速检测仪（RLU）	pH	平板法
5CFU/ 包	1875	6.1	TNTC	2612	6.1	TNTC	948	6.3	TNTC	胀气，没有检测		
50CFU/ 包	1973	6.0	TNTC	2279	6.0	TNTC	5162	5.8	TNTC			

李斯特菌 ATCC #33090											
加标水平	24h 培养			48h 培养			72h 培养			168h 培养（1周）		
	商业无菌快速检测仪（RLU）	pH	平板法	商业无菌快速检测仪（RLU）	pH	平板法	商业无菌快速检测仪（RLU）	pH	平板法	商业无菌快速检测仪（RLU）	pH	平板法
5CFU/ 包	2312	6.1	TNTC	2589	6.0	TNTC	3601	5.8	TNTC	2615	5.6	TNTC
50CFU/ 包	2418	6.1	TNTC	2608	6.0	TNTC	3812	5.8	TNTC	2803	5.6	TNTC

鼠伤寒沙门氏菌 ATCC#14028											
加标水平	24h 培养			48h 培养			72h 培养			168h 培养（1周）		
	商业无菌快速检测仪（RLU）	pH	平板法	商业无菌快速检测仪（RLU）	pH	平板法	商业无菌快速检测仪（RLU）	pH	平板法	商业无菌快速检测仪（RLU）	pH	平板法
5CFU/ 包	1495	6.0	TNTC	1576	5.9	TNTC	2619	5.8	TNTC	1685	5.7	TNTC
50CFU/ 包	1532	6.0	TNTC	1673	5.9	TNTC	2958	5.8	TNTC	1760	5.7	TNTC

金黄色葡萄球菌 ATCC#6538											
加标水平	24h 培养			48h 培养			72h 培养			168h 培养（1周）		
	商业无菌快速检测仪（RLU）	pH	平板法	商业无菌快速检测仪（RLU）	pH	平板法	商业无菌快速检测仪（RLU）	pH	平板法	商业无菌快速检测仪（RLU）	pH	平板法
5CFU/ 包	1903	6.1	TNTC	2104	6.0	TNTC	3786	5.8	TNTC	4096	5.7	TNTC
50CFU/ 包	2099	6.1	TNTC	2263	6.0	TNTC	3906	5.9	TNTC	5998	5.5	TNTC

米曲霉 ATCC#1010											
加标水平	24h 培养			48h 培养			72h 培养			168h 培养（1 周）		
	商业无菌快速检测仪（RLU）	pH	平板法	商业无菌快速检测仪（RLU）	pH	平板法	商业无菌快速检测仪（RLU）	pH	平板法	商业无菌快速检测仪（RLU）	pH	平板法
5CFU/ 包	359	6.1	TNTC	378	6.0	TNTC	565	5.8	TNTC	681	5.7	TNTC
50CFU/ 包	578	6.1	TNTC	697	5.9	TNTC	985	5.7	TNTC	1298	5.6	TNTC

酿酒酵母 ATCC#4098											
加标水平	24h 培养			48h 培养			72h 培养			168h 培养（1 周）		
	商业无菌快速检测仪（RLU）	pH	平板法	商业无菌快速检测仪（RLU）	pH	平板法	商业无菌快速检测仪（RLU）	pH	平板法	商业无菌快速检测仪（RLU）	pH	平板法
5CFU/ 包	318	6.1	TNTC	363	6.1	TNTC	539	6.1	TNTC	573	6.0	TNTC
50CFU/ 包	598	6.0	TNTC	396	6.1	TNTC	691	6.1	TNTC	725	6.0	TNTC

铜绿假单胞菌 ATCC #27853											
加标水平	24h 培养			48h 培养			72h 培养			168h 培养（1 周）		
	商业无菌快速检测仪（RLU）	pH	平板法	商业无菌快速检测仪（RLU）	pH	平板法	商业无菌快速检测仪（RLU）	pH	平板法	商业无菌快速检测仪（RLU）	pH	平板法
5CFU/ 包	826	6.2	TNTC	896	6.2	TNTC	1505	6.2	TNTC	694	6.2	TNTC
50CFU/ 包	687	6.2	TNTC	959	6.2	TNTC	943	6.2	TNTC	4373	6.2	TNTC

由表 6-12 可见，采用商业无菌快速检测仪方法、GB 4789.26 法和平板法检测未加标样品，两种方法的检测结果均为阴性。由表 6-13～表 6-18 可见，所有加标样品经过 48h 培养后，商业无菌快速检测仪检测结果均大于 300，为阳性；所有样品 GB 4789.26 法的检测结果也均为阳性（与冷藏对照样品相比，pH 相差 0.5 及以上）；平板法的结果也为阳性。由此可见，商业无菌快速检测仪方法的检测结果与 GB 4789.26 法和平板法一致。对于乳及乳制品、植物蛋白饮料等多种样品，铜绿假单胞菌加标后即使培养 7d，pH 仍无明显变化，因此商业无菌快速检测仪方法是检测铜绿假单胞菌最快速的方法。对于其他菌种加标，商业无菌快速检测仪方法均与 GB 4789.26 法和平板法检测结果保持一致。

②罐头类食品

选择婴幼儿猪肉泥、婴幼儿南瓜泥和午餐肉，将蜡样芽孢杆菌 ATCC#11778、枯草芽孢杆菌 ATCC#6051 和米曲霉 ATCC#1010 加入每种样品中，获得浓度为 5CFU/罐和 50CFU/罐的样品。

在 36℃下培养所有加标的包装以及每种产品的阴性对照（未加标），在培养 48h、72h、96h 和 168h 后，采用商业无菌快速检测仪、GB 4789.26 法和平板法检测每个样品。当产品出现可见质地变化或胀包后，将包装从培养箱中取出并丢弃。检测结果见表 6-19～表 6-22。

表 6-19　阴性产品（未加标）

产品	48h 培养		72h 培养		96h 培养		168h 培养（1 周）		GB 4789.26 法结果
	商业无菌快速检测仪（RLU）	pH	商业无菌快速检测仪（RLU）	pH	商业无菌快速检测仪（RLU）	pH	商业无菌快速检测仪（RLU）	pH	
婴幼儿猪肉泥	3	6.6	5	6.5	5	6.6	4	6.6	阴性
婴幼儿南瓜泥	4	6.6	2	6.6	3	6.6	4	6.6	阴性
午餐肉	6	6.6	12	6.6	12	6.6	4	6.6	阴性

表 6-20　婴幼儿猪肉泥

蜡样芽孢杆菌 ATCC #11778												
	24h 培养			48h 培养			72h 培养			168h 培养（1 周）		
加标水平	商业无菌快速检测仪（RLU）	pH	平板法	商业无菌快速检测仪（RLU）	pH	平板法	商业无菌快速检测仪（RLU）	pH	平板法	商业无菌快速检测仪（RLU）	pH	平板法
5 CFU/罐	9335	6.5	TNTC	11657	6.3	TNTC	18476	6.1	TNTC	17098	6.0	TNTC
50 CFU/罐	15534	6.4	TNTC	23758	6.2	TNTC	32379	6.0	TNTC	29877	5.9	TNTC
枯草芽孢杆菌 ATCC #6051												
	48h 培养			72h 培养			96h 培养			168h 培养（1 周）		
加标水平	商业无菌快速检测仪（RLU）	pH	平板法	商业无菌快速检测仪（RLU）	pH	平板法	商业无菌快速检测仪（RLU）	pH	平板法	商业无菌快速检测仪（RLU）	pH	平板法
5 CFU/罐	15632	6.5	TNTC	26879	6.3	TNTC	35629	6.1	TNTC	胀气，没有检测		
50 CFU/罐	28058	6.3	TNTC	44489	6.1	TNTC	66432	5.8	TNTC			

米曲霉 ATCC#1010															
加标水平	48h 培养			72h 培养			96h 培养			168h 培养（1周）		
	商业无菌快速检测仪（RLU）	pH	平板法	商业无菌快速检测仪（RLU）	pH	平板法	商业无菌快速检测仪（RLU）	pH	平板法	商业无菌快速检测仪（RLU）	pH	平板法
5 CFU/罐	3371	6.5	TNTC	3963	6.4	TNTC	6961	6.0	TNTC	10308	5.6	TNTC
50 CFU/罐	5980	6.4	TNTC	8399	6.2	TNTC	13487	5.8	TNTC	19761	5.5	TNTC

表 6-21 婴幼儿南瓜泥

蜡样芽孢杆菌 ATCC #11778															
加标水平	24h 培养			48h 培养			72h 培养			168h 培养（1周）		
	商业无菌快速检测仪（RLU）	pH	平板法	商业无菌快速检测仪（RLU）	pH	平板法	商业无菌快速检测仪（RLU）	pH	平板法	商业无菌快速检测仪（RLU）	pH	平板法
5 CFU/罐	10318	6.5	TNTC	14786	6.4	TNTC	18633	6.2	TNTC	21009	6.1	TNTC
50 CFU/罐	17542	6.4	TNTC	25764	6.3	TNTC	33831	6.1	TNTC	39703	5.0	TNTC

枯草芽孢杆菌 ATCC #6051															
加标水平	48h 培养			72h 培养			96h 培养			168h 培养（1周）		
	商业无菌快速检测仪（RLU）	pH	平板法	商业无菌快速检测仪（RLU）	pH	平板法	商业无菌快速检测仪（RLU）	pH	平板法	商业无菌快速检测仪（RLU）	pH	平板法
5 CFU/罐	17604	6.5	TNTC	31885	6.3	TNTC	39832	6.1	TNTC	胀气，没有检测		
50 CFU/罐	30098	6.3	TNTC	42378	6.2	TNTC	64529	5.9	TNTC			

米曲霉 ATCC#1010															
加标水平	48h 培养			72h 培养			96h 培养			168h 培养（1周）		
	商业无菌快速检测仪（RLU）	pH	平板法	商业无菌快速检测仪（RLU）	pH	平板法	商业无菌快速检测仪（RLU）	pH	平板法	商业无菌快速检测仪（RLU）	pH	平板法
5 CFU/罐	3564	6.5	TNTC	4231	6.4	TNTC	5835	6.2	TNTC	9318	6.0	TNTC
50 CFU/罐	5765	6.4	TNTC	7387	6.2	TNTC	12833	6.0	TNTC	16899	5.8	TNTC

表 6-22　午餐肉

蜡样芽孢杆菌 ATCC #11778											
加标水平	24h 培养			48h 培养			72h 培养			168h 培养（1 周）		
	商业无菌快速检测仪（RLU）	pH	平板法	商业无菌快速检测仪（RLU）	pH	平板法	商业无菌快速检测仪（RLU）	pH	平板法	商业无菌快速检测仪（RLU）	pH	平板法
5 CFU/ 罐	2345	6.5	TNTC	3786	6.4	TNTC	4633	6.4	TNTC	8009	6.3	TNTC
50 CFU/ 罐	4543	6.5	TNTC	5769	6.4	TNTC	8819	6.3	TNTC	9825	6.2	TNTC

枯草芽孢杆菌 ATCC #6051											
加标水平	48h 培养			72h 培养			96h 培养			168h 培养（1 周）		
	商业无菌快速检测仪（RLU）	pH	平板法	商业无菌快速检测仪（RLU）	pH	平板法	商业无菌快速检测仪（RLU）	pH	平板法	商业无菌快速检测仪（RLU）	pH	平板法
5 CFU/ 罐	6214	6.5	TNTC	8969	6.3	TNTC	11709	6.2	TNTC	胀气，没有检测		
50 CFU/ 罐	9017	6.3	TNTC	12167	6.2	TNTC	14807	6.1	TNTC			

米曲霉 ATCC#1010											
加标水平	48h 培养			72h 培养			96h 培养			168h 培养（1 周）		
	商业无菌快速检测仪（RLU）	pH	平板法	商业无菌快速检测仪（RLU）	pH	平板法	商业无菌快速检测仪（RLU）	pH	平板法	商业无菌快速检测仪（RLU）	pH	平板法
5 CFU/ 罐	351	6.5	TNTC	483	6.4	TNTC	562	6.3	TNTC	615	6.2	TNTC
50 CFU/ 罐	579	6.4	TNTC	728	6.3	TNTC	819	6.2	TNTC	1018	6.1	TNTC

由表 6-19 可见，采用商业无菌快速检测仪方法和 GB 4789.26 中方法检测婴幼儿猪肉泥、婴幼儿南瓜泥和午餐肉的未加标样品，两种方法的检测结果均为阴性。由表 6-20～表 6-22 可见，所有加标样品经过 48h 培养后，商业无菌快速检测仪检测结果均大于 300，为阳性；所有样品 GB 4789.26 中方法的检测结果也均为阳性（与冷藏对照样品相比，pH 相差 0.5 及以上）；平板法的结果也为阳性。由此可见，商业无菌快速检测仪方法均与 GB 4789.26 中方法和平板法检测结果保持一致。

（2）实际样品检测

选择市售 UHT 纯牛奶、谷物早餐奶、乳饮料、豆奶、婴幼儿肉泥、婴幼儿南瓜泥和午餐肉，每种类型取 3 个样品，采用商业无菌快速检测仪方法进行检测和判定，检测结果取平均值，同时按照 GB 4789.26 中方法进行确认。结果见表 6-23。

表 6-23　实际样品检测结果

产品名称	商业无菌快速检测仪法结果			pH			微生物接种结果		最终判定
	阈值	结果	判定	标准	差值	判定	结果 CFU/mL	判定	
UHT 纯牛奶	≤150 RLU	9	阴性	≤0.5	0.05	合格	<1	合格	符合商业无菌要求
谷物早餐奶	≤150 RLU	15	阴性	≤0.5	0.05	合格	<1	合格	符合商业无菌要求
乳饮料	≤150 RLU	20	阴性	≤0.5	0.05	合格	<1	合格	符合商业无菌要求
豆奶	≤150 RLU	8	阴性	≤0.5	0.1	合格	<1	合格	符合商业无菌要求
婴幼儿肉泥	≤150 RLU	13	阴性	≤0.5	0.15	合格	<1	合格	符合商业无菌要求
婴幼儿南瓜泥	≤150 RLU	9	阴性	≤0.5	0.05	合格	<1	合格	符合商业无菌要求
午餐肉	≤150 RLU	5	阴性	≤0.5	0.05	合格	<1	合格	符合商业无菌要求

由表 6-23 可见，采用商业无菌快速检测仪方法、GB 4789.26 中方法及平板法检测所有样品，检测结果均为阴性，表明三种方法的检测结果一致。

ATP 生物荧光法的检测结果与 GB 4789.26 保持一致。该法灵敏度高，可达 1CFU/包（罐），且操作简单、检测速度快，48h 即可完成检测，大大缩短了检测时间，非常适用于乳及乳制品、饮料和罐头类食品进行商业无菌检测。

第六节　微生物呼吸信号法快速检测技术在商业无菌检验中的应用

一、背景

基于微生物代谢产物的动态培养检测方法最初用于临床检验血液样品的细菌监

测，近年来也被用于食品生产、生物制药和血液制品等工业领域，受到广泛认可。例如《中华人民共和国药典（2020年版）三部》中的"细胞类制品微生物检查指导原则"已将呼吸信号法的技术引入短效期药品的放行检验中；同时该方法也在行业标准 SN/T 2100—2008《罐头食品商业无菌快速检测方法》中被运用。呼吸信号法快速检测系统应用于商业无菌工艺生产的布丁、奶酪、牛奶、果汁等罐装饮料和食品样品的检测，可对有氧菌和厌氧菌同时进行监控，整体检测过程可在3d内完成，减少了保温样品所需的大量恒温设施，并具有自动化、现代化、多功能性和连续"实时"样本监测特点。

二、微生物呼吸信号法检测原理

如果测试食品中存在微生物，当微生物在培养基中代谢基质时，就会产生 CO_2，CO_2 使标本底部的传感器颜色由蓝绿色变成黄色。发光二极管（LED）将光线投射到传感器上，由一个光电探测器测量反射光。微生物产生的 CO_2 越多，则被反射的光就越多。将产生 CO_2 的量值与标本瓶中初始的 CO_2 水平相比较，出现以下任何一种情况时样品均被确定为阳性：CO_2 产生的速率持续增加、初始 CO_2 含量高超过阈值和 / 或 CO_2 生产速率异常高，如图 6-5 所示。

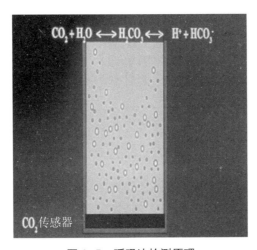

图 6-5　呼吸法检测原理

三、方法应用及验证

1.适用样品类型

各类果汁、蔬菜汁、乳制品、冰激凌、植物基饮料、低酒精饮品、番茄制品、奶酪、酱、布丁等罐藏食品商业无菌的检验。

2.检测限

1 CFU/ 样品。

3. 试剂或材料

除非另有规定，仅适用分析纯试剂。

（1）一次性无菌注射器：10mL。

（2）APT 培养基：仅用于番茄酱前处理。

（3）马铃薯葡萄糖肉汤。

（4）10% 酒石酸或 1N HCl（用于番茄酱和某些饮料的前处理）。

（5）一次性手套。

（6）iAST 有氧培养瓶（法国生物梅里埃或其他等效产品）。

（7）iNST 厌氧培养瓶（法国生物梅里埃或其他等效产品）。

（8）iLYM 高酸性培养瓶。适用于 pH<4.6 样品（法国生物梅里埃或其他等效产品）。

4. 仪器设备

（1）微生物检测系统：如法国生物梅里埃公司的商业无菌检测仪，型号 BacT/ALERT 3D。（详见图 6-6）。

（2）冰箱：2～5℃。

（3）pH 计。

图 6-6　呼吸法检测仪器示例

5. 样品制备

（1）固体或半固体样品（以番茄酱样品为例）

①将样品在 30℃保温 24～48h。

②根据制造企业的说明提前制备 APT 汤，高压灭菌前用 1N HCl 或 10% 酒石酸将

肉汤 pH 调节至 4.5。

③在无菌操作条件下，将待测样品加入酸化 APT 溶液中制备成样品稀释液。（通常将 10g 食物与 20mL APT 溶液混合）

④使用一次性无菌注射器吸取 20mL 稀释液，将样品稀释液接种到 iLYM 高酸性培养瓶，使用商业无菌检测仪检测。

（2）液体样品

①在 36℃原包孵育样品 24～48h。

②牛奶、果汁饮料等可以接种 10mL 或 20mL 到培养瓶中，无须进一步处理，使用商业无菌检测仪检测。

③黏稠或浓缩液体接种前需要用无菌纯水进行稀释。

6.微生物检测系统分析

（1）孵育温度设置

按照仪器操作说明确保仪器处于正常工作状态，并按检测类型设定好孵育温度和最大检测时间。高酸性样品设定孵育温度为（30±1）℃，最大检测时间为 3d。低酸性食品设定孵育温度为（36±1）℃，最大检测时间为 3d。

（2）加载培养瓶

进入微生物检测系统装载培养瓶界面，打开孵育抽屉，用条码扫描仪读取每个培养瓶的信息。然后把培养瓶分别插入有照明灯的单元，先插入传感器。单元指示器缓慢闪烁，确认培养瓶已经加载。加载完毕所有培养瓶，轻轻关闭抽屉。

（3）培养瓶检测结果

①微生物检测系统对培养瓶进行孵育并自动检测，当仪器检测到阳性瓶后，电脑会报警提醒操作者。可进入仪器的浏览和打印界面，记录阳性瓶的读数和标记，然后按仪器操作说明卸载阳性的培养瓶。

②当孵育时间达到设定的最大检测时间，培养瓶中无微生物生长，仪器会给出阴性的结果。记录阴性瓶的读数和标记，然后按仪器操作说明卸载阴性的培养瓶。

（4）阳性瓶的验证

①及时卸载阳性培养瓶，并进行涂片镜检和转种培养。

②涂片阴性的，应在 1h 内（10min 以上）通过"上瓶"流程重新装载回仪器。仪器将其作为目前阴性模式继续培养。如果再次出现阳性信号，将再次报警；如果没有再出现阳性信号，则孵育至默认孵育天数，然后报告阴性。

③涂片阳性的，培养瓶无须重新加载到仪器上。

7.结果判定（数据仅作参考，具体判定标准需要结合具体产品来确定）

（1）仪器分析结果为阴性，感官检查、pH 测定正常，则报告为商业无菌。

（2）仪器分析结果为阳性，经过验证试验无微生物增殖现象，则报告为商业无菌。

（3）仪器分析结果为阳性，经过验证试验有微生物增殖现象，则报告为非商业无菌。

8. 应用案例

（1）部分经过验证的食品种类

果汁和其他饮料：橙汁（无菌和巴氏杀菌）、浓缩橙汁、柑橘汁、草莓汁、香蕉果昔、蔓越莓汁、芒果汁、苹果、覆盆子、蔓越莓葡萄果汁饮料、热带潘趣酒、浆果潘趣酒、葡萄潘趣酒、西瓜潘趣酒、覆盆子猕猴桃水果潘趣酒、苹果桃子汁、苹果葡萄汁、桃子汁、番茄、樱桃、柚子、宝石红西柚、菠萝汁、柠檬水、柠檬水冰茶、甜冰茶、无糖冰茶、酸橙饮料、樱桃酸橙饮料、蔬菜汁、胡萝卜混合汁、摩卡咖啡饮料、深烘焙咖啡、法式香草咖啡饮料、橙色水果冰沙、草莓水果冰沙、爱尔兰奶油奶精、肉桂榛子奶精、苦杏酒咖啡奶精、巧克力味饮料、香草调味饮料、草莓味饮料、法式香草咖啡奶精等。

蔬菜泥和水果泥食品：南瓜胡萝卜、红薯、豆类、香蕉、香蕉苹果、香蕉葡萄、橙子、桃、梨、苹果蓝莓、杏、苹果酱、李子、梨、菠萝泥等。

大豆、奶油、乳制品和米面食品：巧克力布丁、香蕉布丁、香草布丁、八宝粥、木薯布丁、低脂布丁、超高温灭菌乳、饼干奶油味饮料、原味大豆饮料、意大利沙拉酱、绿茶、起司酱、汤包类、婴幼儿配方奶粉、腌料、蛋黄酱等。

运动和营养饮料：柠檬酸橙、果汁运动饮料、橙子混合果昔、葡萄柚混合物果昔、柠檬/酸橙果昔等。

果汁浓缩液：柠檬酸橙浓缩液。

番茄制品：番茄沙司、番茄丁产品、意粉酱、番茄酱等。

其他类型的食品基质可以进行验证后，根据方法适用性来合理使用该方法。

（2）验证数据及结论

将目标微生物接种于液体培养基中培养后，连续稀释培养物以获得低水平的接种菌量。测试一式三份，将菌液接种至含有 10mL 或 20mL 待测食品（包括但不限于番茄酱、乳制品、果汁、婴幼儿配方食品、风味果泥等）的 BacT/ALERT 瓶中，将 BacT/ALERT 瓶装入 BacT/ALERT 3D 仪器并监测阳性情况，同时对最低稀释度进行平板计数，以确定每瓶的 CFU 水平，表 6-24～表 6-34 中列出的检测时间是三次重复的平均值。

表 6-24　灭菌乳产品中添加腐败微生物的生长试验

产品种类	阳性菌株接种浓度 */（CFU/ 瓶）	BacT/ALERT 3D 报阳时间
巧克力奶	170	40.3h
	1.7	2.1d
脱脂奶	360	25.5h
	3.6	33.3h
* 自然污染腐败微生物		

表 6-25 婴儿配方奶粉中人为污染添加腐败微生物的生长试验

菌株	阳性菌株接种浓度 /（CFU/ 瓶）	BacT/ALERT 3D 报阳时间 /h
大肠杆菌 ATCC#25922	7.5	12.7
	75	11.7
	750	10.7
白色念珠菌 ATCC#14053	4.2	26.0
	42	23.7
	420	20.3
产气荚膜梭菌 ATCC#14124	1.5	16.7
	15	17.3
	150	15.3
金黄色葡萄球菌 ATCC#25923	6.3	17.5
	63	15.8
	630	14.7
铜绿假单胞菌 ATCC#27853	1.6	18.7
	16	17.0
	160	15.5

表 6-26 植物基婴儿配方奶粉中人为污染添加腐败微生物的生长试验

菌株	阳性菌株接种浓度 /（CFU/ 瓶）	BacT/ALERT 3D 报阳时间 /h
大肠杆菌 ATCC#25922	7.5	12.8
	75	12.0
	750	10.8
白色念珠菌 ATCC#14053	4.2	21.3
	42	18.5
	420	15.8
产气荚膜梭菌 ATCC#14124	1.5	21.5
	15	19.2
	150	18.5
金黄色葡萄球菌 ATCC#25923	6.3	18.0
	63	15.8
	630	14.0
铜绿假单胞菌 ATCC#27853	1.6	18.0
	16	16.5
	160	15.0

表 6-27　UHT 灭菌乳中人为污染添加芽孢菌属微生物的生长试验

菌株	阳性菌株接种浓度 */（CFU/ 瓶）	BacT/ALERT 3D 报阳时间 /h
环状芽孢杆菌	6.9	15.5
	0.69	16.2
多粘芽孢杆菌	26	18.3
	2.6	20.1
地衣芽孢杆菌	50	15.2
	5.0	15.9

* 自然污染腐败微生物

表 6-28　布丁产品中人为污染添加腐败微生物的生长试验

风味	阳性菌株接种浓度 */（CFU/ 瓶）	BacT/ALERT 3D 报阳时间 /h
大米布丁	85	11.3
	8.5	17.2
奶油糖果布丁	85	13.2
	8.5	14.5
巧克力布丁	85	14.8
	8.5	16.8

* 自然污染腐败微生物

表 6-29　风味糖浆产品中人为污染添加大肠杆菌的生长试验

口味	大肠杆菌接种浓度 /（CFU/ 瓶）	BacT/ALERT 3D 报阳时间 /h
草莓	13	13.8
香草	13	14.0
凤梨	13	17.5
咖啡	13	16.7
巧克力	13	13.8
咖啡奶油	13	14.8

表 6-30　风味糖浆产品中人为污染添加铜绿假单胞菌的生长试验

口味	铜绿假单胞菌接种浓度 /（CFU/ 瓶）	BacT/ALERT 3D 报阳时间 /h
草莓	13	17.8
香草	13	17.3
凤梨	13	20.7
咖啡	13	23.0
巧克力	13	18.3
咖啡奶油	13	19.2

表 6-31　番茄酱产品中添加腐败微生物的生长试验

菌株	阳性菌株接种浓度 /（CFU/ 瓶）	BacT/ALERT 3D 报阳时间 /h
酿酒酵母菌	30	37.6
肠膜明串珠菌	20	40.4
戊糖假单胞菌	640	22.5
凝结芽孢杆菌	1.6	33.6
	16	23.6
	160	20.1
光滑球拟酵母	9	23.9
	90	20.6
拜氏接合酵母	20	55.2
植物乳杆菌	85	32.7

表 6-32　果汁饮料中人为污染添加腐败微生物的生长试验

菌株	阳性菌株接种浓度 /（CFU/ 瓶）	BacT/ALERT 3D 报阳时间 /h
酿酒酵母菌	1.5	42.4
	15	34.8
	150	28.8
戊糖假单胞菌	1.7	37.8
	17	31.3
	170	27.5
植物乳杆菌	3.5	32.4
	35	29.1
	350	25.0
凝结芽孢杆菌	1.1	28.0
	11	24.8
	110	22.4

表 6-33　无菌罐装橙汁中人为污染添加腐败微生物的生长试验

菌株	阳性菌株接种浓度 /（CFU/ 瓶）	BacT/ALERT 3D 报阳时间 /h
植物乳杆菌	100	26.8
	10	32.7
酿酒酵母菌	100	15.2
	10	15.9

表 6-34 酸化香蕉泥中人为污染添加腐败微生物的生长试验

菌株	阳性菌株接种浓度 /（CFU/ 瓶 ）	BacT/ALERT 3D 报阳时间 /h
凝结芽孢杆菌	11	19.7
	1.1	21.8
植物乳杆菌	68	22.6
	6.8	26.5
拜氏接合酵母	18	33.6
	1.8	33.9

BacT/ALERT 3D 系统检测结合平板计数的验证试验，结果表明 BacT/ALERT 3D 能够快速准确地检测各种食品类型中是否存在能增殖的微生物，其在罐头食品和其他食品的商业无菌快速筛选中能够发挥积极的作用。

第七节　流式细胞法快速检测技术在商业无菌检验中的应用

一、背景

流式细胞法融合了流体动力学、激光技术、电子工程、计算机技术和细胞染色技术等多学科知识，成为一个专门的领域。它不仅应用于细胞生物学、植物学、分子生物学、微生物学等理论科学的研究，以及血液学、免疫学、病理学、肿瘤学、遗传学等临床医学的疾病诊断和治疗，还可以应用于食品、药品和化妆品以及农林畜牧养殖业、环境的微生物检测。

通过对微生物进行细胞荧光标记，流式细胞仪可以快速、准确地对食品中的微生物进行快速计数，相比于传统的商业无菌检测方法，流式细胞计数可以大幅缩短 QC 分析时间，减少最终产品的检测时长，从而缩短生产周期以及物流、仓储周转成本。

二、流式细胞法检测原理

流式细胞法是采用流式细胞仪测量液相中悬浮细胞或微粒的一种现代分析技术。其检测原理是首先对细胞进行染色，样品经试剂处理时，试剂只对样品中存在的活菌进行荧光标记。这些试剂基于一种非荧光底物，这种底物在酶的作用下可与活细胞结合，生成荧光标记细胞，并进行富集，如图 6-7 所示。标记后的微生物细胞被注射进仪器内的一条石英流氏细胞柱，形成一条狭窄的分析流，确保微生物单个接连通过激光激发柱，激活激发荧光标记，细胞发出荧光，每个细胞形成的荧光信号由灵敏的检测器收集并由数字处理器分析，示例见图 6-8。

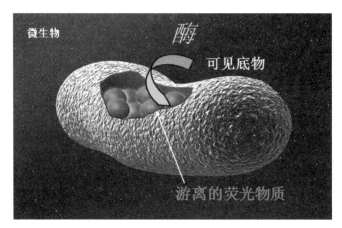

图 6-7　荧光标记微生物

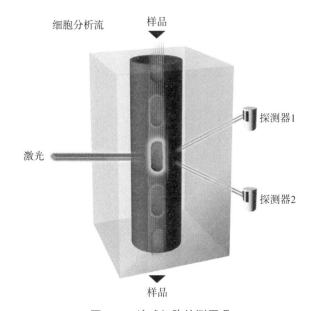

图 6-8　流式细胞检测原理

食品样品经过一段时间的保温培养，在一定浓度范围内，流式细胞仪方法可替代平板计数方法，成为灵敏、准确、快速、操作简便、高通量的食品商业无菌快速检测新技术。

三、方法应用及验证

1. 适用样品类型

乳制品和饮料的商业无菌检验。

2. 检测限

1 CFU/ 样品。

3. 试剂或材料

除非另有规定，仅适用分析纯试剂。

（1）20mL 试管。

（2）滤芯 D17。

（3）鞘液 S。

（4）标记缓冲液 B24。

（5）提取液。

（6）隔离液。

（7）消泡剂。

（8）清洗液。

（9）一次性移液管或注射器。

4. 仪器设备

（1）全自动微生物流式检测系统。

（2）冰箱：2～5℃。

（3）涡旋振荡仪。

（4）离心机。

（5）水浴锅（仅用于植物基饮料和高蛋白含量 UHT 甜点）。

5. 样品制备

（1）蛋白质含量较高的超高温灭菌乳制品、植物基饮料、甜品

①将样品在 30℃保温 24～48h。

②称取 0.5g 样品至 20mL 试管，并添加 4.5mL 提取液重复混匀。

③将试管置于水浴锅（37±2）℃，孵育 10min。

④将样品转移至带有过滤器的 20mL 试管中，在 2000g 转速下离心 8min。

⑤离心后将上层清液弃去，待上机检测。

（2）液体样品（例如灭菌乳或豆奶）

①在 30℃原包孵育样品 24～48h。

②孵育后充分混匀包装，转移灭菌乳 500μL 或豆奶 300μL 至 20mL 试管。

③在试管中加入 75μL 提取液后等待上机检测。

6. 全自动微生物流式检测系统分析

（1）创建样品信息：

①点击主菜单的 "Analyse"（分析样品）选项进入 "Create New Batch"（创建新批次）的窗口。

②输入批次名称（Batch ID），选择所需的应用程序（Application）及待分析的样品数量（Number of Sample）。

③点击"Next"按钮后显示"Create Batch"窗口。在这一步可记录每个批处理待检样品的信息（如：样品名称、批号等）。

④将待检样品置于样品准备站的孵育架上，阴性质控管设为0.5mL chemsol B24，阳性质控统一为0.4mL Chemsol B24和0.1mL生乳。

⑤根据试验所需的应用程序准备好每个试剂，并将所有试剂瓶的盖子拧开置于样品准备站相应的试剂架上待用。

（2）样品检测前，进行样品准备站的清洗流程。

（3）确认待检样品及全部试剂（清洗液、标记液、解遮蔽液）放置在准确位置。

（4）点击"OK"开始检测样品。

7. 结果判定（数据仅作参考，具体判定标准需要结合具体产品来确定）

（1）当运行分析时，结果会自动显示在Manage data（管理数据）面板中。

（2）对于采用内部对照的应用，如果内部对照有效，则状态符号中会显示字母V。

（3）红色圆圈标识说明样品被污染。样品的"计数/mL"高于上限，则报告为非商业无菌。

（4）绿色方块标识说明样品为阴性，样品的"计数/mL"低于上限，则报告为商业无菌。

8. 应用案例

（1）部分已验证的食品基质

主要包括乳制品或植物基饮料，如超巴氏灭菌全脂牛奶、脱脂奶、半脱脂奶、无乳糖全脂牛奶、无乳糖低脂牛奶、奶基婴儿配方奶粉、巧克力牛奶、草莓味牛奶、奶昔、杏仁奶、香草杏仁奶、巧克力杏仁奶、黑巧克力杏仁奶、榛子奶、椰杏仁奶、豆浆、果味豆奶、果汁和豆浆混合物、米浆、燕麦奶、澳洲坚果奶、椰奶、咖啡奶精（原味、法国香草、榛子、意大利甜奶油）、超高温灭菌奶油（35%和30%脂肪）、超巴氏灭菌淡奶油（15%脂肪）、厚奶油等。其他类型的食品基质可以进行验证后，根据方法适用性来合理使用该方法。

（2）验证数据

1）灭菌乳

以四种灭菌乳为基质，分别人工污染不同浓度地衣芽孢杆菌和蜡样芽孢杆菌，经（36±1）℃保温（24±2）h后，流式细胞仪法检测结果见表6-35，并同时使用GB 4789.26中方法平行检测。

表 6-35　流式细胞仪测试灭菌乳保温检出率结果

菌株名称	加菌量 CFU	流式细胞仪测试结果 /（Counts/mL）			
		样品编号	灭菌乳 1	灭菌乳 2	灭菌乳 3	灭菌乳 4
地衣芽孢杆菌	8	1	2466474	2716945	3081755	2536878
		2	2437872	2768486	3054801	2350149
		3	1920589	2256176	3074940	2672321
		4	2176986	2332193	3142819	2559255
		5	2281581	2931796	3204891	2420329
		6	2187396	2983926	3495424	2453116
		7	1941646	2726165	3035661	2654229
		8	1892308	2507245	3015604	2625007
		9	2454637	2591001	3064282	2551656
		10	2406927	2562293	3089903	2513288
		11	2023532	2606274	3109540	2665544
		12	2036554	2514335	3080800	2832268
		13	1867827	2515219	3615906	2581171
	80	1	2275957	2436516	3215988	2765617
		2	2461319	2506080	3330790	2807945
		3	1058723	2453562	3262769	2794767
		4	2756470	2585934	838563	2628059
		5	2689910	2529285	896818	2677671
蜡样芽孢杆菌	8	1	1976696	2575611	2251956	1060666
		2	2095295	2739011	2284655	1152423
		3	1863722	1649391	2250588	1077841
		4	1926010	1736668	2308792	1119307
		5	1897181	1632541	2217578	963179
		6	1946023	1692184	2201741	1081533
		7	1892272	1819246	2833010	835392
		8	1973474	1887917	2969678	915998
		9	1920685	1497051	2220023	1325640
		10	1950768	1579815	2215425	1423528
		11	1816769	1751453	2284654	1127361
		12	1899304	1807304	2345081	1132570
		13	1916943	1801172	2420468	1161745

续表

菌株名称	加菌量 CFU	流式细胞仪测试结果/（Counts/mL）				
		样品编号	灭菌乳1	灭菌乳2	灭菌乳3	灭菌乳4
蜡样芽孢杆菌	80	1	2045273	2027500	1515778	1097450
		2	1823415	1914649	1202640	1894667
		3	1964698	1981338	1435418	1931163
		4	989578	2067172	1790228	2198080
		5	1980015	1451550	1093713	2265480

　　人工污染 8 CFU/ 样品地衣芽孢杆菌的 104 份灭菌乳样品中，52 份经流式细胞仪法检测，结果均为阳性，检出率为 100%；52 份样品经 GB 4789.26 法检测，均未胀袋，但镜检结果均为阳性。添加 80 CFU/ 样品地衣芽孢杆菌的 40 份灭菌乳样品中，20 份经流式细胞仪法检测，结果均为阳性，检出率为 100%；20 份样品经 GB 4789.26 法检测，均未胀袋，但镜检结果均为阳性。两个浓度染菌样品经平板计数，均显示有大量菌落生长。

　　人工污染 8 CFU/ 样品蜡样芽孢杆菌的 104 份灭菌乳样品中，52 份经流式细胞仪法检测，结果均为阳性，检出率为 100%；52 份样品经 GB 4789.26 法检测，均未胀袋，但镜检结果均为阳性。添加 80 CFU/ 样品蜡样芽孢杆菌的 40 份灭菌乳样品中，20 份经流式细胞仪法检测，结果均为阳性，检出率为 100%；20 份样品经 GB 4789.26 法检测，均未胀袋，但镜检结果均为阳性。两个浓度染菌样品经平板计数，均显示有大量菌落生长。

　　2）调制乳

　　以四种调制乳为基质，分别人工污染不同浓度地衣芽孢杆菌和蜡样芽孢杆菌，经（36±1）℃保温（24±2）h 后，用流式细胞仪法检测结果见表 6-36。

表 6-36　流式细胞仪测试调制乳保温检出率结果

菌株名称	加菌量 CFU	流式细胞仪测试结果/（Counts/mL）				
		样品编号	调制乳1（麦香味）	调制乳2（核桃味）	调制乳3（枣味）	调制乳4（核桃味）
地衣芽孢杆菌	8	1	100692	51842	2228	1200
		2	114894	33200	2169	1229
		3	115018	30105	2109	1339
		4	205664	49106	21864	7707
		5	233430	46536	23581	8549
		6	247348	36605	29863	9071
		7	331578	46998	15501	2618

菌株名称	加菌量 CFU	样品编号	流式细胞仪测试结果/（Counts/mL）			
			调制乳1（麦香味）	调制乳2（核桃味）	调制乳3（枣味）	调制乳4（核桃味）
地衣芽孢杆菌	8	8	327304	216199	12059	2539
		9	361422	228642	14469	2899
		10	110976	245823	5876	12115
		11	92905	286313	6884	13693
		12	104455	234890	5606	12588
		13	143773	283433	6213	14159
	80	1	1970728	2006663	5704	6308
		2	1983516	1999012	6375	6342
		3	2226472	2043759	10644	6237
		4	2342137	2005136	10018	6107
		5	2401291	2328563	11670	6897
蜡样芽孢杆菌	8	1	1378844	2840686	113961	1312649
		2	1436061	2947997	126148	3647327
		3	1468677	2976271	128230	3631381
		4	2509145	3240834	2364128	3718104
		5	2581533	3392671	2484702	3751475
		6	2572898	3401856	2486314	1203583
		7	2569056	5265	2403762	2947867
		8	2731259	8073	2390156	2966129
		9	2724785	7223	2401265	3041109
		10	1842306	2000290	2305139	3097026
		11	1879365	2061980	2402676	2269645
		12	1907222	2128579	2432248	2293172
		13	1912633	2125646	2457444	2765474
	80	1	2903456	2216812	353336	2734004
		2	2878775	2283296	352790	4129323
		3	2236635	2265431	385437	4172839
		4	2331542	2213462	2675921	3971956
		5	2158033	2262137	2848445	4182159

人工污染 8 CFU/ 样品地衣芽孢杆菌的 104 份调制乳样品中，52 份经流式细胞仪法检测，结果均为阳性，检出率为 100%；52 份样品经 GB 4789.26 中方法检测，均未胀袋，但镜检结果均为阳性。添加 80 CFU/ 样品地衣芽孢杆菌的 40 份灭菌乳样品中，20 份经流式细胞仪法检测，结果均为阳性，检出率为 100%；20 份样品经 GB 4789.26 中方法检测，均未胀袋，但镜检结果均为阳性。两个浓度染菌样品经平板计数，均显示有大量菌落生长。

人工污染 8 CFU/ 样品蜡样芽孢杆菌的 104 份调制乳样品中，52 份经流式细胞仪法检测，结果均为阳性，检出率为 100%；52 份样品经 GB 4789.26 中方法检测，均未胀袋，但镜检结果均为阳性。添加 80 CFU/ 样品蜡样芽孢杆菌的 40 份调制乳样品中，20 份经流式细胞仪法检测，结果均为阳性，检出率为 100%；20 份样品经 GB 4789.26 中方法检测，均未胀袋，但镜检结果均为阳性。两个浓度染菌样品经平板计数，均显示有大量菌落生长。

结果表明，经保温处理后，针对低浓度人工污染的灭菌乳和调制乳样品，流式细胞仪法和 GB 4789.26 中方法检出率一致，流式细胞仪方法仅需 24h 的预保温时间，相比传统手工方法，仪器灵敏度更高。

第八节　食品商业无菌失效分析举例

食品商业无菌失效主要指由于杀菌不足或杀菌冷却后二次污染引起的微生物腐败或食品感官不符合标准要求的状态。杀菌不足可以通过制定适合的杀菌规程来解决。目前发现的大多数案例主要是由于二次污染导致的商业无菌失效。产品二次污染导致的商业无菌失效主要考虑包装容器的质量和食品加工过程 GMP、SSOP 的落实质量。罐藏食品容器包括金属容器、玻璃容器、复合及塑料软包装容器，对保障食品安全起到关键的作用，其所使用的包装容器包括金属容器、复合薄膜袋、玻璃瓶、利乐包等。

罐藏食品包装容器质量控制风险因子之一：罐装前食品容器不符合相关标准的规定，罐藏食品与包装容器无法满足产品货架期相容性要求。

罐藏食品包装容器质量控制风险因子之二：食品容器的密封性未达到商业无菌的要求。罐藏食品容器的密封之所以能保证罐头食品能够长期保存，原因之一正是罐藏食品经过密封后，外界的空气及微生物无法进入容器内部，使罐藏食品保持商业无菌的状态。

一、密封性不良导致的产品商业无菌失效

实例 1：某罐头产品发生平酸或胀罐

（1）空罐质量

对空罐质量进行外观、内涂膜完整性、空罐密封性及抗压强度、补涂带完整性、

内涂膜固化性、抗硫性测试，结果表明空罐质量符合标准要求。

（2）易开盖质量

对易开盖的外观、内涂膜完整性、内外涂膜固化性、抗硫性、抗冲击性、密封胶干膜量等指标进行测试，结果表明易开盖的质量符合标准要求。

（3）二重卷封

每批随机选取 12 只，进行二重卷封测试。两批空罐底盖卷边部位的叠接长度、叠接率、身钩卷入率、盖钩卷入率均符合 GB/T 17590—2008 的规定，但是空罐中有 2 个空罐底盖部位的叠接率没有达到 GB/T 14251—2017 规定的 55% 的限值。

卷边间隙和卷边厚度没有相关标准进行规定，但二者皆是保障空罐质量安全的重要参数。为了确保实罐质量的安全与稳定，一般根据行业经验，卷边位置的卷边间隙不应大于 0.05mm，卷边厚度也应采用行业经验公式计算，所得的卷封厚度在行业经验范围内。行业封铝盖卷封厚度经验公式：二道卷封厚度 = 盖材厚度 ×3+ 罐身材厚度 ×2+ 常数（0.18，个别采用 0.20），高蛋白类饮料的常数不允许超过上限。根据测量，罐身材厚度 t_b=0.180mm，底盖材 t_c=0.245mm，则行业卷封厚度经验值为 1.275mm。对不同生产日期的空罐进行测试，空罐中所有空罐的卷封厚度都超过行业经验范围，有 5 个空罐的卷边间隙超过 0.05mm，其中有 5 个空罐的卷封厚度与卷边间隙都超过行业经验值。

（4）实罐测试

①微漏测试

第一次连续加压测试：测试样品及摆放位置如表 6-37 所示：按照表中的摆放位置置于实罐微漏测试仪中，将待测样品的底部水封，水位淹过卷边部位以上 2～3cm。充入压缩空气后在 0.15MPa 下进行连续保压 48h 测试，测试后观察实罐胀罐情况。

表 6-37　实罐样品微漏测试样品测试情况

样品形态	生产日期	测试数量	顶盖朝上	底盖朝上
正常样品	日期 1 样品	9	1#～4#	5#～9#
	日期 2 样品	9	1#～4#	5#～9#
低真空样品	日期 1 样品	18	1#～9#	10#～18#
	日期 2 样品	18	1#～9#	10#～18#

结果表明：两个生产日期的正常样品均未发生胀罐。日期 1 的低真空样品中，1 个顶盖朝上的发生胀罐，8 个底盖朝上的发生胀罐；日期 2 的低真空样品中，3 个顶盖朝上的发生胀罐，3 个底盖朝上的发生胀罐。

第二次连续加压测试（翻转未胀样品测试）：将测试后没有发生明显胀罐样品（包括正常样品）的顶底盖颠倒，进行实罐微漏测试，浸入水中密封保压 48h，测试后观察样品胀罐情况。测试结果见表 6-38。

表 6-38　实罐样品第二次微漏（顶底盖颠倒）测试结果

样品形态	生产日期	测试数量	顶盖朝上		底盖朝上	
			数量	测试结果	数量	测试结果
正常样品	日期 1 样品	9	5	未发现异常	4	未发现异常
	日期 2 样品	9	5	未发现异常	4	未发现异常
低真空样品	日期 1 样品	9	1	1 个无变化	8	6 个明显胀罐，2 个无变化
	日期 2 样品	12	6	2 个明显胀罐 4 个无变化	6	4 个明显胀罐，2 个无变化

综合两次加压测试的结果，得出以下结论：

对日期 1 和日期 2 正常样品的两次测试结果进行分析，可知正常样品连续加压测试后均未发生胀罐。

对日期 1 低真空样品的两次测试结果进行分析，可知共 1 个顶盖朝上的样品发生胀罐，14 个底盖朝上的样品发生胀罐，3 个未发生胀罐。

对日期 2 低真空样品的两次测试结果进行分析，可知共 5 个顶盖朝上的样品发生胀罐，7 个底盖朝上的样品发生胀罐，6 个未发生胀罐。

② pH 测试

分别对正常实罐、低真空实罐、低真空加压未胀实罐及胀罐实罐中的内容物进行 pH 测试，可以得到以下结论：

两批次正常样品的 pH 为 6.85 左右，两批次胀罐样品的 pH 均有较大幅度的下降；对于低真空样品（未加压）来说，测试的日期 1 样品中有 1 个 pH 下降，测试的日期 2 样品中无 pH 下降；对低真空样品实罐微漏测试后未发生胀罐的样品进行 pH 测试，日期 1 样品中有 2 个 pH 下降，日期 2 样品中有 3 个 pH 下降。对于这种类型的实罐样品，说明即使空罐的密封性检测没有问题，仍然发生了酸败现象，存在二重卷封密封性能瞬间丢失而恢复现象。根据微生物检验结果，表明不符合商业无菌检验要求，确认为二次污染引起的胀罐问题。

③感官检验

按照 GB 4789.26 规定的方法，将罐头样品无菌开罐后对其形态特性、汤汁颜色等进行了感官检测，结果表明正常样品固形物为白色半透明样，形态完整且富有弹性，无腐烂、变质现象，汤汁为乳白色液体，无沉淀等，闻起来香味明显，品尝味道正常；胀罐样品固形物颜色较深，形态不完整，有明显腐烂、变质现象，汤汁颜色较深，有大量沉淀物，并伴有明显臭味。

④密封性测试

将两个生产日期的实罐样品［每批次正常样品 20 个，胀罐（包括加压胀罐）样品 24 个］除去内容物后，清洗干净，50℃烘干 2h，然后对空罐进行密封性测试。测试结论如下：

正常样品用空罐的顶、底盖部位未发现有连续不断的气泡；日期 1 胀罐样品用空罐的顶盖部位（包括加压后顶部发生胀罐的空罐）在加压和减压时均未发现有连续不断的气泡，底盖部位在加压或减压时发现有连续出现的气泡。由于 48h 连续加压检测相对于标准方法规定的 2min 要严苛得多，因此加压底盖位置胀罐的样品中仅有 3～4 个能够观察到连续不断的气泡；日期 2 胀罐样品用空罐的顶盖部位（包括加压后顶部发生胀罐的空罐）在加压和减压时均未发现有连续不断的气泡，底盖部位在 0.26MPa 下加压时发现 2～3 个空罐的底盖位置出现连续出现的气泡，而在 -68kPa 下减压时未发现有连续出现的气泡。

⑤二重卷封结构检测

对两个生产日期的加压胀罐样品的空罐进行二重卷封结构检测，检测部位为微漏发生的卷边位置（非水封部位）。结论如下：

顶盖二重卷封结构（图 6-9）：两批加压胀罐发生在顶盖卷边部位的叠接长度、叠接率、身钩卷入率、盖钩卷入率均符合 GB/T 14251—2017 和 GB/T 17590—2008 的规定。

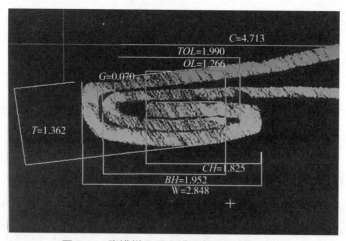

图 6-9　胀罐样品用空罐顶盖二重卷封结构

顶盖二重卷封结构存在卷边间隙过大（＞0.05mm）或者卷边厚度过大的问题（通过卷封厚度公式计算所得顶盖卷封厚度值为 1.275），对于高温杀菌的高蛋白饮料来说存在微漏的风险。此外，密封胶性质及分布等问题也可能带来安全隐患，需要供需双方进行关注。

底盖二重卷封结构（图 6-10）：两批胀罐样品用空罐底盖卷边位置的叠接长度、

叠接率、身钩卷入率、盖钩卷入率均符合 GB/T 17590—2008 的规定，但是存在叠接率没有达到 GB/T 14251—2017 规定的 55% 的限值的情形。

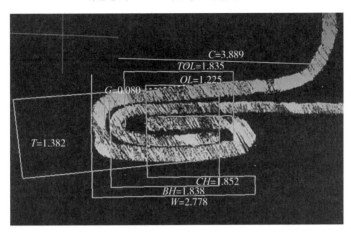

图 6-10　胀罐样品用空罐底盖二重卷封结构

此外，两批产品的底盖也存在卷边间隙大于 0.05mm 的问题，基本上每一个样品的卷边厚度都超过由卷封厚度公式计算的底盖卷封厚度值（1.275），对于高温杀菌强度比较大产品来说，可能存在安全隐患。此外，密封胶质量及分布等问题也可能带来安全隐患，需要供需双方进行关注。

对两个生产日期的 1# 和 2# 胀罐样品的二重卷封结构测试结果进行分析：同一个样品的两端皆存在卷封厚度过大的情形；两个生产日期底部加压胀罐的样品（2# 样品）底部卷边位置都存在叠接率低于 55% 的情形，其他样品的三率正常；加压胀罐发生的部位的卷边卷边间隙都存在大于 0.05mm 且对侧卷边卷边间隙正常；因此，根据二重卷封结构测试的结果，难以确定同一个实罐两端是否同时有微漏的情况存在。

⑥微生物检验

根据样品情况，选择正常实罐样品、低真空实罐样品（无连续加压试验）、低真空实罐样品（连续加压未发生胀罐）以及胀罐实罐样品内容物进行商业无菌检验。分别通过增菌实验、微生物分离培养、微生物涂片染色镜检、细菌分离培养及聚合酶链式反应扩增及测序结果，试图从微生物角度找到产品发生问题的原因。

罐头样品增菌试验。将 4 个随机抽取的罐头样品按照 GB 4789.26 规定的方法开启，混合均匀后进行取样，然后将罐头样品接种于溴甲酚紫葡萄糖肉汤培养基和庖肉培养基中并分别于（36±1）℃和（55±1）℃（其中庖肉培养基需在厌氧环境中进行培养）进行培养，实验过程中每 12h 对其微生物生长及产酸产气等情况进行观察。直至内容物增菌实验培养结束，各培养管中微生物生长情况如图 6-11 所示，培养管中肉眼可见无明显变化，仅低胀罐头样品在溴甲酚紫葡萄糖肉汤培养基中培养 36h 后产生颜色变化，由紫色逐渐变成黄色，42h 后完全变成黄色，说明有产酸细菌生长，但所有样品中均无产气现象。

	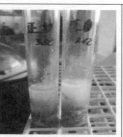	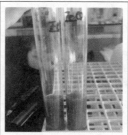	
正常罐头样品 36℃溴甲酚紫葡萄糖肉汤培养基增菌结果	正常罐头样品 36℃疱肉培养基增菌结果	正常罐头样品 55℃溴甲酚紫葡萄糖肉汤培养基增菌结果	正常罐头样品 55℃疱肉培养基增菌结果
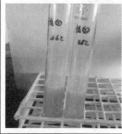	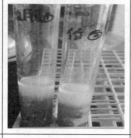	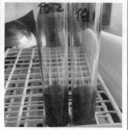	
低胀罐头样品 36℃溴甲酚紫葡萄糖肉汤培养基增菌结果	低胀罐头样品 36℃疱肉培养基增菌结果	低胀罐头样品 55℃溴甲酚紫葡萄糖肉汤培养基增菌结果	低胀罐头样品 55℃疱肉培养基增菌结果
		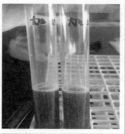	
加压罐头样品 36℃溴甲酚紫葡萄糖肉汤培养基增菌结果	加压罐头样品 36℃疱肉培养基增菌结果	加压罐头样品 55℃溴甲酚紫葡萄糖肉汤培养基增菌结果	加压罐头样品 55℃疱肉培养基增菌结果
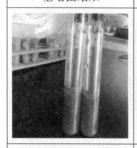	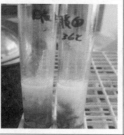		
胀罐罐头样品 36℃溴甲酚紫葡萄糖肉汤培养基增菌结果	胀罐罐头样品 36℃疱肉培养基增菌结果	胀罐罐头样品 55℃溴甲酚紫葡萄糖肉汤培养基增菌结果	胀罐罐头样品 55℃疱肉培养基增菌结果

图 6-11　罐头样品增菌试验结果

罐头样品中微生物分离培养。分别将罐头样品增菌实验培养的菌液画线接种于营养琼脂平板培养基中，然后分别将其在有氧和厌氧的环境下进行培养。微生物分离培养结果如表 6-39 和图 6-12 所示。所有样品在 55℃进行培养时均无菌落生长现象，且胀罐样品在营养琼脂平板上也无菌落生长现象。其中胀罐样品中没有微生物生长主要考虑是由于前期微生物大量繁殖，大量消耗罐头样品中营养成分，同时由于产酸菌、产气菌产生大量的酸和不利于微生物生长的气体等原因使外界环境已不适合微生物生存，样品中的微生物已大量或全部死亡，已无法在培养基中生长。

表 6-39　罐头中微生物分离培养结果

序号	样品编号	样品培养信息	菌落生长情况及生长时间
1	2	低胀，溴甲，36℃，有氧（1）	48h 后有黄绿色菌落生成
2	2	低胀，庖肉，36℃，有氧（1）	48h 后有黄绿色菌落生成
3	2	低胀，溴甲，36℃，厌氧（1）	72h 后有菌落生成
4	2	低胀，庖肉，36℃，厌氧（1）	48h 后有菌落生成
5	3	加压，溴甲，36℃，有氧（1）	24h 后有菌落生成
6	3	加压，庖肉，36℃，有氧（1）	24h 后有菌落生成
7	3	加压，溴甲，36℃，厌氧（1）	48h 后有菌落生成
8	3	加压，庖肉，36℃，厌氧（1）	48h 后有菌落生成

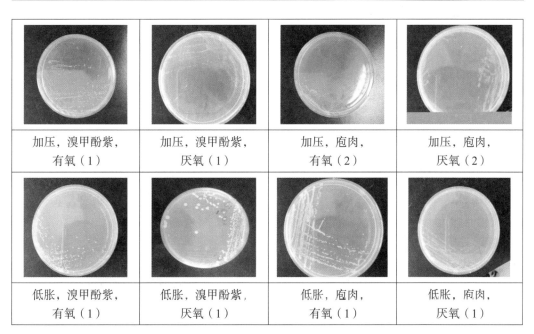

| 加压，溴甲酚紫，有氧（1） | 加压，溴甲酚紫，厌氧（1） | 加压，庖肉，有氧（2） | 加压，庖肉，厌氧（2） |
| 低胀，溴甲酚紫，有氧（1） | 低胀，溴甲酚紫，厌氧（1） | 低胀，庖肉，有氧（1） | 低胀，庖肉，厌氧（1） |

图 6-12　罐头样品细菌分离培养结果

罐头中微生物涂片染色镜检结果。对罐头中分离培养到的微生物分别进行细菌菌落形态学观察及涂片染色镜检，其中涂片染色镜检结果如图 6-13 所示，细菌菌落形态学观察及涂片染色镜检结果如表 6-40 所示。

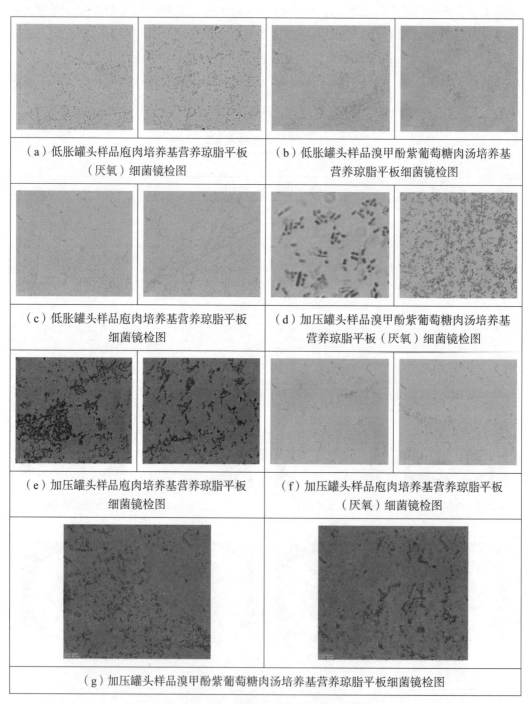

（a）低胀罐头样品庖肉培养基营养琼脂平板（厌氧）细菌镜检图

（b）低胀罐头样品溴甲酚紫葡萄糖肉汤培养基营养琼脂平板细菌镜检图

（c）低胀罐头样品庖肉培养基营养琼脂平板细菌镜检图

（d）加压罐头样品溴甲酚紫葡萄糖肉汤培养基营养琼脂平板（厌氧）细菌镜检图

（e）加压罐头样品庖肉培养基营养琼脂平板细菌镜检图

（f）加压罐头样品庖肉培养基营养琼脂平板（厌氧）细菌镜检图

（g）加压罐头样品溴甲酚紫葡萄糖肉汤培养基营养琼脂平板细菌镜检图

图 6-13　细菌涂片染色镜检结果

表 6-40　细菌菌落形态学观察及涂片染色镜检结果

样品编号	样品信息	细菌菌落特征	细菌个体
2	低胀，溴甲，有氧	菌落呈圆形，黄色，不透明，表面光滑湿润，有光泽，边缘整齐针尖大小菌落	细菌涂片镜检中呈革兰氏阳性菌，呈细长、不规则的杆状，也有的呈球状，单个或成对存在
2	低胀，庖肉，厌氧	—	细菌呈混合状态生长，细菌图片染色镜检既有革兰氏阳性菌，又有革兰氏阴性菌，并呈球状及杆状生长
2	低胀，溴甲，厌氧	菌落呈圆形，黄色，不透明，表面光滑湿润，有光泽，边缘整齐针尖大小菌落	细菌涂片镜检中呈革兰氏阳性菌，呈细长、不规则的杆状，也有的呈球状，单个或成对存在
2	低胀，庖肉，有氧	菌落呈圆形，黄色，不透明，表面光滑湿润，有光泽，边缘整齐针尖大小菌落	细菌涂片镜检中呈革兰氏阳性菌，呈细长、不规则的杆状，也有的呈球状，单个或成对存在
3	加压，溴甲，厌氧	平板菌落呈 2 种不同的状态生长，有橘红色圆形菌落生长。表面光滑湿润，扁平；一种呈乳白色圆形菌落	涂片染色镜检为革兰氏阴性菌，其中既有杆状细菌，又有球杆状细菌
3	加压，庖肉，有氧	菌落呈圆形，乳白色，有的为针尖大小菌落，有略大菌落，菌落周围湿润、光滑	革兰氏阴性，球状细菌
3	加压，庖肉，厌氧	—	涂片染色镜检菌落呈革兰氏阴性，其中既有球状细菌，又有杆状细菌
3	加压，溴甲，有氧	圆形菌落，黄色，半透明，表面光滑湿润，扁平，边缘整齐针尖大小菌落	呈革兰氏阴性，球状细菌

注：低胀，庖肉，厌氧和加压，庖肉，厌氧两个平板培养基因为在培养基中有冷凝水，画线分离培养后虽有细菌菌落生成，但无法对其菌落形态学进行观察，因此只对其进行了涂片染色镜检。

细菌分离培养结果。分别从每个平板上挑取 3 个细菌菌落，将其接种于普通液体营养培养基中，于 36℃分别于有氧环境和厌氧环境进行培养。将培养后的菌液按照细菌基因组 DNA 提取试剂盒对其 DNA 进行提取，提取得到的 DNA 用于后期的 PCR 扩增等。

PCR 扩增及测序结果与分析。使用 16S rRNA 通用引物对罐头样品中的细菌进行扩增，其扩增后的琼脂糖凝胶电泳结果如图 6-14 所示，然后将 PCR 扩增结果出现预期目的片段长度的 PCR 产物进行测序，并将测序结果与 GenBank 上所收录的细菌的基因序列进行 BALST 比对。结果发现 2 号罐头样品和 3 号罐头样品中存在的细菌主要以低温杆菌为主，其具体情况如表 6-41 所示，其测序结果与涂片染色镜检结果基本吻合。

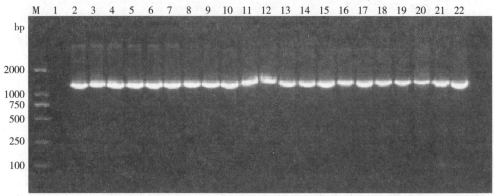

M—2000bp 标记；1- 空白对照；2- 溴甲，低胀，有氧；3- 溴甲，低胀，有氧；4- 溴甲，低胀，有氧；5- 庖肉，加压，有氧；6- 庖肉，低胀，有氧；7- 庖肉，低胀，有氧；8- 庖肉，低胀，有氧；9- 溴甲，加压，有氧；10- 溴甲，加压，有氧；11- 溴甲，加压，有氧；12- 溴甲，低胀，厌氧；13- 溴甲，低胀，厌氧；14- 溴甲，低胀，厌氧；15- 溴甲，加压，厌氧；16- 溴甲，加压，厌氧；17- 溴甲，加压，厌氧；18- 庖肉，低胀，厌氧；19- 庖肉，低胀，厌氧；20- 庖肉，低胀，厌氧；21- 庖肉，加压，厌氧；22- 庖肉，加压，厌氧。

图 6-14　细菌 PCR 扩增电泳结果

表 6-41　PCR 扩增及测序结果

培养信息	样品序号	编号	序列号	相似度	鉴定结果
低胀，溴甲，36℃，有氧	2	2	KY888690.1	100%	*Microbacteriaceae bacterium*（杆菌属）
			JQ229794.1	100%	*Microbacterium laevaniformans*（产左聚糖微杆菌）
		3	KY888690.1	100%	*Microbacteriaceae bacterium*（杆菌属）
			JQ229794.1	100%	*Microbacterium laevaniformans*（产左聚糖微杆菌）
		4	KY888690.1	100%	*Microbacteriaceae bacterium*（杆菌属）
			JQ229794.1	100%	*Microbacterium laevaniformans*（产左聚糖微杆菌）
加压，庖肉，36℃，有氧	3	5	MH910293.1	99.78%	*Microbacterium trichothecenolyticum*
			MK281612.1	99.64%	*Microbacterium proteolyticum*
			MG807602.1	99.64%	*Actinobacteria bacterium*（放线杆菌）

续表

培养信息	样品序号	编号	序列号	相似度	鉴定结果
低胀，庖肉，36℃，有氧	2	6	KY888690.1	100%	*Microbacteriaceae bacterium*（杆菌属）
			JQ229794.1	100%	*Microbacterium laevaniformans*（产左聚糖微杆菌）
		7	KY888690.1	100%	*Microbacteriaceae bacterium*（杆菌属）
			JQ229794.1	100%	*Microbacterium laevaniformans*（产左聚糖微杆菌）
		8	KY888690.1	100%	*Microbacteriaceae bacterium*（杆菌属）
			JQ229794.1	100%	*Microbacterium laevaniformans*（产左聚糖微杆菌）
加压，溴甲，36℃，有氧	3	9	MH910293.1	99.71%	*Microbacterium trichothecenolyticum*
			MK281612.1	99.57%	*Microbacterium proteolyticum*
			MG807602.1	99.57%	*Actinobacteria bacterium*（放线杆菌）
		10	MF478980.1	99.93%	*Acinetobacter junii*（琼氏不动杆菌）
		11	CP028800.1	99.93%	*Acinetobacter junii*（琼氏不动杆菌）
低胀，溴甲，36℃，厌氧	2	12	KY888690.1	100%	*Microbacteriaceae bacterium*（杆菌属）
			JQ229794.1	100%	*Microbacterium laevaniformans*（产左聚糖微杆菌）
		13	KY888690.1	100%	*Microbacteriaceae bacterium*（杆菌属）
			JQ229794.1	100%	*Microbacterium laevaniformans*（产左聚糖微杆菌）
		14	KY888690.1	100%	*Microbacteriaceae bacterium*（杆菌属）
			JQ229794.1	100%	*Microbacterium laevaniformans*（产左聚糖微杆菌）

续表

培养信息	样品序号	编号	序列号	相似度	鉴定结果
加压，溴甲，36℃，厌氧	3	15	MF478980.1	99.93%	*Acinetobacter junii*（琼氏不动杆菌）
		16	MF478980.1	99.93%	*Acinetobacter junii*（琼氏不动杆菌）
		17	MF478980.1	99.93%	*Acinetobacter junii*（琼氏不动杆菌）
低胀，庖肉，36℃，厌氧	2	18	KY888690.1	99.93%	*Microbacteriaceae bacterium*（杆菌属）
			JQ229794.1	99.86%	*Microbacterium laevaniformans*（产左聚糖微杆菌）
		19	KY888690.1	99.93%	*Microbacteriaceae bacterium*（杆菌属）
			JQ229794.1	99.86%	*Microbacterium laevaniformans*（产左聚糖微杆菌）
		20	MK027365.1	99.93%	*Diaphorobacter nitroreducens*（硝基黄杆菌）
			MF565842.1	99.93%	*Acidovorax ebreus*（埃伯鲁斯嗜酸菌）
			CP016278.1	99.93	*Diaphorobacter polyhydroxybutyrativorans*（多羟基丁酸杆菌）
加压，庖肉，36℃，厌氧	3	21	MK027365.1	99.93%	*Diaphorobacter nitroreducens*（硝基黄杆菌）
			MF565842.1	99.3	*Acidovorax ebreus*（埃伯鲁斯嗜酸菌）
			MF083139.1	99.3	*Diaphorobacter polyhydroxybutyrativorans*（多羟基丁酸杆菌）
		22	MH021658.1	99.93%	*Acinetobacter junii*（琼氏不动杆菌）

通过对罐头产品微生物检验，结果表明正常样品内容物中未检出有细菌的生长，两种低真空样品内容物中均检出有低温杆菌的生长，胀罐样品内容物中也未检出有细

菌的生长（酸性条件抑制细菌生长）。微生物结果表明，本次检验样品的胀罐问题主要是二次污染引起的。

实例 2：某八宝粥产品胀罐问题——二重卷封不良导致的二次污染

（1）空罐质量测试

对八宝粥用空罐的质量进行外观、内涂膜完整性、空罐密封性及抗压强度、耐蒸煮、补涂带完整性测试，结果表明空罐质量满足罐装要求。

（2）微漏测试

微胀罐样品进行保压 48h 测试，其中 1#～5# 样品底盖浸入水中密封，6#～10# 样品顶盖浸入水中密封。测试后 1#～5# 样品均有不同程度的严重胀罐现象（按压观察），6#～10# 样品没有明显的变化；6#～10# 样品颠倒，将底盖浸入水中密封保压 48h 后，5 罐样品均出现不同程度的胀罐现象。说明轻微胀罐样品经过保压试验后，压缩空气通过顶盖进入轻微胀罐的实罐内部，引起严重胀罐，在顶盖位置存在微漏缺陷。

（3）实罐测试

1#、5#、9# 及 10# 实罐样品的顶隙保持正常范围，差异小（表 6-42）。

表 6-42　顶隙检测结果

样品编号	顶隙 /mm
1#	11.0
5#	13.0
9#	11.4
10#	13.0

1#、5#、9# 及 10# 实罐样品内容物的 pH 接近中性，差异小（表 6-43）。

表 6-43　pH 检测结果

样品编号	pH
1#	6.44
5#	6.47
9#	6.46
10#	6.47

感官学检验：按照 GB 4789.26 规定的方法，将罐头样品无菌开罐后对其形态特性、汤汁颜色等进行了感官检测，结果表明样品内容物形态和气味正常，无明显腐烂、

变质现象。

1#、5#、9# 及 10# 样品空罐进行密封性测试（见表 6-44），测试结果表明 1#、5# 与 9# 样品空罐在减压法测试时顶盖二重卷封部位出现连续不断的气泡，表明顶盖二重卷封部位有泄漏。

表 6-44 密封性检测结果

样品编号	加压（0.26MPa）	减压（-0.68kPa）
1#	顶、底盖均未发现连续不断的起泡出现	发现在顶盖卷封部位有连续不断的起泡出现
5#	顶、底盖均未发现连续不断的起泡出现	发现在顶盖卷封部位有连续不断的起泡出现
9#	顶、底盖均未发现连续不断的起泡出现	发现在顶盖卷封部位有连续不断的起泡出现
10#	顶、底盖均未发现连续不断的起泡出现	顶底盖暂未发现有连续不断的起泡出现

1#、5#、9# 及 10# 样品空罐的顶、底盖进行二重卷封结构测试（见图 6-15、图 6-16），测试结果表明 4 种空罐的顶盖三率结果不符合 GB/T 14251—2017 规定的要求，存在很大的泄漏风险：如空罐的顶盖卷封厚度均超过经验上限，叠接长度小于 1mm，叠接率小于 55%，间隙长度大于 0.05mm 等。4 种空罐的底盖也存在如叠接率过小（小于 55%）、盖钩卷入率低于 70% 的问题，其三率结果同样不符合 GB/T 14251—2017 规定的要求，存在较大的泄漏风险。

综上，通过对空罐及微胀实罐样品进行质量检测分析研究，可以得到本次分析检测的结论：引起八宝粥罐头样品胀罐的原因可能为顶盖二重卷封质量问题引起的二次污染问题（具体微生物种类需要进行接种培养、分析、确认）。

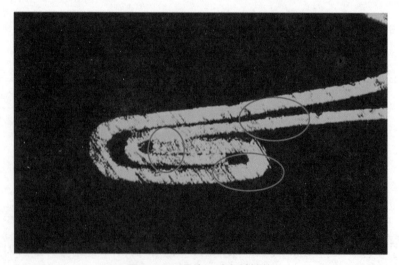

图 6-15 顶盖二重卷封结构

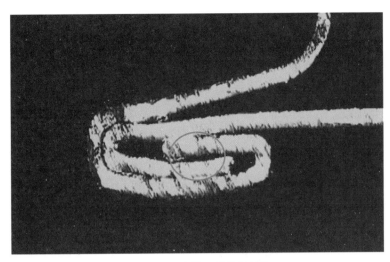

图 6-16 底盖二重卷封结构

实例 3：某玉米汁胀盖问题——杀菌冷却吸入冷却水导致的二次污染

（1）内容物 pH

对本次待检样品进行 pH 测定，测定结果如表 6-45 所示，两个样品 pH 与正常样品 pH 具有一定的差异，1# 样品和 2# 样品中有明显的酸败现象，且 2# 样品酸败程度高于 1# 样品。

表 6-45 样品 pH 测定结果

样品编号	pH
1#	5.03
2#	4.41
正常样品	6.62

（2）感官学检验结果

将两个样品无菌开罐后对其形态特性、汤汁颜色等进行感官检测，检测结果如表 6-46 所示。

表 6-46 感官学检验结果

编号	感官评价
1#	液体呈混浊状态，有气体产生，气味有变化，出现分层析出现象
2#	瓶体有漏气现象，液体呈混浊状态，有较多气体产生，气味有变化，出现明显分层析出现象

（3）微生物检验

①内容物增菌实验

将两个随机抽取的胀罐样品按照 GB 4789.26—2013 中 6.4 规定的无菌操作方法开启，混合均匀后进行取样，然后将样品内容物接种于溴甲酚紫葡萄糖肉汤培养基和庖肉培养基中并分别于（36±1）℃和（55±1）℃进行培养，实验过程中每 12h 对其微生物生长及产酸产气等情况进行观察，直至内容物增菌实验培养结束，各培养管中微生物生长情况如图 6-17 所示。由于样品本身呈混浊状，故在庖肉培养基中无肉眼可见明显变化。1#样品在 36℃溴甲酚紫葡萄糖肉汤培养基中培养 12h 后产生颜色变化，由紫色逐渐变成黄色，24h 后完全变成黄色，且有气体产生，说明有产酸产气型细菌生长。1#样品在 55℃溴甲酚紫葡萄糖肉汤培养基中培养，一培养管在 12h 后产生颜色变化，由紫色逐渐变成黄色，24h 后完全变成黄色，无气体产生，说明有细菌生长，且为产酸型的细菌。2#样品在 36℃溴甲酚紫葡萄糖肉汤培养基中培养 12h 后产生颜色变化，由紫色逐渐变成黄色，24h 后完全变成黄色，且有气体产生，说明有产酸产气型细菌生长，2#样品在 55℃溴甲酚紫葡萄糖肉汤培养基中培养，一培养管在 12h 后产生颜色变化，由紫色逐渐变成黄色，24h 后完全变成黄色，无气体产生，说明有细菌生长，且为产酸型的细菌。

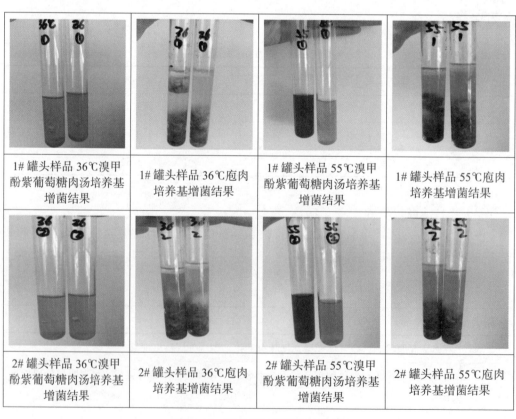

1#罐头样品 36℃溴甲酚紫葡萄糖肉汤培养基增菌结果	1#罐头样品 36℃庖肉培养基增菌结果	1#罐头样品 55℃溴甲酚紫葡萄糖肉汤培养基增菌结果	1#罐头样品 55℃庖肉培养基增菌结果
2#罐头样品 36℃溴甲酚紫葡萄糖肉汤培养基增菌结果	2#罐头样品 36℃庖肉培养基增菌结果	2#罐头样品 55℃溴甲酚紫葡萄糖肉汤培养基增菌结果	2#罐头样品 55℃庖肉培养基增菌结果

图 6-17　罐头样品增菌实验结果

②样品中增菌培养微生物涂片染色镜检

对样品增菌培养结果进行涂片染色镜检，其中涂片染色镜检结果如图 6-18 所示，细菌涂片染色镜检结果如表 6-47 所示。

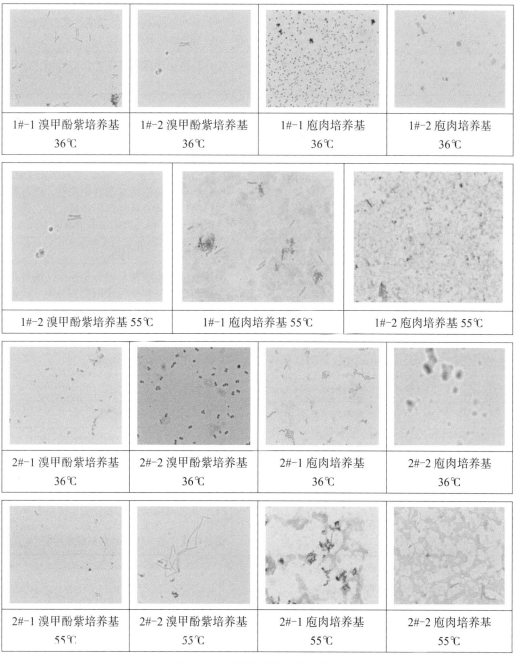

图 6-18　细菌涂片染色镜检结果

表 6-47　细菌涂片染色镜检结果

序号	样品编号	培养及培养基情况	细菌个体
1	1#	1#-1 溴甲酚紫培养基 36℃	细菌涂片镜检中呈革兰氏阴性菌，呈细长、不规则的杆状细菌
2	1#	1#-2 溴甲酚紫培养基 36℃	细菌涂片镜检中呈革兰氏阴性菌，呈细长、不规则的杆状细菌
3	1#	1#-1 庖肉培养基 36℃	涂片染色镜检菌落呈革兰氏阳性菌，球状细菌
4	1#	1#-2 庖肉培养基 36℃	细菌涂片镜检中呈革兰氏阴性菌，呈细长、不规则的杆状，也有的呈球状细菌
5	1#	1#-2 溴甲酚紫培养基 55℃	细菌涂片镜检中呈革兰氏阴性菌，呈细长、不规则的杆状，为杆状细菌
6	1#	1#-1 庖肉培养基 55℃	涂片染色镜检细菌呈混合生长中，既有革兰氏阴性菌又有革兰氏阳性菌，革兰氏阴性菌呈杆状，革兰氏阳性菌呈球状生长
7	1#	1#-2 庖肉培养基 55℃	革兰氏阳性，球状细菌
8	2#	2#-1 溴甲酚紫培养基 36℃	涂片染色镜检细菌呈混合生长中，既有革兰氏阴性菌又有革兰氏阳性菌，革兰氏阴性菌呈杆状，革兰氏阳性菌呈球状生长
9	2#	2#-2 溴甲酚紫培养基 36℃	呈革兰氏阳性，球状细菌
10	2#	2#-1 庖肉培养基 36℃	呈革兰氏阴性，球状细菌
11	2#	2#-2 庖肉培养基 36℃	呈革兰氏阴性，球状细菌
12	2#	2#-1 溴甲酚紫培养基 55℃	呈革兰氏阴性，球状细菌
13	2#	2#-2 溴甲酚紫培养基 55℃	细菌涂片镜检中呈革兰氏阳性菌，呈细长、不规则的杆状
14	2#	2#-1 庖肉培养基 55℃	呈革兰氏阳性，球状细菌
15	2#	2#-2 庖肉培养基 55℃	涂片染色镜检细菌呈混合生长中既有革兰氏阴性菌又有革兰氏阳性菌，革兰氏阴性菌呈杆状，革兰氏阳性菌呈球状生长

③样品中微生物分离培养结果

　　分别将样品增菌实验培养的菌液画线接种于营养琼脂平板培养基中，然后分别将其在有氧和厌氧的环境下进行培养。微生物分离培养结果如图 6-19 所示。所有样品除 1#-1 溴甲 55℃（厌氧）、2#-1 溴甲 55℃（厌氧）和 2#-1 溴甲 36℃（厌氧）无菌落生长外，其他均有菌落生长，其中 1#-1 溴甲 55℃（有氧）和 2#-1 溴甲 55℃（有氧）中只有一个菌落生成，考虑是由污染造成的。

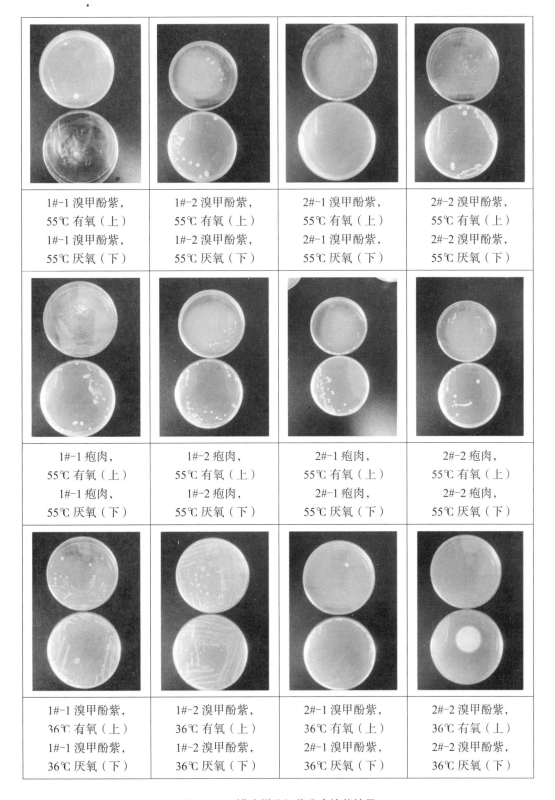

图 6-19　罐头样品细菌分离培养结果

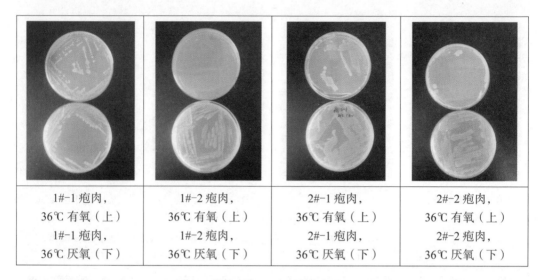

| 1#-1 疱肉，
36℃ 有氧（上）
1#-1 疱肉，
36℃ 厌氧（下） | 1#-2 疱肉，
36℃ 有氧（上）
1#-2 疱肉，
36℃ 厌氧（下） | 2#-1 疱肉，
36℃ 有氧（上）
2#-1 疱肉，
36℃ 厌氧（下） | 2#-2 疱肉，
36℃ 有氧（上）
2#-2 疱肉，
36℃ 厌氧（下） |

图 6-19　罐头样品细菌分离培养结果（续）

④菌落 PCR 扩增及测序结果与分析

使用 16S rRNA 通用引物对样品中的细菌进行扩增，其扩增后的琼脂糖凝胶电泳结果如图 6-20 所示，然后将 PCR 扩增结果出现预期目的片段长度的 PCR 产物进行测序，并将测序结果与 GenBank 上所收录的细菌的基因序列进行 BALST 比对。本次共测序样品 28 个，除 3 个样品没有测序成功外，其他的样品均成功测序。其中比对结果显示 1# 样品和 2# 样品中 55℃培养结果均为凝结芽孢杆菌，两样品在 36℃培养结果主要为肠杆菌，且两样品的检测结果基本一致，主要以高温凝结芽孢杆菌和中温的肠杆菌为主，具体情况如表 6-47 所示。

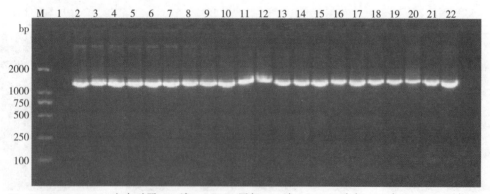

M—2000bpMarker，1- 空白对照，2- 溴 1-1 55℃ 厌氧，3- 溴 1-2 55℃ 有氧，4- 溴 1-2 55℃ 厌氧，5- 溴 2-2 55℃ 有氧，6- 溴 2-2 55℃ 厌氧，7- 疱 1-1 55℃ 有氧，8- 疱 1-1 55℃ 厌氧，9- 疱 1-2 55℃ 有氧，10- 疱 1-2 55℃ 厌氧，11- 疱 2-1 55℃ 有氧，12- 疱 2-1 55℃ 厌氧，13- 疱 2-2 55℃ 有氧，14- 疱 2-2 55℃ 厌氧，15- 溴 1-1 36℃ 有氧，16- 溴 1-1 36℃ 厌氧，17- 溴 1-2 36℃ 有氧，18- 溴 1-2 36℃ 厌氧，19- 溴 2-1 36℃ 有氧，20- 溴 2-1 36℃ 厌氧，21- 溴 2-2 36℃ 有氧，22- 溴 2-2 36℃ 厌氧。

图 6-20　细菌 PCR 扩增电泳结果

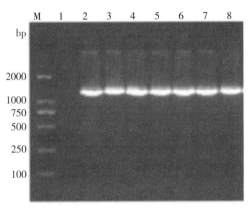

M—2000bpMarker，1-空白对照，2-疱 1-1 36℃有氧，3-疱 1-1 36℃厌氧，4-疱 1-2 36℃厌氧，5-疱 2-1 36℃有氧，6-疱 2-1 36℃厌氧，7-疱 2-2 36℃有氧，8-疱 2-2 36℃厌氧。

图 6-20 细菌 PCR 扩增电泳结果（续）

表 6-48 PCR 扩增及测序结果

序号	培养信息	样品编号	相似序列号	相似度	鉴定结果
1	溴 1-1 55℃厌氧	1#	MT 604689.1	100%	*Bacillus coagulans*（凝结芽孢杆菌）
2	溴 1-2 55℃有氧	1#	MT 611794.1	97.82%	*Bacillus coagulans*（凝结芽孢杆菌）
3	溴 1-2 55℃厌氧	1#	MT 269790.1	99.72%	*Bacillus coagulans*（凝结芽孢杆菌）
4	疱 1-1 55℃有氧	1#	MT 463644.1	99%	*Bacillus coagulans*（凝结芽孢杆菌）
5	疱 1-1 55℃厌氧	1#	MT 597790.1	99.79%	*Bacillus coagulans*（凝结芽孢杆菌）
6	疱 1-2 55℃有氧	1#	MT 269649.1	99.79%	*Bacillus coagulans*（凝结芽孢杆菌）
7	疱 1-2 55℃厌氧	1#	MT 271937.1	99.72%	*Bacillus coagulans*（凝结芽孢杆菌）
8	溴 1-1 36℃有氧	1#	MK 087739.1	99.25%	*Bacterium strain*（细菌菌株）
9	溴 1-1 36℃厌氧	1#	GQ 416218.1	99.38	*Uncultured Enterobacteriaceae bacterium*（未被培养大肠杆菌）
10	溴 1-2 36℃有氧	1#	MK 5053871	99.05%	*Enterobacter sp.*（肠杆菌属）

序号	培养信息	样品编号	相似序列号	相似度	鉴定结果
11	溴 1-2 36℃ 厌氧	1#	MT101736	99.75%	*Enterobacter sp.*（肠杆菌属）
12	疱 1-1 36℃ 有氧	1#	EU430751.1	99.45%	*Enterobacter sp.*（肠杆菌属）
13	疱 1-1 36℃ 厌氧	1#	MK824348.1	98.19%	*Bacterium strain*（细菌菌株）
14	疱 1-2 36℃ 厌氧	1#	MN216322.1	97.90%	*Enterobacter sp.*（肠杆菌属）
15	溴 2-2 55℃ 有氧	2#	MT 597640.1	98.70%	*Bacillus coagulans*（凝结芽孢杆菌）
16	溴 2-2 55℃ 厌氧	2#	MT 544638.1	99.07%	*Bacillus coagulans*（凝结芽孢杆菌）
17	疱 2-1 55℃ 有氧	2#	MT 604689.1	99.72	*Bacillus coagulans*（凝结芽孢杆菌）
18	疱 2-1 55℃ 厌氧	2#	MT 271937.1	99.72%	*Bacillus coagulans*（凝结芽孢杆菌）
19	疱 2-2 55℃ 有氧	2#	AB 240205.1	98.00%	*Bacillus coagulans*（凝结芽孢杆菌）
20	疱 2-2 55℃ 厌氧	2#	MT 269649.1	99.79%	*Bacillus coagulans*（凝结芽孢杆菌）
21	溴 2-1 36℃ 有氧	2#	KR906504.1	99.26%	*Micrococcus sp.*（微球菌属）
22	溴 2-1 36℃ 厌氧	2#	CP026193.1	99.08%	*Enterobacter sp.*（肠杆菌属）
23	溴 2-2 36℃ 有氧	2#	MK611305.1	98.90%	*Leuconostoc mesenteroides strain*（肠膜明串珠菌）
24	疱 2-1 36℃ 有氧	2#	MK825281.1	99.79%	*Bacterium strain*（细菌菌株）
25	疱 2-1 36℃ 厌氧	2#	MK824681.1	99.44%	*Bacterium strain*（细菌菌株）

通过本次对样品 pH 测定、增菌培养、涂片染色镜检、分离培养、菌落 PCR 和测序等研究，结果表明，两样品有明显的酸败现象，且两样品在 36℃ 和 55℃ 培养条件下有明显的微生物增长现象，通过菌落 PCR、测序及 BLAST 比对结果显示，两样品的检测结果基本一致，样品中的微生物主要为高温凝结芽孢杆菌及中温肠杆菌等。因此

通过本次微生物检查，结果显示，分析的胀罐产品均发生了二次污染。造成样品商业不合格的原因可能是杀菌不彻底发生胀罐，引起漏气并发生二次污染及杀菌后冷却过程吸入空气而导致的胀罐等，其具体结论有待于全面调查实罐生产过程的质量工艺条件，和其他检测结果进行进一步的分析确证。

二、杀菌不足导致的产品商业无菌失效

实例：某椰果罐头产品酸败问题

（1）空罐质量测试

空罐外观良好，无污染、无变形、内涂膜完好，光洁无擦伤。

空罐密封性能良好，加压 0.26MPa 及减压 -68kPa 均未发现泄漏。

内涂膜完整性：空罐平均数值及某些空罐单一数值均不大于 30mA，符合 GB/T 14251—2017 的规定。

空罐经高温杀菌（121℃、30min），内外涂膜良好，无泛白、脱落及起泡。

（2）微漏测试

通过对所有实罐样品进行保压 48h 测试，所有实罐样品形态没有变化，真空度保持良好，没有出现胀罐的现象，基本说明实罐没有出现微漏的现象，没有发生二次污染。

（3）实罐质量测试

①真空度检测

随机抽取 4 罐打检有问题的样品及 4 罐打检无问题的样品，打检有问题的样品标记为 1#，打检无问题的样品标记为 2#。然后对实罐进行测试，测试结果取其算术平均（*N*=4），测试结果为：1# 和 2# 实罐样品的真空度保持良好，数值差别很小（表 6-49）。

表 6-49　真空度检测结果

样品编号	真空度 /MPa
1#	0.025
2#	0.028

②顶隙测试

1# 和 2# 实罐样品的顶隙保持正常范围，差异小（表 6-50）。

表 6-50　顶隙检测结果

样品编号	顶隙 /mm
1#	4.5
2#	4.7

③ pH 测试

1# 和 2# 实罐样品内容物的 pH 无明显差别（表 6-51）。

表 6-51　pH 检测结果

样品编号	pH
1#	4.31
2#	4.37

④感官学检验

按照 GB 4789.26 规定的方法，将罐头样品无菌开罐后对其形态特性、汤汁颜色等进行感官检测，结果如图 6-21 与表 6-52 所示。

1#　　　　　　　　　　　　　　　　　2#

图 6-21　1# 罐和 2# 罐内容物照片

表 6-52　感官学检验结果

编号	感官评价
1#	固形物为白色半透明样，形态不完整，表面有似奶酪样孔洞，弹性较小，有腐烂、变质现象；汤汁为透明样液体，但有一定量的沉淀，闻起来气味较为清淡，但无异味，品尝味道有发涩、发苦等口感
2#	固形物为白色半透明样，形态完整且富有弹性，无腐烂、变质现象；汤汁为透明样液体，无沉淀等，闻起来果香味明显，品尝味道正常

⑤密封性测试

对 1# 罐和 2# 罐的空罐进行密封性测试，结果见表 6-53，表明两个空罐未出现泄漏的现象。

表 6-53　密封性测试结果

样品编号	加压 /0.26MPa	减压 /-0.68kPa
1# 空罐	未发现泄漏	未发现泄漏
2# 空罐	未发现泄漏	未发现泄漏

⑥二重卷封测试

表 6-54～表 6-56 为 1# 与 2# 样品空罐二重卷封结构测试结果，结果表明二重卷封结构及紧密度均符合 GB/T 14251—2017 的要求。

表 6-54　1# 底盖二重卷封结构测试结果

产品名称	叠接长度 / mm	叠接率 /%	身钩卷入率 /%	盖钩卷入率 /%	间隙长度 / mm	紧密度 /%
1# 底盖	1.3186	70.6	91.86	84.68	0.0413	≥90
	1.4363	77.9	97.07	84.39	0.0300	
	1.2023	62.2	86.2	82.89	0.0395	

表 6-55　2# 底盖二重卷封结构测试结果

产品名称	叠接长度 / mm	叠接率 /%	身钩卷入率 /%	盖钩卷入率 /%	间隙长度 / mm	紧密度 /%
2# 底盖	1.282	64.1	91.78	74.25	0.0326	≥90
	1.370	66.1	93.57	75.41	0.0370	
	1.254	61.5	89.17	75.48	0.0393	

表 6-56　1# 及 2# 顶盖二重卷封结构测试结果

产品名称	叠接长度 / mm	叠接率 /%	身钩卷入率 /%	盖钩卷入率 /%	间隙长度 / mm	紧密度 /%
顶盖	1.31	65.59	85.93	82.04	0.04	≥90
	1.29	61.13	81.93	81.26	0.07	
	1.24	60.76	82.34	81	0.05	

⑦商业无菌测试

随机抽取打检有问题的样品（1#）和打检无问题的样品（2#）进行商业无菌检测。结果表明 1# 样品经过微生物培养有细菌菌落生长，经过镜检及 PCR 扩增及测序，可知从椰果罐头中分离出的细菌属于芽孢杆菌属，并且从微生物培养角度看，菌落形态单一。怀疑可能为嗜酸、耐热的脂环酸芽孢杆菌，为引起本次罐头样品腐败变质的细菌。2#样品未能培养出细菌。

内容物增菌实验：将1#样品和2#样品内容物直接接种至酸性肉汤培养基和麦牙浸膏汤培养基中，分别在30℃和55℃培养观察。

罐头样品内容物增菌实验结果由表6-57、表6-58可见，1#罐头样品在麦牙浸膏汤培养基中30℃培养24h后疑似微生物生长，培养48h后培养基混浊度增加；在酸性肉汤培养基中分别在30℃和55℃培养，30℃培养24h后有少量絮状沉淀出现，培养48h后絮状沉淀未有增加，55℃培养24h后有少量絮状沉淀出现，培养48h后絮状沉淀未有增加。

2#罐头样品在麦牙浸膏汤培养基中30℃培养120h后未出现微生物生长现象，在酸性肉汤培养基中分别在30℃和55℃培养，24h后有少量絮状沉淀产生，培养48h后絮状沉淀未有增加。对于酸性肉汤培养基中的絮状沉淀物质的观察及后续相关的试验考虑，此沉淀可能是罐头中的内容物。

表 6-57　1# 罐头样品中增菌实验结果

培养基	培养时间 /h									
	24		48		72		96		120	
	30℃	55℃	30℃	55℃	30℃	55℃	30℃	55℃	30℃	55℃
麦牙浸膏汤培养基	+	/	++	/	++	/	++	/	++	/
酸性肉汤培养基	—	—	—	—	—	—	—	—	—	—

注：+ 表示生长；++ 表示生长良好；— 表示不生长。

表 6-58　2# 罐头样品中增菌实验结果

培养基	培养时间 /h									
	24		48		72		96		120	
	30℃	55℃	30℃	55℃	30℃	55℃	30℃	55℃	30℃	55℃
麦牙浸膏汤培养基	—	/	—	/	—	/	—	/	—	/
酸性肉汤培养基	—	—	—	—	—	—	—	—	—	—

注：— 表示不生长。

罐头样品中微生物纯培养：分别将罐头样品增菌实验培养的菌液接种于麦牙浸膏汤琼脂平板培养基和酸性肉汤琼脂平板培养基中，微生物纯培养结果如表6-59、表6-60所示。

表 6-59　1# 罐头中微生物纯培养结果

培养基	培养时间 /h									
	24		48		72		96		120	
	30℃	55℃	30℃	55℃	30℃	55℃	30℃	55℃	30℃	55℃
麦牙浸膏汤琼脂平板培养基	+	/	++	/	+++	/	+++	/	+++	/
酸性肉汤琼脂平板培养基	—	—	—	—	—	—	—	—	—	—
注：+ 表示生长；++ 表示生长良好；+++ 表示生长非常好；—表示不生长。										

表 6-60　2# 罐头中微生物纯培养结果

培养基	培养时间 /h									
	24		48		72		96		120	
	30℃	55℃	30℃	55℃	30℃	55℃	30℃	55℃	30℃	55℃
麦牙浸膏汤琼脂平板培养基	—	/	—	/	—	/	—	/	—	/
酸性肉汤琼脂平板培养基	—	—	—	—	—	—	—	—	—	—
注：—表示不生长。										

　　1# 罐头样品在麦牙浸膏汤琼脂平板培养基中 30℃ 培养 24h 后出现密集圆形菌落，形态单一，乳白色，半透明，表面光滑湿润，扁平，边缘整齐针尖大小菌落生长，培养 48h 后菌落陆续增加；酸性肉汤琼脂平板培养基分别在 30℃ 和 55℃ 培养中培养 120h 后未见有菌落生长。

　　2# 罐头样品在麦牙浸膏汤琼脂平板培养基中及酸性肉汤琼脂平板培养基中培养 120h 后未见有菌落生长。

　　罐头中细菌观察：将培养后的菌落进行细菌菌落形态学特征及细菌个体的观察，观察结果如表 6-61 所示，镜检结果如图 6-22 所示。

表 6-61　罐头中细菌观察结果

样品标号	细菌菌落特征	细菌个体
麦 -1#-1	圆形菌落，乳白色，半透明，表面光滑湿润，扁平，边缘整齐针尖大小菌落	杆状，具有运动性

图 6-22　细菌的镜检图像

PCR 扩增及测序：使用 16S rRNA 通用引物对罐头样品中的细菌进行扩增（阴性对照出现模糊条带，但未影响测序结果，原因待排查）并测序结果如表 6-62 所示，测序结果与 GenBank 上所收录的细菌的基因序列进行 BALST 比对，结果发现罐头样品中的细菌分别与脂环酸芽孢杆菌（*Alicyclobacillus*）、人参芽孢杆菌（*Bacillus ginsengihumi*）和 *Bacillus shackletonii* 三个细菌具有较高相似性。因此，可基本认为从椰果罐头中分离出的细菌属于芽孢杆菌属，其中脂环酸芽孢杆菌（*Alicyclobacillus*）具有嗜酸、耐热的特性。根据现有文献报道，一般认为脂环酸芽孢杆菌可引起果汁等酸性饮料腐败变质，引起腐败初期产品并不出现明显的胀罐或酸败等的特性。因此，怀疑引起本次罐头样品腐败变质的细菌可能为脂环酸芽孢杆菌。

表 6-62　PCR 扩增及测序结果

序号	样品编号	PCR 结果	测序结果
1	麦 1#-1	阳性	脂环酸芽孢杆菌（*Alicyclobacillus*）、人参芽孢杆菌（*Bacillus ginsengihumi*）、*Bacillus shackletonii*
2	麦 1#-2	阳性	脂环酸芽孢杆菌（*Alicyclobacillus*）、人参芽孢杆菌（*Bacillus ginsengihumi*）、*Bacillus shackletonii*

综上，通过对实罐样品质量与微生物检测的结果——实罐无泄漏及微漏，且问题样品实罐能够培养出细菌菌落，而这些细菌经过二次杀菌能够被杀死。因此，本次检测的结论：引起本次罐头样品腐败变质的原因很可能为杀菌不足。

第七章 食品商业无菌与人类生活

第一节 食品商业无菌与食品防腐剂

一、食品添加剂

（一）对食品添加剂的认知

世界各国对食品添加剂的定义不尽相同，联合国粮食及农业组织（FAO）和世界卫生组织（WHO）联合食品法典委员会对食品添加剂定义为：食品添加剂是有意识地一般以少量添加于食品，以改善食品的外观、风味和组织结构或储存性质的非营养物质。

《中华人民共和国食品安全法》第一百五十条规定"本法下列用语的含义：……食品添加剂，指为改善食品品质和色、香、味以及为防腐、保鲜和加工工艺的需要而加入食品中的人工合成或者天然物质，包括营养强化剂"。

按照 GB 2760—2014《食品安全国家标准 食品添加剂使用标准》第 2 章定义中规定，食品添加剂"为改善食品品质和色、香、味，以及为防腐、保鲜和加工工艺的需要而加入食品中的人工合成或者天然物质。食品用香料、胶基糖果中基础剂物质、食品工业用加工助剂也包括在内"。

（二）食品添加剂生产和使用

食品添加剂具有以下三个特征：一是为加入食品中的物质，因此，它一般不单独作为食品来食用；二是既包括人工合成的物质，也包括天然物质；三是加入食品中的目的是改善食品品质和色、香、味以及满足防腐、保鲜和加工工艺的需要。

GB 2760—2014《食品安全国家标准 食品添加剂使用标准》和国家卫健委公布食品添加剂，均规定食品添加剂的允许使用品种、使用范围以及最大使用量或残留量；可在各类食品中按生产需要适量使用的食品添加剂名单，按生产需要适量使用的添加剂所例外的食品类别名单等。食品生产企业应依据《中华人民共和国食品安全法》、GB 2760《食品安全国家标准 食品添加剂使用标准》和国家卫生健康委公布食品添加剂的规定生产食品。

2019 年 9 月 5 日，国家市场监督管理总局办公厅《关于规范使用食品添加剂的指导意见》（市监食生〔2019〕53号）中第五部分指出"食品生产经营者生产加工食品应当尽可能少用或者不用食品添加剂"。

二、食品防腐剂

（一）何谓防腐剂

为了防止各种加工食品、水果和蔬菜等腐败变质，可以根据具体情况使用物理方法或化学方法来防腐。化学方法是使用化学物质来抑制微生物的生长或杀灭这些微生物，这些化学物质即为防腐剂。

食品防腐剂有广义和狭义之分：狭义的防腐剂主要指山梨酸、苯甲酸等直接加入食品中的化学物质；广义的防腐剂除包括狭义防腐剂所指的化学物质外，还包括那些通常认为是调料同时具有防腐作用的物质，如食盐、醋等，以及那些通常不直接加入食品，而在食品储存过程中应用的消毒剂和防腐剂等。

作为食品添加剂应用的防腐剂，指为防止食品腐败、变质，延长食品保存期，抑制食品中微生物繁殖的物质，但食品中具有同样作用的调味品如食盐、糖、醋、香辛料等不包括在内。

（二）抑制或阻止微生物的食品防腐剂

食品防腐剂是抑制或阻止微生物在食品中生长繁殖的一类添加剂，主要包括苯甲酸及其钠盐，丙酸及其钠盐、钙盐，单辛酸甘油酯，二甲基二碳酸盐，2,4-二氯苯氧乙酸，二氧化硫，焦亚硫酸钾，焦亚硫酸钠，亚硫酸钠，亚硫酸氢钠，低亚硫酸钠，二氧化碳，乳酸链球菌素，山梨酸及其钾盐等。GB 2760—2014《食品安全国家标准 食品添加剂使用标准》中允许添加防腐剂的食品主要有饮料、配制酒、肉类、焙烤食品、蜜饯、酱油、醋等各类食品。

三、商业无菌食品需要防腐剂吗？

GB 2760—2014《食品安全国家标准 食品添加剂使用标准》关于食品添加剂的使用原则中要求"在达到预期效果的前提下尽可能降低在食品中的使用量"。罐头食品采用严密容器密封、适度热力杀菌工艺达到商业无菌，可以保证罐头食品的色泽、气味、滋味及组织能够长期保存而不变质，食品防腐剂没有必要作为防腐功能添加到商业无菌食品中。

食品的腐败变质和微生物有直接的关系。如果消灭了微生物或者抑制了它们的生长，食品自然不容易变质。罐藏食品与其他食品不同之处就在于它的生产工艺运用了抽真空、密封、热力杀菌工序，彻底消灭了有害微生物（含芽孢），即使还残存无害公众健康微生物的芽孢，也因热力杀菌，已被抑制了发育可能性，从而使罐藏食品达到商业无菌状态，使罐藏食品有相当长的保质期。

不添加防腐剂，不代表罐藏食品绝对不含食品防腐剂，食品防腐剂来自加工罐藏食品的辅料，这类产品为极少数。比如红烧类的肉罐头食品会使用酱油类产品（来自上游供应企业供应），其产品中可能含有食品防腐剂，并在产品检测时检出防腐剂。另外，一些食品添加剂具有复合功能，比如个别肉类罐头可能会使用亚硝酸盐来改善肉类的色泽，在 GB 2760—2014《食品安全国家标准　食品添加剂使用标准》中规定亚硝酸盐的功能是护色剂、防腐剂。随着相应食品生产企业对生产工艺的调整、生产技术的提升，使相应辅料中的食品防腐剂得到控制至不添加。

第二节　商业无菌食品与军用食品

商业无菌食品与军需的关系密不可分。直至今日，采用商业无菌杀菌工艺的罐头食品和方便食品，仍在军用食品中占主流地位。

一、商业无菌食品在军需上的起源

众所周知，罐头食品的起源就来自于军需用途。18 世纪末至 19 世纪初，法国军队在拿破仑的率领下，长期远离本土作战，给养供给成为制约战争进程的重要因素——食品保质期过短，根本无法满足绵延战线的补给需要。为此，拿破仑命令法军迅速成立一个军用食品研究委员会，研究军用食品的保存问题，并斥巨资向全国征求长期储存食品的方法。一个名叫尼古拉·阿佩尔的法国人发现，如果将食品处理好并装入广口瓶内，再在沸水中加热一段时间后密封，就能够以较长时间保藏食品而不腐烂变质。阿佩尔因此获得了奖金。在此基础上，法国建立了一个工厂专门生产密封食品，这也成了现代罐头的最早雏形。不久后，英国人彼得·杜兰特研制成功了用马口铁包装罐头，解决了长途运输和携带的问题。再之后，法国科学家路易斯·巴斯德创立了以加热杀菌为主要方法的"巴氏消毒法"。从此，世界各国的罐头工厂开始采用蒸汽杀菌技术，让罐头食品真正达到了商业无菌的标准。世界上真正意义上的现代军用罐头开始大规模登上历史舞台，一直沿用至今。

二、商业无菌食品在近代战争中的应用

第二次世界大战时期，美军的后勤部门和承包商研发出 60 多种肉罐头，烹调口味多种多样，但最受美军后勤部门欢迎的还是午餐肉罐头。这种罐头以猪肉为主要原料，将食用盐、葡萄糖、白砂糖、亚硝酸钠等按一定比例配制成腌制盐后，与猪肉进行拌和，再经腌制、斩拌、装罐而成的肉糜类罐头，经过高温高压杀菌，达到了商业无菌状态。这种罐头保质期长、便于储存、易运输，按美军军用罐头规格，每罐午餐肉可

提供约 42g 蛋白质、12g 碳水化合物、80g 脂肪、1020kcal（1kcal=4.18kJ）热量，以及每日所需盐分的 1/3。在战争环境下，午餐肉成为必不可少的战略物资，是美军食物的主要来源之一。

三、商业无菌食品与现代军用食品

第二次世界大战以后，军用食品有了长足发展，品质、品种、口味都有了明显改善。从目前的技术手段看，高水分活度的食品如果希望能够达到长期保存的目的，通过杀菌使其达到商业无菌状态是最成熟、最经济的选择。因此，无论食品工业如何进步，罐头食品在军用食品中的应用仍越来越广泛。

进入现代，各国的军用食品日益丰富，但采用商业无菌杀菌工艺的软罐头始终占据了军用食品的主流。

1. 我军军用食品

我军军用食品主要包括军需罐头、压缩干粮、单兵战斗口粮、单兵即食食品、单兵自热食品和常温集体食品等，其中军需罐头、单兵即食食品、单兵自热食品和常温集体食品都在不同程度上使用了商业无菌杀菌工艺。军需罐头是最传统的商业无菌杀菌工艺产品，一般用马口铁封装，采用的是蒸汽杀菌；产品品种比较丰富，主要有红烧猪肉、午餐肉、红烧扣肉、红烧牛肉等肉类罐头，红烧鸡、香炸鸡翅中等禽类罐头，红烧带鱼、豆豉鲮鱼等鱼类罐头，辣味雪菜、酸辣菜等蔬菜罐头，糖水黄桃、糖水橘子等水果罐头，保质期为 30～36 个月。常温集体食品由铝箔袋封装的软罐头组成，采用喷淋或水浴杀菌工艺，食品组件包括玉米饭、红豆饭、炒饭、炒面等主食，鱼香肉丝、宫保鸡丁、麻辣鸡翅根、土豆烧牛肉等副食，以及辣味圆白菜等调味菜，保质期为 24 个月。单兵自热食品中的炒饭、炒面，以及单兵即食食品中的酱牛肉、火腿等，也是采用的商业无菌杀菌工艺。

2. 美军军用食品

美军的作战口粮包括集体口粮（UGR-H&S）、单兵即食口粮（MRE）、救生口粮以及特种口粮配套等，也兼顾了通用、特种、单兵和集体等多种用途。以美军最常用的单兵即食口粮为例，有 24 个餐谱，包含了多种肉、菜、水果和糖果糕点，每年美军会对餐谱组成进行微调。其中的肉制品、菜和饮料，多数也采用的是商业无菌杀菌工艺。MRE 在 27℃ 条件下，能保存 3 年；在 38℃ 条件下，能保存 6 个月。在美军供应的特殊用途食品中，还包括了常温奶（UHT 奶），这也是一种商业无菌杀菌工艺食品。

3. 其他军队军用食品

法军野战口粮有 30 多种口味，甚至将牛肉饺子、东方沙拉、三文鱼酱、牛奶甜食、牛轧糖、果蔬燕麦片等也添进了口粮名单。英军研制了全天候野战口粮，包括咖喱羊肉、培根煎蛋、肉炒饭、咖喱鸡肉炒饭、三明治、番茄罗宋汤、桃子丁、什锦水果、红莓谷物棒、奶油鸡肉味汤等。日本的软包装口粮采用蒸煮袋技术，其主食有两小袋米饭（每袋重 200g），主菜至少有 11 种可供挑选，还有各类调料、咸菜、泡菜、土豆沙拉、方便面以及速成汤，为了在常温下长期保存，这些食品组件多数也采取了商业无菌杀菌工艺。

四、商业无菌食品在军需上广泛应用的原因

在军需保障中广泛采用商业无菌杀菌工艺的产品，主要出于以下几方面原因。

1. 保质期长

军用食品由于需要进行战略储备和多次转运，对保质期提出了较高要求，一般情况下产品保质期都必须达到 24 个月以上。口感比较适宜国人饮食习惯的食品，如炒饭、炒面、菜肴，都属于高水分活度产品，而高水分活度比较适宜于微生物繁殖，如需进行长期保存，必须控制其中可繁殖的微生物。只有对产品进行杀菌，使其达到商业无菌状态，才能达到长期保存的目的。因此，高水分活度的军用食品，都经过了杀菌处理，达到了商业无菌状态，产品保质期可满足 24 个月以上的要求。

2. 易于包装

军用食品需要满足战时饮食保障的技术需求，产品除能满足热量、三大营养素、维生素和微量元素的要求外，连续食用的可接受性也非常重要。因此，军用食品一般采用餐份化包装，内容品种尽量丰富。采用商业无菌杀菌工艺的软罐头食品，一般都是由蒸煮袋（铝塑复合袋）封装，由于蒸煮袋的可塑性比较强，可以制成各种规格，在有限空间内与其他类别食品较好地契合，以实现在一定体积内军用食品营养、口味和安全的完美结合。

3. 环境适应性强

军用食品使用环境相对比较恶劣，有的需要进行空投，有的需要上达高原，有的要在 -30℃以下的极寒条件下食用，有的需要在高温高湿高盐分的地区储存，因此对产品的环境适应性提出了很高的要求。采用商业无菌杀菌工艺的罐头食品，无论是马口铁包装还是蒸煮袋封装，其对氧气和水蒸气的阻隔性都远远高于其他食品，能够有效减缓食品氧化和受潮。马口铁罐以及多层复合的蒸煮袋具有较强的抗穿刺性能和抗冲击性能，再加上真空封口，就能适应热区、寒区、高原等特殊地域的储运需要。而且，达到商业无菌的罐头食品，其中已没有可繁殖的微生物，无论环境温度如何变化，产品的微生物指标安全性都不会受到影响，这也是其他食品所不可比拟的。

因此，在可预见的未来，采用商业无菌杀菌工艺的罐头食品仍将是军用食品的重要组成部分。随着生产过程管理越来越严格，杀菌传热控制越来越精准，军用罐头在确保安全的前提下，正尽可能地降低杀菌强度，产品风味不断改善，更多样、更丰富的罐头食品逐步应用到军用食品中去，为保障官兵战斗力发挥更加突出的作用。

第三节 商业无菌食品与应急食品储备

一、应急食品概述

应急食品即是在突发事件时候，如地质灾害、矿难、森林大火、户外探险等紧急情况下所需要配备的救援食品。在灾害性气候下或灾害性事故频发的情况下，食品的储备成了必不可少的储备项目。

应急食品主要是用于储备，所以要求保质期长，这是最重要的。其次，应急食品主要是补充救援现场人员的营养和热量，维持人体生命体征，所以要求食用后易消化吸收，使人快速恢复体能和保持体力，营养方面可以达到均衡。另外，在灾难现场，婴幼儿的食品是一大难题，应急食品也应考虑婴幼儿、老弱病残人群的食用。

二、国内外应急食品研究现状

1. 美国应急食品现状

20 世纪 30～40 年代，美国开始研发应急食品，尤其是"冷战"和"大萧条"的出现，更加速了人们囤积应急食品的需求。Mountain House 公司拥有美国野外、应急食品市场 80% 以上的份额，其先进的冷冻干燥食品技术使其产品保质期可达 30 年之久，品类包括预制菜、粉面饭类及甜品等。Ready Wise 公司推出的"紧急食品供应包"保质期长达 25 年之久，涵盖了来自世界各地的风味速食，包括家庭或个人为单位的主食桶、蛋奶桶、蔬菜桶、水果桶、咖啡桶等，满足不同人群需要。

美国军用应急食品最具代表性的是 20 世纪 70 年代研发使用的单兵食品 MRE，共有 24 个餐谱，包括主菜、饼干、水果干、果酱、碳水化合物饮料、巧克力、蛋白粉等等，营养均衡，部分还配备了无焰加热器。除此之外，美军还有一种供先遣部队的专用食品（FSR），体积小、开袋即食，可满足先遣部队 3d 内的能量需求。此外美国军事营养研究委员会研究小组，为了适应国际应急救援食品的需求，研制了可以直接食用的应急救援营养棒，每根重约 50g，每套 9 根，总热量 2100kcal，具有一定硬度和弹性，可经得起运输颠簸和空投冲击，也可以弄碎成颗粒再加水制成粥状食用，21℃下保质期 3 年。另外还有由能量模块、维生素模块及矿物质模块组成的模块化食品，可满足不同人和环境的需要。

2. 日本应急食品现状

日本处在临海地震板块，火山喷发、海啸、地震等灾难频发，从 1960 年开始，9 月 1 日被日本政府指定为"防灾日"，以铭记海啸、台风等重大自然灾害并进行演习和普及防灾知识。此后，日本有超过 1000 家食品企业开始研究发展民用应急救援食品。日本民用应急食品以美味、便捷、营养、人文关怀为宗旨，不断升级创新。Sei Enterprise 是知名抗灾食品，保存期可达 25 年，包括蔬菜汤、奶油炖鸡汤、虾肉粥、饼干等，另外，还有很多在品类和丰富度上更胜一筹的 5 年、8 年保质期食品。Onisi 即尾西食品株式会社，是日本专门出品应急食品的公司，旗下的速食米饭通过特殊的加工工艺技术，保质期可以长达 7 年，此外还有炒饭、拌饭、即食饭团、饼干、夹层面包以及汤面等速食单品，保质期均在 3~5 年。IZAMESHI 推出符合亚洲人口味的单人应急食品，如咖喱牛肉、鸡丁炒饭、麻婆豆腐等，保质期在 3 年左右，还有面包罐头，未开封状态下保质期长达 3 年之久。除了较长保质期与丰富的口味外，日本防灾食品还考虑到了老幼人群、食物过敏人群和宗教人群的特殊需求，One Table 公司为老年人和吞咽功能还未成熟的婴儿开发了防灾果冻，可快速补充营养，保质期 5 年。Lipovitan 开发的果冻每袋（100g）200kcal 热量，保质期 5 年，且不含 28 种致敏原。Hinomoto Shokusan 公司主营清真防灾食品。除此之外，日本的防灾食物在包装上也与众不同。Glico 奶油夹心饼干罐的背面就贴心地附上了应对灾难的小贴士，这些信息能够在特殊时期安抚消费者，帮助消费者快速获得安全感。

3. 我国应急食品现状

我国的民用应急食品以 2008 年四川省汶川县地震的爆发为契机开始发展，关注度逐渐增加。国务院颁布了《中华人民共和国突发事件应对法》，起草了《应急百宝箱国家标准》，举办了以"做强应急产业·加快转型升级"为主题的中国首届应急产业展览会，我国民用应急食品市场就此开始建立。上海冠生园与北戴河海洋食品集团等研发的压缩饼干与自热米饭等民用应急食品，具有不用加热、方便携带、保质期大多为 2~3 年的特点。昌沃特种食品最新推出长期储备应急食品系列，其冻干饭与冻干面采用其自主研发的核心锁鲜技术，运用了航天食品科技，将食材经冻干抽出水分后，使用真空技术隔绝氧气，再经紫外线灯照射杀灭细菌，加上包装罐盖独特的封口设计，使昌沃特种食品的新鲜品质能够保持 10 年之久。

表 7-1 列举了国内外 18 个不同品牌的应急救援食品及其特性。其中可以看出，虽然我国应急食品突破了 10 年保质期这一瓶颈，但由于与国外冻干技术存在差距，与美国等国的专业救援应急食品公司的 25 年以上的保质期还相差甚远，且品种丰富度上也不如日本、美国等的同类产品。我国应急食品多以压缩饼干，能量棒，水果、肉类罐头与自热米饭面条为主，与国外包括主食、辅食、甜点，甚至具有不同的三餐食谱的丰富度有一定差距。我国应急食品想要在方便性、营养性、适口性，以及产品保质期与丰富度等方面进一步满足国内消费者的需求，就首先要解决我国现有应急食品相较于国外在上述方面加工技术不足的情况。

军用食品是民用应急食品发展的基础，压缩干粮作为我国军用食品的代表性品种，经过了近 40 年的发展，最新研制的 13 压缩干粮体积小，每块重 62.5g，4 块为 1 包，不仅可以提供 1200kcal 的热量，且解决了原有压缩干粮营养不均衡、口感干硬的问题。海军医学研究所研制的 JT-07 军用口粮，外包装采用了多层真空包装，最外层的塑料伸缩膜可以将水汽甚至海水隔绝在外，保质期 3 年，1 盒 400g，尤其适合在驾驶舱、船舱等有限的空间里携带、储存，满足了舰艇远航的需求。GSR-300 通用救生食品作为我国最先进的救援产品，每包含有 9 根能量棒，净重 300g，能提供 1300kcal 的热量，开袋即食，营养便携，满足了应急情况下对救生食品的需求。此外我国自主研制的添加肽类等功能成分的新型高能固体能量棒，经我国海军、空降兵、陆军应急机动作战部队食用后表明，可有抗中暑、抗疲劳的效果。

表 7-1　国内外应急救援食品

国家	商家	商品种类	特点
中国	昌沃	冻干肉蔬罐头、自热拌饭	冻干技术，10 年保质期
	上海冠生园	压缩饼干	多种口味可选择，保质期 2～3 年
	初吉	压缩饼干、蛋白棒	高蛋白，多种口味可选择，保质期 2 年
	三全	一碗饭、单兵自热食品	自热食品，无须明火，方便快捷，保质期民用 9 个月（军用 3 年）
	北戴河海洋食品	炒饭套餐	自热食品，无须明火，方便快捷，保质期 2 年
	战勤	自热炒饭、蛋白棒、肉类罐头、压缩饼干	自热炒饭与蛋白棒保质期 2 年，且蛋白棒中添加奇亚籽；肉类罐头与压缩饼干保质期 3 年，压缩饼干中添加维生素与矿物质元素
美国	Ready Wise	应急食品包、冻干鸡蛋粉、乳清奶粉、冻干肉类、冻干水果蔬菜、冻干咖啡粉	产品种类多样，提供无麸质和有机等选择，满足不同人群需求，保质期 25 年
	Mountain House	自热米饭、面条、土豆泥、冻干肉类	包括早餐、主菜和零食类，产品种类多样，保质期 30 年
	Wise Company	紧急食品供应包	方便快捷，满足家庭需求，保质期 25 年
	North West Fork	紧急食品供应包	方便快捷，满足家庭需求，保质期 10 年
	Nu Manna	家庭装紧急食品套装	方便快捷，满足家庭需求，且主打有机与无转基因，保质期 20 年
	Augason Farms	一人或多人紧急食品供应包	口味丰富，提供 30d 应急套餐，保质期 25 年
日本	SIO.Japan	速食面、饼干	高蛋白，安全，保质期 5 年
	光工业	罐头面、罐头饭、杂烩饭	过敏人群友好，含有天然淀粉衍生的膳食纤维，保质期 3 年

续表

国家	商家	商品种类	特点
日本	グリーンケミー社	10年保存饼干、7年保存蒸煮食品、7年保存面包、7年保存小菜	不含28种致敏原食品，口味丰富，保质期7～10年
	JA 北大阪	可饮用饭	不含28种致敏原食品，立即食用，无须加水或等待，易于吞咽，对老年人和孩子也非常友好，保质期3年
	湖池屋	薯片、零食	口味丰富，保质期5年
	IZAMESHI Deli	速食面、速食饭、杂煮、汤	口味丰富，不添加化学调味料，保质期3年

三、应急食品关键加工技术现状

1. 质构重组技术

质构重组技术可提升应急食品的消化吸收性和感官接受性，通过机械混合、揉搓、剪切、高压、加温等物理因素，使蛋白质与多糖类亲水胶体发生物理化学反应，使产品最终在质构、组成、表现等理化特性及营养上发生变化，解决应急食品中蛋白质、淀粉、纤维素的挤压、膨化、变性等技术问题。刘菊芬等研究发现复配挤压加工不仅使速食米蒸煮时间缩短一半，且加工后速煮米品质更好，蒸煮后比原料米饭更软，黏弹性增加，仍保持了米饭香味。张佳敏发现重组调理的新鲜牛肉、羊肉和鸡肉持水性、外观形态、嫩度、弹性及多汁性更好，且肥瘦比例适宜，产品出品率提高20%以上，更适合工业化生产。将挤压膨化质构重组技术与双重控释的抗氧化智能包装等技术结合，使即食全麦产品的热敏性维生素营养物质保存率超过50%以上，脆性提高10%以上，脂肪量降低25%以上，实现了全麦方便食品品质提升。

2. 纳米囊化技术

针对应急食品风味不足、接受性不好等问题，采用纳米囊化技术保护其中的风味物质，不仅有效提高了保鲜效果，提升应急食品的质量和接受度，还可延长保质期。如纳米乳液作为胡椒碱的传播载体，可改善胡椒碱在酸、碱、光、热和氧的条件下化学不稳定、容易失去呈味效果的问题，在常温下1年保持稳定。WU等的实验结果也表明纳米氧化锌可降低水的流动性，减少风味物质的流失，更好地保存橙子原有味道、香气和咀嚼性。Pandey等将新型可生物降解包装材料（聚乙烯醇-壳聚糖-硝酸银、纤维复合纳米层）应用于肉类保鲜，发现纳米纤维膜比普通保鲜膜更加有效地抑制了大肠杆菌和李斯特菌，从而延长了猪肉的保存期，减少了食源性疾病的发生率。

3. 干燥技术

（1）真空冷冻干燥技术

真空冷冻干燥是应急食品加工中最常见的脱水技术，即通过低温冻结的方式，让食物在真空下将冰晶体升华为水蒸气，再用真空泵排出水蒸气，使食品处于干燥状态。这种技术下所获得的物料有很多优点：感官品质好，保持了新鲜原料固有的色泽、风味和香气，具有良好的复水性，脱水彻底，质量轻，适合于长时间储存。近些年兴起的高压电场真空冷冻联合干燥术，将两种不同的干燥方式的优点结合起来，在保证干燥处理时物料温度稳定、营养物质得以保留的同时，降低了前期冷冻干燥的设备成本。

（2）微波干燥技术

微波干燥技术是利用微波对食品进行干燥的加工技术，其较短的加热时间，可最大限度地保留食品中的维生素等营养成分，具有干燥迅速、省时省电、安全可控、制作食品营养流失少等方面的优点。但同时此方式存在受热不均匀的情况，研究将微波与其他方式联合干燥，不仅可缩短干燥时间、降低能耗，还可均匀加热，从而保证产品质量，成为近年来研究的热点。杜鹏研发现微波－热风联合干燥可在较短时间获得品质较好的方便米饭，且此工艺干燥的品质优于单独微波干燥米饭。张雪将微波与真空技术结合得到真空微波干燥技术，此技术充分发挥了微波快速加热、真空降低水汽化的特点，能有效解决传统干燥技术的种种弊端。朱翠平研究发现在 5 种干燥方式中，只有真空冷冻联合真空微波干燥的牛蒡脆片内部形成多孔状结构，使产品硬度和脆度适中，多酚、黄酮、多糖的含量保留较好，且干燥时间缩短了 46%。薛姗发现最佳真空微波干燥工艺参数下制备的速食糙米粥，复水率最好，口感最佳。

4. 超高压技术

超高压技术既可以保留应急食品的天然风味、色泽以及原有的营养价值，又可以杀死微生物、钝化酶，延长食品的货架期。其原理是以液体作为压力传递介质，将食品物料密封于弹性容器或耐压装置系统中，在静高压 100～1000MPa 下进行处理的食品非热加工技术。其最大的优势在于只破坏形成大分子立体结构的非共价键（氢键、离子键、疏水键和水合作用等），而对形成小分子物质（如色素、维生素等）的共价键几乎没有影响，同时能够激活或灭活食品中自身存在的蛋白质、淀粉等生物分子，提高食品品质。研究发现，超高压处理后大米淀粉可以保持淀粉颗粒的完整，颗粒内的可冻结水含量较少，淀粉不易回生。超高压技术对莴苣、菠菜、番茄、花椰菜、芦笋、洋葱等蔬菜的质地保持很好，且各种蔬菜的风味、新鲜度均无变化。150MPa 以上超高压处理能促进肌原纤维小片化，促使肌肉蛋白分解加速，游离氨基酸增加，可提高肉的保水性、熟程度，降低蒸煮损失等。超高压技术也是减少肉制品中食盐使用量的一种有效方法。此外相关研究推测超高压技术可改变致敏原蛋白的空间结构以改变致敏性。李慧静等采用 369MPa、18min 处理大豆分离蛋白，使其致敏性降低了 33%。Peas 等研究发现超高压处理减弱了大豆致敏原（Glym 1）的免疫应答反应。此加工方式为开发过敏人群友好的应急食品提供了新思路。

5. 食品辐照技术

食品辐照是利用射线照射食品，延迟新鲜食物某些生理过程（发芽和成熟）的发展，或对食品进行杀虫、消毒、杀菌、防霉等处理，达到延长保藏时间，稳定、提高食品质量的一种食品保藏技术。具有无污染、无残留、完整保留食品中的营养成分和风味、杀菌彻底且成本、能耗低等优点。Javanmard 等将辐照技术与冷冻技术结合来延长鸡肉的货架期，γ 射线辐照处理后的鸡肉中的病菌和腐败菌被有效控制，储存期可延长至 9 个月。刘福莉等用 γ 射线和电子束辐照猪肉火腿肠，经处理后 30℃下储存 10d，此过程中硬度、色泽等感官特征没有显著变化。

6. 含气调理杀菌技术

新含气调理杀菌技术弥补了从前普遍使用的真空包装、高温、高压灭菌等常规加工方法的不足，具有在常温储运下保鲜的作用，延长应急食品的货架期。将预处理后食品原料装在高阻氧的透明软包装袋中，抽出空气后注入不活泼气体并密封，然后在多阶段升温、两阶段冷却的调理杀菌锅内进行温和式杀菌，能完美地保存食品的品质和营养成分，而食品原有的色、香、味、形、口感几乎不发生改变，常温下可保存和流通长达 6~12 个月。这种保鲜加工技术尤其适用于加工肉类、禽蛋类、水产品、蔬菜、水果和主食类等多种烹调食品或食品原材料，特别是对那些湿润状态下不能使用抗氧化剂的食品及质地松软易于变形的食品，起到有效防止变形、维持其原有形态和质地的作用。此技术可用于生产美味可口的即食食品或半成品，不仅应用于我国军用罐头与舰艇远航食品的研制中，还应用于我国方便食品的调理包。

7. 栅栏技术

栅栏技术又称联合保藏技术，是通过如温度、水分活度、酸度值、氧化还原电位、防腐剂、竞争性微生物等栅栏因子的共同作用，防止食品所含腐败菌和病原菌生长繁殖，防止食品腐败变质，确保食物安全性的技术。实际应用中，多个低强度栅栏因子比单个高强度栅栏因子具有更有效的防腐保鲜作用，更益于食品的保质。目前，该技术也在我国肉类、水产和果蔬加工保藏等食品工业中得到广泛应用。

四、应急食品标准现状

标准是产业发展水平的重要体现，随着应急食品市场的发展，人们对制定应急食品相关标准以规范、引领市场的呼声也越来越高。但应急食品不同于常见商品，多属于救济物资。在实施救援时多由民政部门统筹征调、运输、储存、发放。这种情况下，由于筹集物资来源不同、时间紧张等原因，往往会造成应急食品的品质良莠不齐、卫生管理薄弱。目前，我国与应急食品有关的标准主要有《家用防灾应急包》《应急物资分类及编码》及食品安全系列国家标准。其中 GB/T 36750—2018《家用防灾应急包》对应急物品的配置品类、技术指标等，提出了规范性要求。标准规定，应急包物品至少配置饮用水、应急食品等基本物品。GB/T 38565—2020《应急物资分类及编码》规定方便食品，包括米面制半成品、速冻食品、烘焙食品、熟食、压缩食品、罐头、即食食品等为食品类应急物资。此外虽然食品安全系列国家标准对应急食品未做直接规定，但应急食品属于食品大类，卫生与安全受此标准规范。但至今我国还没有制定关于应急食品的具体标准，亟须制定涵盖关于应急食品种类、规范生产、加工及储存规范与相关加工技术与添加剂使用的各项具体标准。

五、我国应急食品发展趋势

1. 种类多样化

我国应急食品处于萌芽阶段，以模仿甚至直接使用军用食品为主要方式，以压缩干粮、能量棒、方便米饭、面条以及各类罐头等传统应急食品为主要品种。面对应急食品市场逐渐旺盛的需求，不断优化及创新，丰富研发品类是应急食品将来长远发展的关键因素。开发适用于应急救援的各类食品，提升品种多样化水平，提高应急食品接受性。

2. 人群针对性

目前国内研究的应急救援食品多以一个配方应用于现场所有救援人员。若将灾难现场人群分为不同需求的目标群体，通过原料选择、配方优化、质地调整以及包装设计等维度，设计不同的应急救援食品，则更具有针对性。受灾现场人员可分为救援人员、被救人员，考虑救援人员所处的特殊环境及身体的高应激状态，救援食品应具备抗疲劳、抗缺氧等功能。对于灾民来说，则需要增强身体免疫功能，降低应急条件下患感染性疾病的风险。针对乳糖不耐受或者过敏人群，可开发不使用过敏原料或者无乳糖的应急食品。而当受灾群体中存在老人、儿童、残障人士时，可通过不断优化去满足这部分特殊人群的需要，如添加盲文让盲人了解产品信息，考虑到老人、儿童的咀嚼能力低下从而改善食物口感、质地，细节可体现出人文关怀以及社会责任感。

3. 注重功能性

随着科技发展以及搜救能力的不断进步，应急食品越来越注重饱腹之外的功能和特殊膳食效果，尝试在原料中添加一些具有特殊生理功能的物质与营养素，提升应急食品的整体功能性。相关研究发现，采用小肽类物质作为蛋白质来源，可在满足营养需求的同时实现抗疲劳、提升免疫力的效果；添加复合维生素和矿物元素可提升待救人员生存概率；采用小麦粉、燕麦粉、全麦粉、豆渣粉等全天然可食原料为辅助添加物，在满足热量供给的同时，可以提供更加全面的微量营养素；添加提取的天然功能因子，如植物提取物大豆异黄酮、银杏提取物、原花青素可促进免疫力提高；添加西洋参、当归、虫草、枸杞、阿胶等中药材，有助于药食同源，调节机体功能。真菌、植物多糖与胶原蛋白肽的添加，利于缓解疲劳，增强软组织修复；胆碱的添加也可以增加食用人群在重体力劳动条件下的活动时间与短时间内记忆力。

第八章　食品商业无菌展望与工作建议

食品商业无菌从军用罐头食品、应急食品的应用已经逐步拓展到乳制品、饮料、特殊膳食食品等各类民生产品，如新一代预制食品的加工，商业无菌加工技术可以发挥重要作用。由于没有添加防腐剂，食品杀菌过程控制措施可能不完善、食品包装技术控制可能出现漏洞，该类产品在生产制造过程或者分销过程中，可能会出现商业无菌失效，因此，商业无菌有效性控制是该领域持续开展的课题。食品包装技术的进步和食品杀菌技术进步将进一步使商业无菌食品更安全、质量水平更可靠、产品风味更稳定。我国应该根据行业技术进步，优化现有食品安全标准体系和食品质量标准体系，完善我国商业无菌食品监管体系，确保该类食品实现全产业链有效监管。食品产业链应该通过各种形式向消费者介绍食品商业无菌的科学知识，让消费者更科学、更理性地认识和消费食品。

一、食品包装技术的进步推动商业无菌食品安全和质量提升

过去 10 年，我国商业无菌用食品包装技术取得了巨大的进步，主要体现在覆膜铁、覆膜铝高阻隔新材料研发、食品两片罐研发及应用、耐高温杀菌的易撕盖的研发及应用。

GB/T 14251—2017《罐头食品金属容器通用技术要求》规定：覆膜铁为通过熔融法或胶黏法贴合一层高分子薄膜在镀锡或镀铬薄钢板表面而成的一种兼有高分子材料和金属材料双重性能的复合材料。覆膜铝为通过熔融法或胶黏法贴合一层高分子薄膜在铝合金薄板表面而成的一种兼有高分子材料和金属材料双重性能的复合材料。

QB/T 5758—2022《罐头食品金属容器用易撕盖》规定：罐头食品金属容器用易撕盖为用于罐头食品金属容器密封，并以镀锡（镀铬）薄钢板或铝合金板为基材，经冲压成型的盖圈与封口膜封合而成的，直接用手撕拉即可开启的盖体。如图 8-1～图 8-4 所示。

覆膜铁、覆膜铝材料的应用加快了高附加值食品采用金属作为包装容器，如燕窝、鲍鱼、花胶、滋补粥类产品等附加值较高的食品，采用耐高温杀菌的易撕盖，满足了女性、老人、儿童等细分人群的消费需求，确保产品安全消费的同时，产品的商业无菌保障体系也可以满足标准要求。

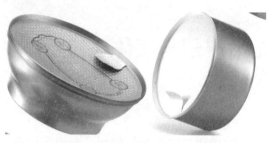

图 8-1　耐高温杀菌铝箔易撕盖 + 食品两片罐

图 8-2　耐高温杀菌透明易撕盖 + 两片罐

图 8-3　碗装两片罐 + 易撕盖

图 8-4　碗装两片罐 + 易撕盖

二、食品杀菌技术的进步推动商业无菌食品品质提升

超高压杀菌技术、固体食品无菌装罐技术等新技术的应用可以确保食品获得更好的货架期感官风味，同时使产品达到商业无菌状态。

液态食品可以管道输送，杀菌冷却在管道内完成，在无菌的环境内灌装封口，就可以达到商业无菌。固态食品要实现无菌装罐，有较多难点需要突破。然而在工艺上却和液态食品是一样的，即先杀菌，后装罐密封。

固态食品无菌封装技术的工艺大原则是先杀菌，后装罐、密封；但针对不同食品，又有些区别。对于 100% 固形物的产品，如卤鸭脖、卤牛肉、煎鱼等产品，放在网兜里进行高温短时杀菌，然后转移到罐体内进行封口。在食品杀菌的同时，对包装物的罐体和罐盖以及封口机、罐装腔等也进行了高温杀菌。对于需要少量汁水，还要保持一定形态的食品，如扣肉、粉蒸肉等产品，就把食品在罐体里摆放好，连同罐体一起进行高温杀菌，泄压后送进封口腔密封。对于汤类产品，可把固态部分放在网兜里，也可以放在罐体里进行杀菌，另外液体部分经过管式高温瞬时杀菌机进入灌装腔注入罐体，然后封口，封口后进行低温慢炖。封口腔里充满无菌的氮气，所以罐内没有氧气存在，对香气保持很好。根据不同的产品，杀菌前进行预烹调，使食品具有一定的风味。该技术对于中式预制菜肴工业化加工具有较好的应用前景。

三、食品商业无菌监管工作建议

目前，我国部分监管人员对食品商业无菌尚未形成科学的认识，在实际监管工作中遇到了各种各样的挑战，比如在对商业无菌饮料监管时，监管人员需要向生产企业确认产品是否按照商业无菌生产；很多监管人员不理解，为什么这类产品货架期这么长，总认为企业肯定添加了防腐剂。标准是监管的依据，我国尚未针对商业无菌食品建立标准体系，未来应强化食品加工过程的商业无菌控制标准化研究、食品商业无菌标签标识标准研究等，建立相对完善的食品商业无菌控制和监管标准。